鄂东南矿集区蚀变矿物地球化学研究及其勘查应用

孙四权　陈华勇　金尚刚　魏克涛　张世涛　张　宇等　著

科学出版社
北　京

内 容 简 介

本书选取鄂东南地区典型夕卡岩（-斑岩）型矿床（铜绿山铜铁金矿床、鸡冠嘴铜金矿床和铜山口铜钼钨矿床），通过大量的钻孔岩心编录和岩相学观察，同时结合短波红外（SWIR）光谱和 LA-ICP-MS 等技术手段，对所采集的样品进行了精细的矿物解析和蚀变填图，建立了三个矿区的矿物地球化学勘查标志，为鄂东南地区夕卡岩矿床的深部找矿勘查提供了新的方法和思路。

本书可供地质类院校和科研院所的科研人员、研究生及各地质勘查单位技术负责人与一线勘查人员参考。

图书在版编目(CIP)数据

鄂东南矿集区蚀变矿物地球化学研究及其勘查应用／孙四权等著．—北京：科学出版社，2019. 3

ISBN 978-7-03-059039-8

Ⅰ．①鄂…　Ⅱ．①孙…　Ⅲ．①成矿区-蚀变-矿物-地球化学勘探-湖北　Ⅳ．①P617. 263

中国版本图书馆 CIP 数据核字（2018）第 229955 号

责任编辑：王　运　姜德君／责任校对：张小霞
责任印制：肖　兴／封面设计：铭轩堂

科学出版社 出版
北京东黄城根北街 16 号
邮政编码：100717
http://www. sciencep. com

北京汇瑞嘉合文化发展有限公司 印刷
科学出版社发行　各地新华书店经销
*
2019 年 3 月第　一　版　开本：787×1092　1/16
2019 年 3 月第一次印刷　印张：16 3/4
字数：400 000

定价：228. 00 元

（如有印装质量问题，我社负责调换）

序

“深部找矿勘查”是矿床学及矿产勘查学的前沿研究方向和领域。进入21世纪以来，随着浅地表矿产的逐渐减少，深部隐伏矿床的勘查和相关基础研究备受地质学者的关注。20世纪60～70年代，我在湖北省地质局第一地质大队（原鄂东南地质队）工作过多年，从事野外地质填图、钻孔岩心编录、找矿勘查等工作，对铜绿山、铜山口、铁山、大广山等地区都比较熟悉。在鄂东南地区，后来又发现了鸡冠嘴、桃花嘴、程潮、张福山和阮家湾等大型夕卡岩矿床。近十几年来，经过第一地质大队各位同志的努力，在铜绿山和鸡冠嘴矿区深部分别又发现了新的隐伏矿体，规模都达到中型以上。在鄂东南地区的深部，究竟还潜藏有多少金属矿产？寻找隐伏矿体的方向在哪里？如何高效地找到这些隐伏矿体？这些问题都是当前一线地勘工作者和科研人员关注的焦点。

据我了解，在国土资源部公益性行业科研专项“鄂东南矿物地球化学勘查标志体系建立与应用”项目的支持下，自2015年伊始，在湖北省地质调查院、中国科学院广州地球化学研究所和湖北省地质局第一地质大队相关地勘工作者和科研人员的协同合作下，对铜绿山夕卡岩铜铁金矿床、鸡冠嘴夕卡岩铜金矿床和铜山口夕卡岩–斑岩铜钼钨矿床开展了为期3年的细致研究，详细编录钻孔/坑道剖面45000余米，采集岩心样品6000余件，光薄片观察和描述1500余件，并获得了大量的蚀变矿物信息和数据。在此基础上，完成了《鄂东南矿集区蚀变矿物地球化学研究及其勘查应用》一书。该书作者对蚀变矿物的描述精细，数据丰富准确，分析引人入胜，获得的蚀变矿物新勘查标志成功运用于找矿勘查实践。2018年年初，我应湖北省地质调查院孙四权总工程师的邀请，参加了该项目在武汉举办的“蚀变矿物地球化学勘查国际研讨会”，并听取了中国科学院广州地球化学研究所陈华勇研究员等的工作汇报，认为该项目成果达到国际先进水平，该书和项目研究成果可作为矿床学科学研究与找矿勘查应用相结合的典范实例。

该书提出了一系列创新性认识，如基于大量的岩相学观察和短波红外（SWIR）光谱蚀变填图，查明了研究区三个矿床蚀变矿化的二维–三维分布特征，并建立了三维模型；提出了不同黏土矿物SWIR光谱参数和化学成分变化可以有效示踪热液矿化中心；在此基础上，初步建立了矿床蚀变矿物勘查标志体系，最后提出了不同尺度找矿靶区并进行了部分验证，取得了良好的效果。这些基于详细的基础矿床地质观察和新技术手段（SWIR和LA-ICP-MS）获得的找矿勘查标志，不仅丰富了当前的找矿勘查方法和理论，而且对长江中下游地区同类夕卡岩型矿床的深部勘查具有重要的启示意义。该书图文并茂，逻辑和脉络清晰，推论恰当有据，可读性强，我相信一定会受到广大地勘工作者和科研人员的欢迎。

金振民

2018年9月于武汉

前　言

鄂东南矿集区位于长江中下游成矿带最西段，是我国重要的夕卡岩型铜铁矿床的大型矿集区。区内已发现众多铜铁金矿床（点），包括铜绿山、铁山、程潮、鸡冠嘴、张福山、铜山口、阮家湾、白云山、龙角山、付家山等中-大型矿床，已探明的铁矿石资源储量超过8亿t，铜资源储量超过400万t，金资源储量超过250t。

目前，鄂东南矿集区内面临亟待解决的深部、边部“就矿找矿”难题。据不完全统计，截至20世纪90年代初，该区最著名的铜绿山矿田累计施工钻孔1061个，总进尺达38万m左右，但其中深度达到地表以下500m的钻孔仅128个。20世纪90年代至21世纪初，鄂东南矿集区基本没有新的找矿成果，而且随着区内矿床的不断开采，探明的资源储量日渐削减。2006年，为了寻找接替资源，铜绿山铜铁金矿和鸡冠嘴铜金矿两个危机矿山接替资源勘查项目得以实施，在矿区深部发现了一些新的矿体，为矿床的发展拓展了新的找矿空间。尽管如此，区内新增资源量仍然显得杯水车薪，深部勘查进展依然有待推进。然而，众多研究显示，传统的物化探技术在老矿山存在较多客观影响因素，制约其深部勘查应用。

在全球面临地表资源逐渐枯竭和深部勘查的新形势下，如何指导深部矿体的勘查，指明找矿方向并确定矿体位置是进行矿产勘查的“新重点”和“新任务”。热液矿床是自然界最为主要的矿床类型，其以存在广泛的热液蚀变矿物为特征，而热液蚀变矿物的物化特征（特别是微量元素特征）对矿体的勘查指示作用，一直备受关注。尤其近十年来，短波红外（SWIR）光谱测试技术和LA-ICP-MS等单矿物微束微区测试技术的飞速发展，使得准确快速的单矿物高精度元素测试成为可能，蚀变矿物物化特征勘查标志体系研究也随之得以实现，如国外研究者发现，在高硫型浅成低温成矿系统中，明矾石的1480nm吸收峰位值从远离到靠近斑岩体逐渐升高；在年轻斑岩铜矿系统中，绿帘石中Cu、Mo、Au和Sn在钾化带附近含量最高，而As、Sb、Pb、Zn和Mn在远离矿体1.5km处含量最高，绿泥石中Ti含量受温度控制，在矿体附近有最高的含量。基于此，在国土资源部公益性行业科研专项项目支持下，我们以鄂东南地区铜绿山矿田内的铜绿山铜铁金矿床（大型）、鸡冠嘴铜金矿床（大型）和铜山口铜钼矿床（大型）为主要研究对象，开展岩石学、矿床学、矿物学、地球化学和矿产勘查等多学科综合研究，查明热液矿床蚀变分带和矿物组合，揭示蚀变矿物的物理性质、结构和地球化学特征并探讨其变化规律，建立蚀变矿物地质-地球化学综合勘查标志体系并应用到找矿勘查实践中，为金属矿产“深部勘查”提供新方法和新思路，并取得了以下成果。

（1）准确划分了矿床蚀变矿化期次。结合各矿区近年来最新的勘查成果和钻探，对近50000m岩心与坑道进行详细编录，完成了6000多件样品的采集观察，建立了三个矿区蚀变矿化期次，为鄂东南相似矿床蚀变矿化演化阶段的准确快速判定提供了可靠的依据。

（2）首次查明了蚀变矿化的二维-三维分布特征。在蚀变矿化期次划分的基础上，利用 SWIR 等先进手段，对所有采集样品进行了矿物解析，建立了包含近 30 万条矿物信息的蚀变矿物数据库，并在此基础上，开展了各矿区蚀变矿物的二维-三维建模工作，首次系统查明了三个矿区蚀变矿物的分布特征，为了解鄂东南矿集区相似矿床蚀变分带和找矿勘查提供了空间上的判别依据。

（3）初步建立了矿床蚀变矿物勘查标志体系。蚀变矿物勘查标志体系包括了蚀变矿物时空分布特征、物理化学参数空间变化规律等多种信息，是通过大量数据统计分析得出的结果。由于不同矿床其成矿特征和蚀变矿物都存在较多差异，针对每个矿床的勘查标志也可能存在不同，通过对单个矿床勘查标志的总结得出相似矿床类型的勘查标志体系具有重要意义。

（4）提出了不同尺度找矿靶区并进行验证。利用本项目获得的最新成果，从矿床和区域两个尺度上提出了 4 个找矿靶区并进行了部分验证。例如，利用我们最新的矿物勘查指标，结合湖北省地质局第一地质大队对铜绿山矿床多年的勘查经验与成果，以及矿区控矿构造特征，提出在铜绿山矿区 NNE 向主背斜西翼的深部，可能存在与东翼 XIII 号矿体类似的深部夕卡岩型矿体，帮助确定了深部矿体的勘查方向并最终实现新矿体的发现。这一成果间接为铜绿山矿床新增铜金属量超过 7 万 t，铁矿石量 994 万 t。

本书是集成国土资源部公益性行业科研专项项目“鄂东南矿物地球化学勘查标志体系建立与应用”（编号：201511035）的主要科研成果撰写而成。本书具体分工如下：第 1 章由孙四权、陈华勇和陈觅撰写；第 2 章和第 3 章由张世涛撰写；第 4 章由张宇、田京和程佳敏撰写；第 5 章由初高彬和韩金生撰写；第 6 章由黄家凯、赵逸君和张世涛撰写；第 7 章和第 8 章由陈华勇、金尚刚和魏克涛撰写；最后由孙四权和陈华勇统一修改并定稿。除了上述作者以外，中国科学院广州地球化学研究所的肖兵副研究员和李莎莎博士，中山大学海洋科学学院李登峰特聘研究员及中国地质调查局武汉地质调查中心的张维峰助理研究员也参与了部分撰写工作。

在项目具体实施过程中，中国科学院广州地球化学研究所、湖北省地质调查院、湖北省地质局第一地质大队等有关领导给予了大力的支持和帮助；中国地质大学（武汉）金振民院士和李建威教授，澳大利亚塔斯马尼亚大学国家矿产研究中心 Noel White 教授、Michael J. Baker 高级研究员和张乐骏高级研究员，中国地质科学院地球物理地球化学勘查研究所王学求研究员，中国地质科学院矿产资源研究所谢桂青研究员以及南京大学陆建军教授等，给予了很多的指导和帮助；中国地质科学院矿产资源研究所毛景文院士、合肥工业大学周涛发教授、中国地质大学（北京）郑有业教授等也给予了大力支持和帮助；室内分析测试工作得到湖北省地质调查院刘烨青工程师和中科遥感科技集团有限公司杨凯博士的帮助和支持，在此一并表示衷心的感谢。本书得到了国土资源部公益性行业科研专项项目（编号：201511035）的资助。

最后，很荣幸邀请到中国地质大学（武汉）金振民院士为本书作序，在此表示衷心的感谢！

目　　录

第1章 绪 论

自20世纪70年代以来，随着现代成矿理论和矿产勘查技术的不断创新和提高，在全球范围内已有许多大型-超大型矿床被相继发现和利用，为当今人类社会发展和经济建设起到重要的推动作用（Robert and Hudson，1983；Ferdock et al.，1997；Hedenquist et al.，1998；Sillitoe，2010；Mao et al.，2013；蒋少涌等，2015；李光明等，2017）。目前，地质工作者主要是以现代成矿理论为基础，综合运用地质填图、化探、物探、遥感和计算机等技术和方法，来有效地进行矿产勘查找矿（叶天竺和薛建玲，2007；叶天竺等，2017）。

然而，进入21世纪，随着近地表矿床的逐渐减少，深部隐伏矿床和低品位矿床的勘查逐渐成为趋势（叶天竺和薛建玲，2007；McIntosh，2010；Cooke et al.，2014）。由于隐伏矿床主要位于浅剥蚀区，地表所能观察到的蚀变以低温蚀变（如绢云母化、绿泥石化、黏土化等）为主，且蚀变分带不明显，运用传统的找矿方法有时效果并不显著（杨志明等，2012；许超等，2017）。在当前全球面临地表资源逐渐枯竭和深部勘查的新形势下，如何寻找可能存在于深部的隐伏矿体，指明找矿方向并确定矿体的具体位置，是当前矿产勘查领域面临的最大挑战。

1.1 矿物地球化学勘查研究进展

1.1.1 蚀变矿物SWIR光谱勘查

蚀变矿物是研究热液矿床成因和实践找矿勘查的重点对象，系统梳理矿区蚀变矿物类型、组合、期次、空间分布特征及物理-化学标型特征，将有助于理解矿床成因机制和提高找矿勘查效率（Thompson et al.，1999；胡受奚等，2004）。然而，精细厘定矿区内不同蚀变矿物特征需要大量的岩相学观察，并需结合电子探针成分分析（EMPA）和X射线衍射光谱（XRD）分析结果，这极大地增加了找矿勘探的成本和风险。

近20多年来，短波红外（short wave infrared，SWIR）光谱技术已逐渐成为国际矿产勘查领域的主要技术方法之一，并成功运用于斑岩（-夕卡岩）型矿床、浅成低温热液矿床、火山块状硫化物矿床（VMS）、铁氧化物-铜金矿床（IOCG）和部分古老的金矿区等（Yang and Huntington，1996；Thompson et al.，1999；Herrmann et al.，2001；Jones et al.，2005；Yang et al.，2005，2011，2013；Chang et al.，2011；Laakso et al.，2016；Mauger et al.，2016；Guo et al.，2017；Huang et al.，2017；Xiao et al.，2017；Wang et al.，2017）。

短波红外光（short wave infrared light）是介于近红外光（near-infrared light）与中红外光（mid-infrared）之间的电磁波，波长范围为1300～2500nm（修连存等，2009；Chang and Yang，2012）。在SWIR光谱波长范围内，H_2O、Al-OH、Fe-OH、Mg-OH、CO_3^{2-}和

NH_4^+ 等官能团可以产生不同的特征吸收峰，利用这些差异可以有效地识别出地质样品中含羟基矿物（硅酸盐和黏土矿物）、含氨基矿物以及部分碳酸盐和硫酸盐矿物（Pontual，2001；杨志明等，2012）。与传统的肉眼和光学显微镜观察相比，SWIR 光谱分析具有以下优点：①仪器轻便易携带，可自由在野外或室内进行测试分析；②无需切片或粉末制样；③分析速度快，单个样品的测试和解译分析可在一分钟内完成；④测试成本较低；⑤可识别微小的黏土或其他含水蚀变矿物，如高岭石、伊利石、绿泥石、皂石等（章革等，2005；Chang and Yang，2012；杨志明等，2012；黄健瀚，2017；许超等，2017）。

目前，SWIR 光谱在热液矿床蚀变填图方面的应用已较为广泛。例如，Thompson 等（1999）对多种类型矿床进行了大量的 SWIR 光谱分析，确定了不同类型矿床各个蚀变带中主要存在的蚀变矿物种类及组合特征；在此基础上，详细地划分了围岩蚀变分带，并建立了矿床蚀变模型，为进一步找矿勘查提供了重要的地质信息。之后，随着大矿区深部及外围找矿勘查的需求，SWIR 光谱三维蚀变填图也得到了较广泛的应用。例如，Harraden 等（2013）对北美东部 Pebble 斑岩型 Cu-Au-Mo 矿床开展了大量详细的钻孔岩心 SWIR 光谱分析，在矿区三维尺度上查明了不同蚀变矿物及组合分布特征，详细划分了围岩蚀变分带，并建立了 Pebble 矿床的三维地质和蚀变模型，从而达到了“三维可视化”效果。

在蚀变填图的基础上，利用典型矿物 SWIR 光谱特征参数变化来直接定位热液矿化中心，已成为 SWIR 光谱勘查的核心内容（Jones et al.，2005；Chang et al.，2011）。由于受化学成分和/或温度的控制，某些蚀变矿物对 SWIR 光谱特征吸收峰有显著的变化，如明矾石约 1480nm H_2O 吸收峰位值、绿泥石约 2250nm Fe-OH 吸收峰位值和白云母族约 2200nm Al-OH 吸收峰位值及 IC 值等，这些参数变化对指示热液矿化中心都具有重要的作用（Jones et al.，2005；Chang et al.，2011；Laakso et al.，2016）。

相比于国际上 SWIR 光谱的广泛运用，国内的 SWIR 应用起步稍晚，最早主要是利用便携式红外线矿物分析仪（Portable Infrared Mineral Analyser，PIMA）进行矿区蚀变填图并建立围岩蚀变分带，如在新疆土屋、西藏驱龙及云南普朗等斑岩铜矿区（章革等，2005；连长云等，2005a，2005b）。近年来，随着 SWIR 光谱技术在国内的普及和光谱仪的快速发展（如 TerraSpec），越来越多的国内学者利用 SWIR 开展了不同类型矿床的蚀变填图，并利用相关的 SWIR 光谱特征参数，建立了较有效的蚀变矿物 SWIR 勘查标志（赵利青等，2008；杨志明等，2012；汪重午等，2014；Guo et al.，2017；Huang et al.，2017；许超等，2017）。这些研究和应用为 SWIR 光谱在国内矿产勘查中的广泛应用奠定了良好的基础。

1.1.2　矿物地球化学勘查

近二十年来，激光剥蚀电感耦合等离子质谱（LA-ICP-MS）技术的发展和应用，使得矿物地球化学勘查已逐渐成为国际上重要的勘查方法之一（Chang et al.，2011；Cooke et al.，2014；Wilkinson et al.，2015；Mao et al.，2016）。矿物地球化学勘查主要是以成岩成矿过程中的典型矿物为具体研究对象，分析其中的化学成分组成，特别是矿物微量元素的变化和差异，寻找与矿化信息相关的元素异常值，从而有效指导具体的找矿勘查工作。从勘查尺度上，可分为：①矿集区范围内的致矿岩体和非致矿岩体的判别，主要是利用造岩矿物或副矿物，如斜长石和磷灰石等（Williamson et al.，2015；Bouzari et al.，2016；Mao et al.，2016）；②矿田/矿床热液矿化中心的定位，主要利用矿区及周围广泛发育的蚀变矿物，如绿泥石、绿帘石和明矾石等（Cooke et al.，2014；Wilkinson et al.，2015；Xiao et al.，2017）。

目前，矿物地球化学勘查方法主要运用于年轻的斑岩和浅成低温热液矿床。Williamson 等（2015）对全球多个俯冲带环境的钙碱性斑岩铜矿床研究发现，相比于非致矿岩体，斑岩铜矿床的致矿岩体中斜长石具有明显富 Al 的特征。Mao 等（2015）对全球多个不同类型的矿床、火成碳酸岩和非致矿岩体中的磷灰石进行了详细的元素地球化学研究，发现：①相对于火成碳酸岩和非致矿岩体，热液矿床中的磷灰石具有较高的 Ca 和较低的 REE、Y、Sr、Pb、Th 和 U 等；②全球火成碳酸岩相对富集轻稀土元素（LREE），具有较高的 V、Sr、Ba 和 Nb 含量，较低的 W 含量及 Eu 异常不显著；③北美科迪勒拉山脉碱性斑岩铜金矿床中的磷灰石具有较高的 V 含量，而区域内钙碱性斑岩铜金和铜钼矿床则具有较高的 Mn 含量和显著的 Eu 负异常特征。

Cooke 等（2014）研究了菲律宾 Baguio 斑岩-夕卡岩矿区绿帘石的微量元素变化特征，发现靠近热液矿化中心附近的绿帘石相对富集 Cu、Mo、Au 和 Sn 等微量元素；而在远离矿化中心的外围青磐岩化带中，则相对富集 As、Sb、Pb 和 Zn 等元素。Wilkinson 等（2015）详细研究了印度尼西亚 Batu Hijau 斑岩型铜金矿床中绿泥石的微量元素，发现绿泥石微量元素在空间上的变化特征较明显，在距离侵入体 2km 范围内，绿泥石微量元素 Ti/Sr 值与矿化中心的距离呈反比关系，并求得线性回归方程，用于预测矿体的方位和深度；而在 4 ~ 5km 范围，绿泥石 Mg/Ca 值亦具有相似的变化特征，这些变化极大地增加了矿体预测的空间范围；此外，除 Ti、Sr、Mg 和 Ca 之外，K、Li、V、Mn、Co、Ni 和 Zn 等元素，均被认为是由类质同象替换作用进入绿泥石晶格中，且在空间上具有较明显的变化规律，具有综合性的勘查指示意义。

上述两个实例研究主要是针对较年轻的斑岩系统，它们遭受到后期热液叠加或改造的可能性较小。在新疆东天山土屋-延东（古生代）斑岩铜矿叠加改造区，研究者发现绿泥石的 Ti 和 V 及绿帘石的 Pb 元素含量，具有与上述斑岩矿床相似的空间变化特征，可有效地指示土屋-延东斑岩热液矿化中心（王云峰等，2016；Xiao et al.，2017）。然而，土屋-延东矿区绿泥石 Ba、Sr、Zn、As、Sc、Cu 和 Sn 等及绿帘石 Ti、Sc 和 Zr 等元素，显示出与 Baguio 和 Batu Hijau 等年轻斑岩矿床不同的空间变化规律，暗示这些元素可能受到后期热液流体活动的影响（Xiao et al.，2017）。

Chang 等（2011）研究了菲律宾 Lepanto 高硫型浅成低温热液铜金矿床后发现，不仅明矾石约 1480nm SWIR 光谱特征吸收峰有明显的变化规律，明矾石微量元素亦具有显著的变化特征，特别是 Pb 含量降低、Sr/Pb 和 La/Pb 值升高等，均可以有效指示热液矿化中心；然而，对应的全岩地球化学数据在空间上的变化规律并不显著。黄健瀚（2017）对新疆东天山红海 VMS 铜锌矿床的绿泥石微量元素研究发现，高 Mg，低 Mn、Zn 等元素的变化特征具有一定的指示深部隐伏 VMS 矿体的作用。

对于其他类型的矿床，如典型夕卡岩型矿床、造山型金矿床、铁氧化物-铜-金矿床（IOCG）、沉积-喷流矿床（SEDEX）、密西西比河谷型（MVT）铅锌矿床及与花岗岩有关稀有金属矿床等，矿物地球化学勘查的相关应用研究还较少。因此，探索和研究适用于不同类型矿床的矿物地球化学勘查方法，在成矿理论和实践找矿方面都具有一定的创新意义。

1.2 夕卡岩型铜铁矿床研究现状

夕卡岩型（接触交代）矿床是指在中酸性-中基性侵入岩类与碳酸盐类岩石的接触带上或其附近，由含矿气水热液交代作用而形成的矿床；在这类矿床中，发育有石榴子石（钙铝榴石-钙铁榴石）、辉石（透辉石-钙铁辉石）及其他 Ca、Mg、Fe 和铝硅酸盐矿物等组成的夕卡岩，矿体与夕卡岩及相关侵入体在空间上、时间上和成因上具有密切联系（Meinert，1992；Meinert et al.，2005；赵一鸣等，2012）。夕卡岩矿物，按照原岩成分可分为钙质夕卡岩和镁质夕卡岩矿物；其中，碳酸盐围岩中 MgO 含量的高低是决定形成镁夕卡岩或钙夕卡岩的重要先决条件之一；当碳酸盐围岩中 MgO 含量大于8%时，主要形成镁质夕卡岩；而当 MgO 含量小于2%时，则主要形成钙质夕卡岩（赵一鸣等，2012）。另外，按照矿床的多成因及矿化叠加情况，可分为层控-夕卡岩型、云英岩-夕卡岩型和斑岩-夕卡岩复合型（姚凤良和孙丰月，2006）。

夕卡岩型矿床是全球最重要的矿床类型之一，包括 Fe、Au、Cu、Zn、W、Mo 和 Sn 七大重要的矿床类型，相关的研究也相对详细和完整（Meinert et al.，2005）。对与夕卡岩型铁和金矿床有关的侵入体研究发现，其相对偏还原性，富 MgO，而贫 K_2O 和 SiO_2；而铜、锌和钼夕卡岩矿床则相对偏氧化性；与钙质夕卡岩铁矿床有关的侵入岩多为偏铝质，Ni、V 和 Sc 等不相容元素含量较高，Rb/Sr 值较低；与夕卡岩铜矿床有关的侵入体，Si、K、Ba、Sr、La 和 Fe^{3+}/Fe^{2+} 值相对较高，而 Mg、Sc、Ni、Cr 和 V 的含量相对较低；与夕卡岩金矿床有关的侵入体，具有与夕卡岩型铁矿床相似的偏铝质特征及 Si、Mg、Cr 和 Sc 含量，并具有与夕卡岩型铜矿床相似的 Ni、V 和 Y 含量；另外，与夕卡岩钨、锡和钼矿床有关的侵入体显示出更明显的壳源特征（Meinert，1993；Meinert et al.，2005；赵一鸣等，2012）。

大多数夕卡岩矿床都经历了由早期交代角页岩形成的远端夕卡岩，到晚期交代形成的粗粒、含矿的近端夕卡岩；包裹体和稳定同位素研究发现，早阶段的交代作用主要形成于高温（≥500℃）、高盐度（>50% $NaCl_{eq}$）的岩浆作用，并具有较高的 Si、K、Na、Al、Fe 和 Mg 的含量，而 Ca、CO_2 和 $\delta^{18}O$ 等含量/值相对较低；到晚阶段，由于热液流体发生相的分离，其交代作用形成于较低的温度（≤400℃）和较低的盐度（≤20% $NaCl_{eq}$），并富含水和硫化物，且退变质交代蚀变作用强烈（Lu et al.，2004；Meinert et al.，2005）。

夕卡岩型矿床也是中国最重要的矿床类型之一，是中国铁、铜、钨、锡和铋矿的主要矿床类型，是铍、钼、铅锌、金、银及部分非金属矿产的主要来源（赵一鸣，2002；赵一鸣等，2012）。已有研究表明，夕卡岩型铁矿主要在内接触带发育，往往伴随有钠长石化、正长石化和方柱石化等蚀变；夕卡岩型铜矿多与 I 型或磁铁矿系列的钙碱性斑状侵入体密切相关，常常伴有同时代的火山岩，并以网状脉、脆性断裂、热液角砾、强烈围岩蚀变及富含钙铁榴石为特征，并形成于较浅的地质环境中（Meinert et al.，2005；Peng et al.，

2014；赵海杰等，2010）。在实践勘查过程中，除这些岩浆岩及蚀变矿化标志外，矿化远端的漂白大理岩、流体逃逸构造和蚀变晕等都可以作为重要的勘查标志（Meinert et al.，2005；Chang and Meinert，2008）。

在实践找矿过程中，除运用上述提到的岩浆岩标志、围岩地层标志、构造环境标志、夕卡岩标志、流体包裹体标志等，地表的铁帽、地球物理、地球化学原生晕、挥发分及地质植物等，也都是重要的找矿标志（赵一鸣等，2012）。这些在实践勘查和理论研究过程中积累的找矿方法，对寻找不同类型夕卡岩矿床具有重要的指导作用。

1.3 鄂东南地区研究现状

鄂东南地区是长江中下游铜铁金多金属成矿带的重要组成部分（常印佛等，1991；舒全安等，1992；翟裕生等，1992）。区域内成矿地质条件优越，伴随着早白垩世大量中酸性岩浆侵入作用，形成了一大批夕卡岩（-斑岩）型铜、铁、金、钼和钨矿床（Li et al.，2014；Xie et al.，2015；舒全安等，1992）。

2006年以来，湖北省地质局第一地质大队、大冶有色金属有限公司铜绿山矿和湖北三鑫金铜股份有限公司等单位在鄂东南地区开展了一系列深部找矿勘查工作，相继发现了铜绿山隐伏XIII号矿体、鸡冠嘴隐伏VII号矿体、蚌壳地和铜山等夕卡岩型铜铁矿床（湖北省地质局第一地质大队，2010，2014；张世涛等，2017）。

1）基础地质研究

20世纪90年代，地质研究者主要根据野外的岩浆岩侵入关系、火山岩层序和传统的全岩或单矿物（黑云母、角闪石）K-Ar、^{40}Ar-^{39}Ar和Rb-Sr同位素测年方法，来确定鄂东南地区岩浆岩的形成时代（226～81Ma）。由于这些同位素体系封闭温度较低，很多情况下获得的年龄并不能代表岩浆岩侵位或喷出的真实年龄。

近十几年来，随着SHRIMP、Cameca SIMS和LA-ICP-MS技术的发展，锆石、榍石等单矿物原位U-Pb同位素定年的大量应用，对鄂东南地区出露的主要侵入岩及火山岩积累了大量的年代学数据。已有的年代学数据显示，区内的岩浆活动大体上可分为两期：早期的辉长岩-闪长岩-花岗闪长岩-石英闪长岩-花岗闪长斑岩的时代集中于152～134Ma，而晚期的花岗岩-石英二长岩、基性岩脉和火山岩的时代集中于134～127Ma（详见2.5节表2.1）。

已有研究表明，区内大量的中酸性侵入岩普遍具有埃达克岩的地球化学特征（Li et al.，2008，2009a；Xie et al.，2011a，2015）。目前，对于鄂东南地区的早白垩世岩浆岩存在以下不同的成因认识：①来自年轻的俯冲大洋板片部分熔融形成的埃达克岩（Li et al.，2009a）；②增厚或分层下地壳（>40km；Xie et al.，2011a；张旗等，2001）部分熔融形成的埃达克质岩；③富集地幔源区部分熔融或混入不同比例的壳源物质并发生分离结晶作用形成的（Li et al.，2008，2009a；Li et al.，2013；Xie et al.，2015；赵海杰等，2010）。

在鄂东南地区西侧的金牛盆地中，分布有一系列火山岩，由流纹岩、英安岩、玄武岩和玄武安山岩等组成，形成于130～125Ma（Xie et al.，2011a；谢桂青等，2006）。岩石地球化学特征表明，这些火山岩具有双峰式火山岩的特征，其中玄武岩与全球范围内富

Nb 玄武岩的特征相似，起源于富集地幔源区并经历了少量地壳物质混染作用（Xie et al.，2011a）。双峰式火山岩及基性侵入岩脉的产出，指示鄂东南地区早白垩世（137～125Ma）处于持续伸展的构造背景。

2）*矿床地质研究*

在矿床地质与矿床成因方面，前人对鄂东南地区重要的夕卡岩型矿床，如铜绿山铜铁金矿床、鸡冠嘴铜金矿床、大冶（铁山）铁铜矿床、程潮铁矿床、张福山铁矿床、阮家湾钨铜钼矿床和铜山口夕卡岩-斑岩型铜钼钨矿床等，都开展了大量的研究工作（Li et al.，2008，2010a，2014；Xie et al.，2011b，2011c；Deng et al.，2015；Hu et al.，2017；谢桂青等，2009；赵新福等，2006；朱乔乔等，2014a，2014b）。在成矿年龄方面，越来越多的高精度同位素定年数据，如榍石原位 U-Pb 定年、辉钼矿 Re-Os、金云母和角闪石 ^{40}Ar-^{39}Ar等，表明鄂东南地区夕卡岩（-斑岩）型矿床的形成时代集中于 143～135Ma，与相邻的侵入岩体密切相关（详见 2.5 节表 2.2）。

近年来，部分学者对鄂东南地区的夕卡岩矿床开展了较多的蚀变矿物微区微量元素分析，如石榴子石、磁铁矿和榍石等，为示踪矿床热液流体演化及分析矿床成因都发挥了较大的作用（Li et al.，2010a；Deng et al.，2015；Hu et al.，2015，2017；朱乔乔等，2014a，2014b）。对铜绿山铜铁金矿床，前人开展了关于成矿地质背景、控矿构造特征、成岩成矿年代学、岩石地球化学、成矿流体特征及来源等方面的详细研究，探讨了矿床的成因机制和成矿模式（Xie et al.，2011c；Zhao et al.，2012；Li et al.，2014；刘继顺等，2005；魏克涛等，2007；谢桂青等，2009；赵海杰等，2010，2012；胡清乐等，2011）。

1.4 研究内容和研究方法

在国土资源部公益性行业科研专项项目“鄂东南矿物地球化学勘查标志体系建立与应用”（编号：201511035）的研究基础上，本书围绕“蚀变矿物地球化学勘查”这个主题，瞄准当前国家急需的矿产资源，以鄂东南地区的铜绿山大型铜铁金矿床、鸡冠嘴大型铜金矿床及铜山口大型铜钼矿床为主要研究对象，进行深入的矿床学、矿物学、地球化学、矿床地球化学和矿产勘查等多学科综合研究，旨在查明典型热液矿床蚀变分带和矿物组合，揭示蚀变矿物的物理性质、结构和地球化学特征并探讨其变化规律，建立蚀变矿物地质-地球化学综合勘查标志体系，为金属矿产深部勘查提供新方法和新思路。

1.4.1 主要研究内容

选取在鄂东南地区具有代表性的铜绿山矿田和铜山口矿床建立蚀变矿物地球化学勘查标志体系，进行系统的三维定点采样，主要研究内容如下。

1）*矿床蚀变分带和矿物组合*

在三维定点采样的基础上：①主要针对目前矿山开采和深部钻孔所揭露的蚀变信息，研究矿床深部的岩体、围岩、地层与各蚀变矿化带的空间关系、蚀变矿物组合的空间分布特征和时序关系，完善已有的蚀变分带模型；②结合深部蚀变特征，对比已有的蚀变分带模型，深入研究矿床在垂向和平面上蚀变分带和矿物组合的变化；③利用矿物学、微区分析等方法确立不同期次的主要蚀变矿物和矿石矿物组合，区分不同成矿期次或同一期次不同位置的蚀变叠加对蚀变分带及矿物组合的影响。

2）蚀变矿物的物理特征

采用波谱测试技术，采集样本的波谱特征。选取分布范围广、矿化强度较大的蚀变/矿化矿物（如黄铁矿、石英、绿泥石等），采用阴极发光等方法，查明其矿物结构和波谱特征等的时空变化规律，揭示蚀变与成矿作用的内在联系。

3）蚀变矿物地球化学特征及其变化规律

选取分布范围广、矿化强度较大的蚀变/矿化矿物（如黄铁矿、绿泥石、石英等），利用微区分析，查明不同期次或同一期次不同近矿、远矿位置的蚀变/矿化矿物元素变化规律，查明矿床蚀变-矿化系统中重要元素的迁移、分带及富集规律，并利用矿物的元素变化规律进行矿化强弱、矿化类型等方面的判别。

4）蚀变矿物地球化学勘查标志体系及其应用

在蚀变矿物物化特征研究的基础上，结合典型热液矿床成矿模型、含矿地质体地球化学特征、成矿流体特征与演化过程、蚀变矿物地球化学特征，并收集总结已有的典型矿床化探异常、地球物理和遥感等方面的信息，提炼典型热液矿床的综合勘查标志体系，建立蚀变矿物数据库及勘查模型，开发定位预测软件，从而有效指导研究区相关金属矿床的找矿勘查。对已知矿床深部矿体进行定位预测，评价研究区内矿点、异常体的成矿潜力，圈定找矿靶区，并进行工程验证。

1.4.2　主要技术方案

1）铜绿山矿田和铜山口矿床三维蚀变精细填图

以往的研究虽然总结了部分矿床的蚀变分带特征及矿物组合等内容，也进行了图面标绘，但由于其多为二维（表层）地质情况，并且也未区分不同蚀变事件叠加的影响，这就造成了其成果在实际勘查中难以应用。同时，大量矿床在近些年开采过程中所获得的丰富地质现象并未及时得到总结。本书在三维（即地表+钻孔坑道）定位采样的基础上，确定蚀变矿物组合、成矿期次等内容，绘制矿床的精细三维地质和蚀变图，对矿床深部进行初步定位预测，并将其作为进一步研究蚀变矿物地球化学的基础。

2）鄂东南地区夕卡岩（-斑岩）型铜铁金矿床蚀变矿物特征、变化规律

鄂东南地区成矿作用主要与燕山期中酸性侵入岩有关，近矿岩石具有明显的热液蚀变作用，蚀变带的宽度大、范围广，需要查明不同期次或同一期次不同近矿、远矿位置的蚀变/矿化矿物物化特征的变化规律，进行矿化强弱、矿化类型等方面的判别。

3）指示矿物的确立和勘查模型的建立

确定指示矿物是建立蚀变矿物地区化学勘查体系的关键，依据指示矿物采样的位置信

息、物化数据等数字信息，建立蚀变矿物信息三维数学模型，结合成矿模型、成矿流体特征与演化过程、蚀变矿物地球化学特征等成果，建立勘查模型，开发定位预测软件，进行矿体的定位预测工作。

1.5 创新及特色

（1）以蚀变矿物为主要研究对象，抓住热液矿床研究的核心单元，开展综合的矿物物理化学性质研究，从而揭示蚀变矿物成因机制，实现蚀变矿物成因理论的创新与突破。

（2）以夕卡岩–斑岩型矿床为热液矿床典型实例，针对目前热液矿床矿体地质研究的薄弱环节，进行精细的蚀变分带和蚀变矿物组合研究，有利于实现热液矿床成矿理论的创新。

（3）以定点三维采样方式采集样品，利用 LA-ICP-MS 等先进手段进行蚀变矿物微量元素测试，从而揭示蚀变矿物微量元素的矢量变化规律，实现当前地球化学勘查应用方法的创新。

第2章　区域地质背景

2.1　大地构造背景

长江中下游成矿带位于扬子板块北缘，北邻秦岭-大别造山带，南接华夏板块，呈南西狭窄、北东宽阔的“V”字形（图2.1）(Mao et al.，2011；常印佛等，1991；周涛发等，2016)。在漫长的构造历史中，扬子板块曾经历了晋宁期、印支期、燕山期及喜马拉雅期等多期构造运动。

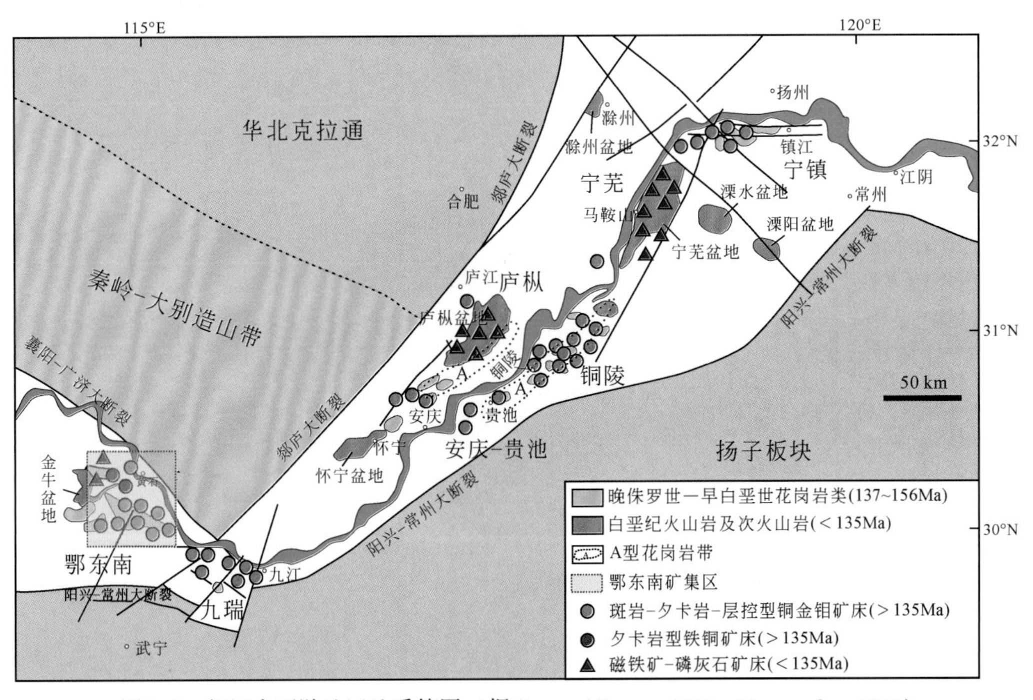

图2.1　长江中下游地区地质简图（据Pan and Dong，1999；Mao et al.，2011）

长江中下游成矿带是中国东部重要的铜铁金多金属成矿带，自西向东依次分布有鄂东南、九瑞、安庆-贵池、庐枞、铜陵、宁芜、宁镇七个中-大型矿集区（图2.1）(常印佛等，1991；毛景文等，2009；周涛发等，2012)。长江中下游成矿带北侧以襄阳-广济和郯庐大断裂与华北克拉通及秦岭-大别造山带相邻，南侧以阳兴-常州大断裂为界（图2.1）。已有的地球物理资料显示，在成矿带内大致沿长江流域存在一条隐伏的大断裂，或称为长江中下游裂陷或凹陷，其对长江中下游地区中生代中酸性岩浆岩及铜铁金多金属成矿起到重要的作用（Zhai et al.，1996；Pan and Dong，1999；Mao et al.，2011；常印佛等，1991；翟裕生等，1992；吕庆田等，2015a，2015b）。

新元古代时期，受晋宁造山运动影响，扬子板块与华夏板块发生碰撞拼合，形成古老的江南造山带及统一的华南陆块（Zheng et al.，2008；Zhao and Cawood，2012）。在整个古生代，扬子板块以稳定的滨海-前海相沉积为主，形成巨厚的碳酸盐岩和碎屑岩系。中生代时期，扬子板块发生了强烈的构造-岩浆活动；其中，在三叠纪，扬子板块与华北克拉通发生碰撞拼合，形成中国东部著名的秦岭-大别超高压变质造山带；至侏罗纪—白垩纪，扬子板块东部地区受到滨太平洋构造域的影响，经历了强烈的大陆岩石圈伸展和大规模构造-岩浆活动，并形成了大量铜铁金钼等多金属矿床（常印佛等，1991；翟裕生等，1992；谢桂青等，2009；周涛发等，2012）。

2.2　区域地层

在鄂东南地区，出露的地层较为齐全，从前震旦系到第四系均有发育，仅缺失中-下泥盆统和上石炭统（图2.2）。区域地层主要由前震旦系基底和震旦系—第四系沉积盖层组成，沉积盖层与基底之间呈角度不整合关系（舒全安等，1992）。

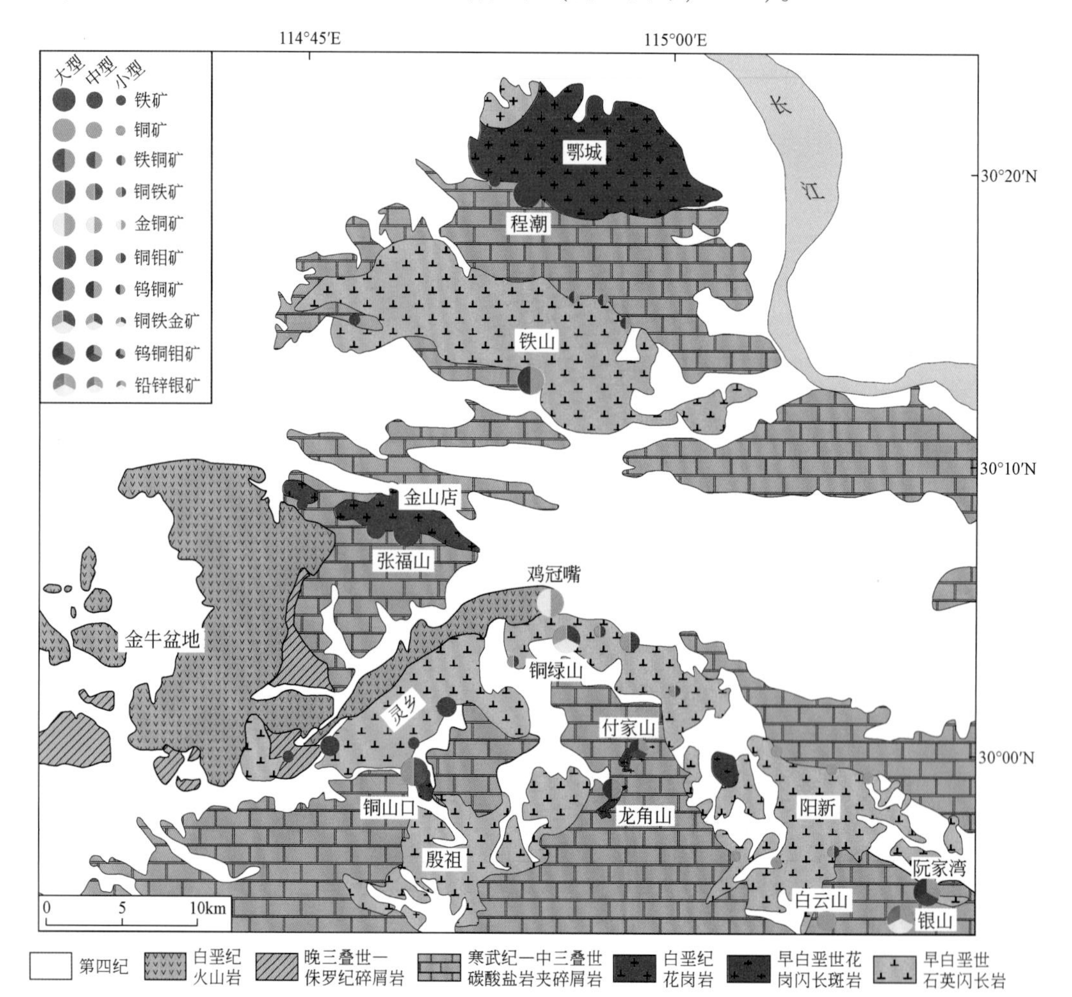

图2.2　鄂东南地区地质及矿产分布简图（据舒全安等，1992；Xie et al.，2015 修改）

前震旦系基底主要由变质奥长花岗岩-英云闪长岩-花岗闪长岩组合（TTG）及白云母石英片岩夹角闪岩等组成，主要分布在区域南部大幕山一带和北部大别山南坡等地区。震旦系由碎屑岩、白云岩和硅质岩等组成，分布在区域南部。寒武系至下三叠统的浅海相碳酸盐岩及少量碎屑岩，分布于区域中部的广大地区（图2.2）。中-上三叠统、侏罗系和下白垩统主要分布于黄石—大冶—灵乡以西，梁子湖以东地区，以陆相碎屑岩为主，局部为火山岩。上白垩统—新近系主要分布于长江沿岸和梁子湖、大冶湖、阳新盆地及其附近地区，为陆相碎屑岩，第四系松散沉积物分布于地势低洼地段（图2.2，图2.3）(佘元昌等，1985；舒全安等，1992)。其中，下三叠统大冶组碳酸盐岩分布广泛，是鄂东南地区铁铜成矿的重要赋矿围岩（舒全安等，1992；刘继顺等，2005）。

2.3　区域构造

鄂东南地区主要的构造运动发生在印支期和燕山期，在区域上形成了不同尺度的褶皱和断裂构造，大致可分为NW—NWW和NE—NNE向两组。印支运动奠定了区内盖层的构造格架，燕山运动的叠加形成了区内特殊的控岩控矿构造及大量的中酸性岩浆岩（舒全安等，1992；颜代蓉，2013）。

在鄂东南地区，印支期主要形成了区域性NWW向构造，该期构造形迹规模大、分布广泛，主要由一系列复式褶皱和走向断裂组成，对区域内中生代的成岩成矿具有重要的控制作用（图2.3）。

NWW复式褶皱自北向南依次分布有鄂城复背斜、碧石渡复向斜、保安倒转复背斜、大冶复向斜、殷祖复背斜、犀牛山倒转复背斜、富池口复背斜、鸡笼山倒转复向斜、枫林倒转复背斜等。NWW向断裂主要分布于背斜的核部或翼部岩性或岩相界面附近，局部被燕山期岩浆岩侵入，主要有鄂城断裂、铁山断裂、金山店断裂、保安-陶港断裂、银山-横山断裂等。这些断裂面多向南陡倾，与倒转褶皱轴面倾向相一致，体现出自南向北的逆冲推覆构造作用（舒全安等，1992；张伟，2015）。

相对于印支期构造，燕山期的构造形迹规模相对较小，但后者控制着区域内侏罗纪—白垩纪地层的展布和侵入岩体、岩脉等的产状，以及夕卡岩及大量铁铜矿床的空间分布。燕山期褶皱以（轴向）NNE向或NEE向为主，多分布在岩体的边部。NNE向褶皱主要包括马叫-铜绿山背斜、灵峰背斜、麻雀垴背斜、冯家山背斜等，多横跨于近NWW向褶皱之上。NEE向褶皱呈NNE向有序排列，包括磨石山背斜、双港口倒转背斜等（图2.3）（舒全安等，1992）。

燕山期断裂对区域内的岩浆岩及成矿作用具有重要的控制作用，主要包括NNE向、NWW向、NW向和NE向四组断裂。NNE向断裂有姜桥-下陆断裂、汪武颈-浮屠街断裂等；NWW向断裂大体分为两类，一类是继承印支期断裂再经燕山期构造作用改造而形成的，多被燕山期岩浆侵入，形成如鄂城、铁山、金山店等岩体，另一类属于燕山期新形成的断裂，主要产于岩体接触带上，有些已成为重要的控矿和储矿构造；NW向断裂多形成于燕山晚期；NE向断裂以区域西南侧的灵乡断裂为代表，为大冶火山-沉积盆地与殷祖-犀牛山隆起的分界线（图2.3）(舒全安等，1992)。

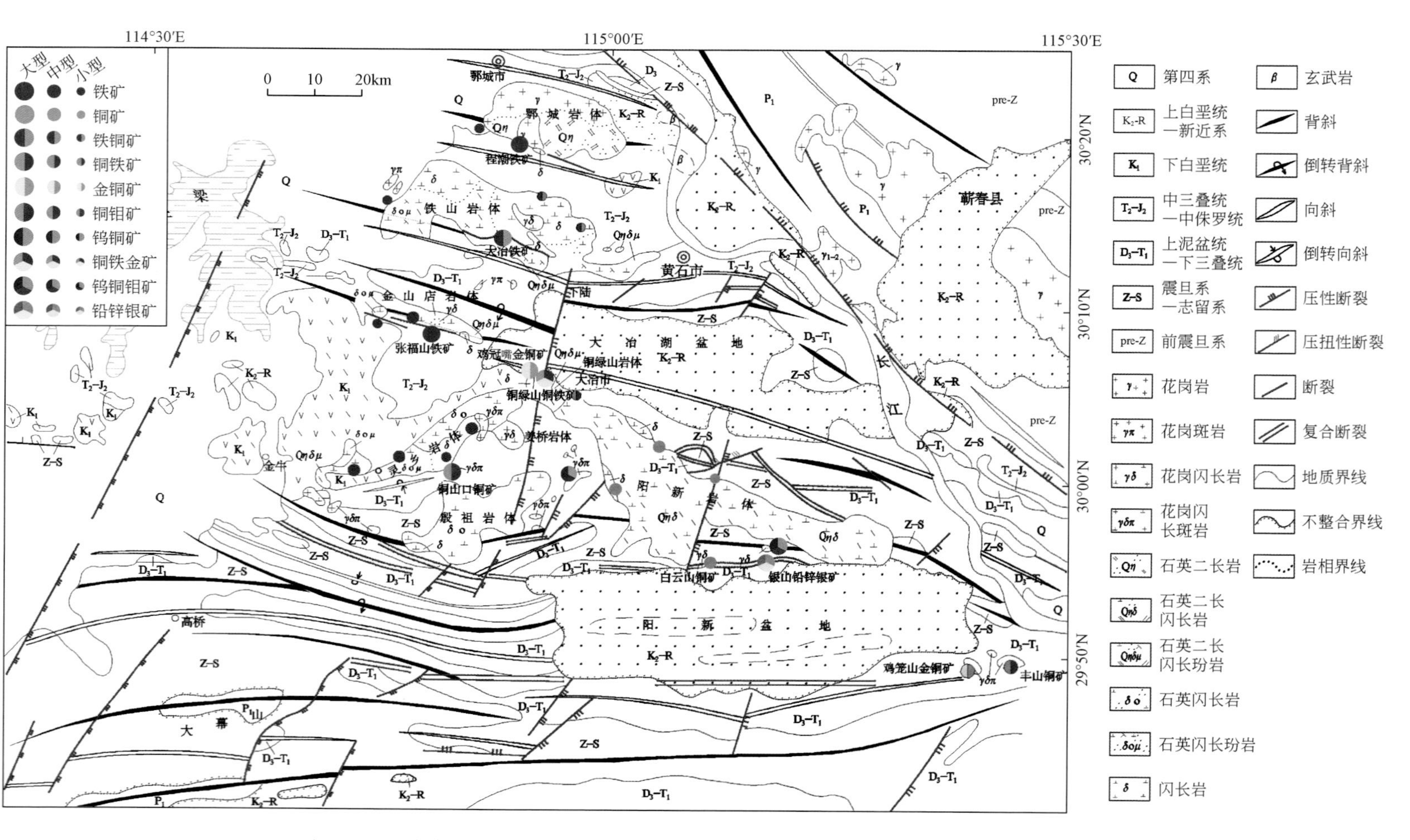

图 2.3　鄂东南地区构造及矿产分布简图（据湖北省地质局第一地质大队，2010）

2.4　区域岩浆岩

2.4.1　侵入岩

区内广泛发育的中酸性侵入岩，主要包括鄂城岩体（花岗岩和花岗闪长斑岩，约 100km^2）、铁山岩体（石英闪长岩和闪长岩，约 140km^2）、金山店岩体（石英二长岩、二长花岗岩和闪长岩，约 19km^2）、灵乡岩体（闪长岩和石英闪长岩，约 54km^2）、殷祖岩体（石英闪长岩，约 90km^2）和阳新岩体（石英闪长岩，约 215km^2）六大杂岩体（图 2.2，图 2.3）。这些岩体主要产于隆起带上的短轴背斜中，单一岩体呈 NNE 走向，均为不同期次侵入的复式岩体，多为中-中浅成相。此外，还有铜绿山（石英二长闪长岩）、铜山口（花岗闪长斑岩）、阮家湾（石英闪长岩）、龙角山（花岗闪长斑岩）、南山茶厂（花岗闪长斑岩）等 100 多个小岩株（图 2.2，图 2.3）。在这些大岩基或小岩株内部，也发育有多条后期的基性-中酸性岩脉，主要包括云母煌斑岩、闪斜煌斑岩、辉长岩、辉绿（玢）岩、闪长玢岩、钠长斑岩、花岗岩等。

大量的高精度锆石 U-Pb 测年数据表明，区内的岩浆活动主要分为两期：早期的辉长岩-闪长岩-花岗闪长岩-石英闪长岩-花岗闪长斑岩的时代集中于 152 ~ 134Ma，晚期的花岗岩-石英二长岩、基性岩脉和火山岩的时代集中于 134 ~ 127Ma（表 2.2）（Xue et al.，2006；Xie et al.，2008，2011a，2011b，2011c，2016；Li et al.，2009a，2010a，2014；Hu et al.，2017；谢桂青等，2006；邓晓东等，2012；姚磊等，2013；丁丽雪等，2016，2017）。已有研究表明，区域内与铜铁金成矿有关的中酸性岩浆岩普遍具有埃达克岩的地球化学特征（Li et al.，2008，2009a；Xie et al.，2011c，2015）。目前，对这类岩浆岩的成因仍存在加厚下地壳或分层下地壳部分熔融和富集地幔成因等争议（Li et al.，2008，2009a；Li et al.，2013；Xie et al.，2015；张旗等，2001；赵海杰等，2010）。

2.4.2　火山岩

火山岩主要分布于鄂东南地区的西侧，位于保安和金牛、灵乡镇之间（图 2.2，图 2.3），面积约 200km^2，为继承式火山岩盆地，厚约 2000m，自下而上可分为马架山组、灵乡组和大寺组，岩性包括英安岩、玄武岩、流纹岩、粗面岩等（舒全安等，1992）。近年来的高精度锆石 U-Pb 年代学研究表明，区内这些火山岩喷发时间在 130 ~ 125Ma，持续时间约为 5Ma（李瑞玲等，2012；Xie et al.，2011c；谢桂青等，2006）。

2.5　区域成矿特征

鄂东南地区是长江中下游成矿带内最重要的铁铜多金属矿集区之一。区内金属和非金属矿产资源丰富，以铁矿和铜矿为主，共生或伴生有金、钨、钼、锌、铅、钴、镍、铟、铼、硒、碲、铀、硫、石膏、硅灰石等（常印佛等，1991；舒全安等，1992）。其中，铁、铜和金的金属储量在国内夕卡岩型矿床中占有极其重要的地位（谢桂青等，2009）。截至2017年年底，鄂东南地区已探明的铁矿石资源量超过8亿t，铜金属资源量超过400万t，金金属资源量超过250t（Xie et al.，2011b，2015；Zhao et al.，2012；谢桂青等，2008）。

从空间分布上来看，鄂东南地区的成矿作用具有一定的分带性，即自北西向南东方向，依次变化为铁矿带、铁铜矿带、铜矿（金）带、铜钼矿带至钨铜钼矿带（Xie et al.，2015；舒全安等，1992）。区内产有程潮和张福山大型夕卡岩铁矿床、铁山（大冶铁矿）大型夕卡岩铁铜矿床、铜绿山大型夕卡岩铜铁金矿床、鸡冠嘴大型夕卡岩铜金矿床、桃花嘴中型夕卡岩铜铁矿床、铜山口大型斑岩-夕卡岩铜钼矿床、白云山中型斑岩铜矿床、阮家湾大型夕卡岩钨铜钼矿床、龙角山中型夕卡岩钨铜矿床和付家山中型夕卡岩钨铜钼矿床等（Xie et al.，2011b，2015；Zhao et al.，2012；Li et al.，2014；丁丽雪等，2014）。

近年来，越来越多的高精度成矿年龄，如辉钼矿Re-Os、金云母和角闪石^{40}Ar-^{39}Ar、榍石原位U-Pb定年等，表明鄂东南地区斑岩-夕卡岩型矿床的成矿时代集中于143～135Ma，与相邻的侵入岩体密切相关（表2.1，表2.2）（Xie et al.，2011c；Li et al.，2008，2010a，2014；Deng et al.，2015；Hu et al.，2017；赵新福等，2006；谢桂青等，2009；王建等，2014a；朱乔乔等，2014a）。

表2.1　鄂东南地区主要岩浆岩成岩年龄统计表

岩体名称	岩性	测试矿物及分析方法	测点数	年龄/Ma	资料来源
殷祖岩体	石英闪长岩	SHRIMP 锆石 U-Pb	12	151.8±2.7	Li et al.，2009b
	石英闪长岩	角闪石^{40}Ar-^{39}Ar	1	151±2	Li et al.，2014
	石英闪长岩	角闪石^{40}Ar-^{39}Ar	1	151.0±1.9	Li et al.，2014
	石英闪长岩	LA-ICP-MS 锆石 U-Pb	17	148±1	丁丽雪等，2017
	黑云母角闪辉长岩	LA-ICP-MS 锆石 U-Pb	19	151±1	丁丽雪等，2017
	闪长岩	SIMS 锆石 U-Pb	20	146.5±1.0	Li et al.，2010b
灵乡岩体	闪长岩	LA-ICP-MS 锆石 U-Pb	20	141.1±0.7	Li et al.，2009a
	石英闪长岩	SIMS 锆石 U-Pb	19	145.5±1.1	Li et al.，2010b
	闪长岩	LA-ICP-MS 锆石 U-Pb	14	142±1	Xie et al.，2011c
铜山口岩体	花岗闪长斑岩	SIMS 锆石 U-Pb	19	143.4±1.0	Li et al.，2010b
	斑状花岗闪长岩	SHRIMP 锆石 U-Pb	14	140.6±2.4	Li et al.，2008
阳新岩体	石英闪长岩	SHRIMP 锆石 U-Pb	14	138.5±2.5	Li et al.，2009a
	二长岩	SHRIMP 锆石 U-Pb	18	134±2	Xue et al.，2006
	石英闪长岩	SIMS 锆石 U-Pb	20	139.2±1.0	Li et al.，2010b
	石英闪长岩	SIMS 锆石 U-Pb	20	141.4±1.0	Li et al.，2010b
	石英闪长岩	LA-ICP-MS 锆石 U-Pb	20	141±1	丁丽雪等，2016
	黑云母石英闪长岩	LA-ICP-MS 锆石 U-Pb	16	140±2	丁丽雪等，2016
	石英闪长岩	LA-ICP-MS 锆石 U-Pb	20	143±1	丁丽雪等，2016

续表

岩体名称	岩性	测试矿物及分析方法	测点数	年龄/Ma	资料来源
阳新岩体	黑云母石英闪长岩	LA-ICP-MS 锆石 U-Pb	19	139±2	丁丽雪等，2016
	花岗斑岩	LA-ICP-MS 锆石 U-Pb	13	141±2	Xie et al.，2011c
	石英闪长岩	LA-ICP-MS 锆石 U-Pb	17	142±2	Xie et al.，2011c
铜绿山岩体	石英闪长岩	LA-ICP-MS 锆石 U-Pb	12	136.0±1.5	Li et al.，2010a
	钠长斑岩	LA-ICP-MS 锆石 U-Pb	5	120.6±2.3	Li et al.，2010a
	花岗伟晶岩	钾长石激光阶段加热^{40}Ar-^{39}Ar	1	136.5±0.7	邓晓东等，2012
	石英正长闪长玢岩	SHRIMP 锆石 U-Pb	12	146±2	梅玉萍等，2008
	石英闪长岩	SHRIMP 锆石 U-Pb	15	140±2	Xie et al.，2011c
	石英二长岩	SIMS 锆石 U-Pb	19	139.8±0.9	Li et al.，2010b
	石英二长岩	LA-ICP-MS 锆石 U-Pb	16	142.0±1.0	Li et al.，2014
	石英正长闪长玢岩	LA-MC-ICP-MS 锆石 U-Pb	18	140±2	黄圭成等，2013
	石英闪长岩	LA-ICP-MS 锆石 U-Pb	17	139±1	Xie et al.，2011c
	闪长岩	LA-MC-ICP-MS 锆石 U-Pb	13	150±2	黄圭成等，2013
	石英闪长岩	LA-MC-ICP-MS 锆石 U-Pb	18	145±2	黄圭成等，2013
	石英二长闪长岩	LA-MC-ICP-MS 锆石 U-Pb	19	141.0±0.8	本书
	石英二长闪长玢岩	LA-MC-ICP-MS 锆石 U-Pb	18	141.3±1.1	本书
阮家湾岩体	花岗闪长岩	LA-ICP-MS 锆石 U-Pb	16	143±1	颜代蓉等，2012
	石英闪长岩	LA-ICP-MS 榍石 U-Pb	14	132±2	Deng et al.，2015
	辉绿岩	LA-ICP-MS 榍石 U-Pb	9	131±2	Deng et al.，2015
	闪斜煌斑岩	LA-ICP-MS 锆石 U-Pb	13	135±1	颜代蓉，2013
犀牛山岩体	花岗闪长斑岩	LA-ICP-MS 锆石 U-Pb	15	147±1	颜代蓉等，2012
龙角山-付家山岩体	花岗闪长斑岩	LA-ICP-MS 锆石 U-Pb	17	147±1	颜代蓉等，2012
	花岗闪长斑岩	LA-ICP-MS 锆石 U-Pb	15	144±1	丁丽雪等，2014
丰山洞岩体	花岗闪长斑岩	SHRIMP 锆石 U-Pb	16	146±2	Xie et al.，2011c
鸡笼山岩体	花岗闪长斑岩	SHRIMP 锆石 U-Pb	7	138.1±1.9	陈富文等，2011
白果树岩体	花岗闪长斑岩	LA-ICP-MS 锆石 U-Pb	14	151.6±0.7	王建等，2014a
	花岗闪长斑岩	LA-ICP-MS 锆石 U-Pb	14	151.6±0.7	王建等，2014a
	花岗闪长斑岩	LA-ICP-MS 锆石 U-Pb	20	142.4±0.7	王建等，2014a
鄂城岩体	石英闪长岩	LA-ICP-MS 锆石 U-Pb	18	143±2	Xie et al.，2011c
	中粒花岗岩	LA-ICP-MS 锆石 U-Pb	15	130±1	Xie et al.，2011c
	粗粒花岗岩	LA-ICP-MS 锆石 U-Pb	15	127±1	Xie et al.，2011c
	石英闪长岩	SHRIMP 锆石 U-Pb	10	129±2	Xie et al.，2012
	花岗岩	LA-ICP-MS 锆石 U-Pb	18	127±2	Xie et al.，2012
	花岗岩	LA-ICP-MS 锆石 U-Pb	26	128.8±0.5	姚磊等，2013
	石英闪长斑岩	LA-ICP-MS 锆石 U-Pb	28	128.3±0.5	姚磊等，2013

续表

岩体名称	岩性	测试矿物及分析方法	测点数	年龄/Ma	资料来源
鄂城岩体	闪长岩	LA-ICP-MS 锆石 U-Pb	24	140.0±0.3	姚磊等，2013
	辉绿玢岩	LA-ICP-MS 锆石 U-Pb	15	125.5±0.5	姚磊等，2013
	花岗岩	LA-ICP-MS 锆石 U-Pb	14	131±0.3	Hu et al.，2017
	石英闪长岩	LA-ICP-MS 锆石 U-Pb	10	131.1±1.0	Hu et al.，2017
	花岗岩	LA-ICP-MS 锆石 U-Pb	10	130±1	Hu et al.，2017
铁山岩体	石英闪长岩	LA-ICP-MS 锆石 U-Pb	11	142±3	Xie et al.，2011c
	石英闪长岩	SHRIMP 锆石 U-Pb	13	135.8±2.4	Li et al.，2009a
	辉长岩	SHRIMP 锆石 U-Pb	16	137±2	Xie et al.，2011b
金山店岩体	石英闪长岩	LA-ICP-MS 锆石 U-Pb	19	127±2	Xie et al.，2012
	花岗岩	LA-ICP-MS 锆石 U-Pb	18	133±1	Xie et al.，2012
王豹山岩体	闪长岩	LA-ICP-MS 锆石 U-Pb	14	132.4±1.3	Li et al.，2009a
	二长岩	LA-ICP-MS 锆石 U-Pb	14	127.5±1.6	Li et al.，2009a
	辉长闪长岩	LA-ICP-MS 锆石 U-Pb	20	121.5±0.6	Li et al.，2009a
金牛岩体	马架山组流纹岩	SHRIMP 锆石 U-Pb	13	130±2	Xie et al.，2011b
	灵乡组玄武岩	SHRIMP 锆石 U-Pb	13	128±1	Xie et al.，2011b
	大寺组流纹岩	SHRIMP 锆石 U-Pb	15	127±2	Xie et al.，2011b
	大寺组流纹岩	SHRIMP 锆石 U-Pb	16	127±2	Xie et al.，2011b
	大寺组流纹岩	SHRIMP 锆石 U-Pb	17	127±1	Xie et al.，2011b
	大寺组玄武安山岩	SHRIMP 锆石 U-Pb	11	125±2	Xie et al.，2011b
	大寺组粗安岩	LA-ICP-MS 锆石 U-Pb	13	127±1	Xie et al.，2011c
	大寺组英安岩	SHRIMP 锆石 U-Pb	13	128±1	谢桂青等，2006

表 2.2　鄂东南地区主要矿床成矿年龄统计表

矿床名称	测试矿物及分析方法	测点数/件	年龄/Ma	资料来源
程潮铁矿床	金云母^{40}Ar-^{39}Ar	1	132.6±1.4	Xie et al.，2012
	LA-ICP-MS 榍石 U-Pb	29	131.2±0.2	Hu et al.，2017
大冶铁铜矿床	金云母^{40}Ar-^{39}Ar	1	140.9±1.2	Xie et al.，2007
	金云母^{40}Ar-^{39}Ar	1	144.7±0.9	Li et al.，2014
	金云母^{40}Ar-^{39}Ar	1	147.5±1.1	Li et al.，2014
	金云母^{40}Ar-^{39}Ar	1	148.1±1.0	Li et al.，2014
张福山铁矿床	金云母^{40}Ar-^{39}Ar	1	131.6±1.2	Xie et al.，2012
	LA-ICP-MS 榍石 U-Pb	18	129.5±1.1	朱乔乔等，2014a
	LA-ICP-MS 榍石 U-Pb	18	130.4±1.2	朱乔乔等，2014a
	LA-ICP-MS 榍石 U-Pb	26	127.0±12.0	朱乔乔等，2014a

续表

矿床名称	测试矿物及分析方法	测点数/件	年龄/Ma	资料来源
铜绿山铜铁金矿床	金云母^{40}Ar-^{39}Ar	1	140.9±0.9	Li et al., 2014
	金云母^{40}Ar-^{39}Ar	1	141.3±1.0	Li et al., 2014
	金云母^{40}Ar-^{39}Ar	1	140.5±1.0	Li et al., 2014
	金云母^{40}Ar-^{39}Ar	1	140.6±0.9	Li et al., 2014
	金云母^{40}Ar-^{39}Ar	1	140.7±1.0	Li et al., 2014
	金云母^{40}Ar-^{39}Ar	1	141.3±1.1	Li et al., 2014
	金云母^{40}Ar-^{39}Ar	1	147.9±0.9	Li et al., 2014
	金云母^{40}Ar-^{39}Ar	1	140.8±1.1	Li et al., 2014
	金云母^{40}Ar-^{39}Ar	1	136.5±0.7	Li et al., 2014
	金云母^{40}Ar-^{39}Ar	1	136.1±0.7	Li et al., 2014
	LA-ICP-MS 榍石 U-Pb	14	135.9±1.3	Li et al., 2010a
	金云母^{40}Ar-^{39}Ar	1	140.3±0.3	Xie et al., 2011b
	辉钼矿 Re-Os 等时线年龄	5	137.3±2.4	Xie et al., 2011b
	辉钼矿 Re-Os 模式年龄	1	137.8±1.7	Xie et al., 2007
	辉钼矿 Re-Os 模式年龄	1	138.1±1.8	Xie et al., 2007
鸡冠嘴铜金矿床	辉钼矿 Re-Os 等时线年龄	5	138.2±2.2	Xie et al., 2011b
桃花嘴铜铁矿床	辉钼矿 Re-Os 等时线年龄	2	138.3±2.0	Xie et al., 2011b
	金云母^{40}Ar-^{39}Ar	1	139.9±1.1	Xie et al., 2011b
钱家湾铁矿床	辉钼矿 Re-Os 模式年龄		137.7±1.7	Xie et al., 2007
铜山口铜钼矿床	辉钼矿 Re-Os 等时线年龄	6	143.8±2.6	Li et al., 2008
	金云母^{40}Ar-^{39}Ar	1	143.0±0.3	Li et al., 2008
	辉钼矿 Re-Os 模式年龄	1	143.5±1.7	Xie et al., 2007
	辉钼矿 Re-Os 模式年龄	1	142.3±1.8	Xie et al., 2007
	辉钼矿 Re-Os 模式年龄	1	142.3±2.0	Xie et al., 2007
	辉钼矿 Re-Os 模式年龄	1	143.7±1.8	Xie et al., 2007
	辉钼矿 Re-Os 模式年龄	1	142.8±1.9	Xie et al., 2007
	辉钼矿 Re-Os 模式年龄	1	142.4±1.9	Xie et al., 2007
楠竹山铁矿床	金云母^{40}Ar-^{39}Ar	1	157.3±1.2	Li et al., 2014
	金云母^{40}Ar-^{39}Ar	1	157.4±1.3	Li et al., 2014
	金云母^{40}Ar-^{39}Ar	1	148.1±1.2	Li et al., 2014
	金云母^{40}Ar-^{39}Ar	1	148.9±1.0	Li et al., 2014
阮家湾钨铜钼矿床	辉钼矿 Re-Os 模式年龄	1	143.6±1.7	Xie et al., 2007
	LA-ICP-MS 榍石 U-Pb	18	142±2	Deng et al., 2015
白云山铜矿床	辉钼矿 Re-Os 等时线年龄	4	140.0±8.4	Li et al., 2014
鸡笼山金铜矿床	辉钼矿 Re-Os 等时线年龄	5	148.6±1.5	王建等，2014b
丰山洞铜金矿床	辉钼矿 Re-Os 模式年龄	1	144.0±2.1	Xie et al., 2007

第3章　铜绿山夕卡岩型铜铁金矿床

铜绿山铜铁金矿床位于湖北省大冶市铜绿山镇，地理坐标为30°04′30″N，114°55′42″E，海拔约25m，距离大冶市区西南约4km（图3.1）。铜绿山矿床是我国著名的古铜矿，距今已有3000多年的采矿史，可追溯至古代青铜器时代，也是目前中国东部最大的夕卡岩型铜多金属矿床（魏克涛等，2007；谢桂青等，2009；张世涛等，2017）。截至2017年年底，铜绿山矿床已累计探明铜金属资源量超过1.44Mt（平均品位1.66%），金金属资源量81t（平均品位0.45g/t），铁矿石资源量0.86亿t（平均品位39.4%），以及伴生钴、银、钼等多种金属（湖北省地质局第一地质大队，2010；张世涛等，2017）。

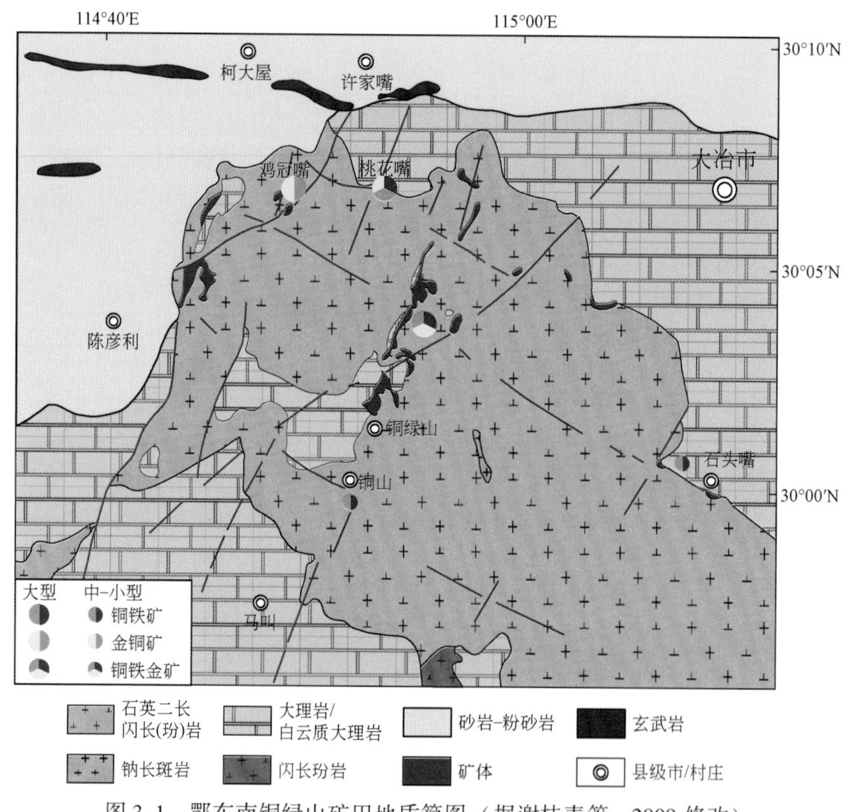

图3.1　鄂东南铜绿山矿田地质简图（据谢桂青等，2009修改）

3.1　矿区地质背景

3.1.1　矿区地层

在铜绿山矿区，出露的地层主要有下三叠统大冶组（T_1d）、中下三叠统嘉陵江组

($T_{1-2}j$)、下白垩统大寺组（K_1d）和第四系（Q）。其中，大冶组和嘉陵江组的碳酸盐岩出露最为广泛，与铜铁金成矿作用密切相关（舒全安等，1992；刘继顺等，2005）。

1）大冶组（T_1d）

大冶组为一套连续的海相碳酸盐岩沉积，岩性以灰岩及白云岩为主，与下伏大隆组为整合接触关系。大冶组地层在大冶地区总厚为235～910m，自下而上可分为4个岩性段(T_1d^1—T_1d^4)。在铜绿山矿区，仅有第三至第四岩性段呈隐伏状产出。大冶组第三岩性段(T_1d^3)，主要位于铜绿山矿区-640～-460m，厚度大于220m，自下而上为夕卡岩化条带状含白云石大理岩、条带状大理岩、大理岩及含白云石大理岩；第四岩性段（T_1d^4），主要位于矿区-365m标高左右，厚度约为107m，自下而上为厚层状大理岩、中厚层大理岩夹白云石大理岩、含白云石大理岩等。

2）嘉陵江组（$T_{1-2}j$）

嘉陵江组在铜绿山矿区分布较广泛，为一套滨海相及潟湖相碳酸盐岩沉积，自下而上可分为3个岩性段。第一岩性段（$T_{1-2}j^1$），位于-125m标高左右，厚度约250m，岩性自下而上为含白云石大理岩、白云石大理岩；第二岩性段（$T_{1-2}j^2$），厚度约220m，岩性自下而上为角砾状大理岩-黑白相间条带状含白云石大理岩、白云石大理岩夹大理岩；第三岩性段（$T_{1-2}j^3$），厚度约330m，岩性自下而上为白云石大理岩、角砾状白云石大理岩、白云石大理岩。

3）大寺组（K_1d）

大寺组火山岩仅零星分布于矿区西南及Ⅺ号矿体附近，岩性主要为流纹质凝灰角砾熔岩和凝灰岩等。

4）第四系（Q）

第四系分布较广，在矿区23线以北的大冶湖内有冲积砂、砾石层与湖积黏土层。另外，在地表矿体周围有残积、坡积层和人工堆积层（图3.2）。

3.1.2　矿区构造

铜绿山矿区位于阳新岩体西北端，大冶复式向斜南翼与NNE向下陆-姜桥断裂交汇处(图3.2)(谢桂青等，2009)。矿区内的构造主要包括NWW向与NNE向褶皱和断裂，其中，NNE向构造尤为发育，是铜绿山矿区的主要控矿构造形式（图2.3，图3.2）。

1）褶皱构造

矿区内的褶皱构造以NWW向和NNE向为主。其中，NWW向为大冶湖向斜南翼的次级褶皱；而NNE向为叠加褶皱，即柯家山-仙人座横跨背斜。该背斜是铜绿山矿区主要的控矿构造形式，轴部呈北东约22°展布，向北倾伏，背斜核部地层为大冶组第三和第四岩性段（T_1d^3—T_1d^4），翼部为大冶组第一和第二岩性段（T_1d^1—T_1d^2）(图3.1，图3.2)。矿区浅部和深部新发现的隐伏矿体，都主要沿背斜的两翼及核部分布。

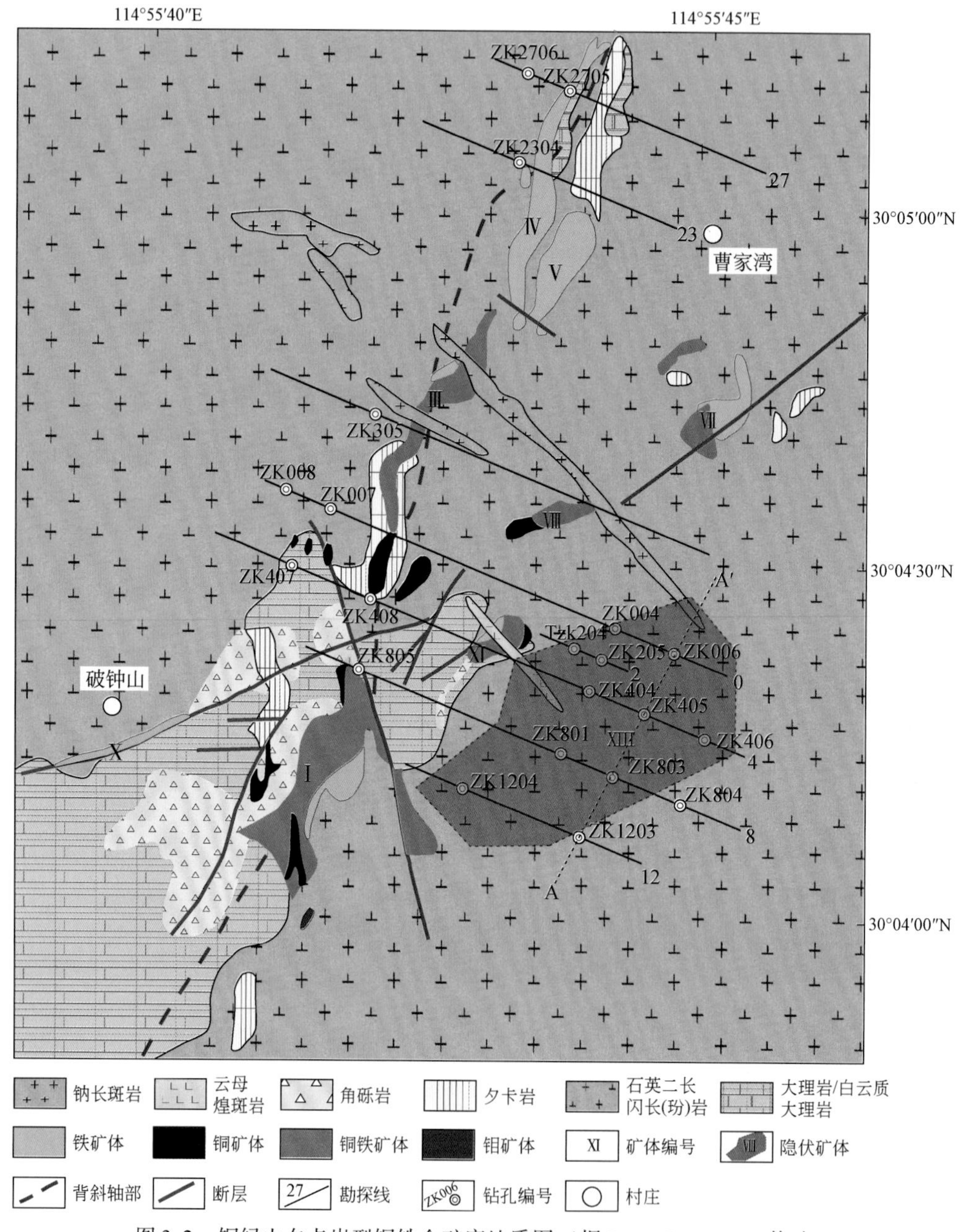

图 3.2　铜绿山夕卡岩型铜铁金矿床地质图（据 Li et al.，2010a 修改）

2）断裂构造

矿区内的断裂构造主要有 NW、NNE 和 NE 向三组（图 3.1）。断裂一般延伸不大，只数十米至数百米。其中，NNE 向断裂大致沿着 NNE 向背斜的轴部分布（图 3.1，图 3.2）。NE 向断裂规模较大，断续长达 2000 余米，控制着Ⅹ、Ⅺ、Ⅷ和Ⅶ号矿体的分布（图 3.2）。

3.1.3　矿区岩浆岩

我们在前人研究的基础上，通过详细的野外地质调查、钻孔岩心编录、井下坑道剖面及室内岩相学观察，在铜绿山矿区厘定出7类岩浆岩，分别为石英二长闪长岩及赋存其中的暗色微粒包体、石英二长闪长玢岩、花岗岩、钠长斑岩、闪长玢岩和云母煌斑岩（图3.3）。

在矿区出露最为广泛且与铜铁金成矿密切相关的岩浆岩是石英二长闪长岩株体，在空间上呈椭球状，侵位于下三叠统大冶组碳酸盐岩中，出露面积约11km²（图3.1）。在空间上，石英二长闪长岩体自东南深部向西北浅部，发生较为有规律的岩相变化，即由粗粒石英二长闪长岩（中深成相）、中粗粒石英二长闪长岩（中浅成相）向中细粒石英二长闪长岩（浅成相）过渡。石英二长闪长岩中发育有暗色微粒包体，主要见于部分钻孔深部的岩心中（图3.3a）。

此外，在内接触带附近，局部发现有石英二长闪长玢岩与石英二长闪长岩呈渐变过渡关系，且二者周围都发育有夕卡岩及矿化。如钻孔ZK408深部接触带（-889.4～-839.6m）和ZK2705（-464.2～-415.8m），以石英二长闪长玢岩为主，局部发育夕卡岩及矿化（图3.3b）。与常见的浅成相玢岩不同，铜绿山的石英二长闪长玢岩，主要见于矿区中-深部内接触带附近，与岩体侵位的深度并无明显的相关性。这可能是由于岩浆在冷凝结晶过程中，局部遇到较冷的碳酸盐围岩时发生温度骤降而形成。

花岗岩、钠长斑岩、闪长玢岩和云母煌斑岩主要以后期岩脉的形式分别侵入石英二长闪长岩或夕卡岩矿体中，均为成矿期后的岩浆活动产物，但目前未观察到这四种岩脉之间的侵入接触关系（图3.3a，c～h）。其中，钠长斑岩的延伸及厚度变化较大，并常具有平行排列、局部分支及尖灭再现等特点。另外，在矿区西南侧及Ⅺ号矿体附近，有下白垩统大寺组的流纹质凝灰角砾熔岩和凝灰岩零星分布。

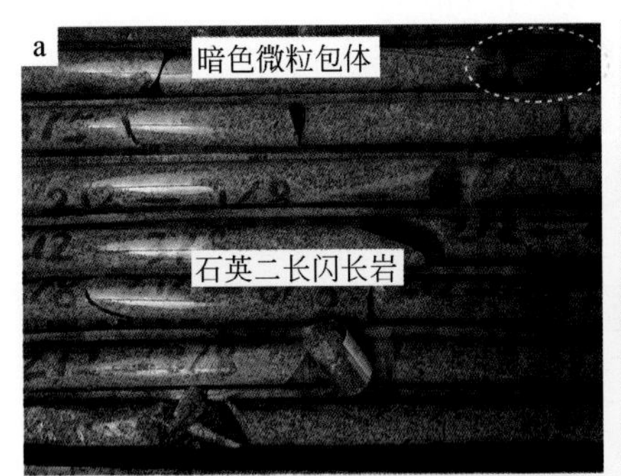

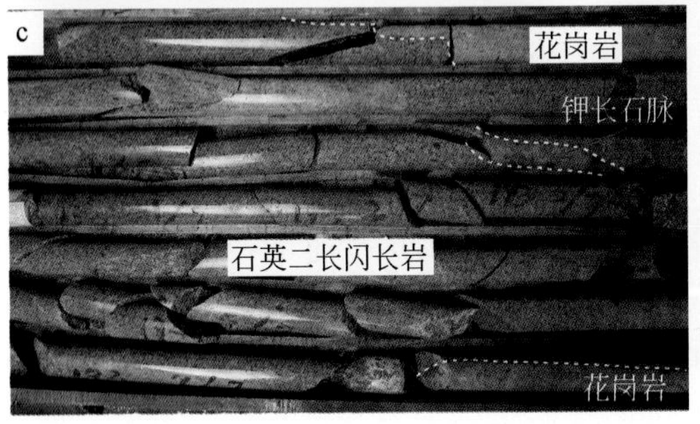

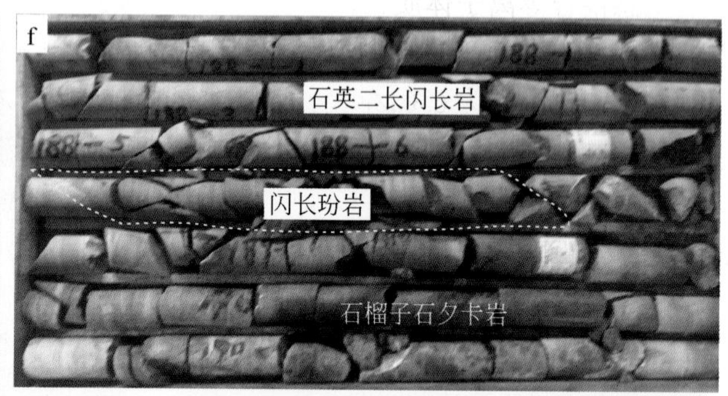

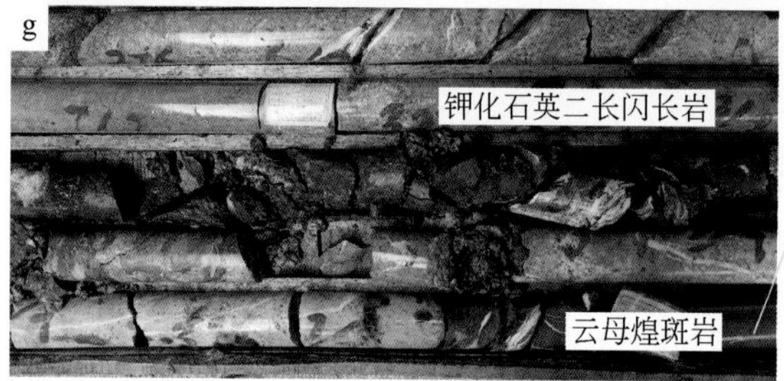

图 3.3 铜绿山铜铁金矿床主要岩浆岩类型及其侵入接触关系

a. 含暗色微粒包体的石英二长闪长岩（钻孔岩心照片）；b. 局部发生钾化、夕卡岩化的石英二长闪长玢岩（同上）；c. 花岗岩脉侵入石英二长闪长岩中（同上）；d. 钠长斑岩侵入石英二长闪长岩中，在接触部位产生较强钾化的石英二长闪长岩（同上）；e. 钠长斑岩侵入石英二长闪长岩，导致后者发生较强的钾化和绢云母化蚀变，而钠长斑岩顶部可见暗色的冷凝边（矿区坑道照片）；f. 钻孔中少见的闪长玢岩脉侵入石英二长闪长岩中，后者下接触带局部已蚀变为石榴子石夕卡岩（钻孔岩心照片）；g，h. 深绿色云母煌斑岩侵入已发生强钾化的石英二长闪长岩，后期被少量的方解石细脉切割（同上）

3.2 分析方法

本节涉及的测试和分析方法主要包括锆石 U-Pb 测年及微量元素分析，全岩主量、微量及稀土元素分析，扫描电子显微镜（SEM）分析，电子探针成分分析（EMPA），短波红外（SWIR）光谱分析及绿泥石 LA-ICP-MS 微量元素分析等。

3.2.1 锆石 U-Pb 测年及微量元素分析

对采自铜绿山矿区的 2 件样品进行锆石 U-Pb 同位素测年及微量元素分析。首先，对 2 件岩石样品的锆石进行常规重砂分选，在双目镜下挑选出具有代表性的锆石颗粒进行制靶，然后对锆石进行透射光和反射光观察以及阴极发光（CL）照相。单颗粒锆石制靶和 CL 图像拍摄工作在重庆宇劲科技有限公司完成。通过对比，选择环带相对清晰、无裂缝且无包裹体的颗粒位置进行锆石 U-Pb 测年及微量元素的测试。

锆石 LA-ICP-MS U-Pb 测年及微量元素分析在南京聚谱检测科技有限公司完成。193nm ArF 准分子激光剥蚀系统由 Teledyne Cetac Technologies 制造，型号为 Analyte Excite。四极杆型电感耦合等离子体质谱仪（ICP-MS）由安捷伦科技（Agilent Technologies）有限公司制造，型号为 Agilent 7700x。准分子激光发生器产生的深紫外光束，经匀化光路聚焦于锆石表面，能量密度为6.0J/cm^2，束斑直径为35μm，频率为8Hz，共剥蚀40s，剥蚀气溶胶由氦气送入 ICP-MS 完成测试。测试过程中以标准锆石 91500 为外标，校正仪器质量歧视与元素分馏；以标准锆石 GJ-1 为盲样，检验 U-Pb 测年数据质量；以 NIST SRM 610 为外标，以 Si 为内标来标定锆石中的 Pb 元素含量，以 Zr 为内标来标定锆石中其余微量元素含量（Liu et al.，2010a；Hu et al.，2011）。本次采用 ICPMSDataCal 10.1 软件对原始数据进行了处理（Liu et al.，2010a，2010b）。

3.2.2　全岩主量、微量及稀土元素分析

对7件全岩样品进行主量、微量及稀土元素分析，相关的测试均在澳实分析检测（广州）有限公司完成。首先，将样品用碳化钨钢研磨体磨至200目左右，然后进行主量、微量及稀土元素的分析测试。在进行主量元素分析之前，需先将样品在105℃预干燥1～2h，然后准确称取0.9g样品，煅烧后加入 $Li_2B_4O_7$-$LiBO_2$助熔物，待充分混合后，放置在自动熔炼仪中，使之在1000℃以上熔融；熔融物倒出后形成扁平玻璃片，用于 X 荧光光谱（AXIOS）分析。同时，称取3g样品，在1000℃下测定烧失量（LOI）。

然后，称取0.25g样品进行微量元素分析，将用 $HClO_4$、HNO_3与 HF 消解蒸至近干后的样品用稀 HCl 溶解定容，再用美国 Agilent VISTA 型等离子体发射光谱仪与 Agilent 7700x 型等离子体质谱仪进行综合分析。最后，称取0.1g样品进行稀土元素分析，将试样加入 $Li_2B_4O_7$熔剂中混合均匀，在1000℃以上的熔炉中熔化。待冷却后，用 HNO_3、HCl 与 HF 定容（100mL），再用美国 Agilent 7700x 型等离子体质谱仪进行分析。

3.2.3　扫描电子显微镜（SEM）分析

黏土矿物扫描电子显微镜（SEM）能谱分析及背散射电子图像（BSE）拍照分别在中国科学院地球化学研究所矿床地球化学国家重点实验室和中国科学院广州地球化学研究所矿物学与成矿学重点实验室完成。两台扫描电子显微镜所使用的仪器参数为：加速电压20kV，电流20nA，束斑直径1～2μm。

3.2.4　电子探针成分分析（EMPA）

用于电子探针成分分析（EMPA）的光薄片和激光片大多数是从手标本上直接切取的，然后经过打磨和喷炭处理。绿泥石和石榴子石的电子探针化学成分分析是利用中国科学院广州地球化学研究所矿物学与成矿学重点实验室的 JEOL JXA-8230M 型电子探针完成的。电子探针所使用的加速电压为15kV，电流为20nA，束斑直径1～2μm。标样采用美国 SPI 公司的矿物标样，主要为：含钛角闪石（Ti）、磷灰石（Ca，F）、斜长石（Na，Al）、钾长石（K）、方钠石（Si，Cl）、磁铁矿（Fe）、铯榴石（Rb，Cs）、蔷薇辉石

(Mn)、镁铝榴石（Mg)、氧化铬（Cr）和金属镍（Ni)。所有元素特征峰和上下背景的测量时间分别为10s和5s。所有数据都经过ZAF修正法校正。

3.2.5 短波红外（SWIR）光谱分析

本次测试所用的仪器为湖北省地质调查院新购置的美国Analytical Spectral Devices, Inc.（ASD）生产的Terra Spec。该仪器的光谱分辨率为6～7nm，光谱取样间距2nm，测试窗口为直径2.5cm的圆形区域，测试样品所用时间可由用户自行设置，淡色岩石完成一个测点需4～6s，深色岩石完成一个测点需6～10s。详细的仪器参数及注意事项，请参考Chang和Yang（2012)、杨志明等（2012）的研究。

铜绿山矿区钻孔岩心和井下坑道样品均在室内测试完成。首先，需将样品清洗干净并晾干，避免矿物表面的尘土或水分的干扰。为了提高数据的可靠性，每块样品都测试3个不同点，并对每一个测点的位置进行标记。在测试之前，需要对仪器进行校准，仪器参数光谱平均设置为200和基准白设置为400，进行优化（optimization）操作，然后进行基准白（white reference）操作。当仪器的光谱线很平直时即可进行样品的测试工作。测试过程中，为保证测试数据的质量，每隔15min对仪器进行优化和基准白测量一次。关于Terra Spec上述参数设置值的选取及其他注意事项，可参考Chang和Yang（2012）的研究。

对测试所得的SWIR光谱数据，先用“光谱地质师（The Spectral Geologist, TSG）V.3”软件进行自动解译。然后，通过人工进行逐条核对和校正，并最终确定矿物的种类。白云母族和蒙脱石（1900nm和2200nm)、绿泥石（2250nm和2335nm)、高岭石族（2170nm和2200nm)、皂石（1900nm和2335nm）的吸收峰位（Position)、吸收峰深度（Deep）等参数都可以通过TSG V.3的标量（scalar）直接获取，白云母族和蒙脱石的结晶度（IC card）也可以通过TSG V.3的标量（scalar）直接求出。

3.2.6 X射线衍射（XRD）光谱分析

X射线衍射（XRD）光谱分析在中国科学院广州地球化学研究所矿物学与成矿学重点实验室完成。在测试之前，需要先将已有的钻孔岩心样品研磨至100～200目后，制作成粉末样品（粉晶法制样)，以便进行相应的物相分析。所用仪器为Bruker D8 Advance型X射线衍射仪，且在测试过程中，设置的实验条件分别为：铜靶Cuκα辐射（λ = 0.15418nm)，管电压40kV，管电流40mA，2θ扫描范围3°～70°，扫描速度2°/min。对原始的测试数据，利用软件Jade 5.0进行处理。

3.2.7 绿泥石LA-ICP-MS微量元素分析

绿泥石原位微区微量元素分析在合肥工业大学资源与环境工程学院矿床成因与勘查技术研究中心（OEDC）矿物微区分析实验室利用LA-ICP-MS完成。激光剥蚀系统为Photon Machine公司Analyte HE（激光源为相关公司Compex102F)，ICP-MS为Agilent 7900。激光剥蚀过程中采用氦气作为载气。激光与质谱之间用信号平滑器进行连接，有利于获得更加平滑的信号值。He气和补偿气Ar气通过一个T形接头混合进入质谱。每个样品分析数据包括20s的空白信号和40s的样品信号。硅酸盐矿物微量元素分析采用外标矿物为NIST610、GSD-1G和BCR-2G，每分析10～15个未知样品，分析一次标样。仪器的运行参数如下：激光剥蚀频率为6Hz，剥蚀斑束为45μm，激光输出能量为150mJ，剥蚀点能量密度为$3J/cm^2$，He载气流量为0.94L/min；质谱载气为0.9L/min，功率为1350W。质谱系统经过优化调谐，获得最佳信号、最低氧化物产率（$^{232}Th^{16}O/^{232}Th<0.3\%$）（肖兵，2016；黄健瀚，2017）。本次分析的元素包括：Li、B、Na、Mg、Al、Si、K、Ca、Sc、Ti、V、Cr、Mn、Fe、Co、Ni、Cu、Zn、Ga、As、Rb、Sr、Y、Zr、Nb、Mo、Ag、Cd、Sn、Sb、Cs、Ba、La、Ce、Pr、Nd、Sm、Eu、Gd、Tb、Dy、Ho、Er、Tm、Yb、Lu、Hf、Ta、W、Au、Tl、Bi、Pb、Th和U共55种。对测试数据离线处理（包括对样品和空白信号的选择、灵敏度漂移校正和元素含量分析）采用ICPMSDataCal 10.1软件（Liu et al.，2008，2010a）完成。详细数据处理方法同Liu等（2008，2010a）。绿泥石微量元素含量采用多外标无内标法进行定量计算（Liu et al.，2008，2010a）。内部标样的主量和微量元素长期监控误差在5%和10%以内。

3.3　岩浆岩特征及成因机制

3.3.1　岩相学特征

石英二长闪长岩：主要呈灰色-灰白色，以粗粒二长结构为主，局部呈中细粒二长结构或似斑状结构，块状构造，多见钾长石分布于自形-半自形的斜长石粒间；另外，在矿区深部局部可见钾长石大斑晶包裹自形的斜长石、角闪石、榍石等。石英二长闪长岩主要由斜长石（50%～60%）、角闪石（15%～20%）、钾长石（约15%）、石英（约15%）及少量的黑云母组成，副矿物有磁铁矿、榍石、磷灰石、锆石、金红石和独居石等（图3.4a～c）。根据国际地质科学联合会（IUGS）的岩石分类，闪长岩类中的钾长石体积含量占长石总量的10%～35%，或斜长石占长石总量的65%～90%，即属于二长闪长岩类。

暗色微粒包体：仅见于石英二长闪长岩中，多呈椭圆状，与石英二长闪长岩呈突变接触关系，主要呈深灰色，具不等粒结构，块状构造（3.4d，e），主要由斜长石（50%～65%）、角闪石（20%～25%）、石英（8%～12%）、黑云母（约5%）和钾长石（约5%）组成，副矿物有磁铁矿、榍石、磷灰石、锆石、金红石等（图3.4e，f）。与石英二长闪长岩相比，暗色微粒包体中普遍发育特征性的针状磷灰石，暗示岩浆曾发生快速冷凝结晶的特点（图3.4f）。

石英二长闪长玢岩：主要呈灰白色-淡粉色，具斑状结构和二长结构，块状构造，斑晶含量占总体积的60%～70%，由斜长石（50%～55%）、角闪石（约15%）和钾长石（约8%）及少量的石英和黑云母组成，局部可见钾长石斑晶中包裹自形的角闪石和榍石；基质主要包括石英、钾长石、斜长石等，副矿物组合有磁铁矿、榍石、磷灰石、锆石和独居石等（图3.4g～i）。

在铜绿山石英二长闪长岩和石英二长闪长玢岩中，局部都可见特殊的钾长石大斑晶，主要见于矿区钻孔深部。钾长石斑晶呈自形状，常常包裹有角闪石、榍石、磷灰石等早先结晶的矿物，暗示钾长石的结晶相对较晚，可能形成于岩浆-热液过渡阶段具有一定深度和压力的地质环境（图3.4i）。此外，石英二长闪长岩和石英二长闪长玢岩，在造岩矿物及副矿物组合上，都具有相似的特征，且二者之间无明显的侵入接触关系，因此，二者可能为同一套岩浆岩不同岩相上的变化。

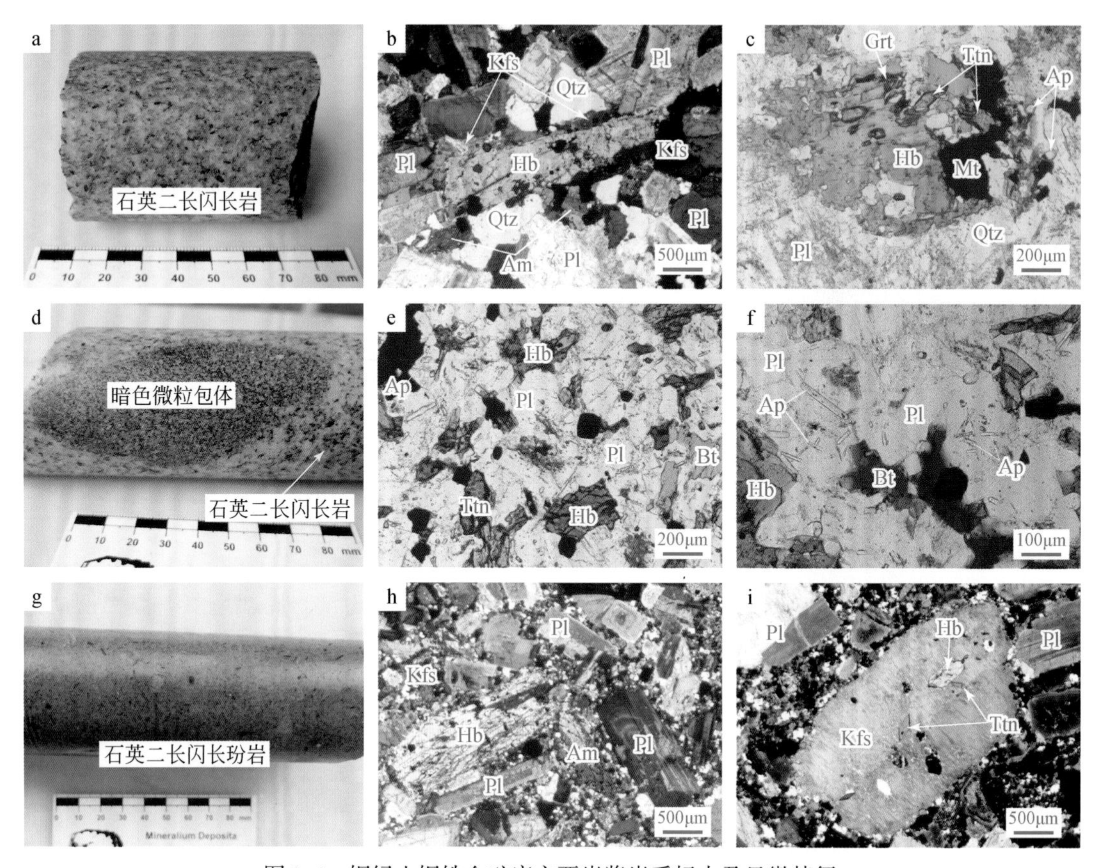

图3.4 铜绿山铜铁金矿床主要岩浆岩手标本及显微特征

a. 石英二长闪长岩（手标本照片）；b. 石英二长闪长岩具二长结构，主要由斜长石、钾长石、角闪石、石英及少量的黑云母组成（正交偏光显微照片）；c. 石英二长闪长岩中的榍石、金红石和磷灰石等副矿物特征（单偏光显微照片）；d. 产于石英二长闪长岩中的椭圆状暗色微粒包体（手标本照片）；e. 暗色包体主要有斜长石、角闪石、黑云母、磁铁矿、榍石和磷灰石等（单偏光显微照片）；f. 暗色微粒包体中发育特征性针状磷灰石（单偏光显微照片）；g. 石英二长闪长玢岩（手标本照片）；h. 石英二长闪长玢岩具斑状结构，斑晶主要由斜长石、角闪石及少量钾长石组成，基质呈显微显晶质结构，主要由石英和钾长石组成（正交偏光显微照片）；i. 石英二长闪长玢岩中的钾长石斑晶包裹自形的角闪石和榍石（正交偏光显微照片）；Pl. 斜长石；Hb. 角闪石；Qtz. 石英；Kfs. 钾长石；Bt. 黑云母；Ttn. 榍石；Ap. 磷灰石；Mt. 磁铁矿；Grt. 石榴子石；Am. 角闪石

花岗岩：主要呈脉状侵入石英二长闪长岩中，呈花岗结构，块状构造，局部可见花岗伟晶结构（图3.5a）。花岗岩脉宽多小于1m，大多数宽为0.2～0.5m。花岗岩主要由钾长

石（50%～65%）、石英（20%～25%）、斜长石（10%～15%）及少量的黑云母（3%～5%）组成（图3.5a，b）。

图3.5　铜绿山铜铁金矿床主要中酸性岩脉的手标本及显微特征

a. 花岗岩侵入石英二长闪长岩，导致后者发生较强的钾化蚀变（手标本照片）；b. 花岗岩主要由钾长石、石英、斜长石及黑云母组成（正交偏光显微照片）；c. 钠长斑岩呈肉红色，斑状结构、块状构造，斑晶主要是肉红色的钠长石，并被后期石英脉切割（手标本照片）；d. 钠长斑岩呈斑状结构，斑晶主要由钠长石及少量的石英组成，其中钠长石发育钠长双晶，双晶纹较宽，基质主要由长石、石英等组成，且受到一定程度的碳酸盐化蚀变（正交偏光显微照片）；e. 闪长玢岩呈浅灰绿色，斑状结构、块状构造（手标本照片）；f. 闪长玢岩，斑晶主要由斜长石和角闪石组成，基质呈显微显晶质结构，主要由石英、钾长石、斜长石组成（正交偏光显微照片）；Qtz. 石英；Kfs. 钾长石；Bt. 黑云母；Pl. 斜长石；Hb. 角闪石；Ab. 钠长石钠长斑岩：与石英二长闪长岩呈侵入接触关系，且在侵入接触带内侧形成暗色的冷凝边，而在石英二长闪长岩中产生大量钾化和绢云母化蚀变（图 3. 3d，e）。钠长斑岩呈斑状结构、块状构造，肉红色的钠长石斑晶显著（图 3. 5c）。斑晶主要由钠长石（35% ~ 45%）和少量石英组成，基质主要由石英、钾长石、钠长石等组成，并发生不同程度的碳酸盐化（图 3. 5d）。钠长石斑晶呈自形-半自形板状，发育钠长双晶，且双晶纹较宽，钠长石多具有熔蚀结构，且表面受到不同程度的绢云母化蚀变（图 3. 5d）。

闪长玢岩：仅见于钻孔 ZK2705 中，呈岩脉侵入石英二长闪长岩，并在侵入接触部位产生较强的蒙脱石化和绿泥石化（图 3. 3f）。闪长玢岩呈浅灰绿色，斑状结构、块状构造，斑晶主要由斜长石和角闪石组成，主要造岩矿物包括斜长石（45% ~55%）、角闪石（20% ~25%）、石英（10% ~15%）、钾长石（约 5%），副矿物主要有榍石、磷灰石和锆石等（图 3. 5e，f）。

3. 3. 2　岩浆岩年代学

样品 ZK406-115 为粗粒石英二长闪长岩，锆石裂缝较少，多为无色透明，少数呈浅黄色到棕色，自形至半自形柱状，长度为 100 ~250μm，长宽比例多在 2 : 1 ~4 : 1。锆石 CL 图像显示，大多数锆石颗粒的振荡环带清晰，为典型的岩浆锆石（图 3. 6a）。本次共分析了 19 个锆石点，其 Th 含量在 155×10^{-6} ~660×10^{-6}，U 含量在 175×10^{-6} ~440×10^{-6}，Th/U 值在 0. 8 ~ 1. 5，且多数集中在 0. 8 ~1. 2，这些特征都与典型的岩浆锆石一致。锆石稀土元素球粒陨石标准化配分曲线呈重稀土富集型，且具有明显的 δCe 正异常，与典型岩浆锆石特征一致（图 3. 6b）。19 个岩浆锆石测试点的 $^{206}Pb/^{238}U$ 年龄在 138. 9 ~ 142. 3Ma，加权平均年龄为 141. 0±0. 8Ma（n=19，MSWD=0. 33），在谐和图上投影点靠近谐和线（图 3. 6c）。

样品 ZK2705-140 为粗粒石英二长闪长玢岩，与石英二长闪长岩相似，锆石多为无色透明，少数呈浅黄色到棕色，自形至半自形柱状，长度为 50 ~250μm，长宽比例多在 2 : 1 ~4 : 1。在 CL 图像中，大多数锆石颗粒显示出岩浆锆石特征性的振荡环带（图 3. 6d）。本次共分析了 18 个锆石点，其 Th 含量在 178×10^{-6} ~ 535×10^{-6}，U 含量在 189×10^{-6} ~373×10^{-6}，Th/U 值在 0. 9 ~1. 4，且多数集中在 1. 0 ~1. 3。锆石稀土元素球粒陨石标准化配分曲线呈重稀土富集型，且具有明显的 δCe 正异常（图 3. 6e）。18 个岩浆锆石测点的 $^{206}Pb/^{238}U$ 年龄在 139. 5 ~143. 0Ma，加权平均年龄为 141. 3±1. 1Ma（n=18，MSWD= 0. 21），在谐和图上投影点靠近谐和线（图 3. 6f）。

3. 3. 3　全岩主微量及稀土元素

1）全岩主量元素组成

石英二长闪长岩和石英二长闪长玢岩具有相似的主量元素组成，相似的 Al_2O_3（15. 62% ~ 16. 73%）、CaO（3. 32% ~5. 02%）和全碱含量（K_2O+Na_2O，7. 38% ~8. 22%）。与石英二长闪长岩［SiO_2=63. 08% ~63. 90%，$Fe_2O_3^T$（全铁）=4. 33% ~4. 82%，MgO=1. 46% ~

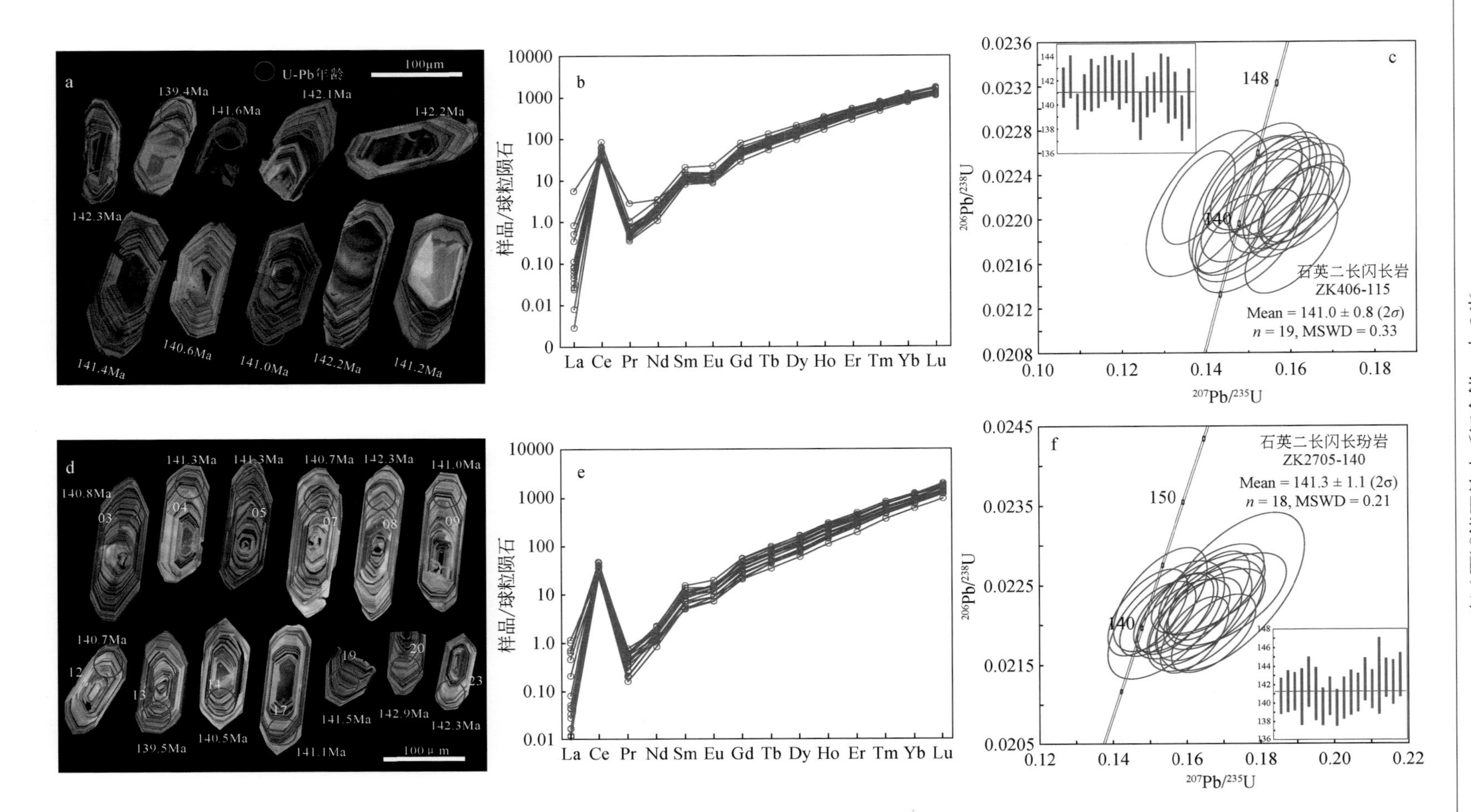

图 3.6　铜绿山石英二长闪长岩和石英二长闪长斑岩锆石CL图像(a, d)、稀土元素球粒陨石标准化配分曲线(b, e)及U-Pb年龄谐和图(c, f)

球粒陨石标准化数据据Sun和McDonough (1989)

1.83%，P_2O_5=0.24%～0.28%］相比，石英二长闪长玢岩具有较高的SiO_2（63.15%～67.11%），较低的$Fe_2O_3^T$（全铁）（3.34%～4.10%）、MgO（1.05%～1.18%）和P_2O_5（0.16%～0.22%）含量。在TAS图解中，所有样品点都落入石英二长岩区域（图3.7a）；它们的A/CNK值在0.79～0.94，在A/NK-A/CNK图解上，所有样品点均落入准铝质花岗岩区域（图3.7b）；石英二长闪长岩和石英二长闪长玢岩的$Na_2O>K_2O$，且所有样品点均落入高钾钙碱性系列区域（图3.7c）。

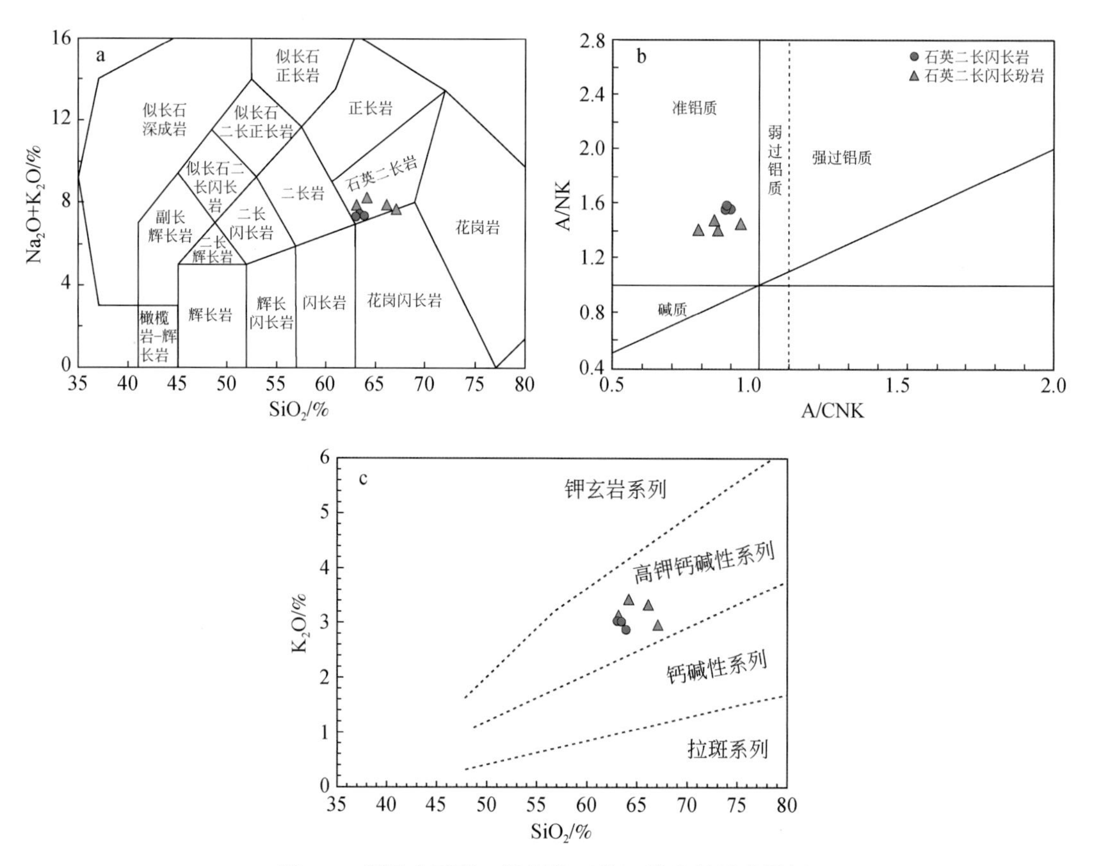

图3.7　铜绿山石英二长闪长（玢）岩主量元素图解

a. TAS图解（据Middlemost，1994）；b. A/NK-A/CNK图解（据Maniar and Piccoli，1989）；c. K_2O-SiO_2图解（据Richter，1989）

2）全岩微量及稀土元素组成

在稀土元素球粒陨石标准化配分曲线图上，石英二长闪长岩和石英二长闪长玢岩都呈现出相似的稀土配分特征，均为轻稀土富集型，且Eu的负异常不明显，指示斜长石在源区不稳定（图3.8a）。

石英二长闪长岩的ΣREE（稀土总量）在212×10^{-6}～231×10^{-6}，平均值为220×10^{-6}；ΣLREE（轻稀土总量）在200×10^{-6}～218×10^{-6}，平均值为208×10^{-6}；ΣHREE（重稀土总量）在11.4×10^{-6}～12.7×10^{-6}，平均值为11.9×10^{-6}，LREE/HREE（轻重稀土比值）在17.2～17.9，$(La/Yb)_N$在24.2～25.6，Eu异常不明显（δEu=0.98～1.03），Sr/Y值在

55.8 ~60.0，Yb 含量在 1.39×10^{-6} ~ 1.55×10^{-6}。石英二长闪长玢岩的 ΣREE 在 162×10^{-6} ~ 189×10^{-6}，平均值为 178×10^{-6}，ΣLREE 在 155×10^{-6} ~ 178×10^{-6}，平均值为 169×10^{-6}，ΣHREE 在 7.2×10^{-6} ~ 10.9×10^{-6}，LREE/HREE 在 16.4 ~21.5，$(La/Yb)_N$ 在 22.2 ~34.8，铕异常不明显（δEu =0.96 ~0.99），Sr/Y 在 84.6 ~103.9，Yb 含量在 0.80×10^{-6} ~ 1.29×10^{-6}。

在原始地幔标准化蛛网图中，石英二长闪长岩和石英二长闪长玢岩都呈现出富集 Rb、U 和 Sr 等大离子亲石元素和 Th、Zr 和 Hf 等高场强元素，亏损 Nb、Ta 和 Ti 等元素的特征（图 3.8b）。

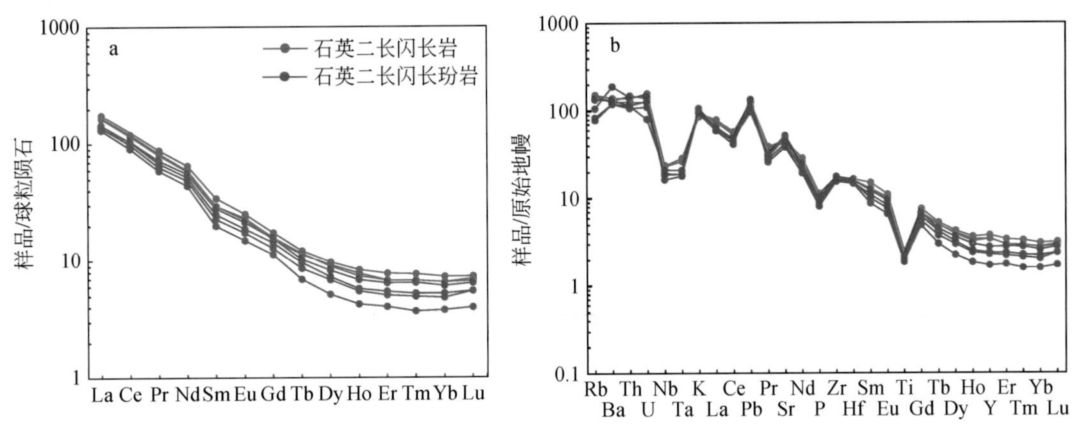

图 3.8　铜绿山主要岩浆岩稀土元素球粒陨石标准化配分曲线（a）及微量元素原始地幔标准化蛛网图（b）

球粒陨石标准化数据据 Boynton（1984）；原始地幔标准化数据据 Sun 和 McDonough（1989）

3.3.4　岩浆岩成因及成矿关系

1）成岩年龄

本书在前人研究的基础上，通过详细的野外地质调查和岩相学观察，发现铜绿山石英二长闪长（玢）岩与夕卡岩铜铁金成矿作用在空间上密切相关。然而，对于铜绿山铜铁金矿床致矿岩体的类型和岩石学命名，前人曾给出了多种分类方案和名称，包括花岗闪长岩（舒全安，1992；张术根，1993；吴承烈等，1998；张轶男，1999）、花岗闪长斑岩（马光，2005）、石英二长闪长岩（黄崇轲等，2001；Li et al.，2014）、石英二长闪长玢岩（Duan and Jiang，2017）、石英闪长岩（赵海杰等，2010，2012；Li et al.，2010a；Xie et al.，2011c）、石英正长闪长岩（佘元昌等，1985）和石英正长闪长玢岩（梅玉萍等，2008；黄圭成等，2013）等。本书根据国际地质科学联合会（IUGS）的岩石分类方案，闪长岩类中的钾长石体积含量占长石总量的 10% ~35%，或斜长石体积含量占长石总量的 65% ~90%，即属于二长闪长岩类。结合 3.3.1 节中的岩相学描述，本书将铜绿山致矿岩体命名为石英二长闪长（玢）岩应当是合理的。

前人曾对铜绿山矿区成矿岩体进行了较多的同位素年代学的研究。梅玉萍等（2008）对采自铜绿山南露天采坑的石英正长闪长玢岩进行锆石 SHRIMP U-Pb 定年，获得的成岩年龄为 146±2Ma（n=12，MSWD=3.0）；Li 等（2010a）对采自铜绿山矿区西侧地表的石英闪长岩进行岩浆榍石 LA-ICP-MS U-Pb 定年，获得的成岩年龄为 136.0±1.5Ma（n=12，MSWD=0.56）；Xie 等（2011b）对采自铜绿山南露天采坑附近的石英闪长岩进行锆石 SHRIMP U-Pb 定年，获得的成岩年龄为 140±2Ma（n=15，MSWD=0.7）；张宗保（2011）对采自铜绿山矿区中部钻孔 ZK106 中的石英二长闪长玢岩进行锆石 LA-ICP-MS U-Pb 定年，获得的成岩年龄为 141.0±1.7Ma（n=24，MSWD=1.4）；黄圭成等（2013）对采自铜绿山北露天采坑东坡的石英正长闪长玢岩进行锆石 LA-MC-ICP-MS U-Pb 定年，获得的成岩年龄为 140±2Ma（n=18，MSWD=2.6）；Li 等（2014）对采自铜绿山矿区东南侧钻孔 ZK405 深部 1221m 处的石英二长闪长岩进行锆石 LA-ICP-MS U-Pb 定年，获得的成岩年龄为 142.0±1.0Ma（n=16，MSWD=0.93）。

结合相关文献中的岩相学特征描述，发现上述测年样品主要来自铜绿山矿区浅部的石英二长闪长岩。这些已发表的成岩年龄数据显示，铜绿山铜铁金矿床的致矿岩体形成时代在 146～136Ma，具有较大的变化范围（图 3.9）。

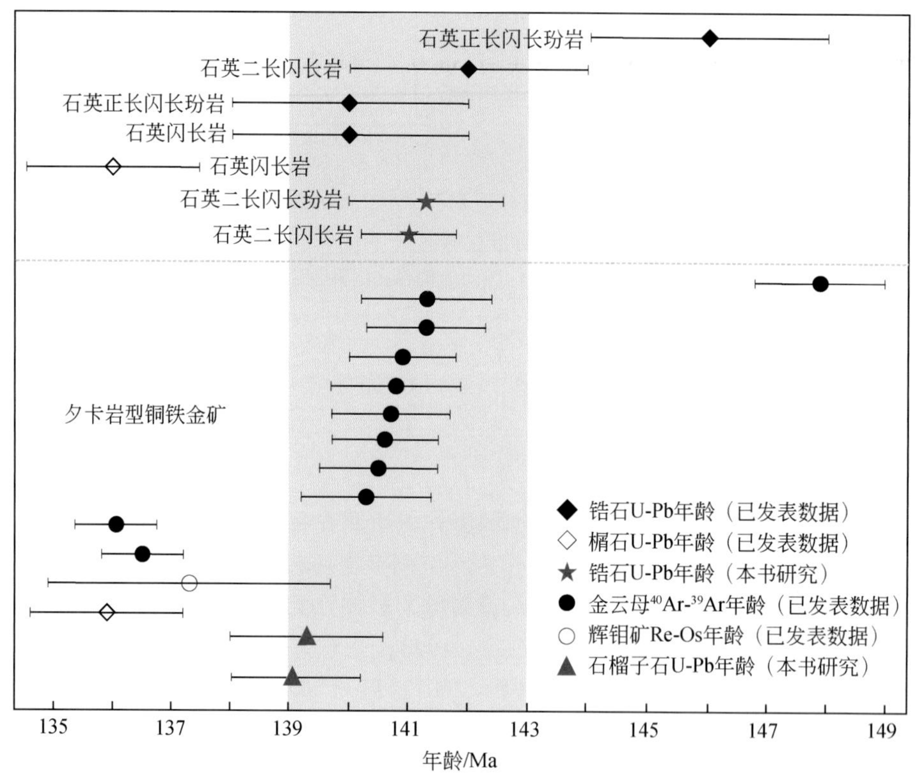

图 3.9　铜绿山石英二长闪长（玢）岩与夕卡岩型铜铁金矿成岩成矿年龄统计图

锆石 U-Pb 年龄已发表数据引自梅玉萍等（2008）、黄圭成等（2013）、Xie 等（2011b）、Li 等（2014）；榍石 U-Pb 年龄已发表数据引自 Li 等（2010a）；辉钼矿 Re-Os 年龄已发表数据引自 Xie 等（2011b）；金云母 ^{40}Ar-^{39}Ar 年龄已发表数据引自 Xie 等（2011b）和 Li 等（2014）

本次选取的测年样品均采自铜绿山矿区新发现的隐伏矿体的相关钻孔中，岩性均较新鲜。对矿区东南侧中深部位的石英二长闪长岩（ZK406-115）和北侧中深部位的石英二长闪长玢岩（ZK2705-140）进行锆石 LA-ICP-MS U-Pb 定年测试，获得的年龄分别为 141.0±0.8Ma 和 141.3±1.1Ma。这一结果与 Li 等（2014）获得的铜绿山深部石英二长闪长岩的成岩年龄在误差范围内一致，且与 Xie 等（2011b）和 Li 等（2014）前后获得的铜绿山夕卡岩成矿阶段的多件金云母 ^{40}Ar-^{39}Ar 年龄非常吻合（图 3.9）。

已有的数值模拟显示，单一岩体形成大于 200℃ 的地热场持续时间小于 0.8Ma（Cathles et al.，1997；Zeh et al.，2015）；另外，目前越来越多的高精度同位素测年结果表明，单一岩浆-热液系统的持续时间相对较短（<1Ma；Yuan et al.，2011；Zhang et al.，2017a）。铜绿山岩株体的出露规模相对较小，岩浆-热液系统持续的时间也应该相对短暂。因此，本书将约 141Ma 作为铜绿山铜铁金矿床致矿岩体的结晶年龄应当是合理的。

2）*岩浆演化及成因*

结合前人对铜绿山夕卡岩型铜铁金矿床致矿岩体的研究，本书通过详细的岩相学和岩石地球化学特征综合分析，认为铜绿山矿区石英二长闪长岩和石英二长闪长玢岩同属 I 型高钾钙碱性系列。主要的证据如下：①两类岩石在副矿物组合上都明显富含磁铁矿和榍石，指示岩浆形成于相对较高的氧逸度环境（图 3.4）；②铝饱和指数 A/CNK 值小于 1.0，都落入准铝质花岗岩区域（图 3.7）；③全岩 Na_2O 含量较高，$K_2O/(K_2O + Na_2O)$ 值较低（0.38～0.41）；④经 CIPW 标准矿物计算，两类岩石都几乎不含刚玉；⑤P_2O_5 含量随着 SiO_2 的增高而呈现降低的趋势（图 3.10），这是因为磷灰石在铝不饱和岩浆中的溶解度一般很低，由于它们优先结晶，从而使残余岩浆 P_2O_5 越来越低（Chappell，1999）。

在稀土元素球粒陨石标准化配分曲线图解和微量元素原始地幔标准化蛛网图解上，铜绿山石英二长闪长岩和石英二长闪长玢岩显示出 LREE 相对富集，HREE 和 Y 亏损等特征（图 3.8a，b）。此外，它们都具有高硅（SiO_2 = 63.08%～67.11%）、富铝（Al_2O_3 = 15.62%～16.73%）和高 Sr（821×10^{-6}～1115×10^{-6}）、低 Y（7.9×10^{-6}～17.5×10^{-6}）和 Yb（0.80×10^{-6}～1.55×10^{-6}）等地球化学特征。在 Sr/Y-Y 和 $(La/Yb)_N$-Yb_N 图解中，两类岩浆岩基本落入埃达克岩或埃达克岩-正常岛弧岩浆岩过渡区域（图 3.11）。

自 Defant 和 Drummond（1990）提出俯冲板片熔融形成埃达克岩的概念之后，研究者发现一些产于非岛弧环境具有埃达克岩地球化学成分特征的中酸性火成岩（Atherton and Peford，1993；Castillo et al.，1999；熊小林等，2001；许继峰等，2001；张旗等，2001；王强等，2001，2004）。部分学者提出将这些具有埃达克质地球化学组分特征但不是板片熔融形成的火成岩统称为埃达克质岩（Castillo，2006；许继峰等，2014）。目前，对埃达克质岩的成因机制主要存在以下几种认识：①拆沉下地壳部分熔融形成（高山等，1998，2009；Xu et al.，2002；Gao et al.，2004）；②增厚或分层下地壳部分熔融形成（Atherton and Petford，1993；Yumul et al.，1999；Wang et al.，2007）；③基性岩浆高压分异形成（Castillo et al.，1999；Macpherson et al.，2006）；④富集地幔部分熔融并经结晶分异作用形成（Li et al.，2008，2009a；Xie et al.，2015）。

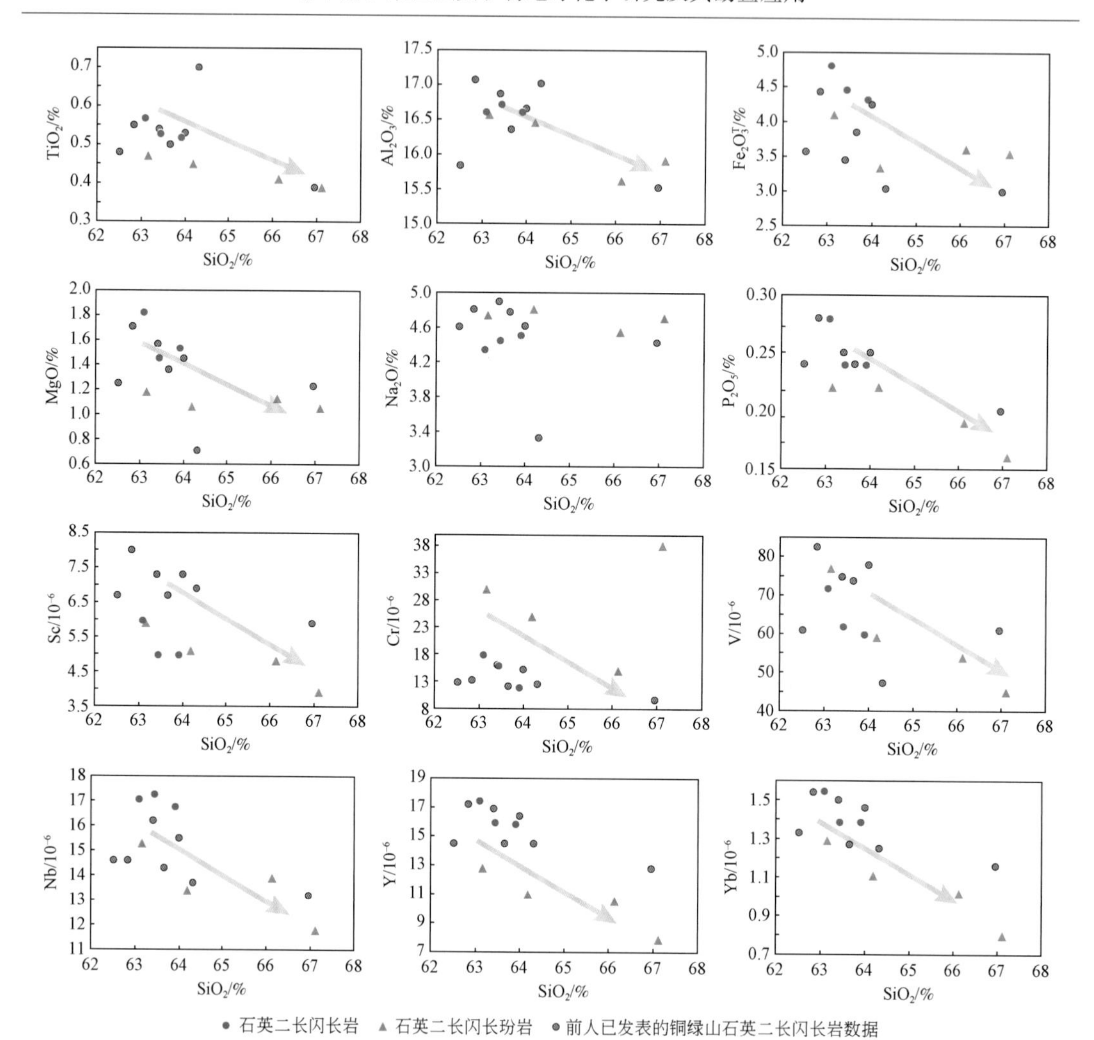

图 3.10　铜绿山石英二长闪长（玢）岩 SiO_2 与主量元素（%）及微量元素（10^{-6}）图解

铜绿山已发表的石英二长闪长岩数据引自赵海杰等（2010）

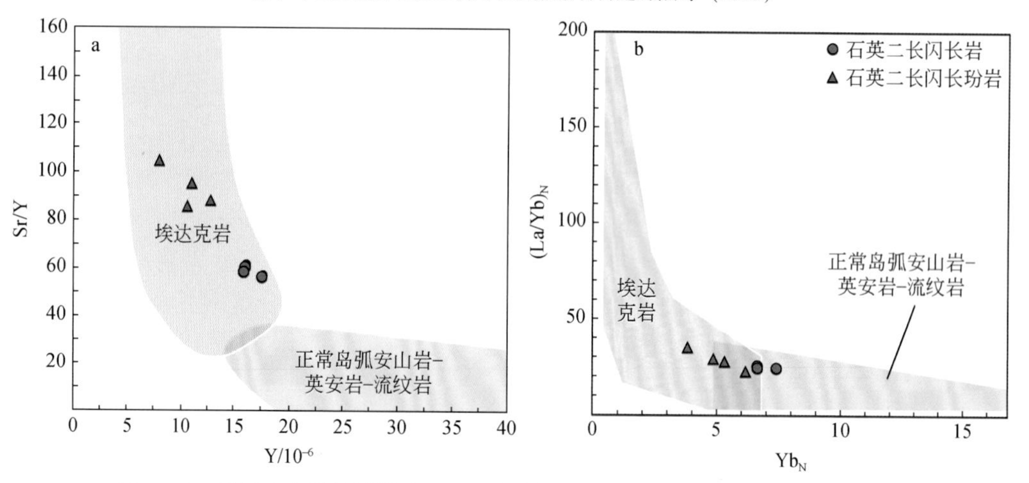

图 3.11　铜绿山中酸性岩浆岩 Sr/Y-Y 图解（a）和（$(La/Yb)_N$-Yb_N图解（b）

底图据 Defant 和 Drummond（1990）

俯冲板片部分熔融形成的埃达克岩一般都具有较高的 MgO 含量和 $Mg^{\#}$值，这主要是由于俯冲板片部分熔融形成的低镁中酸性埃达克质熔体，在上升过程中穿过弧下地幔楔时，与地幔橄榄岩反应而导致高 MgO 和 $Mg^{\#}$的产出（Defant and Drummond，1990；Rapp et al.，1999；Martin et al.，2005；许继峰等，2014）。而拆沉下地壳部分熔融形成的埃达克质岩，由于与地幔物质发生交互作用，因而普遍都具有较高的 MgO 和 $Mg^{\#}$值（Xu et al.，2002；Gao et al.，2004；高山等，2009）。铜绿山石英二长闪长岩和石英二长闪长玢岩的 MgO 含量（<2%）、$Mg^{\#}$（40～47）、Cr 含量（12×10^{-6}～38×10^{-6}）和 Ni 含量（5.0×10^{-6}～6.5×10^{-6}）均较低，且研究区距离俯冲板块边界甚远（>1000km），因而不可能直接来自俯冲的古太平洋板片或拆沉下地壳部分熔融形成（张世涛等，2018）。

Wang 等（2007）报道了大别山造山带早白垩世（142～143Ma）低 Cr 含量（2.1×10^{-6}～24×10^{-6}）和 Ni 含量（1.4×10^{-6}～9.6×10^{-6}）的埃达克质侵入岩，证明了它们主要是加厚的角闪岩相或含金红石的榴辉岩相部分熔融形成的。紧邻的鄂东南地区，现今的地壳厚度仅为 30～31km（翟裕生等，1992；Zhai et al.，1996），而目前区内大量的斑岩-夕卡岩型矿床（143～135Ma）都保存较好，证明该区自早白垩世至今的地壳抬升或剥蚀程度应小于 5km，因而鄂东南地区大量的早白垩世岩浆岩不太可能来自加厚或分层下地壳的部分熔融（Li et al.，2008，2009a；张世涛等，2018）。

基性岩浆高压分异形成的埃达克质岩是由玄武质母岩浆在相对高压环境下通过结晶分异作用形成的岩石，通常与一系列有成因联系的中-基性岩石密切共生（Castillo et al.，1999；Macpherson et al.，2006；许继峰等，2014）。而鄂东南地区在白垩纪处于持续伸展的构造背景（Xie et al.，2011b），且区内缺乏与早白垩世埃达克质岩密切相关的中-基性岩浆岩，因而铜绿山石英二长闪长（玢）岩来自基性岩浆高压分异成因的可能性较小。

前人对铜绿山石英二长闪长岩进行的详细的 Sr-Nd-Pb 同位素组成研究表明，铜绿山石英二长闪长岩与长江中下游地区同时代富集地幔成因的基性岩浆具有相似的 Sr-Nd-Pb 同位素组成特征（赵海杰等，2010）。此外，铜绿山石英二长闪长岩的矿物化学成分研究发现，角闪石和黑云母都显示出壳幔混合来源的特征（赵海杰等，2010）。结合前人已发表的数据（赵海杰等，2010），本研究发现铜绿山石英二长闪长岩和石英二长闪长玢岩的 SiO_2和 $Fe_2O_3^T$、MgO、Al_2O_3、CaO、TiO_2、P_2O_5及 Sc、Cr、V、Nb、Y、Yb 之间存在明显的负相关，证明有镁铁质矿物的分离结晶作用（图 3.10）。通常情况下，富集地幔一般不能直接形成中酸性岩浆岩，主要是通过碱性玄武质岩浆混染下地壳物质经过 AFC（分离结晶-同化混染）过程形成中酸性岩浆岩（赵海杰等，2010）。因此，铜绿山矿区石英二长闪长岩和石英二长闪长玢岩应主要为来自富集地幔源区的碱性玄武质岩浆混染下地壳物质经 AFC 过程形成。

3）*岩浆岩成矿能力*

前已述及，铜绿山石英二长闪长（玢）岩与夕卡岩化及铜铁金矿化在空间上密切相关。前人已发表的铜绿山成岩成矿年龄数据及本研究对这两类岩浆岩年代学和地球化学特征的研究，也证实了它们之间存在着密切的成因联系。

大量的研究表明，高氧逸度和富水岩浆对斑岩（-夕卡岩）型铜矿的形成极其重要，通常氧逸度以高 Ce^{4+}/Ce^{3+}（>300）值及 δEu（0.4～0.8）为标志（Ballard et al.，2002；Liang et al.，2006）。铜绿山石英二长闪长岩和石英二长闪长玢岩中锆石的 Ce^{4+}/Ce^{3+} 值范围分别为 347～654（平均值为 547）和 348～1231（平均值为 722），甚至高于西藏玉龙斑岩铜矿带（201～334）和智利 Chuquicamata El Abra 斑岩铜矿带（Ce^{4+}/Ce^{3+}>300）（图 3.12）（Liang et al.，2006；Munoz et al.，2012）。

在 Ce^{4+}/Ce^{3+}-Eu/Eu* 图解中，铜绿山石英二长闪长岩和石英二长闪长玢岩的氧逸度与世界级大型-超大型斑岩铜矿的类似（图 3.12）。两类岩浆岩在副矿物组合上都明显富含磁铁矿和榍石（图 3.4），指示岩浆岩形成于相对较高的氧逸度环境。前人已发表的铜绿山石英二长闪长岩的黑云母 $Fe^{3+}/(Fe^{3+}+Fe^{2+})$ 值在 0.08～0.19，石英二长闪长（玢）岩的角闪石成分计算得出的氧逸度大于 NNN＋1，这些都证明铜绿山岩体具有较高的氧逸度（Duan and Jiang，2017；赵海杰等，2010）。高氧逸度有利于 Cu、Au 等成矿元素在岩浆熔体中以硫酸盐的形式高度富集，同时能够阻止它们在岩浆结晶早期进入硅酸盐矿物相中，而作为不相容元素在熔体中富集（Sun et al.，2013，2015）。

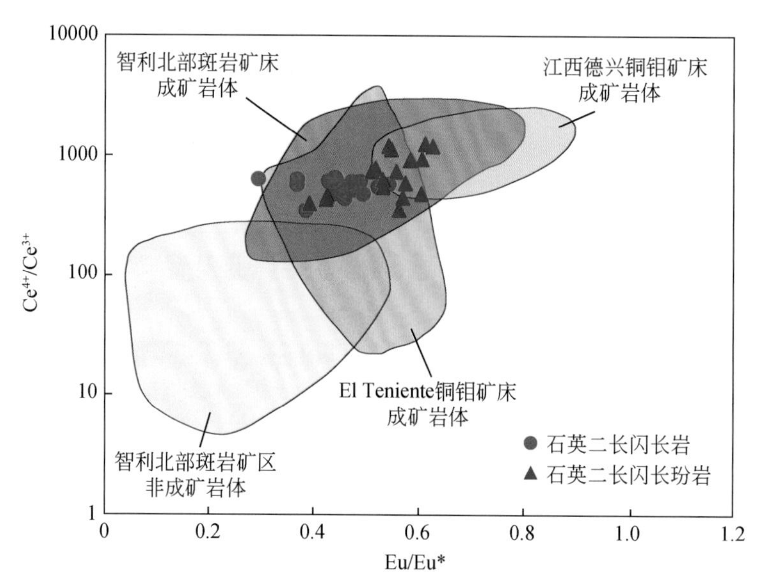

图 3.12 铜绿山石英二长闪长岩和石英二长闪长玢岩锆石 Ce^{4+}/Ce^{3+}-Eu/Eu* 图解

智利北部斑岩矿床成矿岩体数据引自 Ballard 等（2002）；El Teniente 铜钼矿床成矿岩体数据引自 Munoz 等（2012）；江西德兴铜钼矿床成矿岩体数据引自 Zhang 等（2013）

铜绿山这两类岩浆岩中富含角闪石，显示出岩浆熔体富水的特征（图 3.4）。前人通过角闪石矿物成分计算得出的铜绿山石英二长闪长（玢）岩熔体中的水质量分数在 3.6%～4.8%（Duan and Jiang，2017）。岩浆熔体中水质量分数越高，越有利于成矿元素的聚集和流体的出溶。因此，高氧逸度和富水特征都暗示铜绿山石英二长闪长（玢）岩具有良好的铜金矿化潜力。

围绕着铜绿山石英二长闪长（玢）岩株体，目前已发现有铜绿山大型铜铁金矿床和鸡冠嘴大型铜金矿床，以及产于岩体边部的桃花嘴、石头嘴、鲤泥湖、蚌壳地、铜山等中小型铜铁矿床（图 3.1）（马光，2005；谢桂青等，2009；湖北省地质局第一地质大队，2010；Xie et al.，2011c）。这些夕卡岩型矿床主要分布在铜绿山矿田的有利构造部位，受区域内褶皱、断裂及侵入岩体的控制，如铜绿山铜铁金矿床位于大冶复式向斜南翼与下陆-姜桥断裂的交汇处（图 2.3）（胡清乐等，2011）。近年来，在危机矿山接替资源勘查项目及矿业公司的支持下，在铜绿山和鸡冠嘴矿区深部新发现多个隐伏矿体，如铜绿山 XIII、III 和 IV（深部）号矿体，鸡冠嘴 VII 号矿体等，这些表明在铜绿山矿田深部仍具有较大的找矿勘查潜力（湖北省地质局第一地质大队，2010，2014）。

与石英二长闪长（玢）岩相似，铜绿山闪长玢岩、钠长斑岩和花岗岩也具有较高的氧逸度，在 Ce^{4+}/Ce^{3+}-Eu/Eu* 图解中，基本落入世界级大型-超大型斑岩铜矿氧逸度区域（图 3.12）。此外，闪长玢岩相对富含角闪石，指示岩浆具有富水的特征（图 3.5e，f）。这些特征表明，闪长玢岩、钠长斑岩和花岗岩也具有一定的铜金矿化潜力。然而，它们主要以后期小岩脉的形式侵入石英二长闪长岩中，出露规模较小，且周围未发现有明显的矿化特征。

3.4　矿床地质特征

3.4.1　矿体特征

在铜绿山矿区，目前已发现有 13 个矿体，以 I、III、IV 和 XIII 号矿体为主，II、V、VII 和 XI 号矿体等为次要矿体。矿体的分布受 NNE 和 NEE 向两组构造控制，大致排列成两个带。其中，NNE 向矿体沿北 22°延伸，包括 I、II、III、IV、V、VI、XI、XII 和 XIII 号矿体。NEE 向矿体沿北 68°延伸，有 X、VIII、VII 和 IX 号矿体，这些矿体的规模相对较小，且互不连续。

在空间上，矿体主要产于石英二长闪长（玢）岩与大理岩的接触带，且在接触带与构造破碎带交叉复合部位，往往形成厚大的富矿体（如 III 号矿体）。矿体主要呈透镜状、似层状成群出现，且单个矿体具有边缘薄、中间厚的特点。矿区内岩浆岩的广泛发育，致使岩体与围岩呈多种类型的接触构造，有楔状接触、叠瓦状接触、岛链状接触、捕虏体和平缓接触等，并形成受控于接触构造的多种形态和产状的矿体（舒全安等，1992）。总体而言，矿体主要赋存于构造的“交叉”“重合”“截接”“转折”等有利部位（魏克涛等，2007；胡清乐等，2011）。

在平面上，矿体表现为一组出露深度不等的平行脉，剖面上呈雁行式斜列，具尖灭再现等特征，且单个矿脉多呈狭长透镜状，倾角在 50°～80°（图 3.13）（谢桂青等，2009）。各矿体的长度一般为 200～520m，延深较大，一般为 100～650m，局部可达-1000m 以下，如 III 号矿体在-820m 以下、XIII 号矿体在-1200m 以下仍没有尖灭（湖北省地质局第一地质大队，2010）。其中，XIII 号矿体是在危机矿山接替资源勘查项目（2006～2009 年）支持下发现的隐伏矿体，也是本书最主要的研究对象。XIII 号矿体主要分布在 XI 号矿体东侧的深部（1#至 14#勘探线之间），由 1 个主矿体和 5 个分支矿体组成，受岩体与大理岩接触带及复合其上的断裂控制，形态、产状随接触带的变化而改变（图 3.2，图 3.13）。XⅢ号矿体的主体埋深在标高-1275 ~ -365m，走向 NNE，倾向 SEE，倾角 45° ~ 75°，走向延伸 600m，倾向延深 110 ~ 800m（湖北省地质局第一地质大队，2010）。

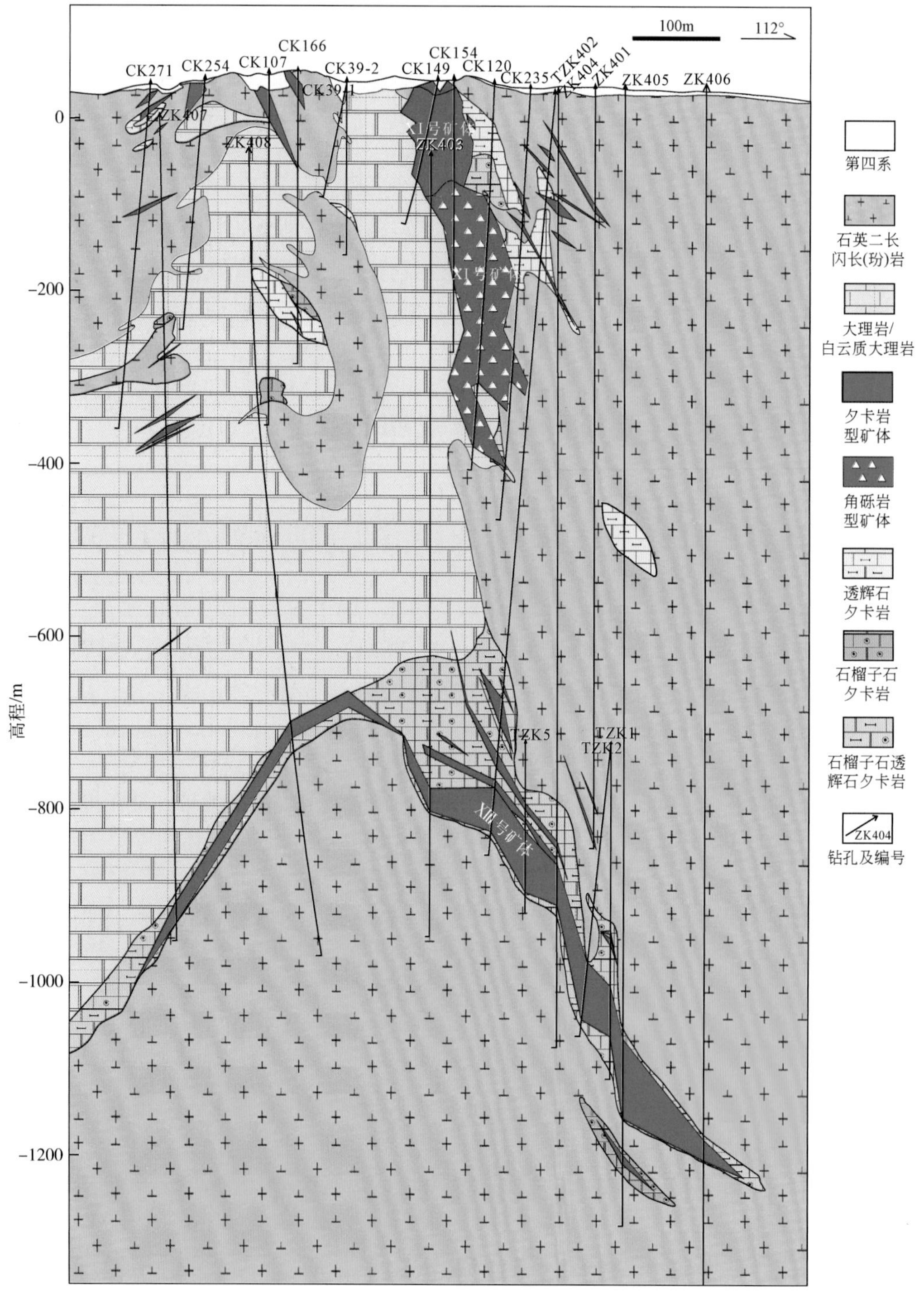

图 3.13　铜绿山铜铁金矿床 4#勘探线地质剖面图（据湖北省地质局第一地质大队，2010）

3.4.2　矿石特征

1）*矿石类型*

铜绿山铜铁金矿床的矿石类型，按照金属矿物组合可以分为9种主要类型：磁铁矿型（图3.14a）、磁铁矿-黄铜矿型（图3.14b）、黄铜矿型（图3.14c）、黄铜矿-黄铁矿型（图3.14d）、赤铁矿型（图3.14e）、赤铁矿-辉铜矿型（图3.14f）、黄铁矿型（图3.14g）、辉钼矿-黄铜矿型（图3.14h）和镜铁矿型（图3.14i）。

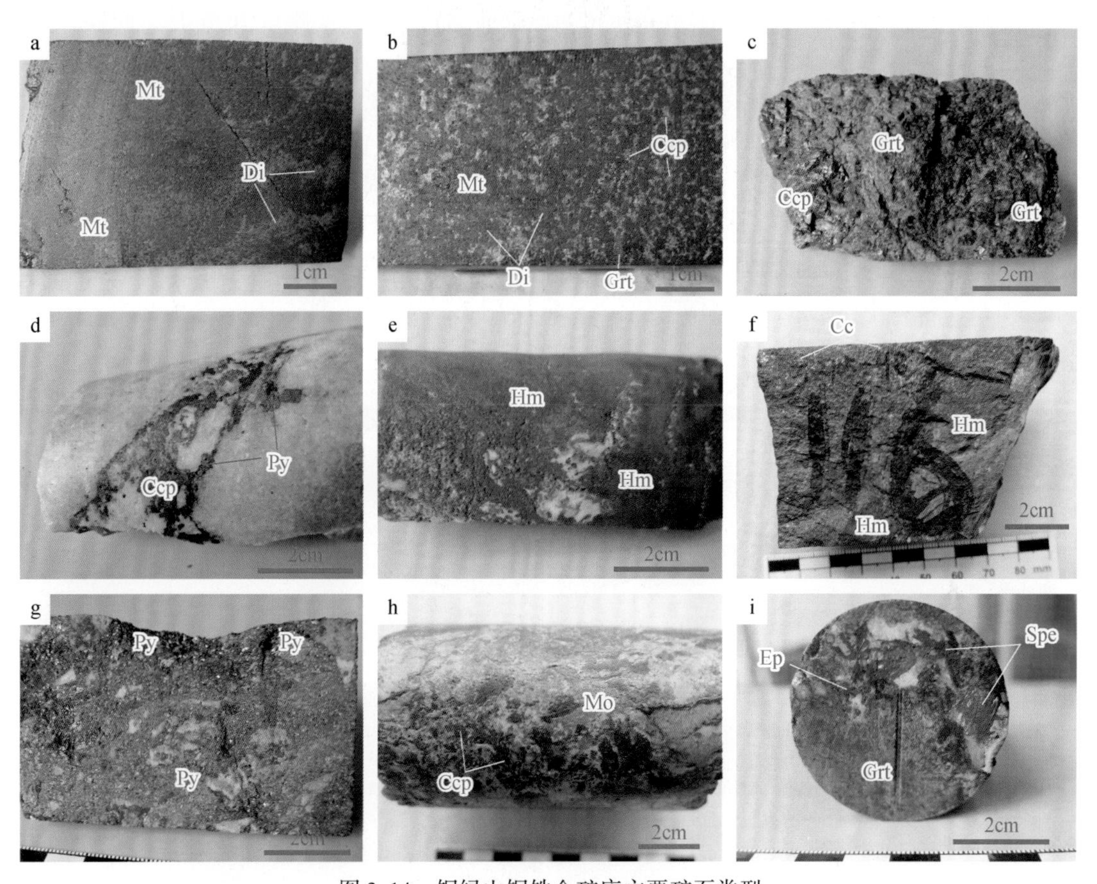

图3.14　铜绿山铜铁金矿床主要矿石类型

a. 含交代残留透辉石的块状磁铁矿矿石（手标本照片，b～i均同）；b. 块状磁铁矿矿石被黄铜矿呈不规则状交代，可见早阶段交代残留的透辉石和石榴子石；c. 棕褐色-深绿色石榴子石夕卡岩被团块状黄铜矿交代；d. 脉状、网脉状黄铜矿-黄铁矿交代大理岩；e. 块状赤铁矿矿石；f. 赤铁矿矿石被浸染状辉铜矿交代；g. 角砾型黄铁矿矿石；h. 辉钼矿-黄铜矿呈脉状、不规则状交代赤铁矿化大理岩；i. 镜铁矿-绿帘石-石英-方解石交代石榴子石夕卡岩；Mt. 磁铁矿；Ccp. 黄铜矿；Di. 透辉石；Grt. 石榴子石；Py. 黄铁矿；Hm. 赤铁矿；Cc. 辉铜矿；Mo. 辉钼矿；Ep. 绿帘石；Spe. 镜铁矿

2）*矿石组成*

金属矿物以磁铁矿、赤铁矿、黄铜矿为主，其次是辉铜矿、斑铜矿、铜蓝、辉钼矿、

自然金、镜铁矿、闪锌矿等。

非金属矿物主要包括石榴子石、透辉石、金云母、蛇纹石、绿帘石、蒙脱石、伊利石、绿泥石、钾长石，其次是黑云母、石英、皂石、方解石、白云石、铁白云石以及少量的透闪石、滑石、石膏等。

3）*矿石结构*

铜绿山矿区矿石结构丰富，主要有自形粒状结构、半自形粒状结构、他形粒状结构、交代结构、镶边结构、共结边结构、出溶结构、包含结构、脉状结构、网脉状结构、填隙结构等，其中最常见的是粒状结构和交代结构。主要的矿石结构简要描述如下。

自形粒状结构：可见黄铁矿呈自形粒状结构，晶形以立方体或五角十二面体为主（图3.15a）。半自形粒状结构：常见半自形粒状黄铁矿、黄铜矿和磁铁矿（图3.15c，f）。他形粒状结构：常见黄铜矿、磁铁矿、斑铜矿、黄铁矿等呈他形粒状结构出现（图3.15b～e）。

出溶结构：可见他形粒状黄铜矿中出溶斑铜矿（3.15c）。

交代结构：铜绿山矿区交代结构非常发育，主要表现为黄铜矿沿石榴子石或透辉石的晶体间隙及裂隙交代（图3.16a，b）；磁铁矿呈不规则状交代绿帘石（图3.16c）；赤铁矿沿着磁铁矿晶体的边部或裂隙交代（图3.16d）；黄铜矿呈不规则状交代或包裹磁铁矿（图3.16e，f）；半自形粒状黄铜矿交代金云母（图3.16g）；黄铜矿–斑铜矿呈脉状交代石英二长闪长岩（图3.16h）。

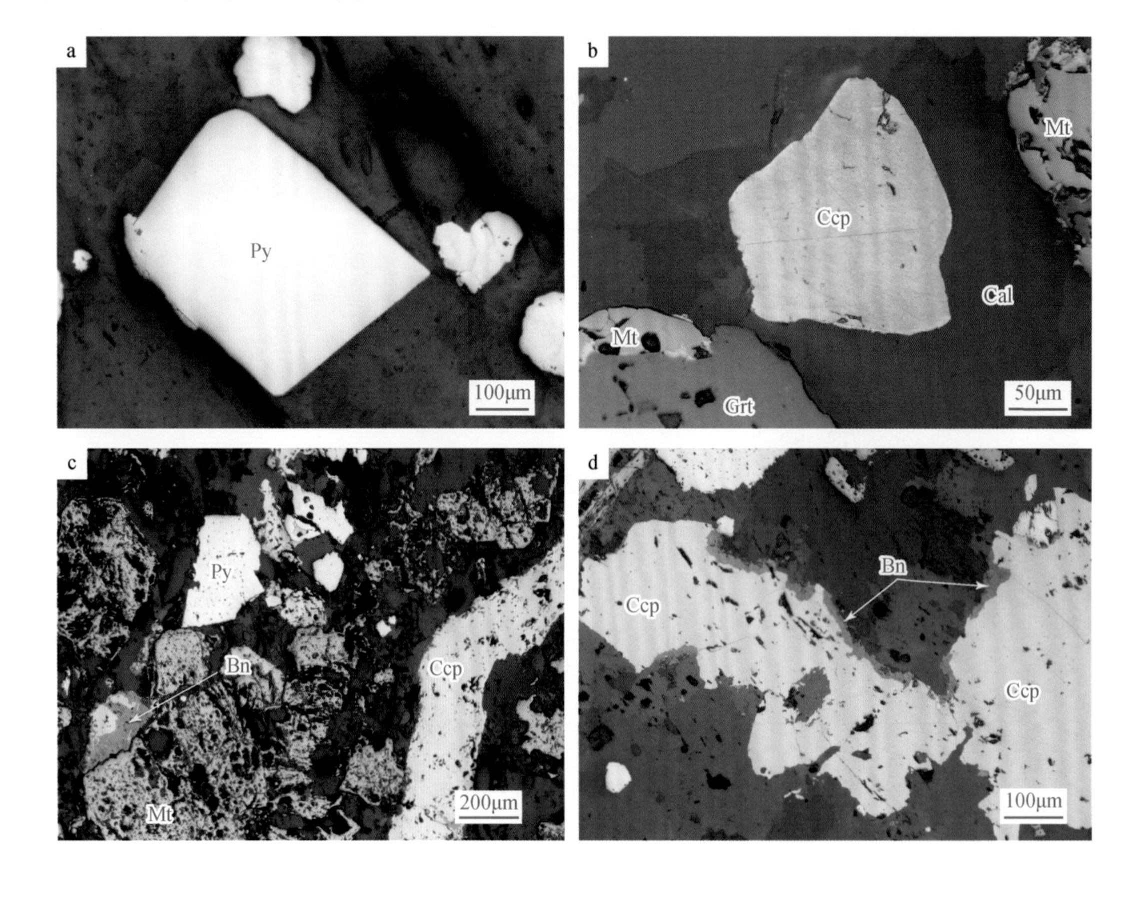

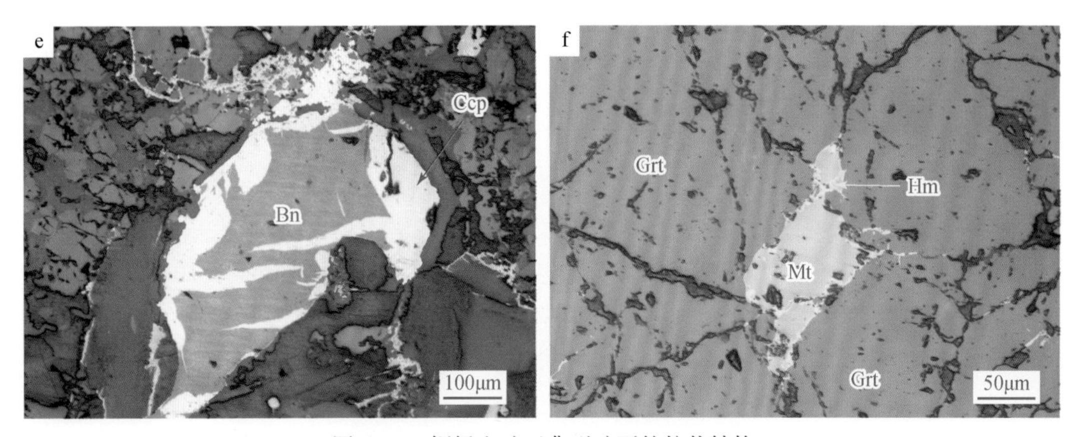

图 3.15　铜绿山矿区典型矿石的粒状结构

a. 自形粒状黄铁矿，黄铁矿呈立方体晶形（反射光照片）；b. 半自形粒状黄铜矿（反射光照片）；c. 半自形粒状黄铁矿及脉状黄铜矿交代磁铁矿（反射光照片）；d. 半自形-他形粒状黄铜矿，边部有斑铜矿生长（反射光照片）；e. 他形粒状黄铜矿中出溶斑铜矿（反射光照片）；f. 磁铁矿呈半自形-他形粒状交代石榴子石，磁铁矿边部有赤铁矿生长（反射光照片）；Py. 黄铁矿；Ccp. 黄铜矿；Mt. 磁铁矿；Grt. 石榴子石；Cal. 方解石；Bn. 斑铜矿；Hm. 赤铁矿

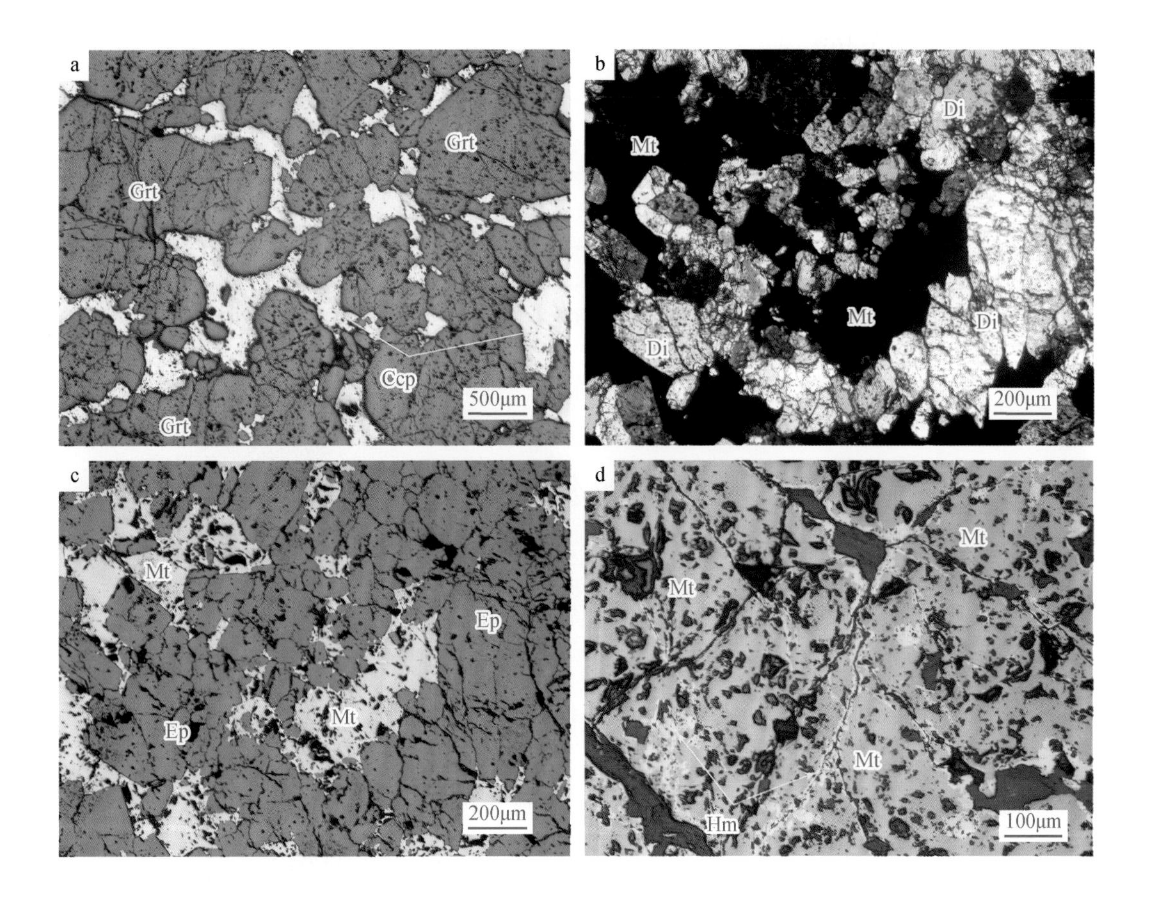

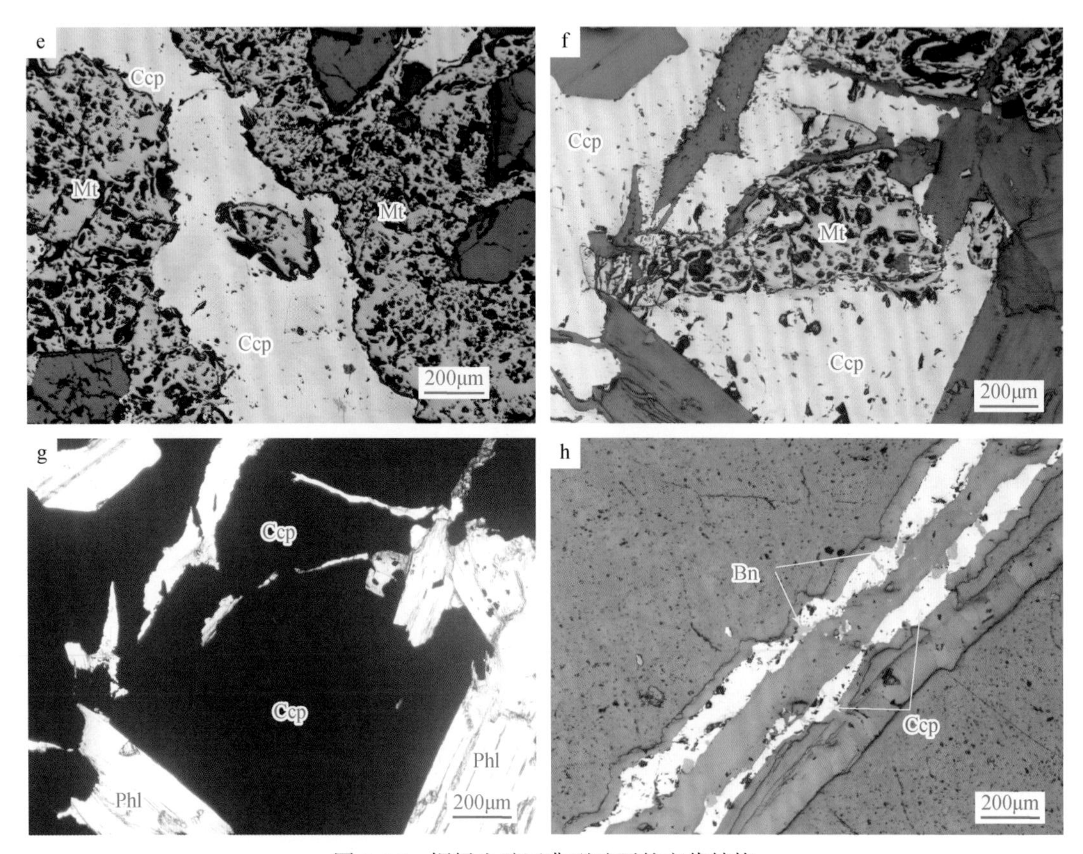

图 3.16　铜绿山矿区典型矿石的交代结构

a. 黄铜矿沿着石榴子石的晶体间隙及裂隙进行交代（反射光照片）；b. 磁铁矿交代透辉石夕卡岩（反射光照片）；c. 磁铁矿呈不规则状交代绿帘石（反射光照片）；d. 磁铁矿矿石的边部及裂隙被脉状或不规则状赤铁矿交代（反射光照片）；e. 黄铜矿交代磁铁矿矿石（反射光照片）；f. 半自形-他形粒状黄铜矿交代磁铁矿矿石（反射光照片）；g. 半自形粒状黄铜矿交代金云母夕卡岩（单偏光显微照片）；h. 黄铜矿-斑铜矿呈脉状交代石英二长闪长岩（反射光照片）；Grt. 石榴子石；Ccp. 黄铜矿；Mt. 磁铁矿；Di. 透辉石；Ep. 绿帘石；Hm. 赤铁矿；Phl. 金云母；Bn. 斑铜矿

镶边结构：可见辉钼矿沿黄铜矿的边缘分布（图 3.17a），也可见斑铜矿沿黄铜矿的边缘分布，呈镶边状（图 3.15d）。

共结边结构：以黄铜矿和黄铁矿为主，可见二者之间的接触界线平整（图 3.17b，c）。

包含结构：常见黄铜矿呈不规则状包裹黄铁矿、石榴子石、磁铁矿等（图 3.17d ~ f）。

4）*矿石构造*

铜绿山矿区的矿石构造主要有团块状构造、块状构造、脉状构造和浸染状构造（图 3.18）。

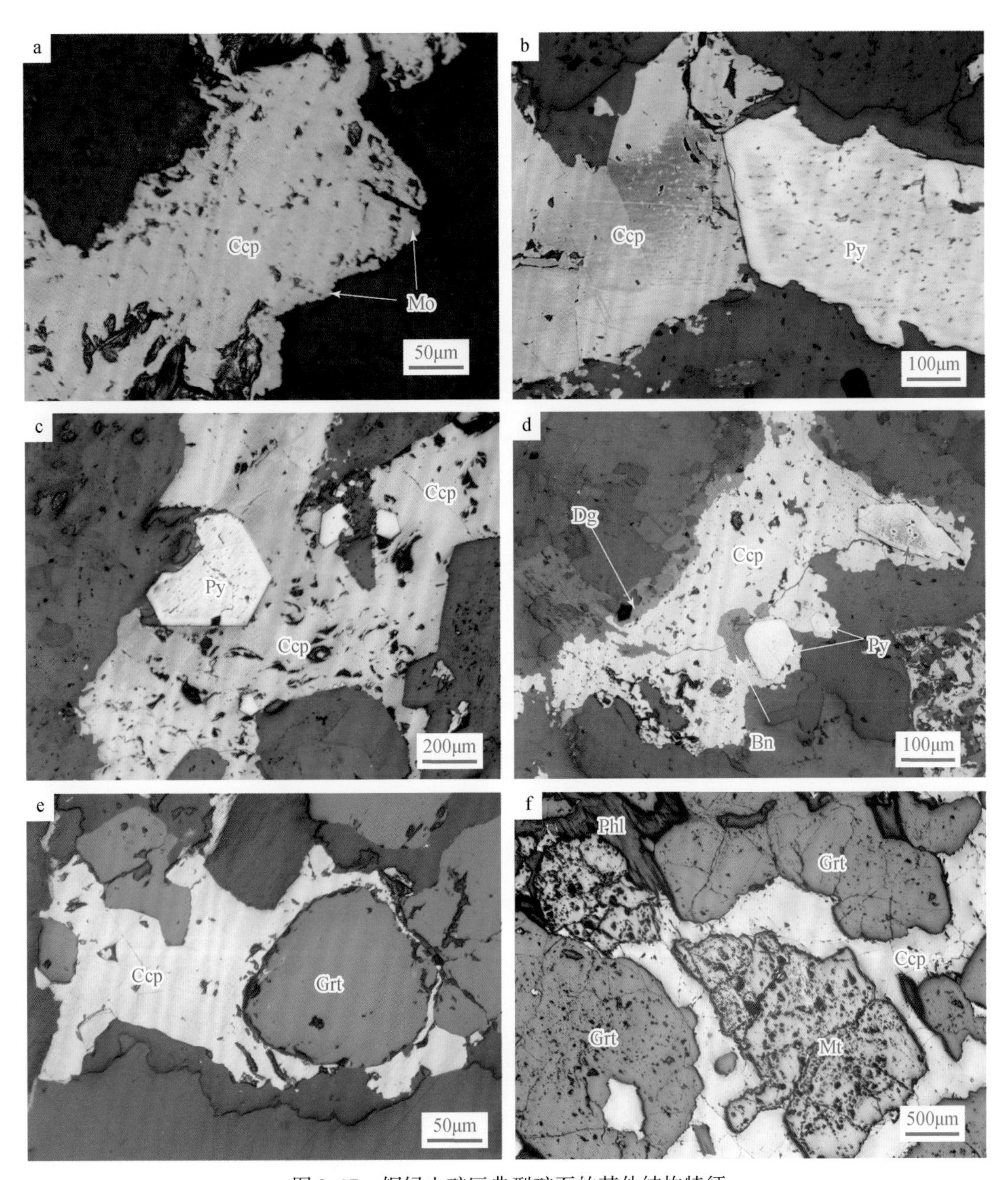

图3.17　铜绿山矿区典型矿石的其他结构特征

a. 辉钼矿沿着黄铜矿的边缘呈镶边状分布（反射光照片）；b. 黄铜矿与黄铁矿呈共结边结构（反射光照片）；c. 半自形粒状黄铁矿与黄铜矿呈共结边结构（反射光照片）；d. 黄铜矿包裹半自形粒状黄铁矿，黄铜矿边部有少量的斑铜矿及蓝辉铜矿生长（反射光照片）；e. 黄铜矿交代并包裹石榴子石（反射光照片）；f. 磁铁矿-金云母交代石榴子石夕卡岩，后又有黄铜矿交代并包裹磁铁矿（反射光照片）；Ccp. 黄铜矿；Mo. 辉钼矿；Py. 黄铁矿；Bn. 斑铜矿；Dg. 蓝辉铜矿；Mt. 磁铁矿；Grt. 石榴子石；Phl. 金云母

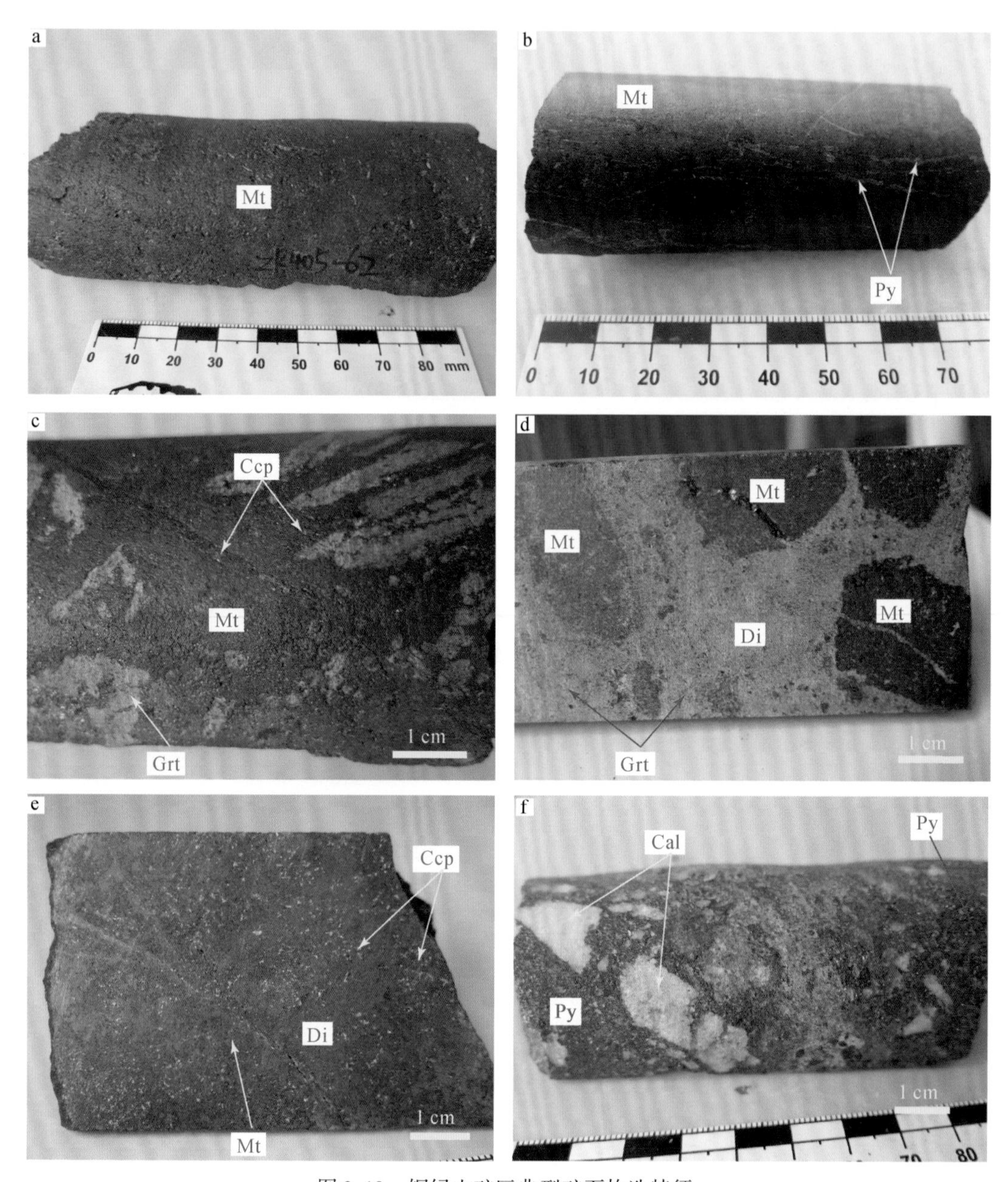

图 3.18　铜绿山矿区典型矿石构造特征

a. 块状磁铁矿矿石（手标本照片）；b. 块状磁铁矿矿石被后期黄铁矿脉交代（手标本照片）；c. 块状磁铁矿矿石，被浸染状和脉状黄铜矿交代（手标本照片）；d. 产于透辉石夕卡岩中的团块状磁铁矿矿石，被后期石榴子石所包裹（手标本照片）；e. 浸染状黄铜矿矿石（手标本照片）；f. 产于大理岩角砾中的黄铁矿矿石，黄铁矿呈基质胶结大理岩角砾（手标本照片）；Mt. 磁铁矿；Ccp. 黄铜矿；Grt. 石榴子石；Di. 透辉石；Py. 黄铁矿；Cal. 方解石

3.4.3　围岩蚀变

在铜绿山矿区，围岩蚀变不仅广泛发育，而且类型多样、特征显著，对矿区夕卡岩成矿作用具有重要的意义。基于对铜绿山矿区8条勘探线共20个钻孔（图3.2）精细的岩心编录、样品采集及室内光薄片显微镜观察，并结合扫描电子显微镜观察，厘定了铜绿山矿区围岩蚀变类型、空间分布特征及与铜铁金矿化之间的关系。

1. 蚀变类型

在铜绿山矿区，主要的围岩蚀变类型包括钾化（钾长石和黑云母）、钾-硅化、钾硅-黄铁矿化、绢云母化、夕卡岩化（石榴子石、透辉石和硅灰石）、退化蚀变（阳起石化、绿帘石化、金云母化、蛇纹石化、透闪石化等）、绿泥石化、碳酸盐化和黏土化（伊利石化、蒙脱石、高岭石化、皂石化等）蚀变等。不同类型蚀变的详细特征，描述如下。

1）钾化、钾-硅化和钾硅-黄铁矿化

钾化、钾-硅化、钾硅-黄铁矿化在石英二长闪长（玢）岩中分布广泛，主要以脉状形式出现，脉的宽度变化范围在1～20cm（图3.19a）；钾长石化局部也以面状或不规则状交代斜长石、角闪石等（图3.19b）；此外，还有黑云母脉、钾长石-石英-黄铁矿-方解石脉、钾长石-黑云母脉、钾长石-石英-黄铁矿（黑云母）脉等出现（图3.19c～h）。

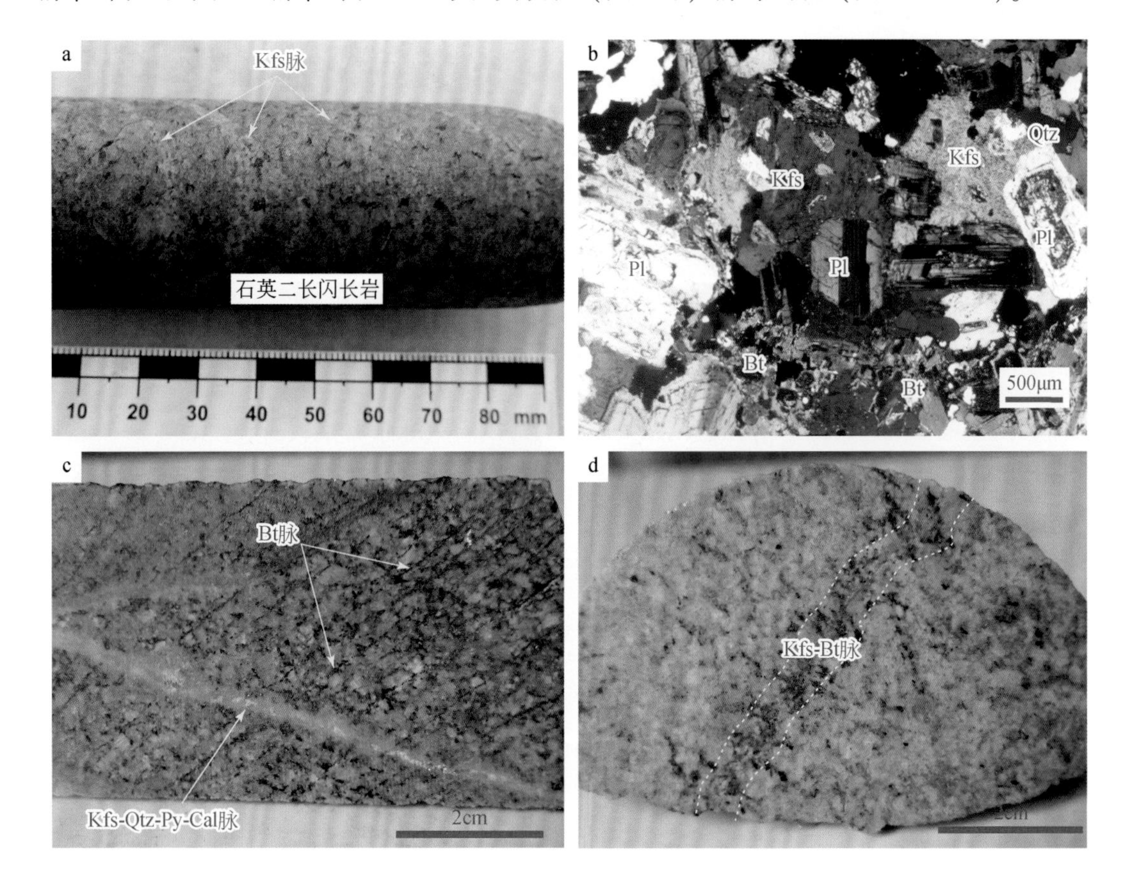

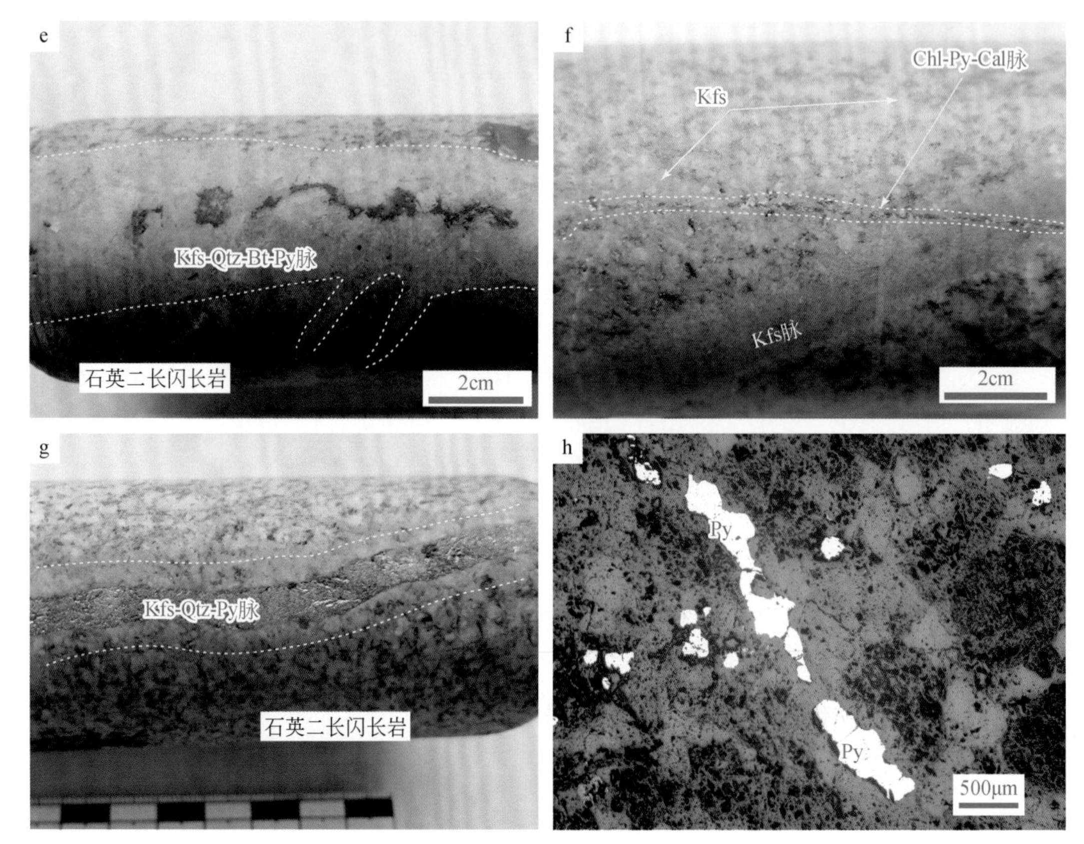

图 3.19 铜绿山铜铁金矿床钾化、钾-硅化和钾硅-黄铁矿化蚀变特征

a. 含钾长石脉的石英二长闪长岩（手标本照片）；b. 钾化石英二长闪长岩，可见钾长石交代并包裹斜长石等矿物（正交偏光显微照片）；c. 石英二长闪长岩被多条平行的黑云母细脉切割，并被后期的钾长石-石英-黄铁矿-方解石脉切割（手标本照片）；d. 含钾长石-黑云母脉的绿泥石绢云母化石英二长闪长岩（手标本照片）；e. 含钾长石-石英-黑云母-黄铁矿脉的石英二长闪长岩（手标本照片）；f. 含钾长石脉的石英二长闪长岩，被第二期细粒钾长石脉切穿，晚期有绿泥石-黄铁矿-方解石细脉切穿（手标本照片）；g. 含钾硅-黄铁矿脉的石英二长闪长岩（手标本照片）；h. 钾硅-黄铁矿脉中的黄铁矿（反射光照片）；Kfs. 钾长石；Pl. 斜长石；Bt. 黑云母；Qtz. 石英；Py. 黄铁矿；Cal. 方解石；Chl. 绿泥石

在内接触带附近，局部可见退化蚀变阶段的透闪石或绿帘石交代石榴子石，后被氧化物阶段的钾长石交代叠加（图 3.21g，图 3.29k）。

2）绢云母化

绢云母化往往与钾化、钾-硅化相伴而生，在石英二长闪长（玢）岩中较为发育。一般情况下，在靠近钾长石脉或钾长石-石英脉的岩体内，绢云母化蚀变较为强烈，主要表现为交代岩体中的斜长石或钾长石（图 3.20a，b）。

3）夕卡岩化及退化蚀变

夕卡岩化及退化蚀变主要出现在大理岩和石英二长闪长（玢）岩体的接触带及周围。主要的夕卡岩矿物包括石榴子石、透辉石及少量硅灰石，退化蚀变矿物有金云母、蛇纹石、阳起石、绿帘石、透闪石及少量滑石和石膏等。

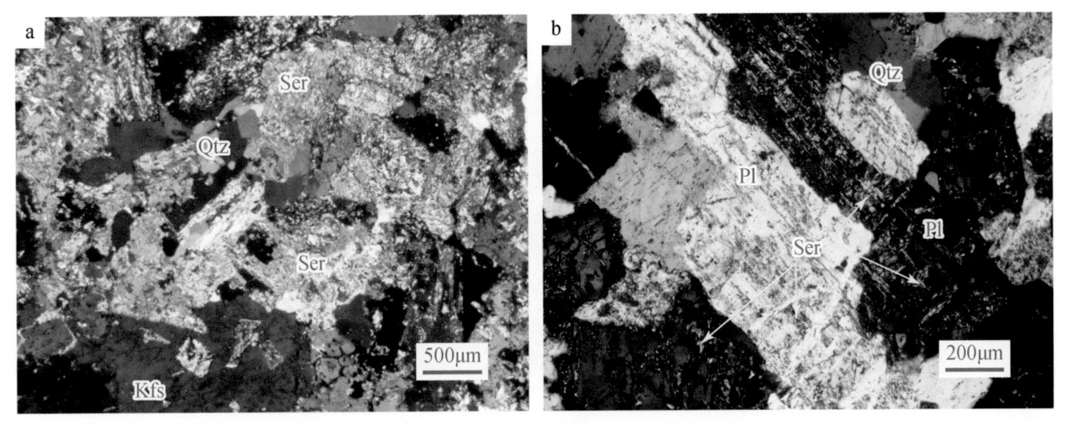

图3.20 铜绿山铜铁金矿床绢云母化蚀变特征

a. 石英二长闪长岩发生较强烈的绢云母化蚀变（正交偏光显微照片）；b. 石英二长闪长岩中的斜长石发生弱绢云母化蚀变（正交偏光显微照片）；Ser. 绢云母；Qtz. 石英；Kfs. 钾长石；Pl. 斜长石；Ser. 绢云母；Pl. 斜长石

其中，石榴子石和透辉石，主要呈不规则状或自形晶粒状（图3.21a，b）；绿帘石呈细粒状、短柱状、长柱状等（图3.21c，h），阳起石呈放射状集合体（图3.21d）；金云母呈鳞片状集合体（图3.21e），蛇纹石多与金云母、磁铁矿等共生，并以鳞片状集合体为主（图3.21e），透闪石多交代石榴子石或透辉石，呈纤维状、柱状、放射状等（图3.21g，i）。

4）绿泥石化

绿泥石化是铜绿山矿区分布最广泛的蚀变类型之一，在石英二长闪长（玢）岩、大理岩及白云质大理岩、夕卡岩及矿体中都普遍存在。在石英二长闪长岩中，主要是由黑云母、角闪石等暗色矿物发生绿泥石化蚀变（图3.22a，b）；在夕卡岩及矿体中，特别是在硫化物阶段，出现较多的绿泥石化（图3.22c，d）。

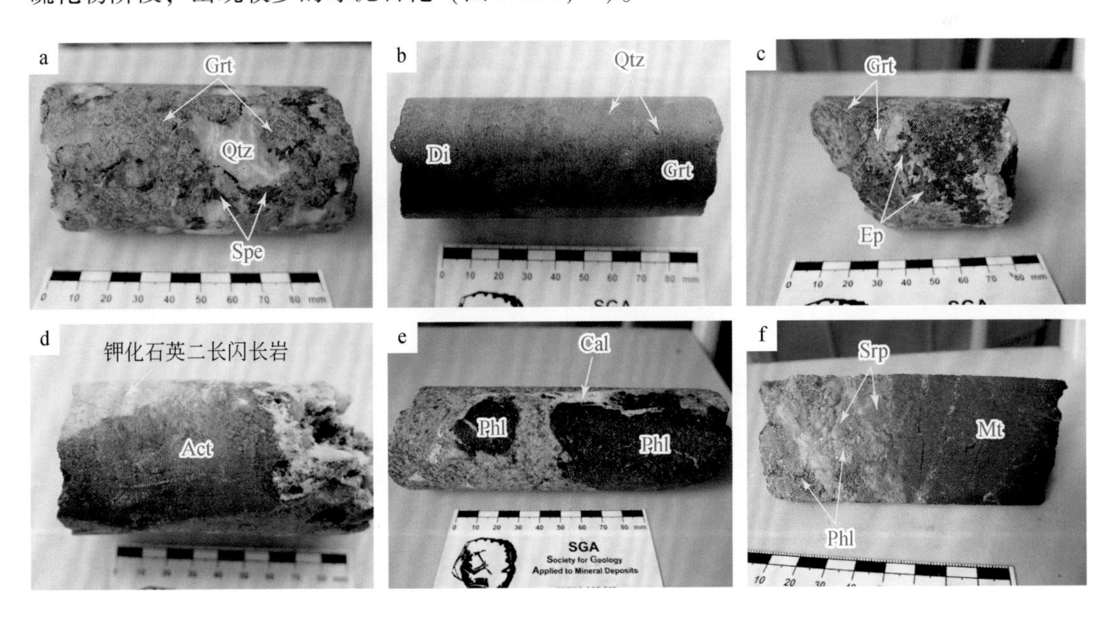

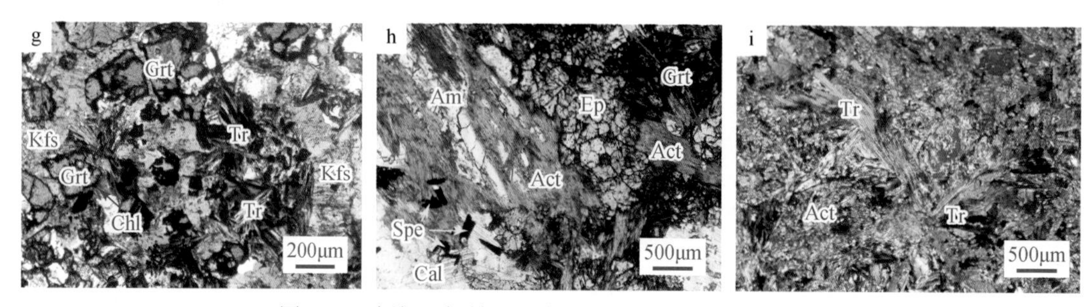

图 3.21　铜绿山铜铁金矿床夕卡岩化及退化蚀变特征

a. 浅褐色石榴子石夕卡岩，被石英-镜铁矿交代（手标本照片）；b. 石榴子石透辉石夕卡岩（手标本照片）；c. 石榴子石夕卡岩被绿帘石-角闪石等交代，并含有残留的大理岩成分（手标本照片）；d. 含阳起石脉的钾化石英二长闪长岩（手标本照片）；e. 金云母交代石英二长闪长岩，并被后期的方解石交代（手标本照片）；f. 蛇纹石、金云母等退化蚀变矿物与磁铁矿共生（手标本照片）；g. 石榴子石被透闪石交代，后又被钾长石呈不规则状交代，晚期有少量的绿泥石化叠加（单偏光显微照片）；h. 绿帘石-角闪石-阳起石被镜铁矿-方解石交代，并可见早期交代残留的石榴子石（单偏光显微照片）；i. 透闪石-阳起石化蚀变（正交偏光显微照片）；Grt. 石榴子石；Qtz. 石英；Spe. 镜铁矿；Di. 透辉石；Ep. 绿帘石；Am. 角闪石；Phl. 金云母；Srp. 蛇纹石；Mt. 磁铁矿；Tr. 透闪石；Kfs. 钾长石；Chl. 绿泥石；Act. 阳起石；Cal. 方解石

图 3.22　铜绿山铜铁金矿床绿泥石化蚀变特征

a. 绿泥石化石英二长闪长岩（手标本照片）；b. 石英二长闪长岩中绿泥石交代角闪石和黑云母，可见黑云母边缘发生绿泥石化（单偏光显微照片）；c. 石榴子石被网脉状绿泥石交代（单偏光显微照片）；d. 绿泥石-磁铁矿呈不规则状交代大理岩（单偏光显微照片）；Chl. 绿泥石；Pl. 斜长石；Bt. 黑云母；Grt. 石榴子石；Mt. 磁铁矿；Cal. 方解石

5）碳酸盐化

碳酸盐化在钻孔中分布较为广泛，主要见于夕卡岩和矿体中，局部见于石英二长闪长岩和后期岩脉中。手标本中可见方解石呈脉状切割磁铁矿–赤铁矿–黄铜矿矿石（图3.23a）；铁白云石（–方解石）交代钾长石石英二长闪长岩（图3.23b）；亦可见方解石脉切割石榴子石和/或透辉石夕卡岩和石英二长闪长（玢）岩。在显微镜下，可见不同程度的碳酸盐化石英二长闪长岩（图3.23c，d）。

图3.23　铜绿山铜铁金矿床碳酸盐化蚀变特征

a. 磁铁矿矿石局部被黄铜矿交代，晚期有数条方解石细脉切割（手标本照片）；b. 钾化石英二长闪长岩，被铁白云石呈不规则状交代包裹（手标本照片）；c. 透辉石化的石英二长闪长岩，后又叠加强烈的碳酸盐化蚀变（正交偏光显微照片）；d. 石英二长闪长岩发生强烈的碳酸盐化蚀变（正交偏光显微照片）；Cal. 方解石；Mt. 磁铁矿；Ccp. 黄铜矿；Ank. 铁白云石；Di. 透辉石；Pl. 斜长石；Qtz. 石英

6）黏土化

本研究通过SWIR光谱分析，在铜绿山矿区识别出大量的黏土矿物，包括白云母族（伊利石、白云母和多硅白云母）、高岭石族（高岭石、迪开石和埃洛石）、蒙皂石族（蒙脱石和皂石）以及绿泥石等矿物（详见3.5节）。由于黏土矿物的粒径较小（<2μm），普通的光学显微镜或肉眼常常难以鉴别，因此，本研究在SWIR光谱分析的基础上，结合岩心手标本、光学显微镜及扫描电子显微镜图像，对铜绿山矿区主要黏土矿物的显微特征进

行了观察和研究。

高岭石族矿物主要出现在内外接触带附近，可见石英二长闪长（玢）岩发生不同程度的高岭石化和/或迪开石化，高岭石主要呈微细粒蠕虫状交代斜长石（图3.24a，d）。皂石常发育于夕卡岩及周围，显微镜下可见皂石交代早阶段形成的绿帘石、石榴子石等夕卡岩矿物（图3.24e）；褐黄色-深褐色集合体状皂石被蛇纹石、金云母和皂石交代（图3.24f）；金云母蛇纹石夕卡岩中，皂石呈微细粒状交代蛇纹石等（图3.24g，h）。

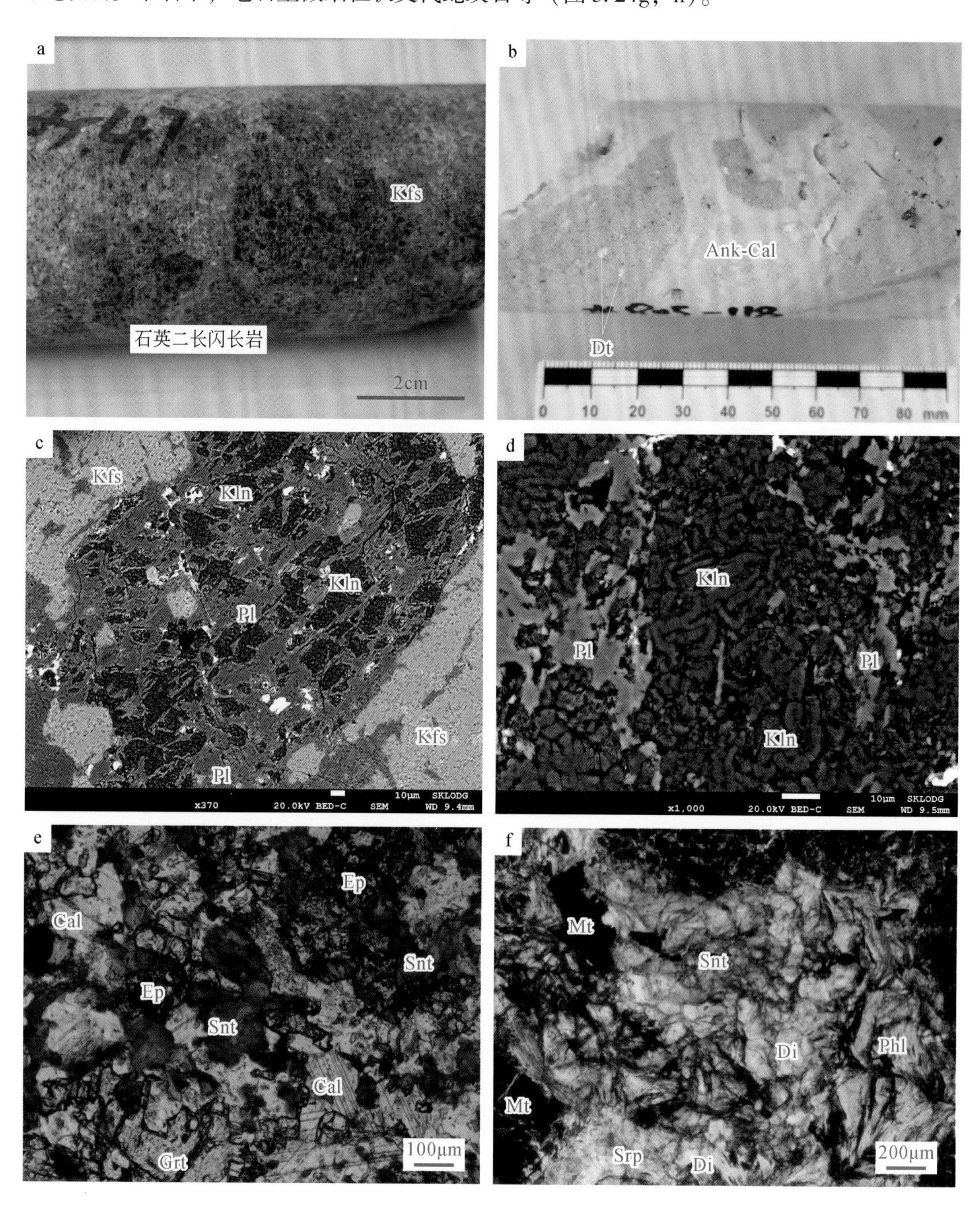

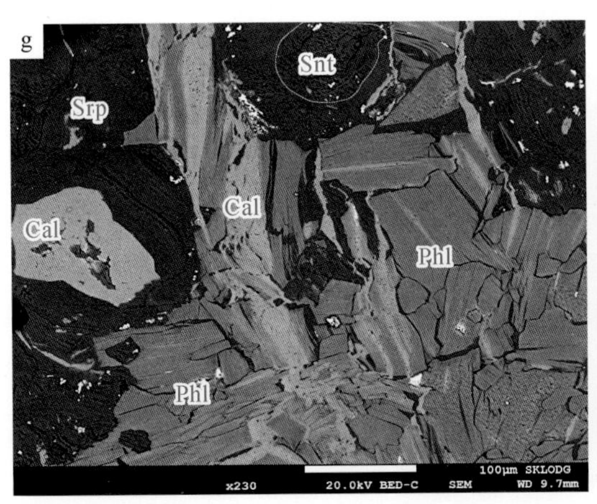

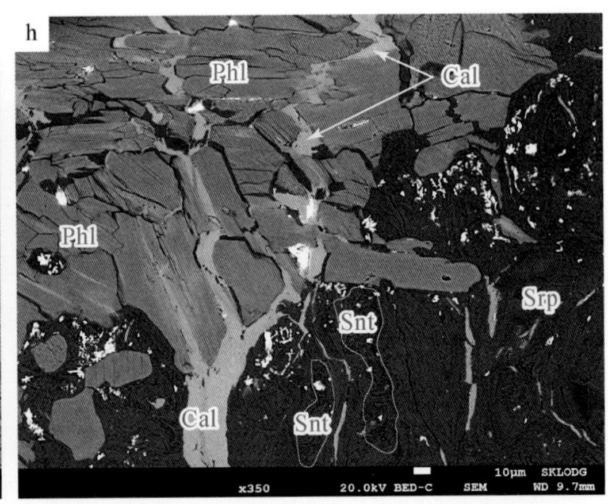

图 3.24　铜绿山铜铁金矿床黏土化蚀变特征

a. 强烈钾长石化、高岭石化、绿泥石化石英二长闪长岩（手标本照片）；b. 迪开石化石英二长闪长岩被后期铁白云石-方解石脉切割（手标本照片）；c. 石英二长闪长岩中的斜长石被细小的高岭石交代（背散射电子图像）；d. 石英二长闪长岩中的蠕虫状高岭石，可见交代残留的斜长石（背散射电子图像）；e. 暗绿色-浅黄色皂石交代绿帘石和石榴子石（单偏光显微照片）；f. 浅蓝色皂石交代蛇纹石或透辉石，蛇纹石与金云母和磁铁矿共生（单偏光照片）；g，h. 含皂石的金云母蛇纹石夕卡岩，被后期的方解石交代；Kfs. 钾长石；Ank. 铁白云石；Cal. 方解石；Pl. 斜长石；Kln. 高岭石；Snt. 皂石；Ep. 绿帘石；Grt. 石榴子石；Srp. 蛇纹石；Phl. 金云母；Mt. 磁铁矿；Di. 透辉石

2. 蚀变分带

在铜绿山矿区，围岩蚀变在空间上呈现出较明显的规律性变化（图 3.25 ~ 图 3.28）。在石英二长闪长（玢）岩中，以脉状蚀变为主，局部出现面状蚀变，包括钾长石化、黑云母化、钾硅化、钾硅-黄铁矿化、绢云母化（伊利石、白云母、多硅白云母）、绿泥石化、高岭石化、蒙脱石化，以及少量的夕卡岩化和碳酸盐化；在大理岩围岩中，主要发育有夕卡岩化、绿帘石化、阳起石化和绿泥石化等；在白云质大理岩中，主要发育夕卡岩化、金云母化、蛇纹石化和透闪石化等；在内外接触带附近，往往出现石榴子石、透辉石、硅灰石等夕卡岩矿物及退化蚀变矿物（绿帘石、阳起石、金云母、蛇纹石、透闪石等）叠加的普遍现象。

由于铜绿山矿床以夕卡岩矿化为主，围岩蚀变受到接触交代作用的控制，且接触构造类型及变化呈多样性，蚀变又存在多期多阶段叠加的普遍现象，因而较难划分出准确的蚀变分带。下面仅以部分剖面上的钻孔为例，对不同蚀变类型的空间分布特征进行描述（图 3.25 ~ 图 3.28）；同时，以夕卡岩和退化蚀变矿物及黏土矿物出现的频率为准，从内接触带至外接触带，划分出 5 个不同的围岩蚀变带（表 3.1）。

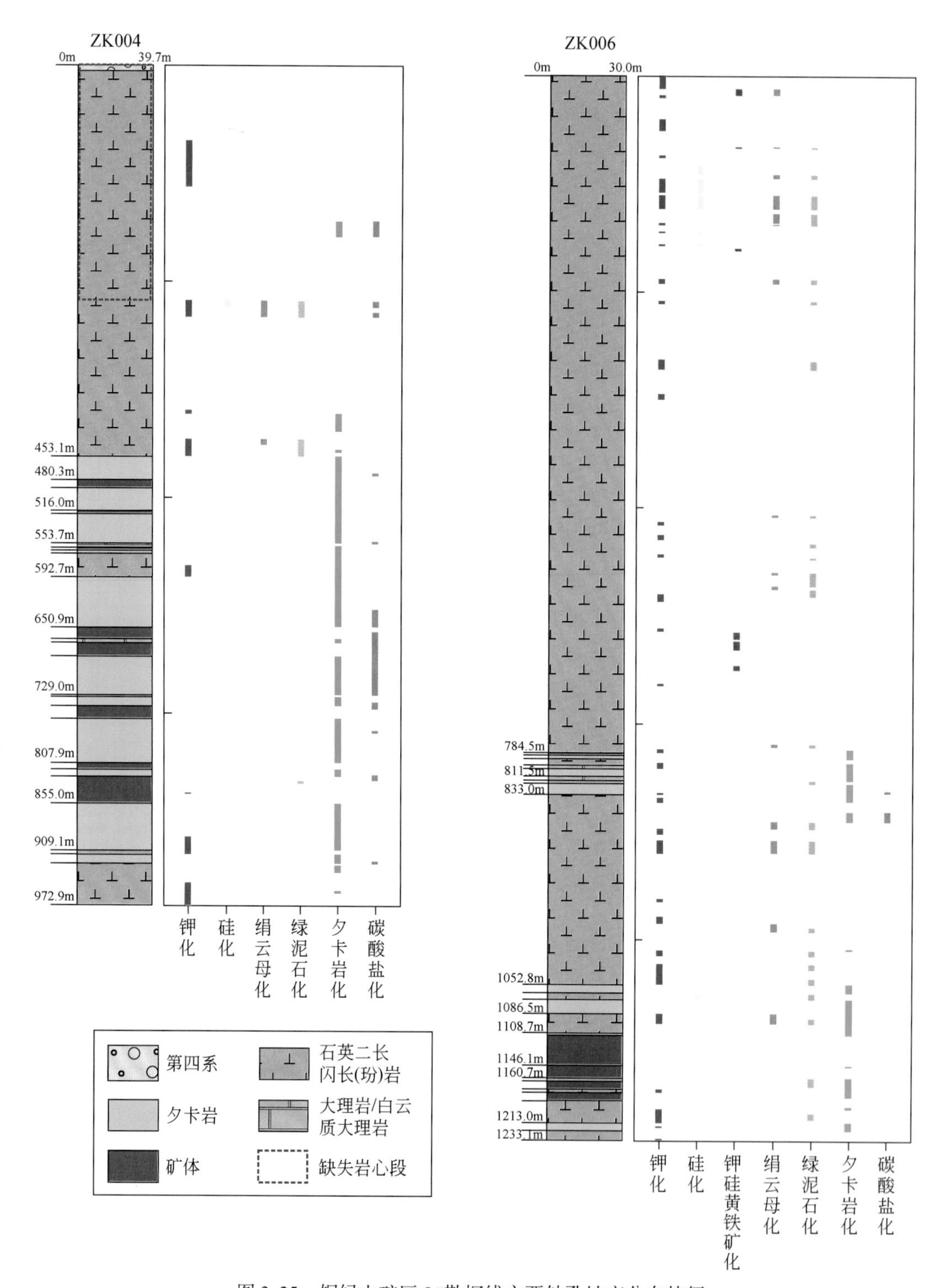

图 3.25　铜绿山矿区 0#勘探线主要钻孔蚀变分布特征

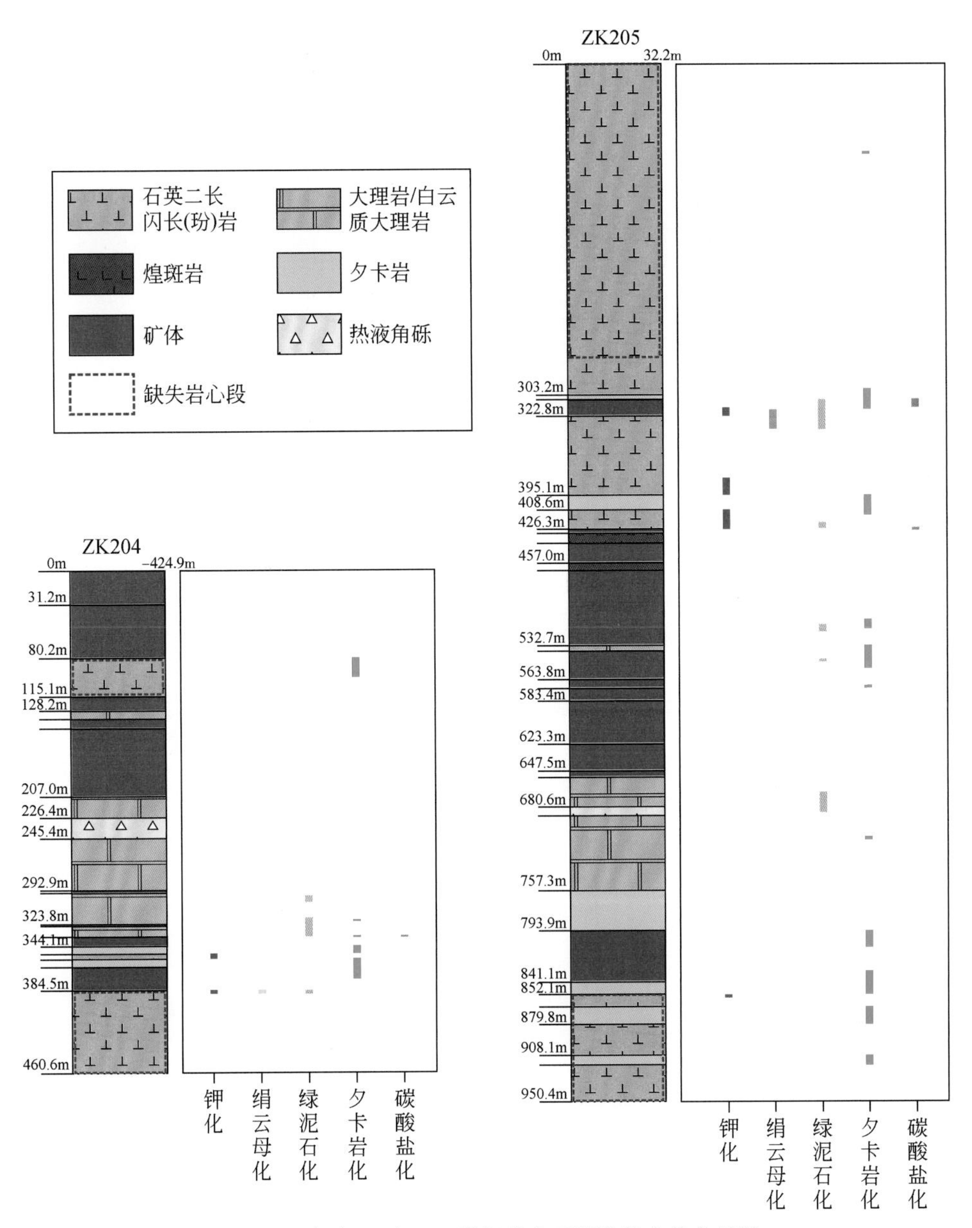

图3.26　铜绿山矿区2#勘探线主要钻孔蚀变分布特征

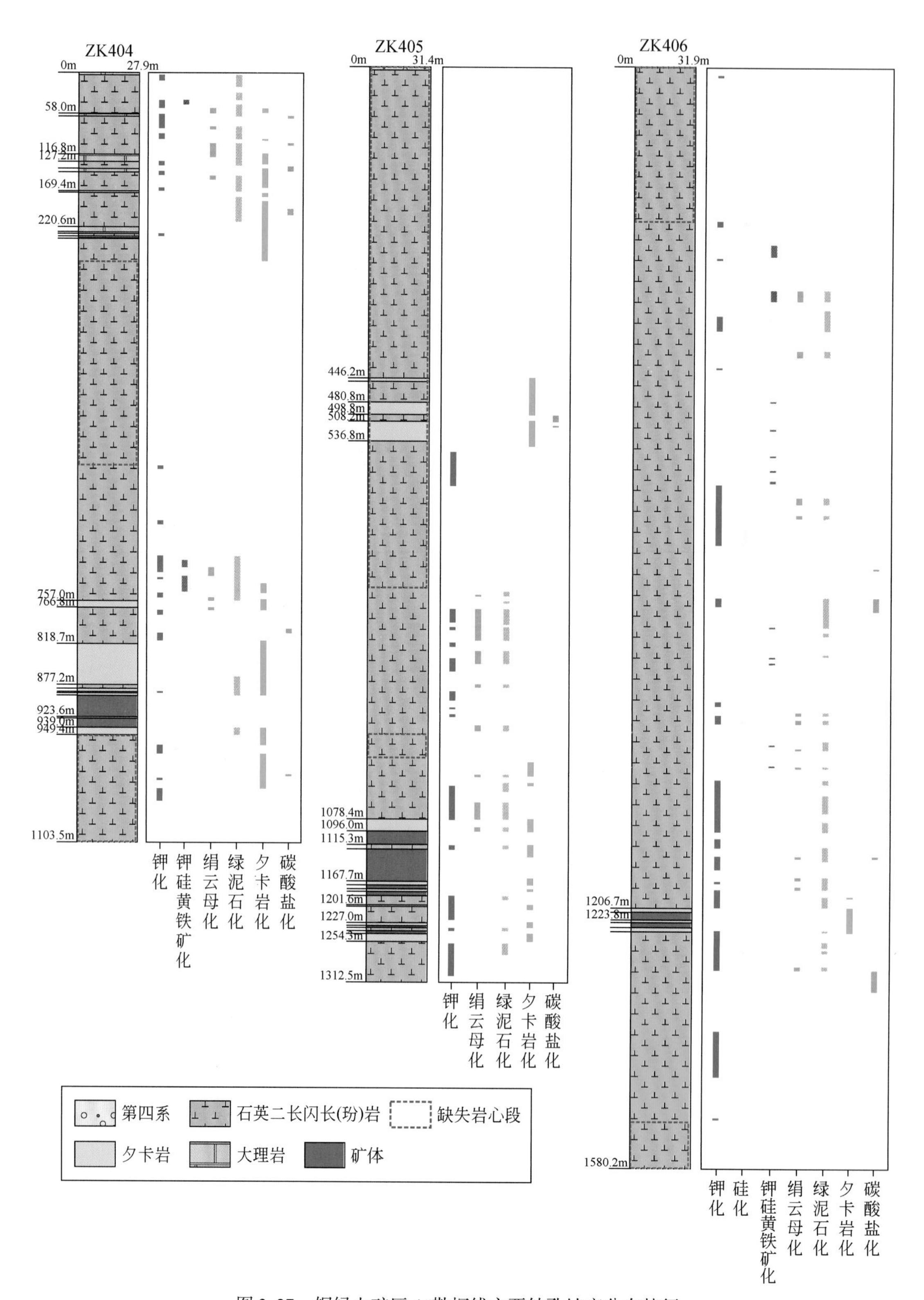

图 3.27　铜绿山矿区 4#勘探线主要钻孔蚀变分布特征

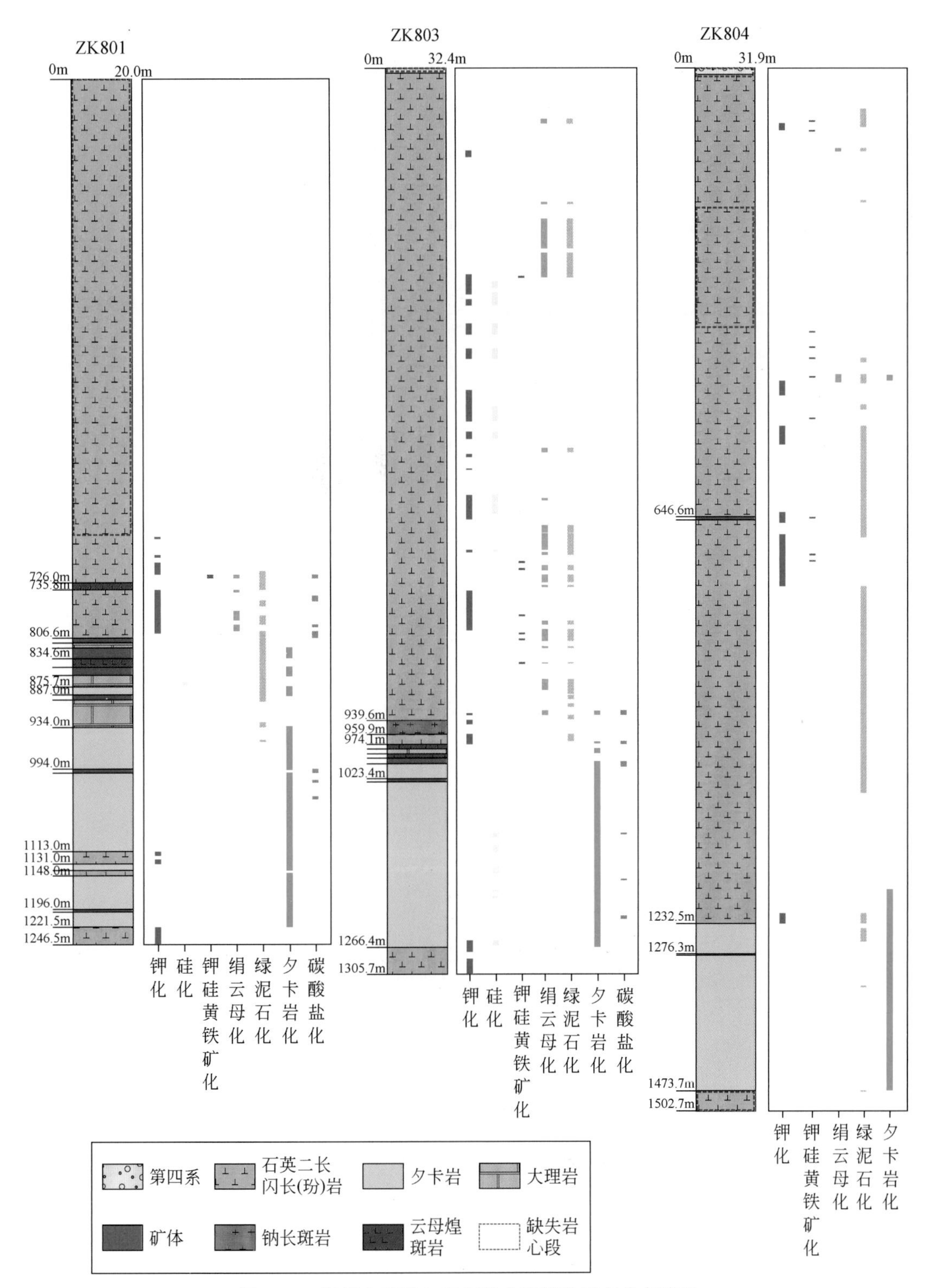

图3.28 铜绿山矿区8#勘探线主要钻孔蚀变分布特征

表 3.1　铜绿山铜铁金矿床主要蚀变/矿化带的矿物组合

序号	蚀变带	主要蚀变矿物	次要-微量蚀变矿物
Ⅰ	远端致矿岩体带	钾长石、蒙脱石、镁绿泥石	黑云母、伊利石、黄铁矿、白云母、方解石、铁白云石、高岭石、埃洛石
Ⅱ	内夕卡岩化带	高岭石、钾长石、伊利石、蒙脱石、铁镁绿泥石、透辉石、石榴子石	迪开石、黑云母、黄铁矿、阳起石、绿帘石、金云母、白云母、方解石、铁白云石
Ⅲ	夕卡岩/热液矿化中心带	石榴子石、透辉石、金云母、蛇纹石、绿帘石、阳起石、皂石、铁镁绿泥石/铁绿泥石、方解石	滑石、石膏、蒙脱石、伊利石、多硅白云母、铁白云石
Ⅳ	外夕卡岩化带	石榴子石、铁镁绿泥石/镁绿泥石、绿帘石、蛇纹石、高岭石	迪开石、硅灰石、蒙脱石、黄铁矿、方解石、铁白云石
Ⅴ	远端（白云质）大理岩带	方解石、高岭石	镁绿泥石、蒙脱石、黄铁矿

3.4.4　成矿期次

基于以上围岩蚀变的研究，本节根据铜绿山铜铁金矿床中脉体的穿插关系、蚀变矿物的共生组合及相互包裹关系、矿石的结构构造等特征，将铜绿山铜铁金矿床的成矿期次划分为岩浆-热液期和表生期，岩浆-热液期从早到晚又可分为夕卡岩阶段、退化蚀变阶段、氧化物阶段、硫化物阶段和碳酸盐阶段（表 3.2）。

夕卡岩阶段：在外接触带，局部有硅灰石与石榴子石共生（图 3.29a）。在内外接触带形成大量的石榴子石/透辉石夕卡岩。其中，在内接触带以透辉石夕卡岩为主，而在外接触带以石榴子石夕卡岩为主，局部可见石榴子石包裹透辉石（图 3.30a）。夕卡岩阶段的石榴子石可分为两期：① 深绿色-深褐色中细粒石榴子石（Grt1），呈自形-半自形粒状集合体，粒径为 1 ~ 2mm，多为均质体，环带不发育，局部被微细粒绿帘石交代；② 红褐色-浅绿色中粗粒石榴子石（Grt2），呈自形-半自形粒状，粒度变化较大，可见其沿 Grt1 的边部生长或交代 Grt1，并发育特征性的韵律环带结构，局部可见 Grt2 被后期的磁铁矿或方解石交代（图 3.29b，c）。此外，在岩体中发生较强的钾（-硅）化蚀变，主要表现为弥散状、脉状或面状的钾长石，或黑云母-磁铁矿-石英脉交代/切割石英二长闪长岩（图 3.29d，e）。由于岩体中的钾（-硅）化形成温度较高，明显区别于退化蚀变阶段，因此将其划分到夕卡岩阶段（表 3.2）。

退化蚀变阶段：根据不同的围岩岩性，可分为钙质夕卡岩和镁质夕卡岩矿物组合，可见二者分别交代夕卡岩阶段的石榴子石或透辉石（图 3.29g，h）。钙质夕卡岩以富含绿帘石和阳起石为特征，镁质夕卡岩富含金云母、蛇纹石、透闪石及少量的滑石和石膏（图 3.30e ~ g）。在岩体中，局部可见阳起石-黑云母-石英-磁铁矿-榍石-磷灰石脉切穿钾化石英二长闪长岩（图 3.29f，h，i）。此阶段也是磁铁矿形成的重要成矿阶段，大量的磁铁矿与钙/镁夕卡岩矿物共生（图 3.29e，f，h）。

表 3.2　铜绿山铜铁金矿床蚀变矿化期次表

矿化阶段 / 矿物	岩浆–热液期					表生期
	夕卡岩阶段 Stage Ⅰ	退化蚀变阶段 Stage Ⅱ	氧化物阶段 Stage Ⅲ	硫化物阶段 Stage Ⅳ	碳酸盐阶段 Stage Ⅴ	Stage Ⅵ
硅灰石	- - -					
透辉石	━━━					
石榴子石	━━─			- - -		
钾长石	───		- - -			
石英	- - -	- - -─	───	───		
黑云母	- - -	- - -				
磁铁矿	- - -	━━━	━━			
磷灰石	- - -	- - -				
绿帘石		───	- - -			
阳起石		───				
榍石		- - -				
金云母		───				
蛇纹石		───				
透闪石		- - -				
滑石		- - -				
石膏		- - -				
镜铁矿			───			
赤铁矿			━━━			
绿泥石				───		
黄铜矿				━━━		
斑铜矿				───		
辉铜矿				───		
辉钼矿				───		
黄铁矿				───		
闪锌矿				───		
蓝辉铜矿				- - -		
方解石				- - -	───	
铁白云石					───	
皂石				- - -		
迪开石				- - -		
白云母				- - -		
伊利石				- - -		
蒙脱石				- - -	- - -	- - -
高岭石				- - -	- - -	- - -
埃洛石						- - -
孔雀石						───
蓝铜矿						───

氧化物阶段：以局部出现块状或脉状赤铁矿矿石、镜铁矿–石英–方解石脉等为特征（图 3.29j，k），可见含交代残留石榴子石的磁铁矿被赤铁矿脉交代（图 3.29k）。

硫化物阶段：该阶段是铜绿山铜铁金矿床最重要的成矿阶段，形成的矿石矿物主要有黄铜矿、辉铜矿和斑铜矿，其次是辉钼矿、黄铁矿、闪锌矿等，脉石矿物主要是石英及少量的方解石（表 3.2）。手标本可见黄铜矿呈块状、不规则状、浸染状交代磁铁矿矿石或石榴子石/透辉石夕卡岩（图 3.29n），黄铁矿–方解石脉交代钾化石英二长闪长岩（图 3.29o），辉铜矿呈浸染状交代赤铁矿矿石（图 3.14f），黄铜矿–辉钼矿交代赤铁矿化大理岩（图 3.14h），或黄铜矿–闪锌矿呈浸染状、不规则状交代磁铁矿矿石（图 3.29o）。此外，通过岩相学和 SWIR 光谱分析，在铜绿山矿区深部，识别出大量的皂石、迪开石及高结晶度的高岭石和伊利石。由于它们的产出位置较深，且形成的温度相对较高，因此划分到硫化物阶段。

此外，绿泥石在钻孔岩心中的分布较为广泛。其中，在夕卡岩矿体中，主要呈脉状、网脉状、不规则状交代夕卡岩阶段的石榴子石或透辉石（图 3. 22c），或交代磁铁矿（图 3. 30k）。在石英二长闪长（玢）岩中，多见原岩中的角闪石或黑云母受到不同程度的绿泥石化（图 3. 22a，b）。

碳酸盐阶段：以形成大量的晚期方解石（-铁白云石）脉为特征，主要表现为交代或切割磁铁矿或硫化物矿石（图 3. 23a，图 3. 29o），局部可见方解石（-铁白云石）呈脉状或不规则状交代石榴子石/透辉石夕卡岩或石英二长闪长（玢）岩（图 3. 23b，图 3. 29l）。此外，部分高岭石、伊利石和蒙脱石，由于较高的结晶度和形成温度，因而划分到盐酸盐阶段。

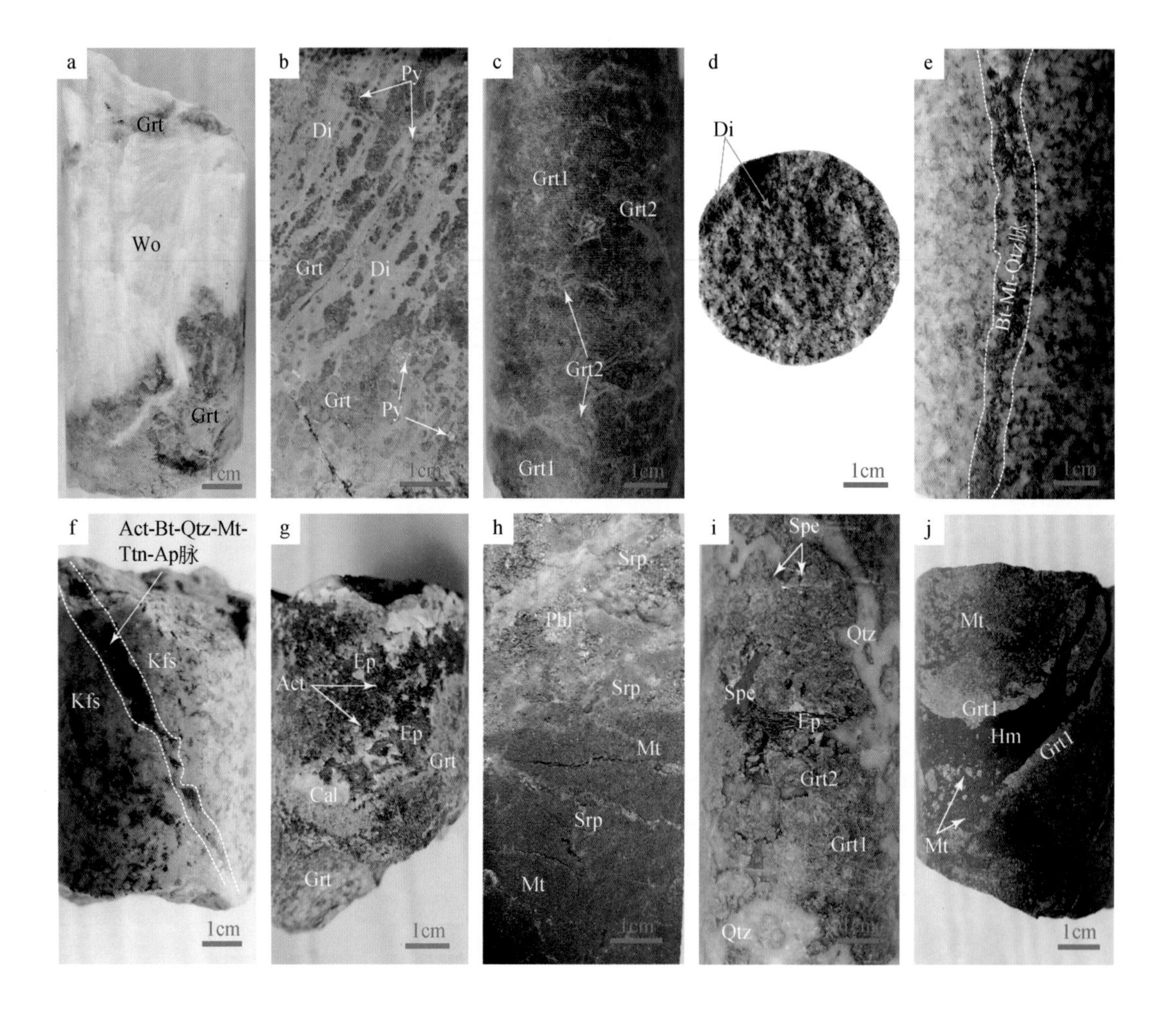

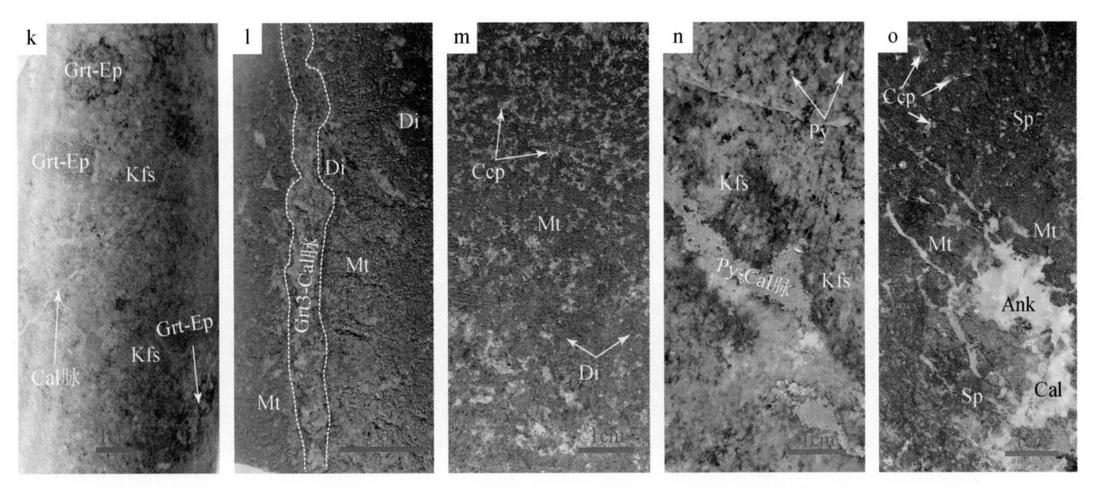

图3.29　铜绿山铜铁金矿床典型蚀变类型及其矿物组合特征（手标本照片）

a. 硅灰石-石榴子石夕卡岩；b. 夕卡岩阶段的透辉石石榴子石夕卡岩，被后期的黄铁矿呈细脉状或浸染状交代；c. 夕卡岩阶段的石榴子石夕卡岩，石榴子石有两期，第一期石榴子石（Grt1）呈深绿色，第二期石榴子石（Grt2）呈褐红色-浅绿色沿Grt1边上生长；d. 透辉石化石英二长闪长岩；e. 夕卡岩阶段，产于钾化岩体中的黑云母-磁铁矿-石英脉；f. 钾化石英二长闪长岩被阳起石-黑云母-石英-磁铁矿-榍石-磷灰石脉切割；g. 石榴子石夕卡岩被绿帘石、角闪石等交代，含少量交代残留的大理岩成分；h. 退化蚀变阶段的金云母-磁铁矿-蛇纹石；i. 石榴子石夕卡岩被氧化物阶段的石英-绿帘石-镜铁矿交代；j. 含交代残留石榴子石的磁铁矿-角闪石-绿泥石组合，被氧化物阶段的赤铁矿脉交代；k. 绿帘石交代石榴子石，后被氧化物阶段的钾长石包裹呈团块状；l. 产于块状磁铁矿中的晚期石榴子石（Grt3）脉，磁铁矿矿石中可见有交代残留的透辉石；m. 磁铁矿矿石被硫化物阶段的黄铜矿呈浸染状交代；n. 钾长石化石英二长闪长岩被黄铁矿-方解石脉切割；o. 退化蚀变阶段的磁铁矿矿石，被硫化物阶段的黄铜矿-闪锌矿呈浸染状、不规则状交代，晚期有铁白云石-方解石脉切穿；Grt. 石榴子石；Grt1. 第一期石榴子石；Grt2. 第二期石榴子石；Grt3. 第三期石榴子石；Di. 透辉石；Cal. 方解石；Bt. 黑云母；Mt. 磁铁矿；Qtz. 石英；Ep. 绿帘石；Act. 阳起石；Spe. 镜铁矿；Ttn. 榍石；Ap. 磷灰石；Kfs. 钾长石；Phl. 金云母；Srp. 蛇纹石；Py. 黄铁矿；Sp. 闪锌矿；Ank. 铁白云石；Cal. 方解石；Ccp. 黄铜矿；Wo. 硅灰石；Hm. 赤铁矿

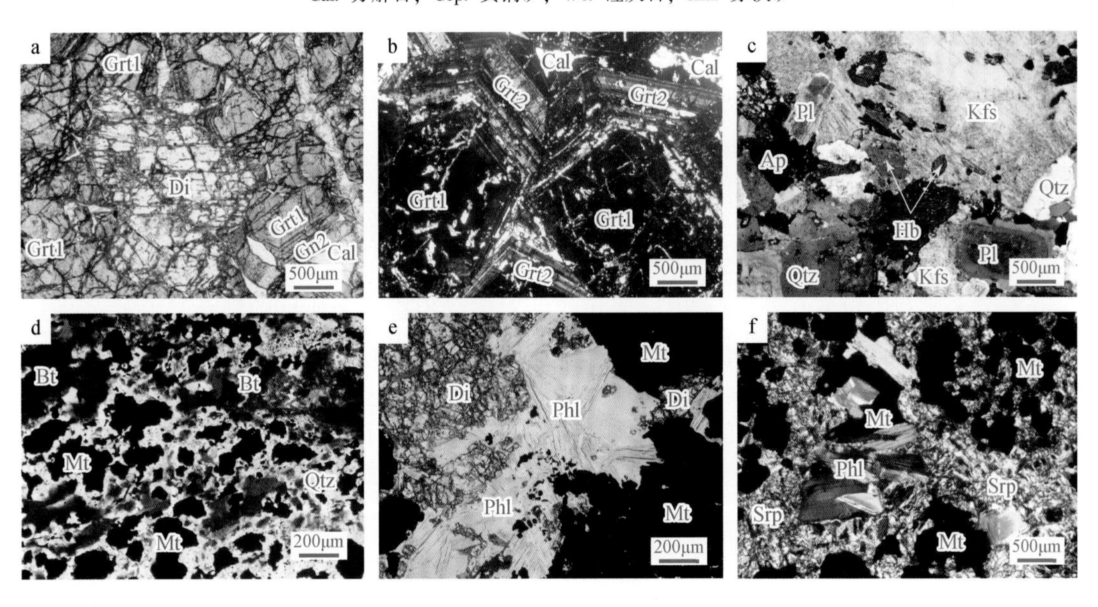

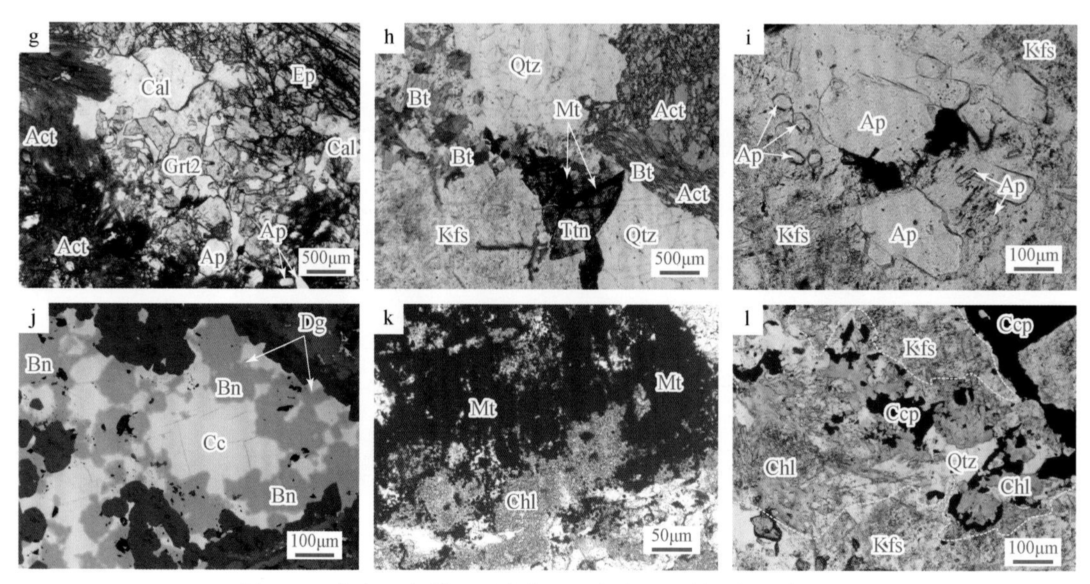

图 3.30 铜绿山铜铁金矿床典型蚀变类型及其矿物组合特征

a. 夕卡岩阶段的石榴子石透辉石夕卡岩，透辉石被第一期石榴子石（Grt1）和第二期石榴子石（Grt2）所包裹（单偏光）；b. 夕卡岩阶段的石榴子石，第一期石榴子石（Grt1）呈深绿色，正交偏光下全消光，第二期石榴子石（Grt2）呈韵律环带状沿 Grt1 边上生长（正交偏光）；c. 石英二长闪长岩中的钾长石化蚀变，显微镜下可见钾长石包裹或交代角闪石、斜长石等矿物；d. 夕卡岩阶段的黑云母-磁铁矿-石英脉的显微照片（单偏光）；e. 退化蚀变阶段的金云母-磁铁矿交代夕卡岩阶段的透辉石（单偏光）；f. 退化蚀变阶段的金云母-蛇纹石-磁铁矿（正交偏光）；g. 石榴子石被绿帘石阳起石等交代，后有方解石充填（单片光）；h. 退化蚀变阶段的阳起石-黑云母-石英-磁铁矿-榍石-磷灰石脉（单偏光）；i. 退化蚀变阶段的阳起石-黑云母-石英-磁铁矿-榍石-磷灰石脉中的磷灰石呈自形-半自形板状、细粒状、针柱状等（单偏光）；j. 硫化物阶段的辉铜矿-斑铜矿-蓝辉铜矿组合（反射光）；k. 退化蚀变阶段的磁铁矿被硫化物阶段的绿泥石交代（单偏光）；l. 石英-绿泥石-黄铜矿细脉交代石英二长闪长岩中的钾长石和榍石 . Grt. 石榴子石；Grt1. 第一阶段石榴子石；Grt2. 第二阶段石榴子石；Grt3. 第三阶段石榴子石；Di. 透辉石；Cal. 方解石；Bt. 黑云母；Mt. 磁铁矿；Qtz. 石英；Ep. 绿帘石；Hb. 角闪石；Act. 阳起石；Ttn. 榍石；Ap. 磷灰石；Kfs. 钾长石；Phl. 金云母；Srp. 蛇纹石；Bn. 斑铜矿；Cc. 辉铜矿；Dg. 蓝辉铜矿；Chl. 绿泥石

表生期：以在铜绿山矿区原地表形成大量的孔雀石和蓝铜矿为特征（舒全安等，1992），而在浅部钻孔岩心中则出现大量的低结晶度的蒙脱石和少量的高岭石及埃洛石（表 3.2）。

3.5 蚀变矿物光谱特征

本节主要利用短波红外（SWIR）光谱仪，对铜绿山铜铁金矿床的钻孔岩心样品进行 SWIR 光谱测试和分析，查明不同蚀变矿物在空间上的分布特征，并对广泛分布的黏土矿物类（绿泥石、白云母族-蒙脱石和高岭石族）进行系统的 SWIR 光谱参数统计和分析。同时，为验证 SWIR 光谱数据的可靠性，对部分样品也进行了 X 射线衍射（XRD）光谱分析。在此基础上，探讨铜绿山铜铁金矿床蚀变矿物光谱特征对热液流体演化及深部找矿勘查的指示意义。

3.5.1　SWIR 光谱原理及仪器

短波红外光的波长范围在 1300 ~ 2500nm，是介于近红外光与中红外光的电磁波。短波红外光谱是分子振动光谱的倍频和主频吸收光谱，主要是由分子振动的非谐振性使分子振动从基态向高能级跃迁时产生的（图 3.31）(章革等，2005；杨志明等，2012)。

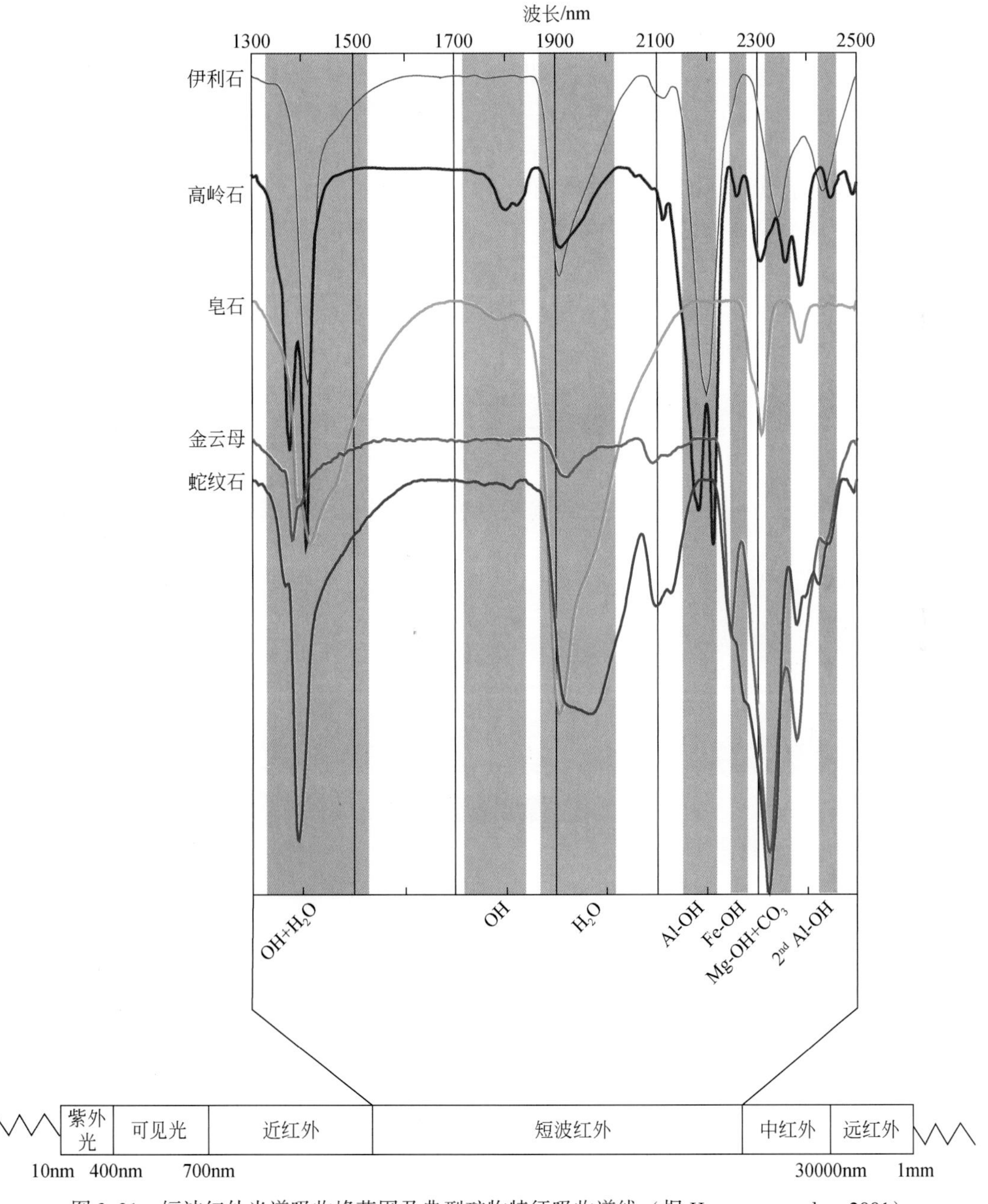

图 3.31　短波红外光谱吸收峰范围及典型矿物特征吸收谱线（据 Herrmann et al.，2001）

在应用于地质研究时，由于不同的矿物含有不同的基团，不同的基团有不同的能级，不同的基团与同一基团在不同的物理化学环境中，对短波红外光的吸收波长有明显的差别。当短波红外光照射样品时，频率相同的光线与基团会发生共振现象，光的能量通过分子偶极矩的变化传递给分子，同时也会被吸收并被仪器记录。利用这一物理化学原理，并选用连续变化频率的短波红外光来照射某样品时，样品对不同波长红外光的选择性吸收并被仪器记录，透射出来的短波红外光就携带着样品矿物成分和结构的信息（杨志明等，2012；Chang and Yang，2012；许超等，2017）。

目前，测试短波红外光谱的仪器主要有 4 种，分别为澳大利亚 Integrated Spectronics Pty. Ltd. 生产的 PIMA（已停产）(图 3.32a)，美国 Analytical Spectral Devices，Inc.（ASD）生产的 TerraSpec（图 3.32b），中国地质调查局南京地质调查中心与南京中地仪器有限公司联合开发的 PNIRS（已停产）(图 3.32c）和可见光近红外地物波谱仪（图 3.32d）。澳大利亚的 PIMA 于 20 世纪 90 年代开始商业化生产，其光谱分辨率为 7 ~ 10nm，光谱取样间距 2nm，测试窗口为直径 1cm 的圆形区域，测试样品所用时间固定，完成一个测点需要 50s。美国 TerraSpec 生产于 2006 年，属便携式光谱仪，其光谱分辨率为 6 ~ 7nm，光谱取样间距 2nm，测试窗口为直径 2.5cm 的圆形区域，测试样品所用时间可由用户自行设置，完成一个岩矿样品测点需 4 ~ 10s。

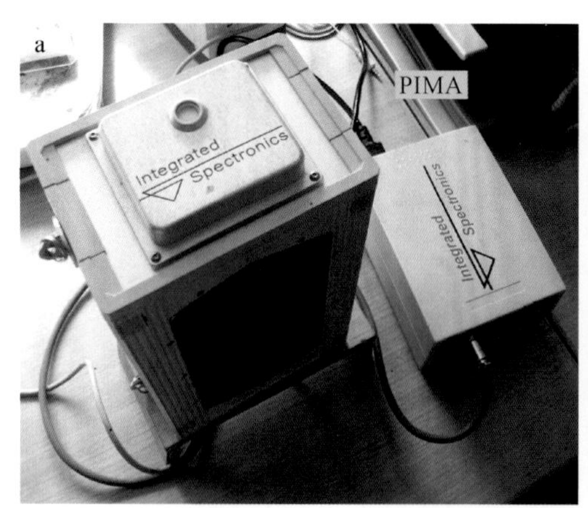

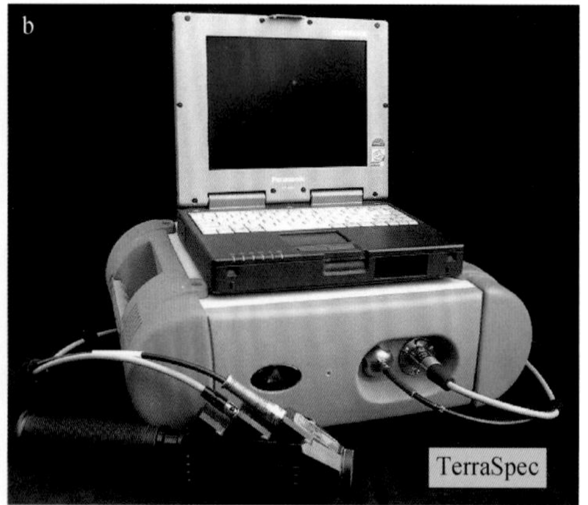

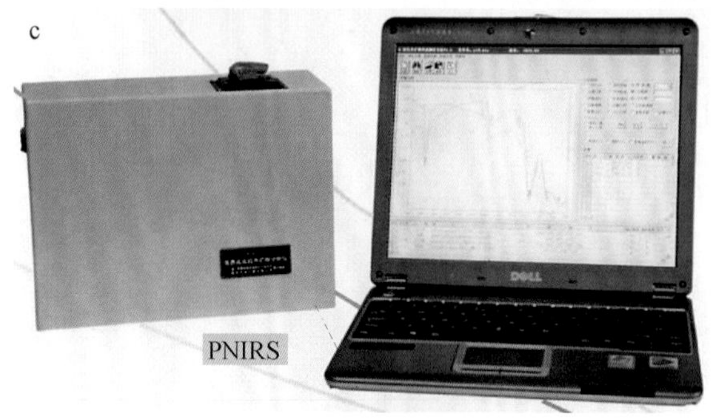

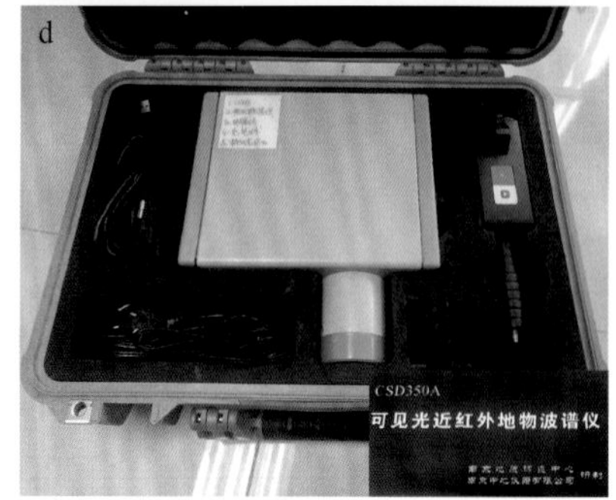

图 3.32　常用的短波红外光谱仪

a. 澳大利亚生产的 PIMA；b. 美国生产的 TerraSpec；c. 国产 PNIRS；d. 国产可见光近红外地物波谱仪

国产PNIRS自2005年开始商业化销售，为便携式光谱仪器，野外需要一个6V电源供电，可维持几个小时，重量约3kg，其分辨率优于8nm，光谱取样间距为2~4nm，测试窗口为2cm的正方形区域，测试样品所用的时间范围为30~120s（杨志明等，2012；许超等，2017）。可见光近红外地物波谱仪是最新的国产光谱仪器，其各项参数与美国生产的TerraSpec相似，测试速度稍优于后者。关于这几种仪器的具体参数、测试方法及注意事项，参考Chang和Yang（2012）和杨志明等（2012）的研究。

美国（ASD）公司生产的TerraSpec，在仪器性能、稳定性和用户体验度等方面都具有良好的优势，因而受到广大地质工作者的青睐，是目前国际上使用最广泛的光谱仪器之一。本次测试所用的仪器为湖北省地质调查院新购置的美国ASD公司生产的TerraSpec。具体的实验步骤及参数设置参见3.2.5节及Chang和Yang（2012）和杨志明等（2012）的研究。

本书中涉及的SWIR参数设置详见表3.3。

表3.3　SWIR光谱主要特征峰参数设置

SWIR特征峰	代表矿物（族）	光谱参数范围/nm	
		最小值	最大值
H_2O峰	白云母族/蒙脱石/皂石	1890	1940
Al-OH峰	白云母族/蒙脱石/高岭石族	2180	2230
Fe-OH峰	绿泥石	2240	2270
Mg-OH峰	绿泥石/皂石/碳酸盐/蛇纹石	2300	2370
次Al-OH峰	高岭石族	2155	2185

3.5.2　SWIR蚀变填图

本书选取铜绿山铜铁金矿床8条勘探线20个钻孔进行了详细的野外岩心编录（采用五分段/六对比的编录方法：矿化分段、蚀变分段、岩性分段、颜色分段、矿物组合分段；岩性对比、蚀变分带对比、蚀变强度对比、蚀变矿物组合对比、矿化度对比、矿化长度对比。采样时，遵从全孔控制、小密度覆盖、特征处加重、适量可持续的原则），采集岩心样品共2636件，采样规格大约平均每6m采1个样，在蚀变矿化比较集中的区域采取适当加密采样（表3.4）。在此基础上，对所有岩心样品进行了系统性的SWIR光谱测试和分析。

通过短波红外光谱测试和分析，本次在铜绿山矿区共识别出20余种含水蚀变矿物，包括高岭石族（高岭石、迪开石和埃洛石）、白云母族矿物（伊利石、白云母和多硅白云母）、蒙皂石族（皂石和蒙脱石）、绿泥石（镁绿泥石、铁镁绿泥石和铁绿泥石）、退化蚀变的夕卡岩矿物（绿帘石、阳起石、金云母、蛇纹石、透闪石、滑石和石膏）和碳酸盐矿物（方解石、铁白云石和白云石）及少量的葡萄石。其中，蒙脱石、伊利石、绿泥石、皂石和高岭石在铜绿山矿区尤为发育。

表 3.4　铜绿山铜铁金矿床钻孔岩心编录情况表

钻孔号	勘探线	钻孔长度/m	编录长度/m	是否全孔	采样数量/件	SWIR 数据/条
ZK004	0#	973	472	否	121	363
ZK006		1233	1233	是	188	564
ZK007		849	849	是	174	522
ZK008		849	849	是	138	414
ZK204	2#	461	362	是	60	180
ZK205		950	455	否	98	294
ZK404	4#	1104	217	否	79	237
ZK405		1313	461	否	92	276
ZK406		1580	1159	是	132	396
ZK407		950	950	是	131	393
ZK408		936	936	是	74	222
ZK801	8#	1246	537	否	103	309
ZK803		1306	1283	是	155	465
ZK804		1503	552	否	117	351
ZK805		1204	166	是	162	486
ZK1203	12#	1372	1368	是	249	747
ZK1204		1303	1303	是	194	582
ZK305	3#	705	705	是	127	381
ZK2304	23#	784	784	是	101	303
ZK2705	27#	849	849	是	141	423
合计		21470	15490		2636	7908

以铜绿山 0#、2#、8#和 A-A′剖面为例，来具体说明不同蚀变矿物的空间分布特征（图 3.33 ~ 图 3.37）。部分钻孔中段的岩心缺失，故未能采集到相应的样品，因而导致局部蚀变矿物的空间分布特征无法展示（图 3.33 ~ 图 3.37）。为了便于对比和说明，我们主要以 3.4.3 节的围岩蚀变分带为基础（表 3.1），对不同蚀变矿物的空间分布特征进行简要说明。

对 0#勘探线剖面，本次分析了钻孔 ZK004、ZK006、ZK007 和 ZK008 共 4 个钻孔。其中 ZK004 浅部-400 ~ 0m 中段的岩心大多缺失，其余钻孔岩心保留较齐全（图 3.33，图 3.34）。在 0#勘探线，钙质和镁质夕卡岩矿物均有不同程度的发育（图 3.33）。其中，钙质夕卡岩矿以绿帘石为主，发育在 0#勘探线中深部的内外接触带附近；镁质夕卡岩矿物主要有金云母、蛇纹石、透闪石、滑石和石膏，其中，金云母主要零星分布在 ZK008 和 ZK004 中，蛇纹石零星分布在 ZK004 和 ZK006 中，透闪石仅零星分布在 ZK004 中，滑石分布在 ZK007、ZK004 和 ZK006 中，石膏分布在 ZK007 和 ZK004 中（图 3.33）。碳酸盐矿物在 0#勘探线分布较广泛，特别是中深部位的夕卡岩/热液矿化中心带和外夕卡岩化带中（图 3.33）。

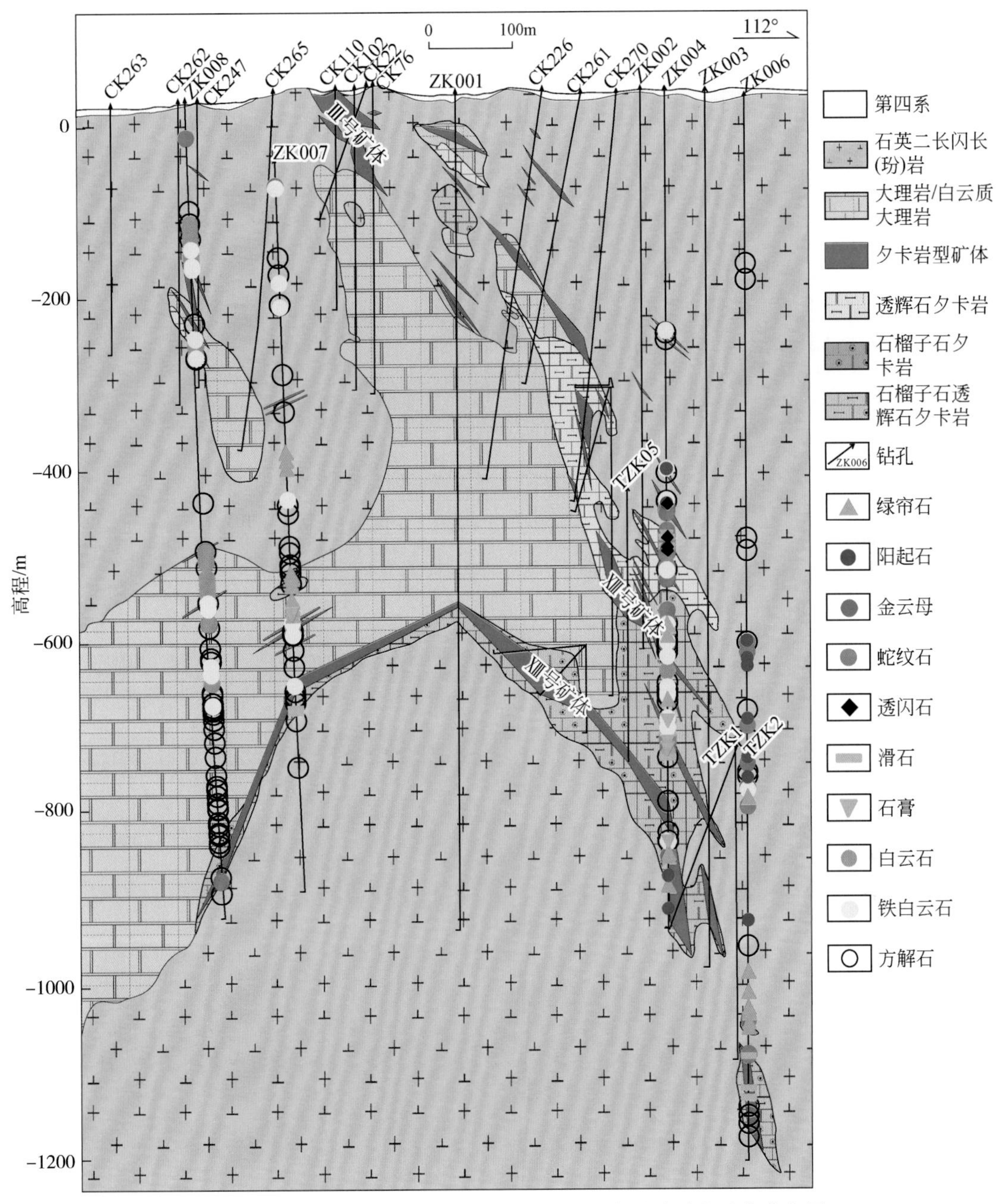

图 3.33 铜绿山铜铁金矿床 0#勘探线退化蚀变及碳酸盐矿物分布图

在0#勘探线剖面，黏土矿物的分布非常广泛。其中，蒙脱石和绿泥石在各个蚀变带中均有分布，特别是在远端致矿岩体带和内夕卡岩化带中尤为发育；伊利石在内夕卡岩化带及周围相对发育；皂石在夕卡岩/热液矿化中心带及周围非常发育；高岭石在各个带均有不同程度出现，特别是在内外接触带尤为发育；迪开石主要出现在内外接触带附近（图 3.34）。

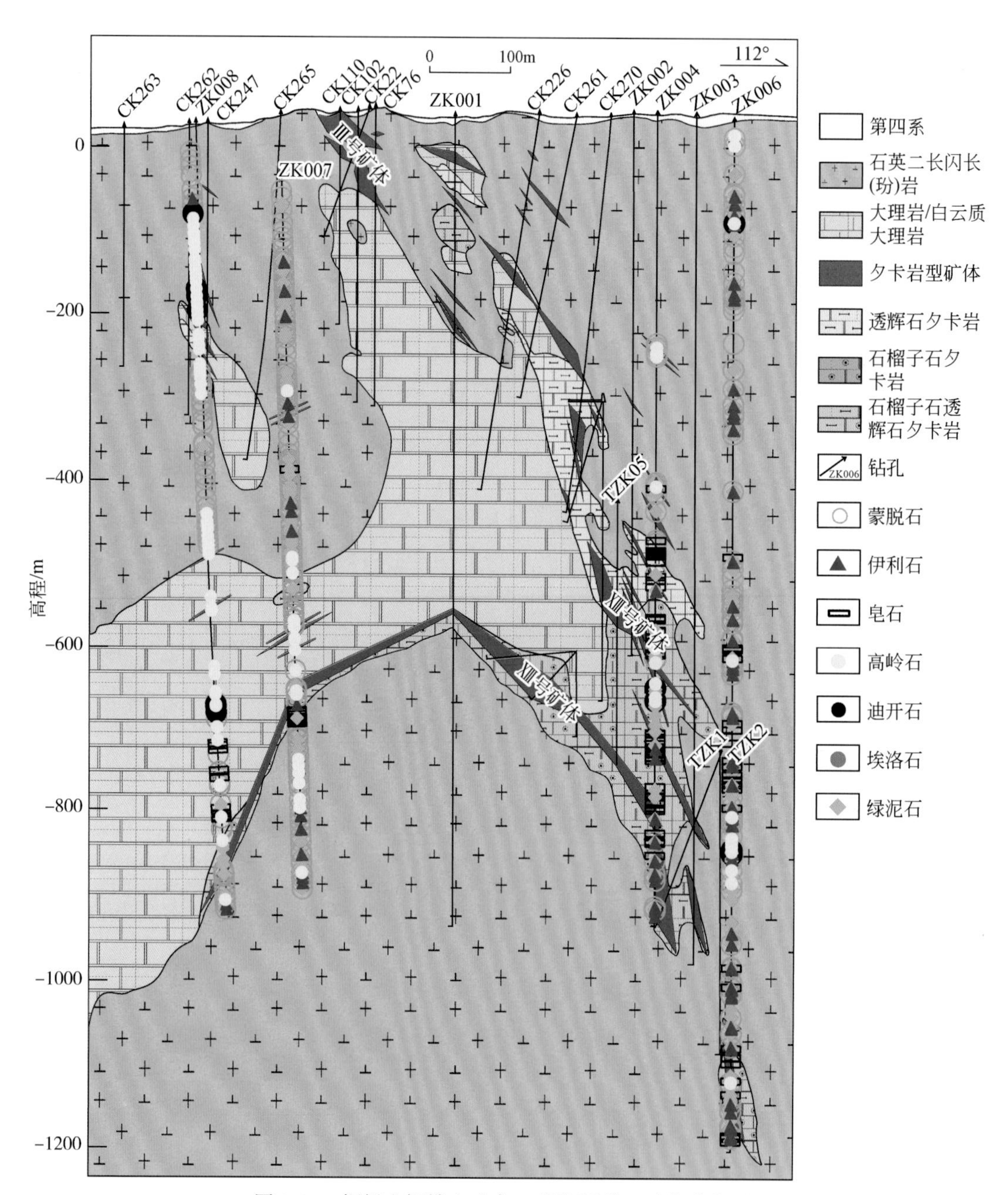

图 3.34　铜绿山铜铁金矿床 0#勘探线黏土矿物分布图

对 2#勘探线剖面，本次分析了钻孔 ZK204 和 ZK205。其中，ZK204 是坑内钻孔，ZK205 浅部-400 ~ 0m 中段的岩心大多缺失，深部岩心保留较齐全（图 3.35）。在 2#勘探线，钙质夕卡岩矿物仅有绿帘石零星分布于 ZK204 和 ZK205 深部接触带；镁质夕卡岩矿物相对发育，主要有蛇纹石及少量滑石和石膏。碳酸盐矿物，如白云石、铁白云石和方解石主要分布在 ZK204 和 ZK205 中深部矿体（以赤铁矿矿体为主）和接触带附近（图 3.35）。

在2#勘探线剖面，黏土矿物的分布呈现特殊性的分布特征。其中，高岭石和迪开石主要分布在中深部赤铁矿矿体及周围（-670～-400m），绿泥石、皂石和蒙脱石主要分布在深部接触带附近（-830～-750m），伊利石仅少量出现在深部接触带（-830m）（图3.35）。

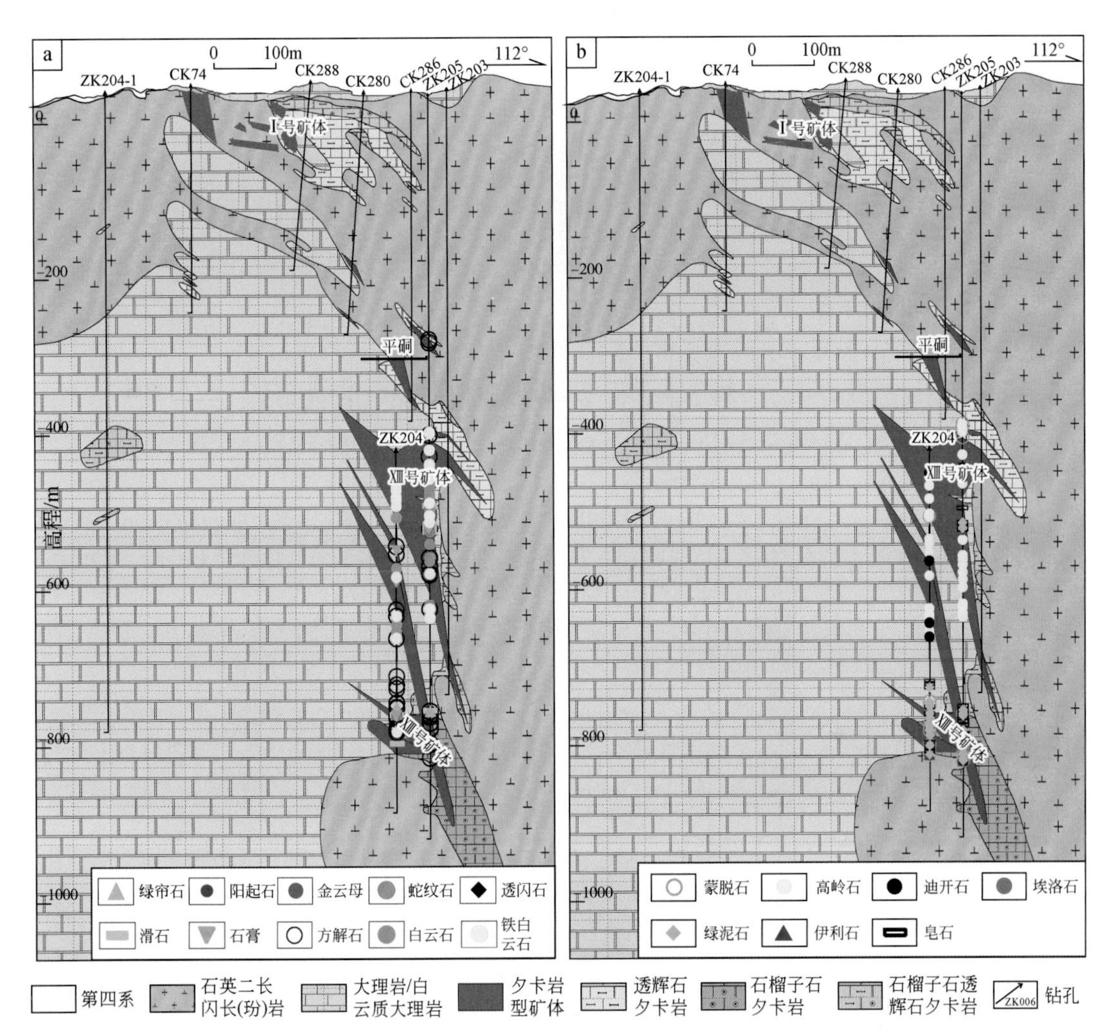

图3.35　铜绿山铜铁金矿床2#勘探线退化蚀变和碳酸盐矿物（a）及黏土矿物（b）分布图

对8#勘探线剖面，本次分析了钻孔ZK805、ZK801、ZK803和ZK804共4个钻孔。其中ZK801（-700～0m）和ZK804（-300～-90m，-610～-480m和-1200～-720m）部分中段的岩心缺失，其余保留较齐全（图3.36）。在8#勘探线剖面，退化蚀变矿物以绿帘石为主，主要分布在深部夕卡岩/热液矿化中心带（-1450～-900m），镁质夕卡岩矿物滑石和石膏在该带中亦有零星分布（图3.36）。碳酸盐矿物，其中白云石主要分布在ZK805浅部白云质大理岩带（-600～-100m），铁白云石主要分布在-900m以下的夕卡岩带及周围，在浅部亦有少量的分布；方解石各个带均有不同程度发育（图3.36）。

在8#勘探线剖面，黏土矿物的分布非常广泛。其中，蒙脱石和绿泥石在各个蚀变带中均有分布；伊利石主要分布在内外接触带附近，在浅部岩体中亦有少量分布；皂石在深部夕卡岩/热液矿化中心及周围非常发育；高岭石在各个带均有不同程度出现，特别是在ZK805中分布广泛，在ZK801、ZK803和ZK804靠近接触带附近也有较多的出现；迪开石集中出现在内外接触带附近；埃洛石仅有少量分布在ZK803深部云母煌斑岩脉周围（图3.36）。

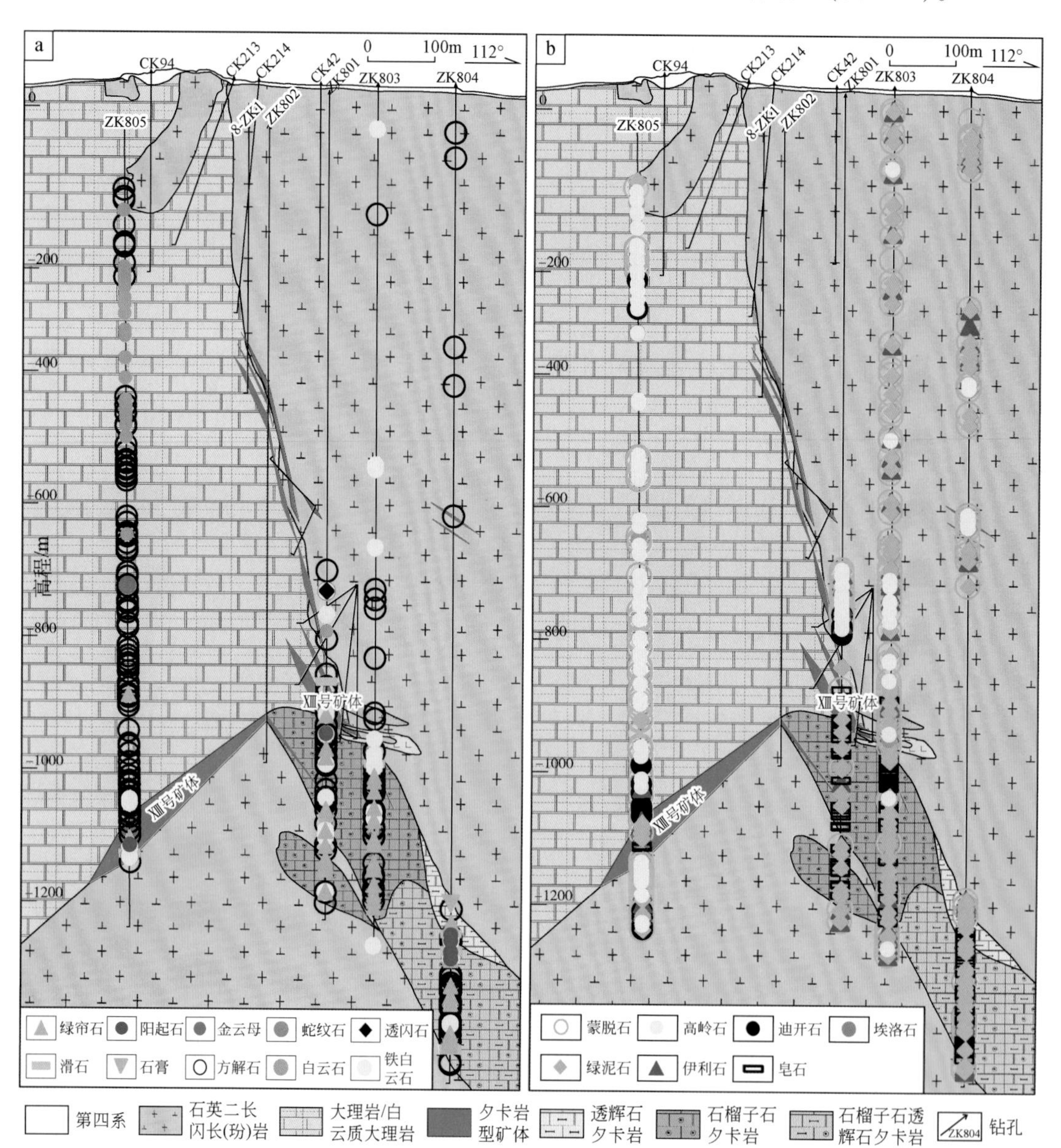

图3.36　铜绿山铜铁金矿床8#勘探线退化蚀变和碳酸盐矿物（a）及黏土矿物（b）分布图

在A-A′剖面上，钻孔ZK405（-720～0m和-980～-920m）部分中段的岩心缺失，其余钻孔及中段均保留较完整（图3.37）。该剖面上的退化蚀变矿物、碳酸盐矿物及黏土矿物的分布特征大致与以上剖面相似（图3.37）。

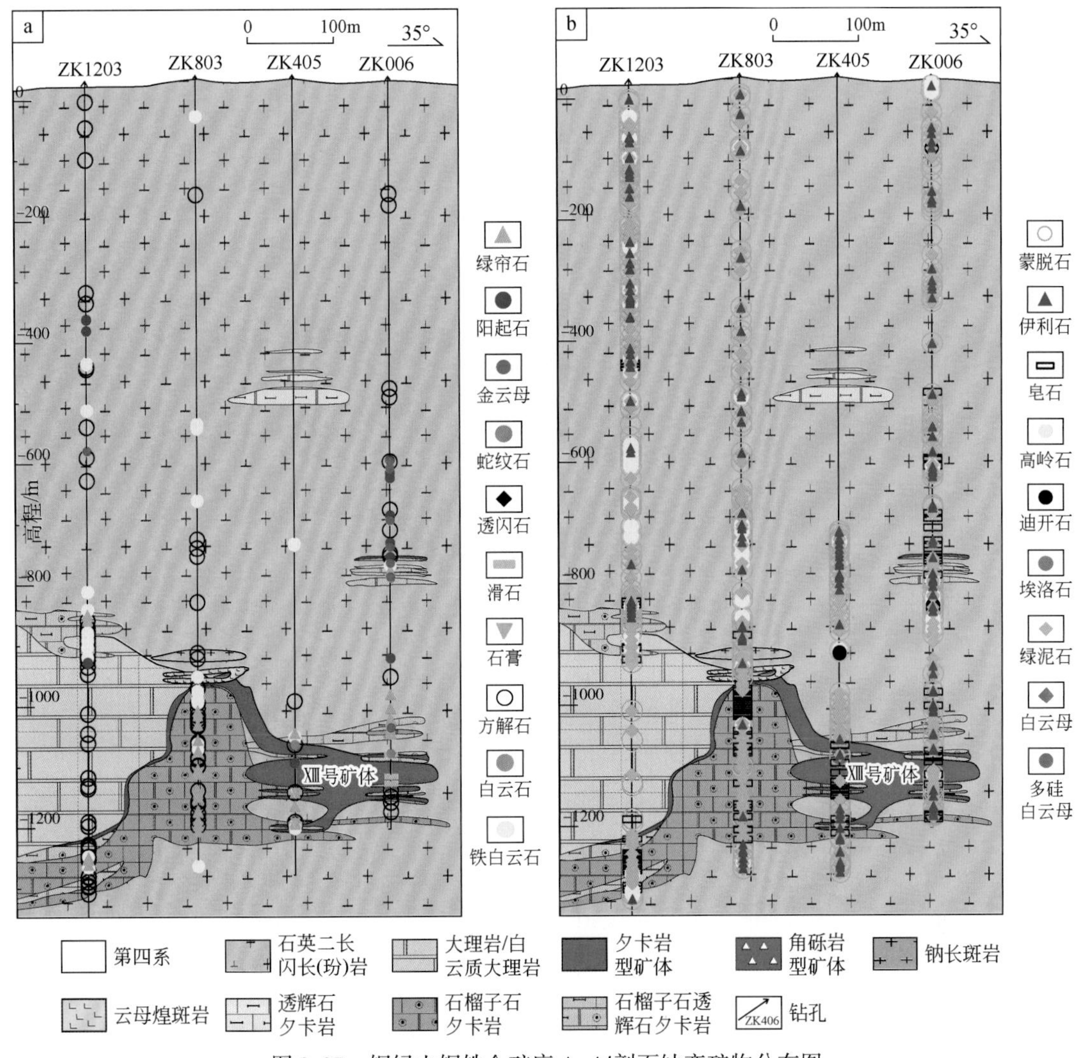

图 3.37　铜绿山铜铁金矿床 A-A′剖面蚀变矿物分布图

通过以上对铜绿山矿区多个剖面的蚀变填图发现，除夕卡岩及退化蚀变矿物，迪开石、高岭石和皂石大量出现，能够较明显地指示深部夕卡岩/热液矿化中心。此外，在铜绿山矿区，黏土矿物的空间分布比夕卡岩（含退化蚀变）和碳酸盐矿物更为广泛。为探讨黏土矿物的空间分布特征及相应 SWIR 光谱参数变化规律，我们以 A-A′剖面为例，对铜绿山矿区的黏土矿物进行蚀变带的划分（图 3.38）。

根据这些黏土矿物及其组合在空间上的分布特征，将铜绿山矿床的黏土矿物进行空间上的分带，分别为：蒙脱石-伊/蒙混层-镁绿泥石带（蚀变带Ⅰ），高岭石-迪开石-高/蒙混层-伊/蒙混层-镁/铁镁绿泥石带（蚀变带Ⅱ），皂石-铁镁/铁绿泥石带（蚀变带Ⅲ）和铁镁/镁绿泥石-蒙脱石-（高岭石-迪开石）带（蚀变带Ⅳ），其中蚀变带Ⅳ中在外接触带附近普遍发育有高岭石和迪开石（图 3.38）。

与夕卡岩蚀变分带相对比，可以发现铜绿山矿区黏土矿物的分带特征更加明显，在靠近夕卡岩/热液矿化中心（蚀变带Ⅲ）200～300m 的范围出现黏土矿物及其组合的异常变化，如高岭石、迪开石、皂石和伊利石等显著增多，这对铜绿山矿区热液流体演化及深部勘查具有一定的指示意义。

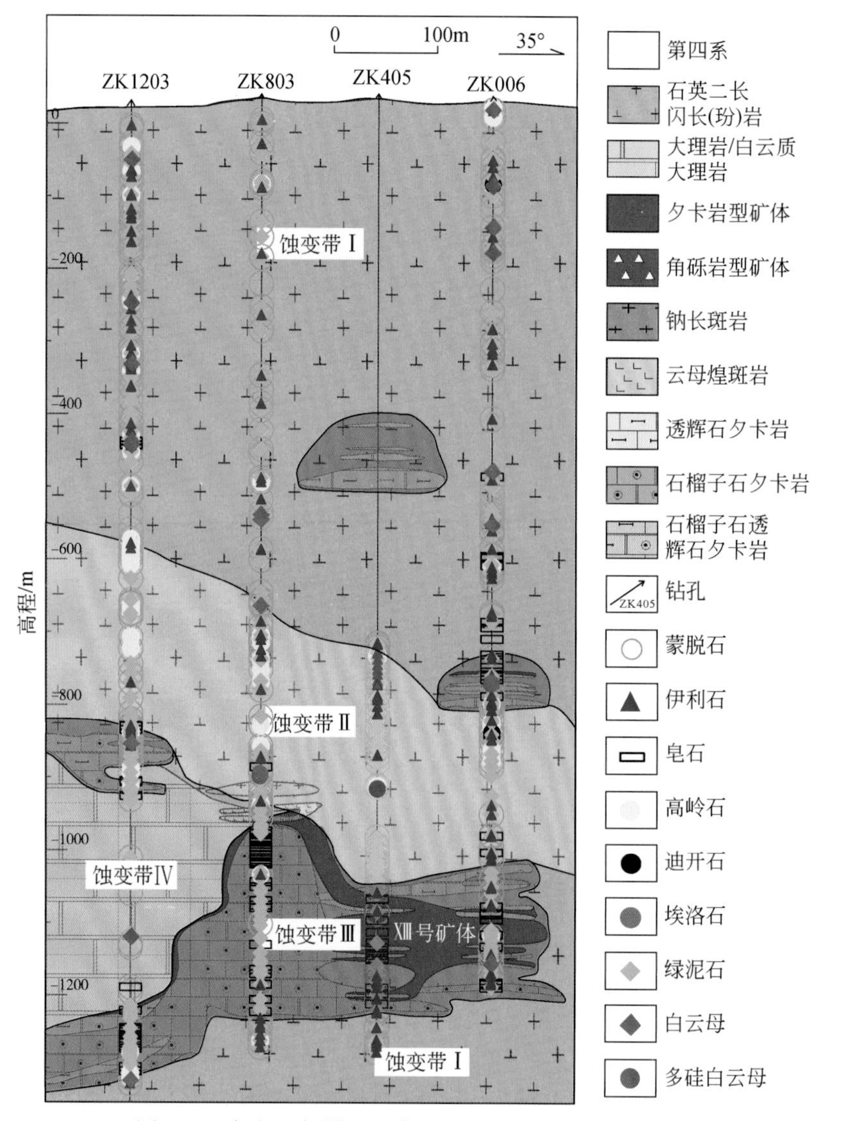

图 3.38　铜绿山铜铁金矿床 A-A′黏土矿物蚀变分带图

3.5.3　黏土矿物 SWIR 光谱参数特征

通过详细的 SWIR 蚀变填图发现，在铜绿山矿区绿泥石（镁绿泥石、铁镁绿泥石和铁绿泥石）、白云母族（伊利石、白云母和多硅白云母）、高岭石族（高岭石、迪开石和埃洛石）和蒙皂石族矿物（皂石和蒙脱石）在空间上分布非常广泛（图 3.33～图 3.37）。

为进一步探索不同黏土矿物类 SWIR 光谱特征参数在空间上的变化规律，本节将对绿泥石、白云母族-蒙脱石和高岭石族分别进行光谱参数统计和分析。

1）*绿泥石*

绿泥石是一种复杂的含水层状硅酸盐矿物，分子式为 $(R^{2+},R^{3+})_6[(Si,Al)_4O_{10}](OH)_8$，式中 $R^{2+}=Mg^{2+},Fe^{2+},Mn^{2+},Ni^{2+}$；$R^{3+}=Al^{3+},Fe^{3+},Cr^{3+},Mn^{3+}$，其结构中主要含有 2 个特征性基团（Fe-OH 和 Mg-OH）。

当短波红外光照射时，Fe-OH 在 2250nm 附近出现特征峰吸收，该位置称为“绿泥石 2250nm 吸收峰位（Pos2250）”，相应的吸收峰深度称为“绿泥石 2250nm 吸收峰深度（Dep2250）”；Mg-OH 在 2335nm 附近出现特征峰吸收，称为“绿泥石 2335nm 吸收峰位（Pos2335）”，相应的吸收峰深度称为“绿泥石 2335nm 吸收峰深度（Dep2335）”（图 3.39）。具体 SWIR 参数设置见表 3.3。

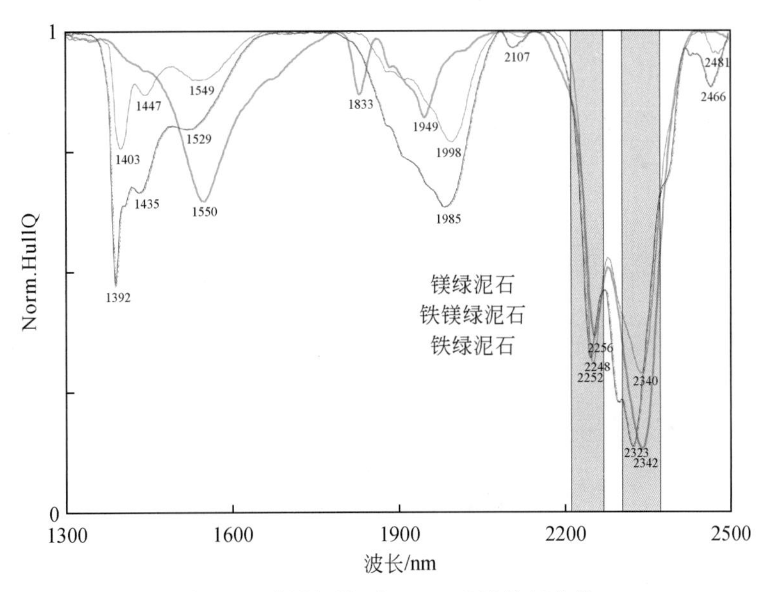

图 3.39　绿泥石标准 SWIR 光谱特征曲线

在统计绿泥石 SWIR 光谱特征参数过程中，我们发现绿泥石 Fe-OH 和 Mg-OH 特征吸收峰位值（Pos2250 和 Pos2335），在空间上具有较明显的变化规律，即靠近夕卡岩/热液矿化中心，相应的参数值呈较明显增大的趋势，特别是 Pos2250 值具有显著的变化规律（图 3.40）。

总体上，从深部夕卡岩/热液矿化中心向外，绿泥石的特征吸收峰位值显示出从高值到低值变化的趋势，特别是 Pos2250 峰值的变化尤为明显（图 3.40a）。在 ZK1203 浅部（-520 ~ 0m），Pos2250 出现多处异常高值，这主要是受到局部细脉状夕卡岩-矿化作用的影响（图 3.40a）；Pos2335 在 ZK1203 和 ZK803 浅部（-800 ~ 0m）出现较多异常高值，这主要受到局部细脉状夕卡岩-矿化和其他含 Mg-OH 矿物的叠加干扰（图 3.40b）。

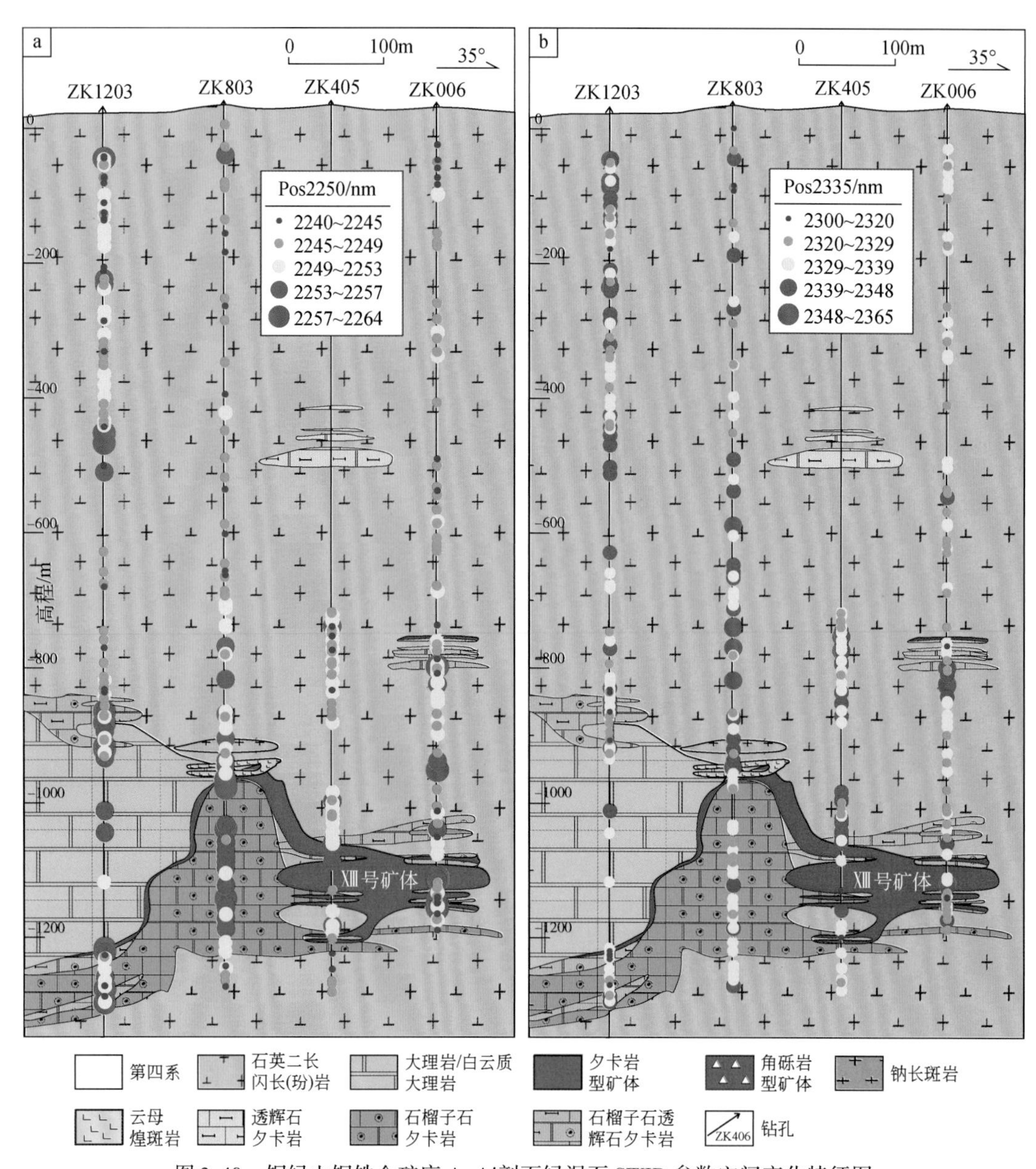

图 3.40 铜绿山铜铁金矿床 A-A′剖面绿泥石 SWIR 参数空间变化特征图

从剖面图可以看出，ZK006 在-800m 中段存在多个薄层状夕卡岩（-矿体），ZK006 深部（-1200～-1000m）的矿体-夕卡岩以不同厚度的脉枝状为主，内部仍残留较多的岩体部分（图 3.40）。总体上，在靠近矿体或热液矿化中心的区域，绿泥石 Pos2250 > Pos2253 的值呈显著增多，即多为铁镁绿泥石或铁绿泥石（图 3.40a）。

已有研究表明，绿泥石中 Fe 的含量与 Fe-OH 和 Mg-OH 特征吸收峰位值呈正相关，即绿泥石中 Fe 含量越高，绿泥石 Fe-OH（Pos2250）和 Mg-OH（Pos2335）特征吸收峰位值越高，反之亦然（Jones et al.，2005）。然而，在实际运用绿泥石 SWIR 光谱特征参数时，由于 M-OH 峰易受到样品中含镁矿物，如金云母、皂石、阳起石、富镁碳酸盐等矿物的叠加干扰，因此，常用 Fe-OH 特征吸收峰位值来判断绿泥石 Fe 含量的高低（Jones et al.，2005；Huang et al.，2017）。在铜绿山矿区，绿泥石的 Mg-OH 峰值可能受到含镁羟基的夕卡岩矿物，如金云母、蛇纹石、阳起石等、碳酸盐矿物及皂石的干扰，导致绿泥石 Pos2335 值不具有明显的指示性意义。

通过以上的统计和分析，我们认为绿泥石高 Pos2250 值（> 2253nm）的出现和增多，对铜绿山矿区深部矿体的勘查具有一定的指示意义。

2）白云母族

在 SWIR 光谱方面，对白云母族矿物（white mica）的分类，主要是依据它们的晶体化学结构中都含有 2 个特征性基团，即约 1900nm 的 H_2O 峰和约 2200nm 的 Al-OH 峰。当短波红外光照射时，H_2O 峰在 1900nm 附近出现特征峰吸收，该位置称为“白云母族 1900nm 吸收峰位（Pos1900）”，相应的吸收峰深度称为“白云母族 1900nm 吸收峰深度（Dep1900）”；Al-OH 在 2200nm 附近出现特征峰吸收，该位置称为“白云母族 2200nm 吸收峰位（Pos2200）”，相应的吸收峰深度称为“白云母族 2200nm 吸收峰深度（Dep2200）”（图 3.41）。另外，白云母族矿物的结晶度 IC 值，主要通过相关吸收峰深度比值求得，即 IC = Dep2200/Dep1900（Herrmann et al.，2001；Jones et al.，2005；杨志明等，2012）。

蒙脱石（蒙皂石族矿物）具有与白云母族矿物相似的光谱特征参数，主要以约 1900nm的 H_2O 峰和约 2200nm 的 Al-OH 峰为特征，且通常具有较低的结晶度（图 3.41）。因此，本书将蒙脱石与白云母族矿物一起进行 SWIR 参数统计和分析。具体 SWIR 参数设置见表 3.3。

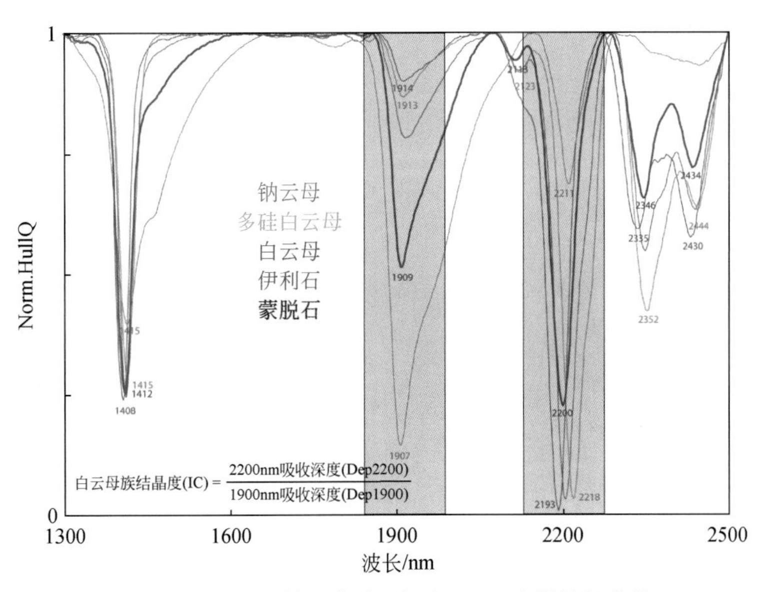

图 3.41　白云母族和蒙脱石标准 SWIR 光谱特征曲线

在统计蒙脱石-白云母族 SWIR 光谱特征参数过程中，发现 Al-OH 特征吸收峰值(Pos2200)，在空间上呈现出一定的变化规律（图 3.42）。在岩体中，白云母族-蒙脱石的 Pos2200 值主要集中在 2202～2212nm，特别是在 2206～2212 nm 分布较多；在深部夕卡岩/热液矿化中心出现较多的高值（2212～2230nm），同时在靠近接触带附近，亦有较多的低值（2198～2202nm）出现（图 3.42a）。通过对比，发现高 Pos2200 值对应的矿物主要是多硅白云母，低值对应的是伊利石，而中间值则以蒙脱石或蒙脱石-伊利石混合（伊-蒙混层）为主。

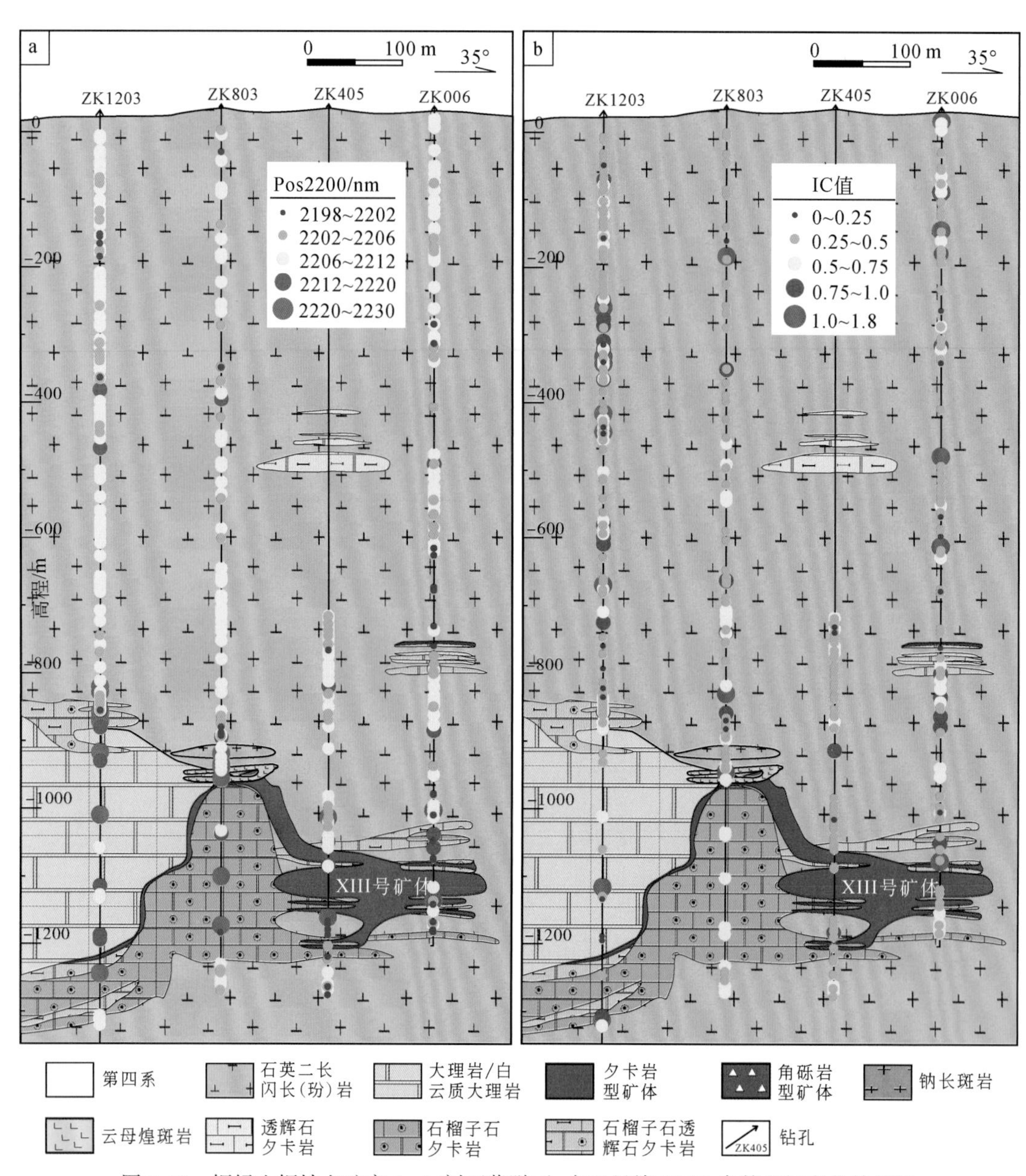

图 3.42　铜绿山铜铁金矿床 A-A′剖面蒙脱石-白云母族 SWIR 参数空间变化特征图

岩体中的蒙脱石或蒙脱石-伊利石混合矿物，主要来自石英二长闪长（玢）岩中斜长石的绢云母化蚀变。本书认为，这可能是在夕卡岩成矿的晚阶段，残余中-低温热液流体对岩体自身的交代和蚀变作用导致的。由于远离夕卡岩/热液矿化中心带，蚀变矿物形成温度较低，且Fe、Mg等其他成分的加入不明显，蚀变矿物成分主要受原岩成分的控制，因而表现为正常Al-OH峰值（2206～2212nm）。而在靠近热液矿化中心区域，由于中-高温含矿热液的交代作用，在内接触带岩体中形成的蚀变矿物具有较高的温度。

Herrmann等（2001）在研究澳大利亚的块状硫化物矿床时发现，在靠近矿体或强蚀变岩石中，白云母族2200nm吸收峰位值（Pos2200）较小；而远离矿化中心则较大；Jones等（2005）在研究加拿大Myra Falls块状硫化物矿床时，也发现了类似的规律。Yang等（2005）在研究新疆土屋斑岩铜金矿床时发现，铜矿化岩石中绢云母的Al-OH吸收峰位多小于2206nm，而安山质围岩中绢云母则具有较大的变化范围（2196～2218nm）。

已有研究发现，伊利石（白云母族）的Al-OH吸收峰位与矿物分子结构内八面体中的$w(\mathrm{Al})$有明显的负相关（Scott and Yang，1997）。在高温条件下，伊利石八面体中的$w(\mathrm{Al})$较高，对应于较低的Al-OH吸收峰位值，随着温度的降低，Al-OH吸收峰位值则逐渐增高（杨志明等，2012）。这一研究表明，白云母族矿物低Pos2200值的出现，指示较高温的热液蚀变区域。然而，在其他一些典型矿床研究中，也发现有在热液矿化中心的白云母族Al-OH吸收峰位值较高的实例（Yang et al.，1996；许超等，2017）。这些高异常值的出现，通常被认为是在白云母族矿物的晶体结构中，有部分的Fe、Mg等成分替代八面体Al的位置，导致Al-OH吸收峰增大。

在铜绿山铜铁金矿床的夕卡岩/热液矿化中心区域，伴随着夕卡岩化及成矿作用的进行，会有大量的Fe、Mg等物质通过热液交代作用形成；在热液矿化的中-晚阶段，部分来自岩浆中的残余Si、Al质成分，继续交代夕卡岩阶段和退化蚀变阶段形成的富Fe、Mg等成分的矿物（如石榴子石、透辉石、绿帘石、金云母等），而形成高Pos2200值的白云母或多硅白云母。

在铜绿山矿区，蒙脱石-白云母族IC值在空间上的变化规律不明显（图3.42b）。通过分析，我们认为产生这一现象的主要原因有：①在岩体中，存在较多的高温钾（-硅）化脉和后期的花岗岩脉，普遍含有高IC值的白云母，二者与伊利石在SWIR光谱特征峰上有时不易区分；②在岩体中，特别是靠近接触带附近，存在较多的蒙脱石-高岭石混合矿物（可能是高/蒙混层矿物），高岭石的高Al-OH吸收峰深度值（Dep2200）干扰了白云母族矿物的IC值。因此，在铜绿山矿区，IC值的变化很难应用于实际找矿勘查中。

通过以上的统计和分析，我们认为蒙脱-白云母族Pos2200值异常高值（> 2212nm）和异常低值（<2202nm）的出现，对铜绿山矿区深部勘查具有一定的指示意义。

3）高岭石族

高岭石族矿物主要包括高岭石、迪开石和埃洛石，其中高岭石和迪开石的化学结构式相同，为$\mathrm{Al_4[Si_4O_{10}](OH)_8}$，埃洛石（又称多水高岭石）的化学结构式为$\mathrm{Al_4(H_2O)_4[Si_4O_{10}](OH)_8}$。一般认为，迪开石为典型的热液成因的黏土矿物，埃洛石为表生成因的黏土矿物，而高岭石则相对复杂，可能存在表生风化或者热液成因（Hemley and Jones，1964）。

在 SWIR 光谱方面，高岭石族矿物的次 Al-OH 吸收峰位（Pos2170）及吸收深度（Dep2170）、Al-OH 半高宽等参数，是反映该族矿物的结晶度变化的重要指标。在铜绿山矿区，由于存在较多的高岭石和蒙脱石（或伊利石）混合矿物，极大地影响了高岭石族 Al-OH 峰特征，因而 Al-OH 半高宽参数可能不具有明显的指示意义。因此，本书主要采用次 Al-OH 2170nm 吸收峰位（Pos2170）和吸收深度（Dep2170）来反映高岭石族的结晶度变化，Pos2170 和 Dep2170 值越高，代表高岭石族矿物的结晶度越高，即形成温度越高，越偏向热液成因，反之则多为表生风化成因（图 3.43）。高岭石族矿物具体的 SWIR 参数设置见表 3.3。

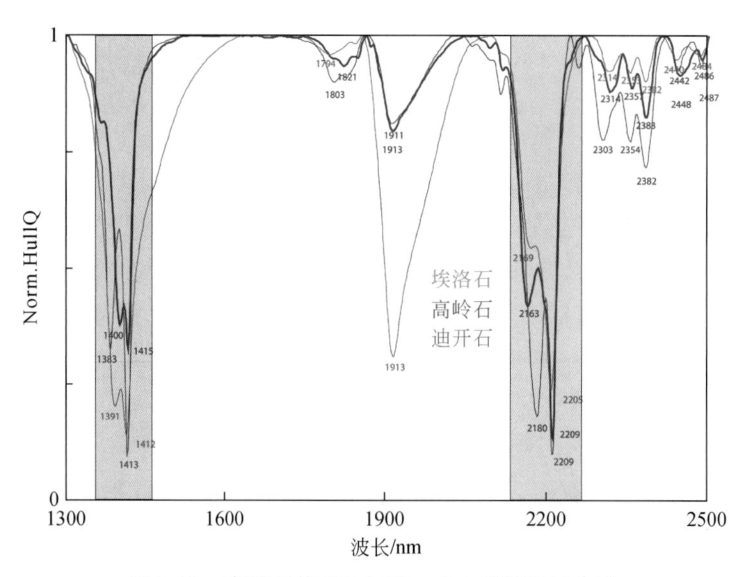

图 3.43　高岭石族矿物标准 SWIR 光谱特征曲线

在 A-A′剖面上，高岭石族矿物的 Pos2170 和 Dep2170 值在靠近深部夕卡岩/热液矿化中心带呈明显增大的趋势，指示相应的高岭石族矿物结晶度和形成温度较高（图 3.44）。

通过以上统计和分析，我们认为，高结晶度高岭石族矿物的出现，即高 Pos2170 值（> 2170nm）和高 Dep2170 值（> 0.18）的出现，可以作为铜绿山铜铁金矿床 SWIR 光谱找矿勘查标志之一。

4）蒙皂石族

蒙皂石族矿物主要包括蒙脱石、绿脱石和皂石。在 SWIR 光谱方面，这三种矿物显示出较大的差异，它们都含有约 1900nm 的 H_2O 峰，蒙脱石具有特征性 Al-OH 峰，绿脱石具有 Fe-OH 峰，而皂石则具有 Mg-OH 峰（图 3.45）。在铜绿山矿区，识别出大量的蒙脱石和皂石，但未发现有绿脱石。由于蒙脱石常与伊利石或者高岭石混合在一起，皂石 Mg-OH 吸收峰又易受到金云母、蛇纹石、阳起石、碳酸盐矿物等的干扰，且蒙脱石和皂石的 SWIR 光谱参数差异显著，因而未进行 SWIR 光谱参数的统计和分析。

3.5.4　X 射线衍射（XRD）光谱分析

对铜绿山矿区 ZK006 中 8 件样品进行 XRD 光谱分析发现（表 3.5），样品 ZK006-98A 和

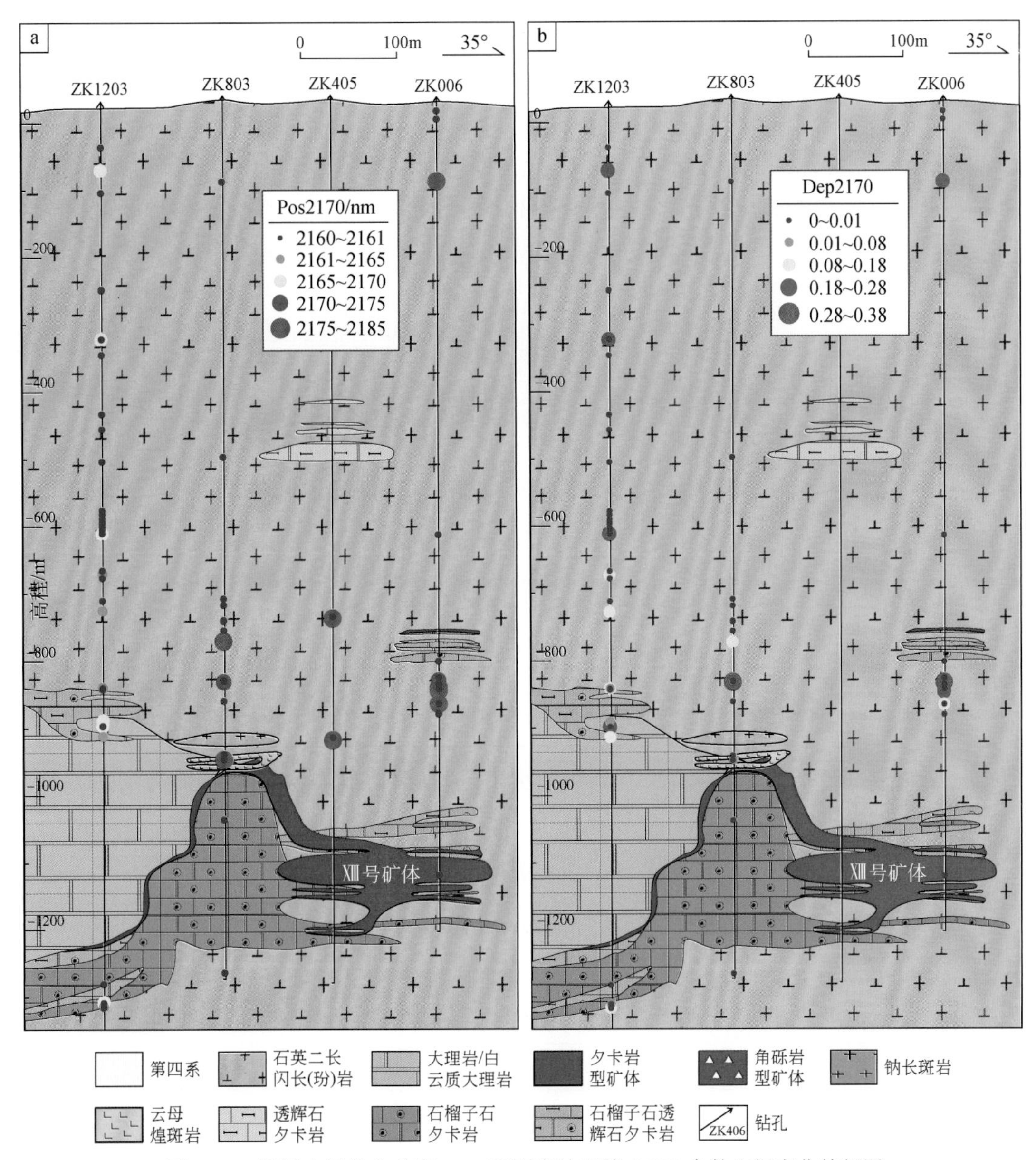

图3.44　铜绿山铜铁金矿床A–A′剖面高岭石族SWIR参数空间变化特征图

ZK006-100B中含有高岭石/迪开石的特征光谱峰（约12°），样品ZK006-147和ZK006-185中含有皂石的特征光谱峰（约6°）（图3.46，图3.47）。而其他样品仅识别出长石、石英或石榴子石等矿物，这可能是由于样品中所含黏土矿物的含量较低，不易被XRD光谱识别。这也表明，SWIR光谱在分析低含量、细小、不易识别的黏土矿物方面具有明显的优势。

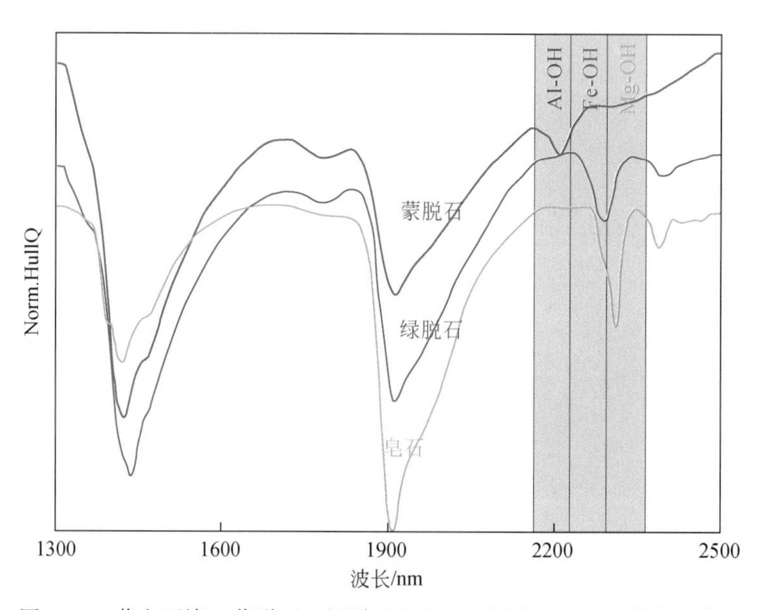

图 3.45 蒙皂石族（蒙脱石、绿脱石和皂石）标准 SWIR 光谱特征曲线

表 3.5 铜绿山铜铁金矿床 ZK006 含黏土矿物样品特征

样品号	标高/m	岩性	SWIR 光谱识别矿物
ZK006-19	-176.8	石英二长闪长岩	蒙脱石+镁绿泥石
ZK006-44	-552.6	石英二长闪长岩	蒙脱石+伊利石
ZK006-89	-801.4	夕卡岩化大理岩	蒙脱石+伊利石+高岭石
ZK006-98A	-836.7	石英二长闪长岩	高岭石+蒙脱石
ZK006-100B	-845.8	石英二长闪长岩	迪开石
ZK006-103	-865.0	石英二长闪长岩	高岭石+蒙脱石
ZK006-147A	-1090.5	石榴子石透辉石夕卡岩	皂石
ZK006-185	-1186.2	石榴子石夕卡岩	皂石

3.5.5 对热液流体演化及深部勘查指示

黏土矿物是地表分布最为广泛的矿物（类）之一。近年来，随着短波红外光谱技术在矿产勘查领域中的不断应用，越来越多的研究表明，在热液矿化阶段或靠近矿化中心，发现有较多的黏土矿物存在，如伊利石、蒙脱石、绿泥石、高岭石、迪开石、埃洛石和皂石等（Herrmann et al.，2001；Yang et al.，2005；Jones et al.，2005；杨志明等，2012；许超等，2017；张世涛等，2017）。这些矿物的出现对热液流体的物理化学性质具有重要的指示意义（图 3.48）（Hemley and Jones，1964）。

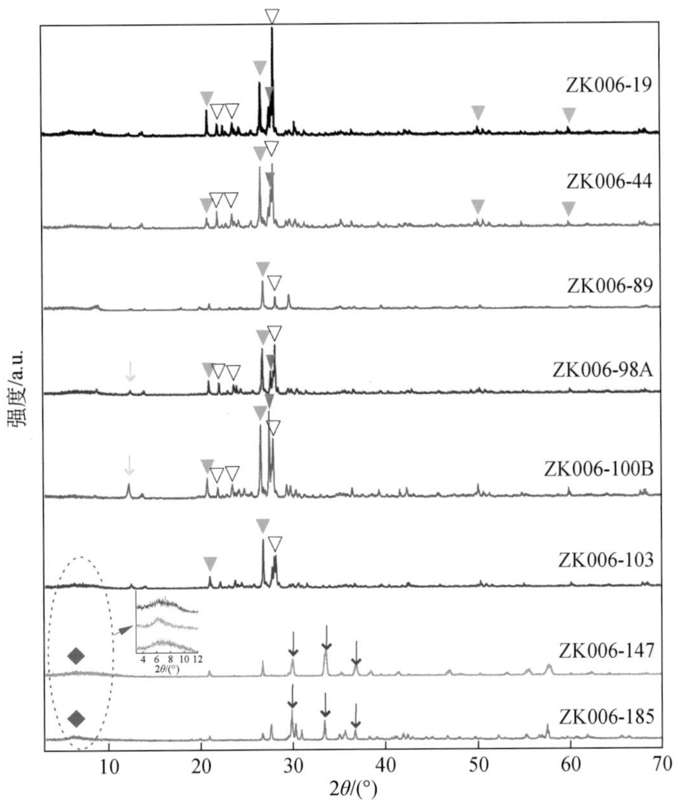

图 3.46　铜绿山铜铁金矿床 ZK006 岩心粉末样品 XRD 光谱图

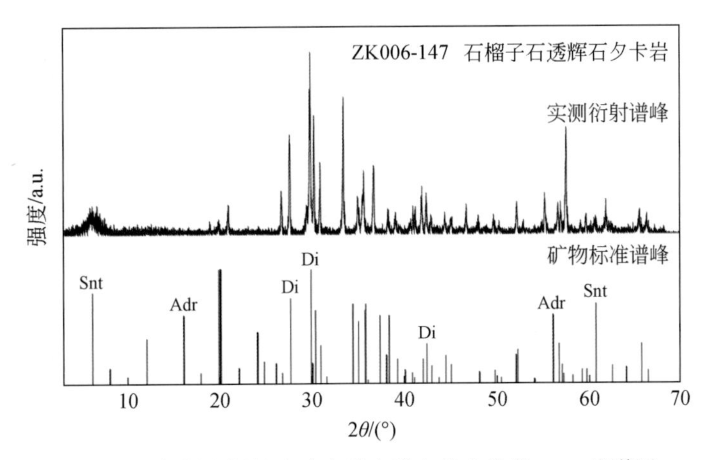

图 3.47　铜绿山铜铁金矿床单个岩心粉末样品 XRD 光谱图

Snt. 皂石；Adr. 钙铁榴石；Di. 透辉石

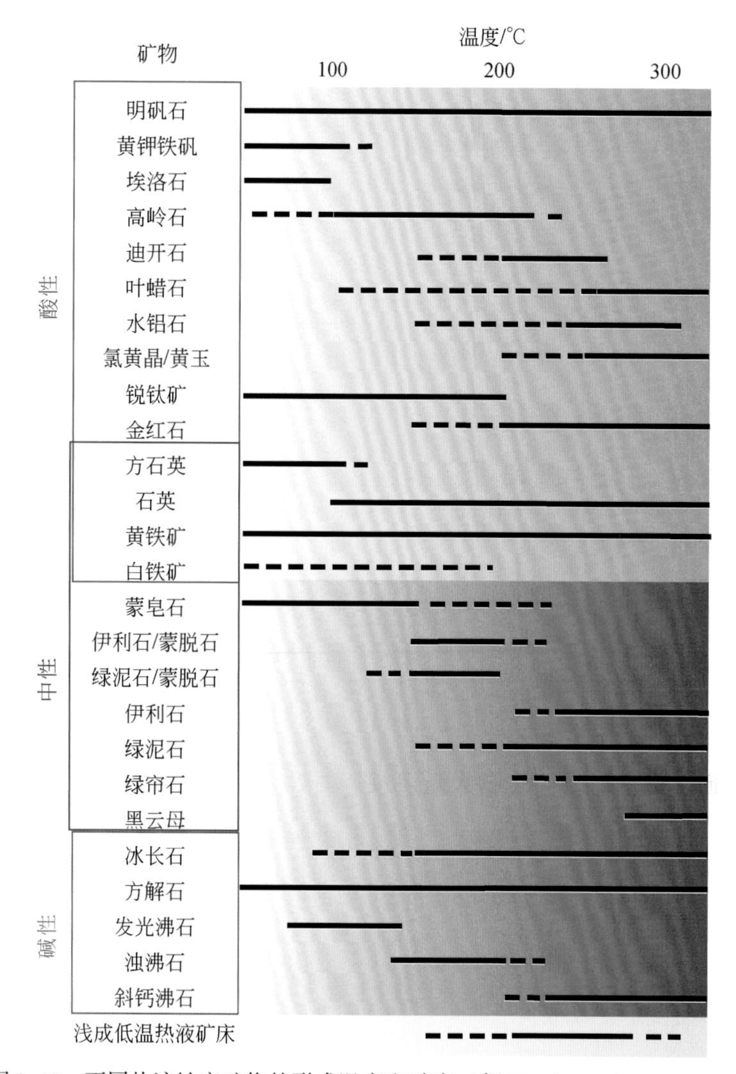

图 3.48　不同热液蚀变矿物的形成温度和酸度（据 Hemley and Jones，1964）

1）*绿泥石*

在铜绿山矿区，绿泥石主要形成于硫化物成矿阶段（表 3.2）。其中，在夕卡岩/热液矿化中心的富 Fe 绿泥石主要通过交代磁铁矿或石榴子石形成（图 3.22c，d），而远端致矿岩体带或夕卡岩化带的绿泥石相对富 Mg，包括绿泥石-硫化物-（石英-方解石）脉和岩体中交代角闪石、黑云母等形成的弥散状绿泥石（图 3.22a，b）。因此，铜绿山绿泥石的成分主要受到热液流体及原岩成分的控制作用。

2）*高岭石族矿物*

通过 SWIR 蚀变填图发现，在铜绿山矿区存在大量的高岭石族矿物，包括高岭石、迪开石和少量的埃洛石。高岭石族矿物通常形成于较酸性的地质环境中，其中埃洛石的形成温度较低（< 100℃），多为表生风化成因，迪开石形成温度相对较高（150 ~ 250℃），为典型的

低温热液矿物，而高岭石的成因相对复杂，可能存在表生或低温热液成因（图 3.48）。

研究发现，高岭石族矿物在铜绿山矿区分布较为广泛，形成深度变化较大（约-1300m），主要受到接触带形态的控制作用，且周围无明显的断裂构造（图 3.33 ~ 图 3.37）。因此，可以初步排除表生风化及地表水下渗加热等成因。在（白云质）大理岩与石英二长闪长（玢）岩的接触带附近，特别是接触带的上部或两侧，高岭石和迪开石甚为发育（图 3.33 ~ 图 3.37）。此外，高岭石族 SWIR 次 Al-OH 特征峰位值（Pos2170）和吸收深度值（Dep2170）的变化特征表明，靠近接触带的高岭石族具有相对较高的 SWIR 属性值，指示较高的结晶度和形成温度（图 3.44）。因此，本书认为铜绿山矿区深部绝大多数的高岭石和迪开石都属于低温热液成因的黏土矿物，而浅部的埃洛石和部分高岭石可能为表生风化成因。

在夕卡岩型矿床中，主要形成石榴子石、透辉石、绿帘石、阳起石、钾长石、黑云母等偏碱性的矿物，表明在夕卡岩热液矿床流体演化过程中，以偏碱性和中高温的热液流体为主（Meinert et al.，2005）。然而，高岭石和迪开石形成的热液流体环境，通常需要较酸性的条件（pH 在 2 ~ 4），在高硫型浅成低温热液矿床中很常见（图 3.48）（Hemley and Jones，1964）。

在前面的矿床地质解剖过程中发现，铜绿山夕卡岩型矿床从早阶段到晚阶段，经历了夕卡岩阶段、退化蚀变阶段、氧化物阶段、硫化物阶段、碳酸盐阶段和表生阶段。其中，在退化蚀变和氧化物阶段，形成了大量的磁铁矿和赤铁矿（镜铁矿）矿石；之后，在硫化物阶段有黄铜矿、斑铜矿、辉铜矿等硫化物大量沉淀。由于铜绿山矿区成矿岩体具有较高的氧逸度，与世界级大型-超大型斑岩铜矿类似（图 3.12）。根据相关化学反应［式（3.1）］，在 Fe 离子和硫酸盐沉淀过程中，通常需要消耗热液体系中大量的水，通过化学反应，磁铁矿和硫化物先后沉淀，可以产生大量的 H^+（Sun et al.，2013，2015）。

$$SO_4^{2-}+12Fe^{2+}+12H_2O \xlongequal{} 4Fe_3O_4+S^{2-}+24H^+ \tag{3.1}$$

此外，在中酸性岩浆岩与大理岩围岩发生接触交代作用的过程中，形成钙/镁夕卡岩矿物的同时，会有大量的 CO_2 产生并向上逃逸［式（3.2）~式（3.7）］。

$$CaCO_3+SiO_2 \xlongequal{} CaSiO_3\text{（硅灰石）}+CO_2\uparrow \tag{3.2}$$

$$CaCO_3+MgCO_3+2SiO_2 \xlongequal{} CaMgSi_2O_6\text{（透辉石）}+2CO_2\uparrow \tag{3.3}$$

$$CaCO_3+FeO+2SiO_2 \xlongequal{} CaFeSi_2O_6\text{（钙铁辉石）}+CO_2\uparrow \tag{3.4}$$

$$3CaCO_3+Al_2O_3+3SiO_2 \xlongequal{} Ca_3Al_2[SiO_4]_3\text{（钙铝榴石）}+3CO_2\uparrow \tag{3.5}$$

$$3CaCO_3+Fe_2O_3+3SiO_2 \xlongequal{} Ca_3Fe_2[SiO_4]_3\text{（钙铁榴石）}+3CO_2\uparrow \tag{3.6}$$

$$2CaCO_3+5MgCO_3+8SiO_2+H_2O \xlongequal{} Ca_2Mg_5Si_8O_{22}(OH)_2\text{（透闪石）}+7CO_2\uparrow \tag{3.7}$$

在这些反应过程中，产生的 CO_2 和 H^+，与接触交代作用过程中由岩浆带出的残余硅铝质成分发生反应或交代长石，可以形成高岭石或迪开石［式（3.8）~式（3.10）］。

$$4K[AlSi_3O_8]\text{（钾长石）}+4H_2O+2CO_2 \xlongequal{} Al_4[Si_4O_{10}](OH)_8\text{（高岭石）}+8SiO_2+2K_2CO_3 \tag{3.8}$$

$$4Na[AlSi_3O_8]\text{（钠长石）}+4H_2O+2CO_2 \xlongequal{} Al_4[Si_4O_{10}](OH)_8\text{（高岭石）}+8SiO_2+2Na_2CO_3 \tag{3.9}$$

$$2Ca[Al_2Si_2O_8](\text{钙长石})+4H_2O+2CO_2 = Al_4[Si_4O_{10}](OH)_8(\text{高岭石})+2CaCO_3 \tag{3.10}$$

3）白云母族矿物

通过 SWIR 蚀变填图发现，在铜绿山矿区存在较多的白云母族矿物，包括伊利石、白云母及少量多硅白云母。这类黏土蚀变主要产于石英二长闪长（玢）岩中，且与钾（硅）化在空间上密切相关。根据相关矿物相图，在石英饱和 100MPa 条件下，在温度和 K^+ 活度较高的条件下，主要形成钾长石；当 K^+ 活度降低时，可形成白云母或多硅白云母；当温度降低时可形成伊利石；随着温度和 K^+ 活度降低，而 H^+ 活度升高时，则形成较多的迪开石和高岭石（图 3.49）。结合高岭石族矿物一节的分析，H^+ 活度的升高主要是由磁铁矿（赤铁矿）和硫化物沉淀产生的。

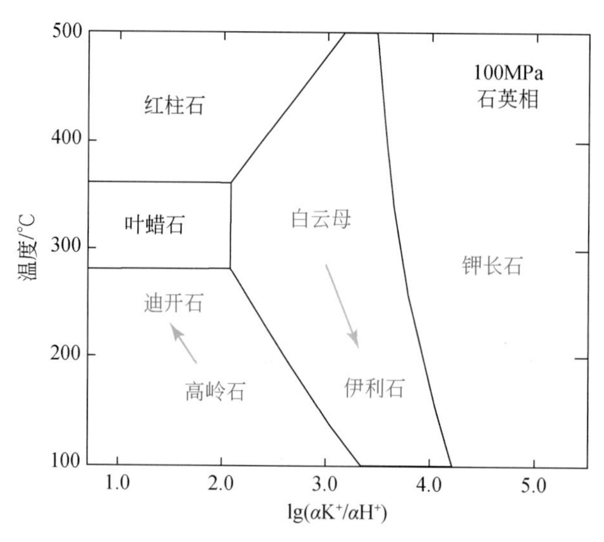

图 3.49　在石英饱和 100MPa 条件下的不同铝硅酸盐矿物的形成温度与 $\lg(\alpha K^+/\alpha H^+)$ 图解

因此，铜绿山白云母族矿物的产出和分布特征表明，在蚀变矿化的早阶段，热液体系以高温、高 K^+ 活度为特征，随着流体的演化和矿石矿物沉淀，流体逐渐转变为低温和高 H^+ 活度的特征。这一变化对夕卡岩型矿床热液流体的演化具有一定的指示意义。

4）蒙皂石族矿物

通过 SWIR 光谱分析和精细岩相学观察，在铜绿山矿区发现有大量的皂石和蒙脱石。其中，蒙脱石主要来自斜长石的低温绢云母化蚀变，通常认为是表生成因。皂石主要产于镁铁质岩中，如辉绿岩、玄武岩等，主要为辉石、橄榄石等铁镁质矿物蚀变形成。在铜绿山深部夕卡岩-热液矿化中心及周围的大量皂石，是否为热液成因？

岩相学研究表明，铜绿山的皂石主要是通过交代蛇纹石、透辉石或绿帘石等夕卡岩矿物而形成，并被晚阶段的碳酸盐化叠加交代，因此皂石大致形成于硫化物阶段（图 3.24）。另外，对皂石的研究表明，它不仅可以在表生作用下形成，在 200～300℃，压力约 15GPa 的温压条件下，随着 Si、Al 成分进入蛇纹石（1∶1 型层状硅酸盐矿物）中，可以逐渐形成皂石（2∶1 型层状硅酸盐矿物）（Ji et al.，2018）。

在夕卡岩矿床形成过程中，受接触交代作用控制，中酸性岩浆岩中的Si、Al等成分进入围岩（大理岩/白云质大理岩），而围岩中的Ca、Mg等成分进入岩浆岩，产生广泛的夕卡岩化和退化蚀变（石榴子石、透辉石、金云母、蛇纹石、绿帘石、透闪石等）及有关的热液成矿作用。在退化蚀变阶段之后，随着温度的降低，岩浆中的残余Si、Al成分进一步交代蛇纹石、透辉石等夕卡岩矿物，可形成富镁的热液皂石。

铜绿山矿区的皂石主要分布在夕卡岩/热液矿化中心及周围，而蒙脱石主要分布在石英二长闪长（玢）岩及蚀变（白云质）大理岩围岩中，二者在空间上互补，构成完整的蒙皂石族矿物的分带。然而，在铜绿山矿区，至今没有发现富Fe的绿脱石。本书分析认为，这可能是由于在退化蚀变和氧化物阶段，大量的磁铁矿和赤铁矿的形成和沉淀，热液流体中Fe被消耗殆尽，且除铁/铁镁绿泥石之外，其他黏土矿物多不与磁铁矿/赤铁矿伴生，导致残余热液流体相对贫Fe，因而晚阶段形成的黏土矿物中缺乏富Fe的绿脱石。

综合以上分析，本书认为，在铜绿山矿区热液矿化中心及周围的热液流体以Mg、Fe质成分为主，而外围的岩体及大理岩围岩，以Si、Al和K质成分为主；铜绿山夕卡岩矿床的热液流体可能经历了从早阶段高温-碱性到晚阶段低温-酸性的流体演化过程。

本节通过详细的SWIR蚀变填图发现，在铜绿山矿区靠近热液矿化中心区域，除有夕卡岩及退化蚀变矿物外，高岭石、迪开石、铁镁绿泥石/铁绿泥石、皂石和伊利石的大量出现，能够有效地指示深部的夕卡岩-热液矿化中心。此外，这些矿物的出现，亦可指示热液流体经历了从碱性到酸性环境的演变过程。SWIR光谱特征参数研究表明，在铜绿山矿区，绿泥石高Fe-OH特征吸收峰位值（Pos2250> 2253nm）、高结晶度高岭石（Pos2170> 2170nm；Dep217 0> 0.18）、白云母族-蒙脱石Al-OH峰位异常值（Pos2200<2202nm或> 2212nm）的大量出现，对深部隐伏矿体具有较明显的指示意义。

与斑岩型矿床进行对比可以发现，在运用SWIR光谱及矿物地球化学勘查方法进行该类矿床的找矿勘探过程中，由于斑岩系统通常具有典型的面型蚀变分带特征，且从矿化中心到外围，存在着温度梯度递减的蚀变分带，因而针对与温度变化有关的蚀变矿物特征参数（如白云母族SWIR-IC和Pos2200值、绿帘石和绿泥石微量元素及比值）在空间上的变化规律，能够有效地指导斑岩型矿床的勘查工作（表3.6）。而与斑岩型矿床不同，夕卡岩型矿床主要是以线性接触-蚀变矿化为特征，且存在多阶段矿化特征，在三维空间上很难形成与斑岩型矿床类似的面型蚀变分带（温度梯度），这可能是夕卡岩型矿床中白云母族SWIR-IC值变化规律不明显的主要原因。

在块状硫化物矿床（VMS）中，通常热液矿化中心区域的绿泥石（-黑云母）多具有较低的Fe-OH特征吸收峰位值（Pos2250），对应的绿泥石相对富Mg，这主要是受到成矿过程中富Mg海水的加入（Jones et al.，2005；黄健瀚，2017）。而在夕卡岩型铜铁矿床中，热液矿化中心的绿泥石通常具有较高的Fe-OH特征吸收峰位值，对应绿泥石富Fe，而远离矿化中心区域的绿泥石多具有较低的Fe-OH特征吸收峰位值，对应绿泥石相对富Mg，绿泥石的成分受到原岩及热液流体成分的控制作用。

表 3.6　全球斑岩型、浅成低温热液型和 VMS 型矿床蚀变矿物 SWIR 光谱和 EMPA 成分变化统计表（据黄健瀚，2017 修改）

矿床名称及类型	矿物及分析方法	主要参数	近矿化区域	远端贫矿化区域	参考文献
澳大利亚 Rosebery VMS 型矿床	白云母族 SWIR	Al-OH 波长：2192～2219nm	2190～2200nm	>2200nm	Herrmann et al., 2001
	白云母族 EMPA	白云母族 Na/(Na+K)值	0.1～0.3	<0.1	
加拿大 Myra Falls VMS 型矿床	白云母族 SWIR	Al-OH 波长	2194～2204nm（平均值 2198nm）	2194～2218nm（平均值 2206nm）	Jones et al., 2005
	白云母族 EMPA	Na/(Na+K)值	0.05～0.12	0.02～0.06	
		w(Fe+Mg)	0.13%～0.39%	0.46%～0.77%	
	绿泥石 SWIR	Fe-OH 波长	2238～2252nm（平均值 2241nm）	2238～2255nm（平均值 2247nm）	
	绿泥石 EMPA	Mg/(Mg+Fe)值	平均值 0.82	平均值 0.55	
加拿大 Izok Lake 锌铜铅银 VMS 型矿床	白云母族 SWIR	Al-OH 波长：2194～2216nm	波长较短；过渡带波长较长	波长较短	Laakso et al., 2016
	绿泥石/黑云母 SWIR	Fe-OH 波长：2244～2260nm	波长较短；过渡带波长较长；富 Mg	波长较短；富 Fe	
新疆红海铜锌 VMS 型矿床	白云母族 SWIR	Al-OH 波长：2194～2221nm	2194～2210nm（平均值 2202nm）	2199～2221nm（平均值 2210nm）	Huang et al., 2017
	白云母族 EMPA	(apfu) Fe+Mg, Si/Al, Al^{VI}, Na/(Na+K)值	平均值(0.30, 1.26, 3.68, 0.04)	平均值(0.57, 1.43, 3.46, 0.03)	
	绿泥石 SWIR	Fe-OH 波长：2249～2261nm	平均值 2252nm	平均值 2254nm	
	绿泥石 EMPA	Mg/(Mg+Fe)值	平均值 0.63	平均值 0.47	
新疆土屋-延东斑岩型铜矿床	白云母族 SWIR	Al-OH 波长	2190～2206nm	2196～2218nm	Yang et al., 2005
	绿泥石 SWIR	Fe-OH 波长：2245～2265nm	波长较长	波长较短	
	绿泥石 EMPA	绿泥石 Fe/(Fe+Mg)值	>0.6	<0.6	

续表

矿床名称及类型	矿物及分析方法	主要参数	近矿化区域	远端贫矿化区域	参考文献
北美 Pebble 斑岩型铜金钼矿床	白云母族 SWIR	Al-OH 波长	绢云母带:2190 ~ 2201nm;过渡的伊利石+绢云母带:2201 ~ 2210nm	钾化带:2210 ~ 2220nm	Harraden et al. ,2013
西藏念村斑岩铜矿区	白云母族 SWIR	Al-OH 波长:2192 ~ 2220nm	<2203nm	>2203nm	杨志明等,2012
		IC 值(Dep2200/Dep1900):0. 6 ~ 3. 1	>1. 6	<1. 6	
鄂东南铜绿山夕卡岩铜铁金矿床	绿泥石 SWIR	Fe-OH 波长:2242 ~ 2265nm	>2253nm	<2253nm	本研究
	绿泥石 EMPA	绿泥石 Fe/(Fe+Mg)值	>0. 6	<0. 6	
	白云母族 SWIR	Al-OH 波长:2198 ~ 2230nm	>2212nm 或<2198nm	2202 ~ 2212nm	
		次 Al-OH 波长:2160 ~ 2180nm	>2170nm	<2170nm	
	高岭石族 SWIR	次 Al-OH 波长:0. 01 ~ 0. 45nm	>0. 18	<0. 18	

本书对铜绿山黏土矿物 SWIR 光谱特征研究结果表明，相比于斑岩型矿床，夕卡岩型矿床中热液流体成分在空间上的变化更加显著。因此，对于夕卡岩型矿床的勘查，今后应注意不同蚀变矿化阶段的流体成分及化学性质变化，并选取分布广泛的、具有代表性的蚀变矿物（如绿泥石和/或高岭石）进行研究，从而建立起有效的矿物 SWIR 光谱及地球化学勘查标志。

3.6　绿泥石地球化学

3.6.1　绿泥石产状及岩相学

绿泥石是一种复杂的层状硅酸盐矿物，晶体结构非常复杂，最常见的属单斜晶系，TOT 型-三/二八面体型层状结构，分子式为$(R^{2+},R^{3+})_6[(Si,Al)_4O_{10}](OH)_8$，式中 $R^{2+}=Mg,Fe^{2+},Mn^{2+},Ni$；$R^{3+}=Al,Fe^{3+},Cr,Mn^{3+}$。绿泥石是很多热液矿床中常见的蚀变矿物之一，研究它的矿物化学成分变化对不同热液矿床的成因机制及矿产勘查都具有重要的意义（Wilkinson et al.，2015；Xiao et al.，2017）。在绿泥石 SWIR 光谱特征研究的基础上，本章将通过岩相学、电子探针成分（EMPA）及微区原位 LA-ICP-MS 微量元素等方法，对铜绿山绿泥石开展详细的分析和研究。

通过详细的岩相学观察发现，铜绿山矿区的绿泥石主要形成于硫化物阶段，并根据绿泥石产状可以分为以下三类，分别为：①DC 型绿泥石。由石英二长闪长（玢）岩中的角闪石或黑云母被交代蚀变形成的绿泥石，并根据交代蚀变作用强度，可以分为弱绿泥石化（图 3.50a，b）和强绿泥石化（图 3.50c，d），前者主要出现在远端贫矿化石英二长闪长（玢）岩中，后者主要出现在靠近热液矿化中心附近的石英二长闪长（玢）岩中。②VC 型绿泥石。在靠近热液矿化中心附近的岩体内出现的绿泥石-黄铜矿/黄铁矿-（石英-方解石）（图 3.30l）。③RC 型绿泥石。在铜绿山深部热液矿化中心及附近出现的绿泥石，常交代磁铁矿或石榴子石（图 3.22c，d）。

3.6.2　绿泥石电子探针成分组成

在实际热液矿床中，由于蚀变作用形成的绿泥石成分易受到原岩（或矿物）成分的干扰或混染，因而在运用绿泥石电子探针成分进行流体成分分析之前，需要把异常的探针成分值删除。澳大利亚塔斯马尼亚大学国家矿产研究中心多年来研究大量实例发现，绿泥石探针成分 $w(Na_2O+K_2O+CaO)>0.5\%$ 可以作为判断绿泥石存在混染的标准（Zang and Fyfe，1995；Inoue et al.，2010）。

本书采用这一标准，将铜绿山绿泥石 $w(Na_2O+K_2O+CaO)>0.5\%$ 的高异常值进行了全部的删减。对 ZK006、ZK007、ZK404、ZK405、ZK406、ZK408、ZK803、ZK1203 和 ZK2705 九个钻孔中 80 余件样品的 327 个绿泥石探针数据进行筛选之后，有 35 件样品中 126 个绿泥石探针数据点在正常范围内，因而可以运用于下面的讨论。

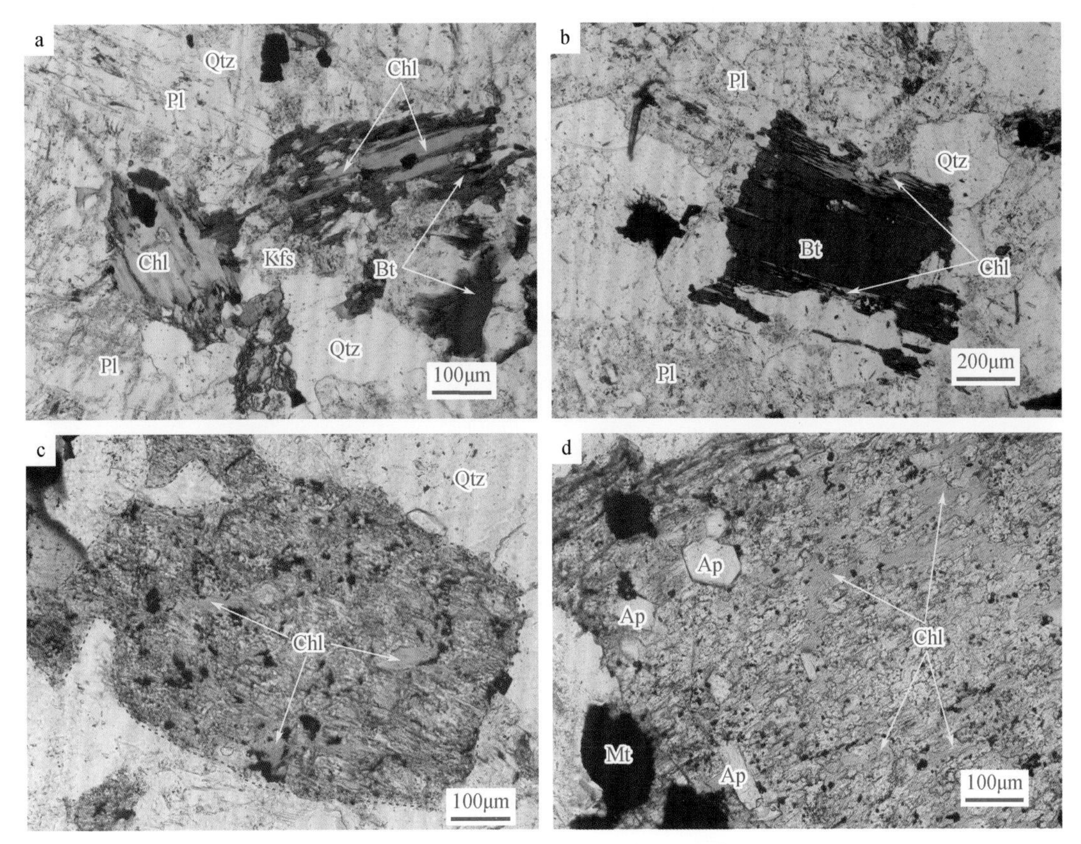

图3.50　铜绿山矿区主要绿泥石显微特征

a. 远端贫矿化石英二长闪长岩中的黑云母遭受弱绿泥石化蚀变，可见交代残留的黑云母（单偏光显微照片）；b. 远端贫矿化石英二长闪长岩中的黑云母的边部遭受弱绿泥石化（单偏光显微照片）；c. 内夕卡岩化蚀变带（蚀变带Ⅱ），石英二长闪长岩中的角闪石发生较强的绿泥石和绢云母化蚀变（单偏光显微照片）；d. 内夕卡岩化蚀变带（蚀变带Ⅱ），石英二长闪长岩中的角闪石发生较强的绿泥石和绢云母化蚀变，可见原角闪石中的磷灰石和磁铁矿不易被交代而保留（单偏光显微照片）；Kfs. 钾长石；Pl. 斜长石；Qtz. 石英；Bt. 黑云母；Chl. 绿泥石；Ap. 磷灰石；Mt. 磁铁矿

DC型绿泥石的SiO_2、Al_2O_3、FeO、MgO、MnO和CaO质量分数范围分别为24.21%～34.33%、13.88%～19.45%、16.15%～35.95%、6.70%～23.05%、0.08%～1.03%和0～0.43%，平均值分别为28.60%、17.30%、22.46%、18.17%、0.47%和0.09%；Fe/(Fe+Mg)（原子数比值）则变化于0.28～0.74，平均值为0.41。

VC型绿泥石的SiO_2、Al_2O_3、FeO、MgO、MnO和CaO质量分数范围分别为27.00%～31.80%、13.63%～19.67%、13.70%～23.84%、16.71%～23.96%、0.05%～0.41%和0～0.21%，平均值分别为28.53%、18.05%、17.46%、21.71%、0.21%和0.03%；Fe/(Fe+Mg)（原子数比值）则变化于0.24～0.44，平均值为0.31。

RC型绿泥石的SiO_2、Al_2O_3、FeO、MgO、MnO和CaO成分范围分别为23.85%～34.87%、10.97%～19.46%、25.07%～44.87%、2.78%～15.81%、0.02%～1.04%和0～0.37%，平均值分别为27.54%、15.54%、36.68%、8.18%、0.33%和0.16%；Fe/

(Fe+Mg)(原子数比值)则变化于0.47~0.90，平均值为0.72。

从这3种产状绿泥石的主量元素箱状图中可以看出，DC型绿泥石的成分变化较大，RC型绿泥石明显贫Al_2O_3和MgO，富FeO和CaO含量；VC型绿泥石则明显富Al_2O_3和MgO，贫FeO和CaO含量（图3.51）。

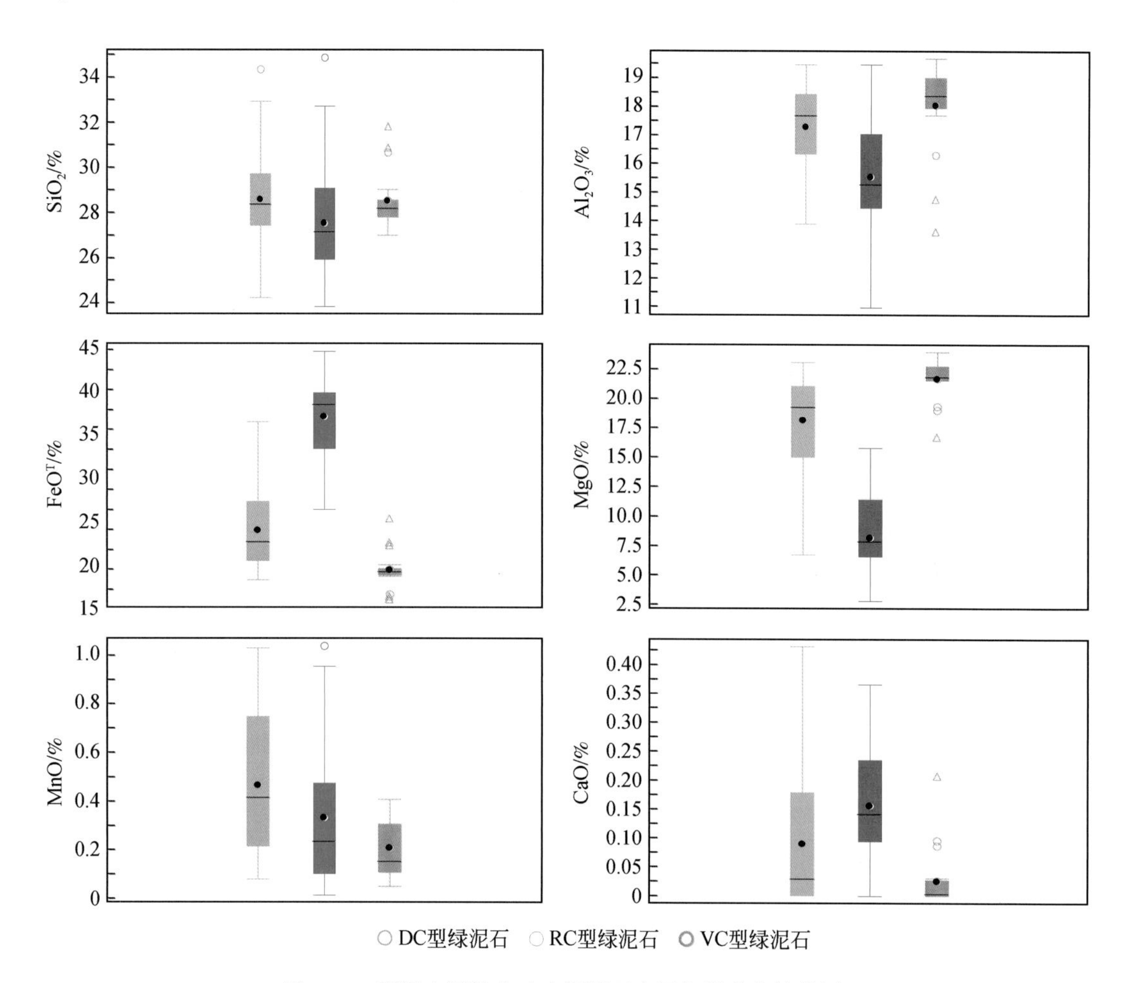

图3.51　铜绿山铜铁金矿床绿泥石电子探针成分箱状图

在绿泥石分类图解（图3.52）中，DC型绿泥石相对分散，主要落入密绿泥石、铁斜绿泥石区域，少量落在蠕绿泥石和铁镁绿泥石区域；RC型绿泥石分布较为广泛，主要落在图右侧富Fe和Si区域，少量落在铁镁绿泥石和铁斜绿泥石区域；VC型绿泥石与DC型绿泥石相似，主要落在密绿泥石区域，少量落在斜铁绿泥石和蠕绿泥石区域（图3.52）。在绿泥石分类图解中，右上角富Fe和Si异常区域，没有对应的绿泥石类型，而RC型绿泥石，可能受到富Fe热液流体成分的作用，导致相关绿泥石的晶格中更较富Fe和Si，具体的原因还有待进一步的绿泥石矿物物理性质（如晶胞参数）的验证。总体上，不同产状的绿泥石的化学成分具有较明显的差异（图3.52）。

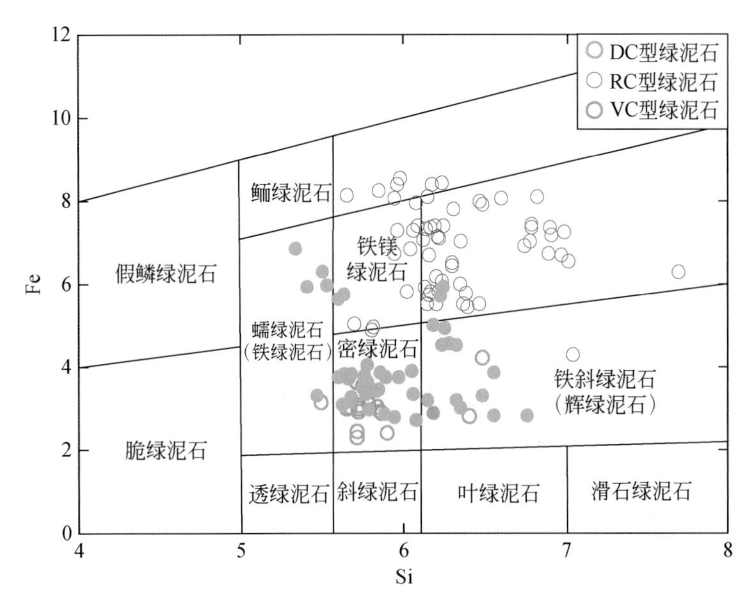

图3.52 铜绿山矿区绿泥石分类图解（底图据 Hey，1954）

在绿泥石主要阳离子间相关关系图解中（图3.53），铜绿山3种产状的绿泥石 Al^{iv}-Al^{vi}（四次配位 Al-六次配位 Al）显示出弱的正相关性，指示铜绿山矿床绿泥石四面体位置上 Al 对 Si 的替代可能是1∶1的钙镁闪石型替代（Xie et al.，1997）。在 Al^{iv}-Fe/（Fe+Mg）图解中，仅有 VC 型绿泥石呈弱的负相关性，但总体相关性不显著（图3.53）。在（Fe+Al^{vi}）-Mg 图解中，DC、VC 和 RC 型绿泥石的 Fe+Al^{vi}与 Mg 均具有明显的负相关性，相关系数（R^2）分别为0.95，0.90和0.92；同时在 Fe-Mg 图解中，Fe 与 Mg 也有着明显的负相关性，相关系数（R^2）较（Fe+Al^{vi}）-Mg 图解低，分别为0.92，0.87和0.76，这表明 Al^{vi}与 Mg 之间具有一定的变化关系（图3.53）。由于在绿泥石晶体结构中，八面体位置主要由 Fe、Mg 以及 Al^{vi}占据，其中又以 Fe 和 Mg 为主，Al^{vi}的占位只占据小部分，对成分变化的影响相对较小（Xie et al.，1997；廖震等，2010）。

此外，绿泥石的电子探针化学成分还可以作为地质温度计，有效地估算矿物形成的温度条件。Cathelineu 和 Nieva（1985）发现绿泥石的 Al^{iv}组分可以用来作为地质温度计，并总结了绿泥石温度与组分的关系；Zang 和 Fyfe（1995）则根据 Cathelineu 和 Nieva 的研究成果，改写了绿泥石温度计的表达式：T（℃）= 106.2×Al^{iv}+17.5（基于28个氧原子计算）。另外，不少学者认为绿泥石的形成温度不仅仅受 Al^{iv}的控制，而且还受到 Fe/（Fe+Mg）值的影响，需要对绿泥石温度进行校正（Kranidiotis and Maclean，1987；Jowett，1991；Zang and Fyfe，1995；Xie et al.，1997）。通过计算，我们发现铜绿山矿区绿泥石的 Al^{iv}与 Fe/（Fe+Mg）之间的相关性并不显著，因此可以考虑不校正 Al^{iv}值来计算温度。

谭靖和刘嵘（2007）对比四种绿泥石地质温度计计算公式认为，在铝饱和条件下（绿泥石与绢云母、钠长石和绿帘石等富 Al 矿物共生，不存在贫 Al 矿物如滑石、硬绿泥石等）根据 Fe/（Fe+Mg）校正反而有可能造成更大的误差。

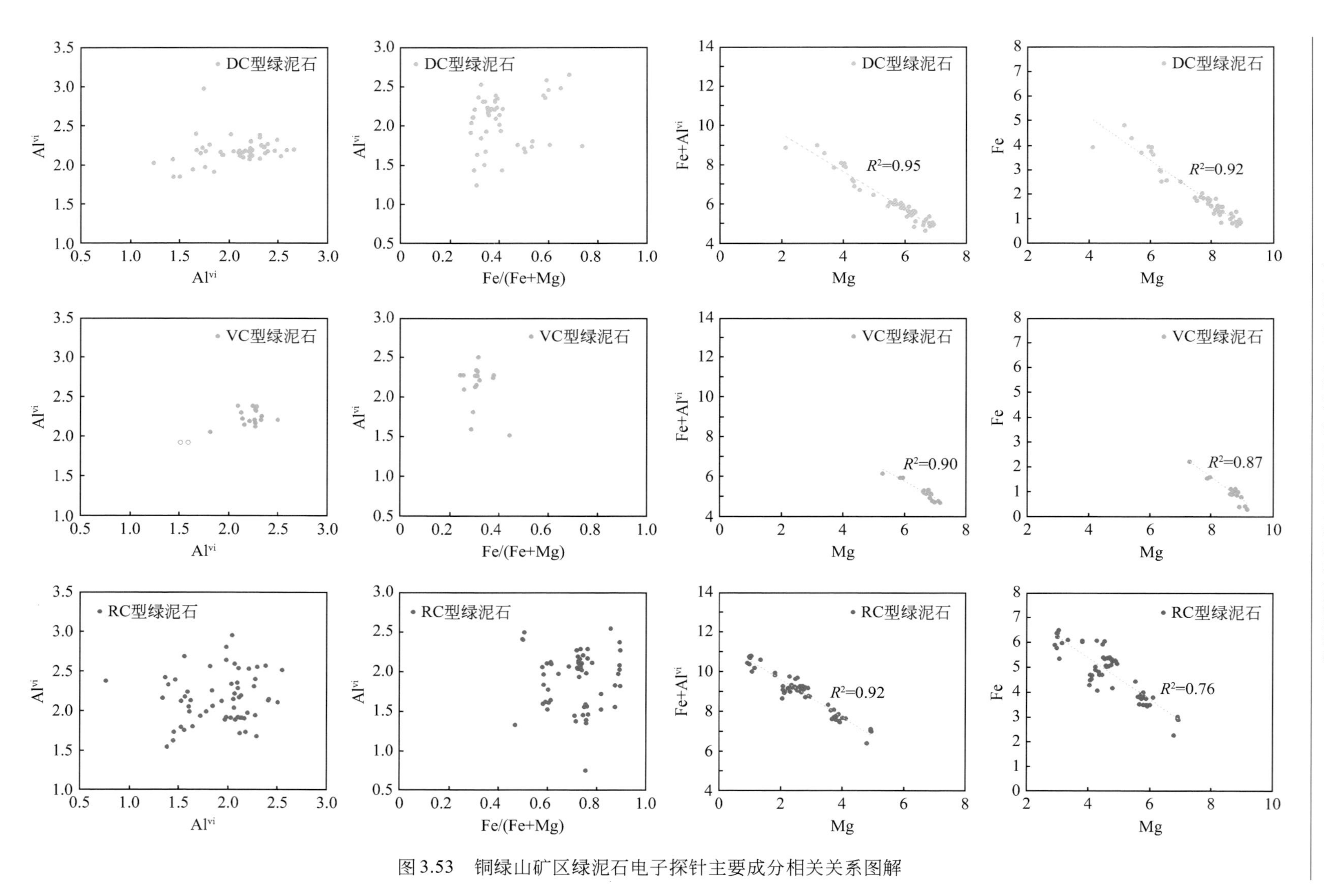

图 3.53　铜绿山矿区绿泥石电子探针主要成分相关关系图解

因此，本次计算的绿泥石形成温度未使用 Fe/（Fe+Mg）校正。经计算，铜绿山矿区绿泥石的形成温度为 149.1～299.8℃，DC 型绿泥石形成温度为 149.1～299.8℃（平均 237.5℃），VC 型绿泥石形成温度为 178.2～282.9℃（平均 246.3℃），RC 型绿泥石形成温度为 159.5～288.1℃（平均 223.2℃）。

为进一步探索绿泥石探针成分与 SWIR 光谱特征参数之间的关系，我们对绿泥石探针成分中变化较大的 Fe、Mg 和 Fe/（Fe+Mg）值与对应的 SWIR 特征数值进行相关性分析（图 3.54）。相关性分析表明，绿泥石 Pos2250 值与绿泥石 Fe、Mg 和 Fe/（Fe+Mg）值之间存在良好的相关性。Pos2250 值越高，对应绿泥石 Fe 和 Fe/（Fe+Mg）值越高，而 Mg 值越低（图 3.54）。在 A-A′剖面上，也显示出越靠近热液矿化中心，绿泥石 Fe/（Fe+Mg）值有增高的趋势，具有较明显的指示深部热液矿化中心的作用（图 3.55）。

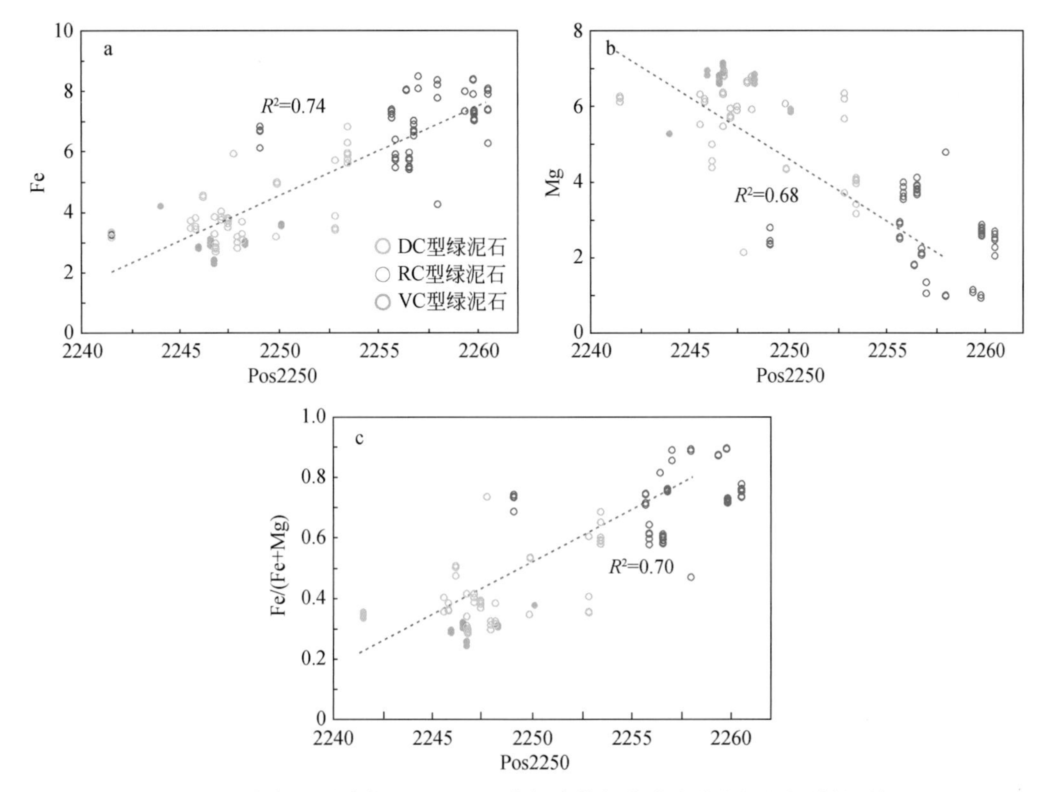

图 3.54　铜绿山矿床绿泥石 SWIR 特征参数与化学成分之间的相关性图解

Jones 等（2005）通过对加拿大 Myra Falls 块状硫化物矿床中蚀变矿物——绿泥石的 SWIR 光谱研究表明，绿泥石中 Fe 的含量与 Fe-OH 和 Mg-OH 特征吸收峰位值呈正相关，即绿泥石中 Fe 含量越高，绿泥石 Fe-OH（Pos2250）和 Mg-OH（Pos2335）特征吸收峰位值越高，反之亦然。但是，实际运用绿泥石进行 SWIR 矿物填图和建立 SWIR 光谱参数指标过程中，由于 Mg-OH 峰易受到样品中含镁矿物，如金云母、皂石、阳起石、富镁碳酸盐等的干扰，因此常用 Fe-OH 特征吸收峰位值来判断绿泥石 Fe 含量的高低。结合绿泥石 SWIR 光谱特征参数和化学成分变化特征，我们认为绿泥石高 Fe-OH 峰位值（Pos2250>2253nm）和 Fe/（Fe+Mg）>0.6，可以作为铜绿山矿床的重要勘查标志之一。

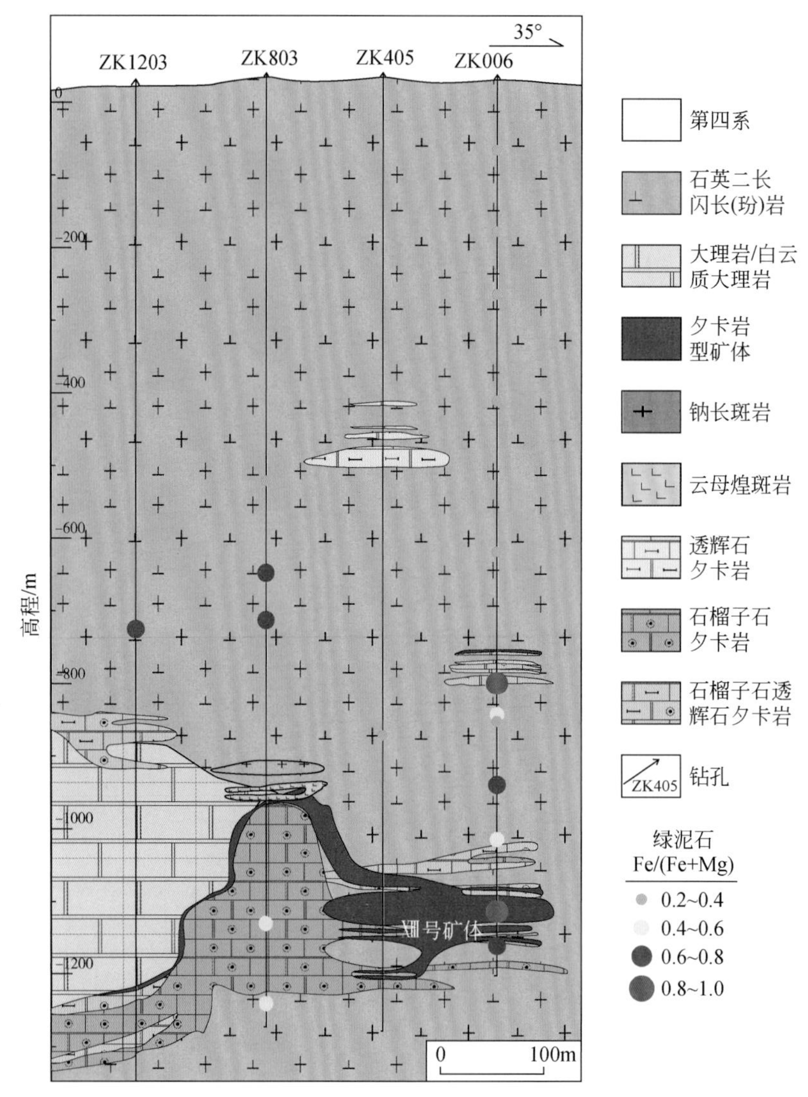

图 3.55　铜绿山矿床 A-A′剖面绿泥石 Fe/（Fe+Mg）值空间变化特征图

第4章 鸡冠嘴夕卡岩型铜金矿床

鸡冠嘴铜金矿区位于鄂东南矿集区铜绿山矿田的西北端，金牛火山断陷盆地的东北缘。截至2013年底，该矿床累计查明333储量包括金金属资源量23.3t（平均品位3.93g/t），铜金属资源量0.16Mt（平均品位1.71%），以及伴生有铁、硫铁、钼等矿石（湖北省地质局第一地质大队，2014）。

4.1 矿区成矿地质背景

4.1.1 地层

根据地表出露情况及钻孔揭露信息可知，区内地层从老到新主要为中下三叠统嘉陵江组（$T_{1-2}j$）、中三叠统蒲圻组（T_2p）、上侏罗统马架山组（J_3m）、下白垩统灵乡组（K_1l）及第四系（Q）（图4.1）。各地层空间分布范围及岩性特征分述如下。

1）中下三叠统嘉陵江组（$T_{1-2}j$）

地表仅在矿区中部向斜核部零星分布（图4.1），主要分布于矿区地下深部，标高+10～-1000m均有揭露；产状变化大，大部分向NW倾斜，在某些剖面中可见上下重复出现，可能是构造运动造成的断层或褶曲。该组地层主要由四个岩性段组成，原岩均为白云质灰岩和灰岩，由于岩浆活动影响，均已变质形成各种大理岩（图4.2），四个岩性段岩性自下而上依次为：①第一岩性段，主要为紫红色薄层状白云大理岩和角砾状白云大理岩，厚50～214m；②第二岩性段，主要为灰白色-浅黄色薄-中厚层状大理岩，具泥质条带和缝合线构造，厚46～125m；③第三岩性段，全区分布最广，是该矿区主要的赋矿岩层，主要为浅灰-黄褐-肉红-灰白色薄-中厚层状白云大理岩，厚度大于100m；④第四岩性段，主要为深灰色含泥质条带大理岩、白云质大理岩夹粉砂质白云岩，厚94～396m。

该地层与上覆蒲圻组地层呈整合接触。

2）中三叠统蒲圻组（T_2p）

地表仅在矿区中部向斜零星分布（图4.1），主要分布于矿区地下深部，埋藏标高为-1000～-400m，总体向NW倾斜，倾角低缓，走向NNE。该组地层由两个岩性段组成，下部以粉砂岩夹紫红色泥岩为主，其中紫红色泥岩内普遍含铁质结核，厚95～634m；上部以泥岩、黏土岩夹灰绿色泥质粉砂岩为主，含较多的钙质结核，厚110～233m。该组地层是矿液的主要隔挡层及零星小矿体的赋矿层位，由于岩浆活动影响，也已经发生了不同程度的变余-变质作用，已褪色化、角岩化和变质砂岩化，形成各种角岩、变余-变质砂岩，呈现浅至深多种颜色（图4.2）。

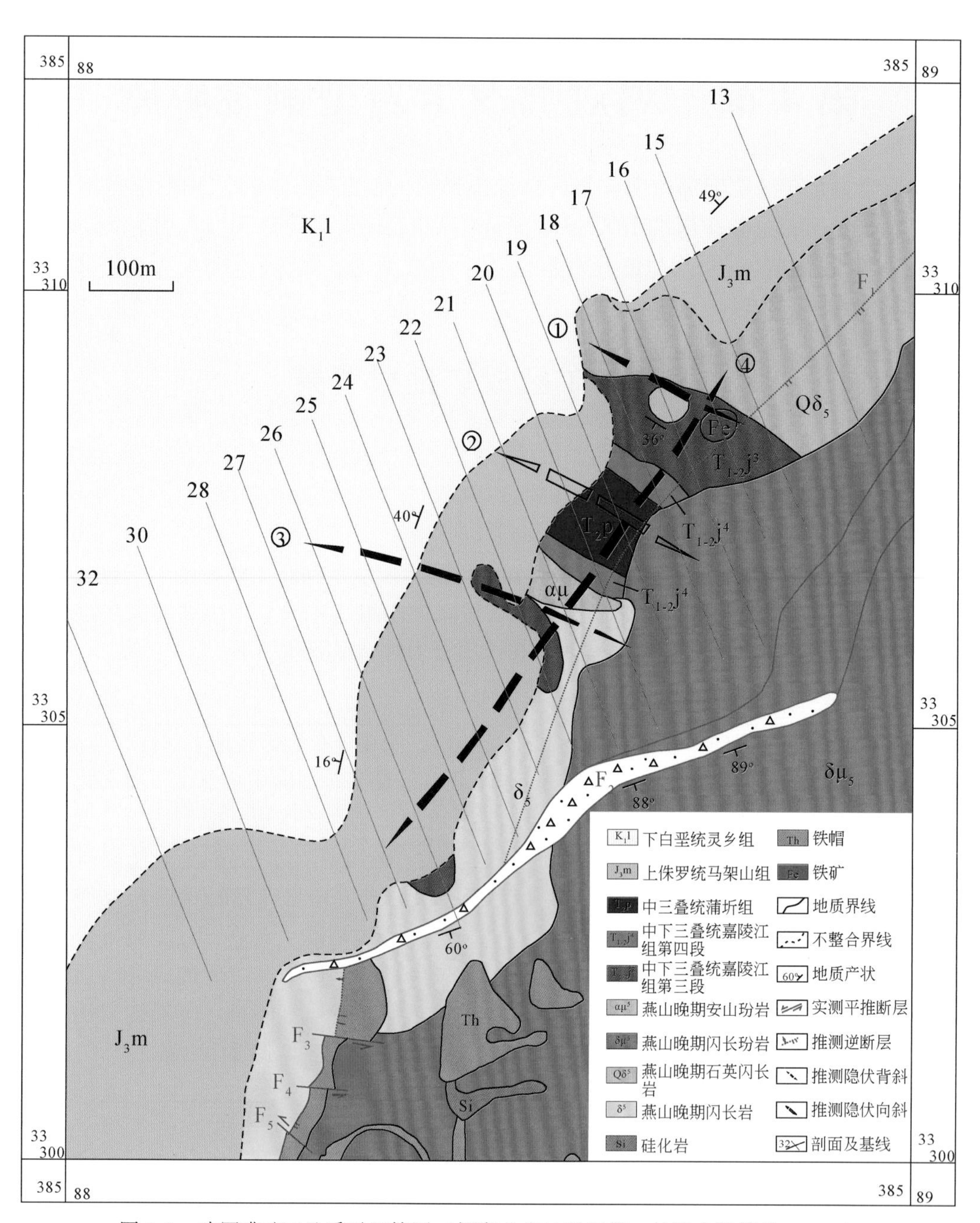

图 4.1　鸡冠嘴矿区地质平面简图（据湖北省地质局第一地质大队修改，2014）

区内地表皆覆盖有第四纪沉积物，未画出

该组地层与上覆马架山组地层呈角度不整合接触。

在该段地层中还可见黄铁矿广泛发育，包括浸染状黄铁矿、方解石-（石英）-黄铁矿脉或团块、石英-（绢云母）-（方解石）-（绿泥石）-黄铁矿脉或团块等，推测是地

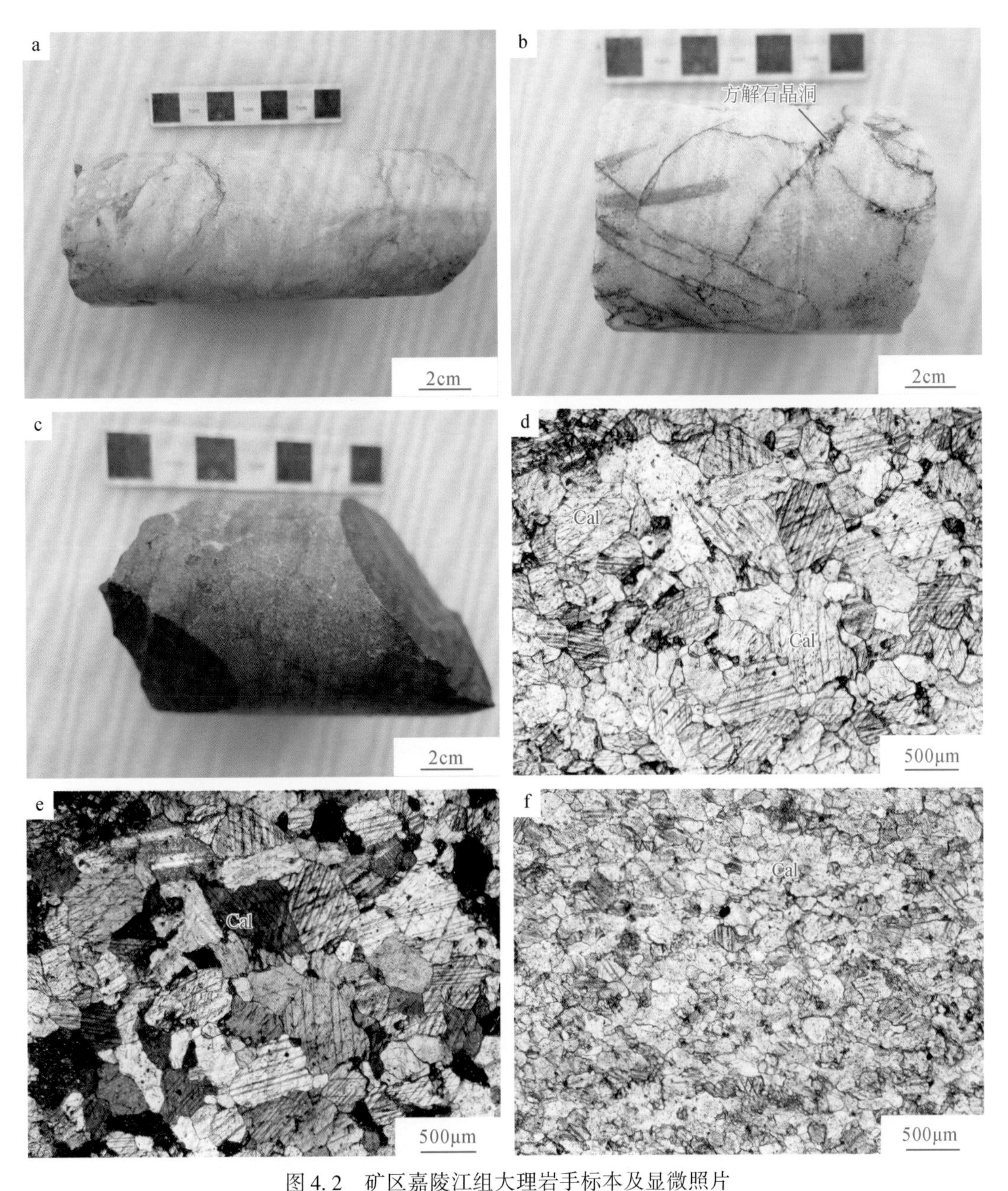

图4.2 矿区嘉陵江组大理岩手标本及显微照片

a. 灰白色大理岩；b. 含裂隙的大理岩，裂隙中有方解石重结晶；c. 红色大理岩，疑似含铁质较高；d. 重结晶结构（-）；e. 重结晶结构（+）；f. 定向分布的重结晶方解石（-）；Cal. 方解石

层中原有的铁质结核受岩浆热液作用形成的。另在该组地层的局部位置，可见大量的角岩和变余变质砂岩角砾被碳酸盐基质所胶结，证明了有热液活动的存在（图4.3，图4.4）。

3）上侏罗统马架山组（J_3m）

上侏罗统马架山组主要出露于矿区西北一带（图4.1），分布于矿区西北部地下标高

图 4.3　矿区蒲圻组角岩、变余变质砂岩手标本及显微照片

a. 浅红色变质砂岩，发育稀疏浸染状黄铁矿和方解石脉；b. 紫色变质砂岩，发育方解石脉；c. 黑色角岩，发育方解石-石英-钾长石-黄铁矿团块；d. 含定向条带的浅灰色角岩，略破碎，发育方解石脉；e. 显微镜下角岩结构，见少量重结晶的石英，原岩推测为粉砂岩、页岩（-）；f. 显微镜下变余-变质砂岩，见绢云母（+）；Cal. 方解石；Kfs. 钾长石；Qtz. 石英；Py. 黄铁矿；Ser. 绢云母

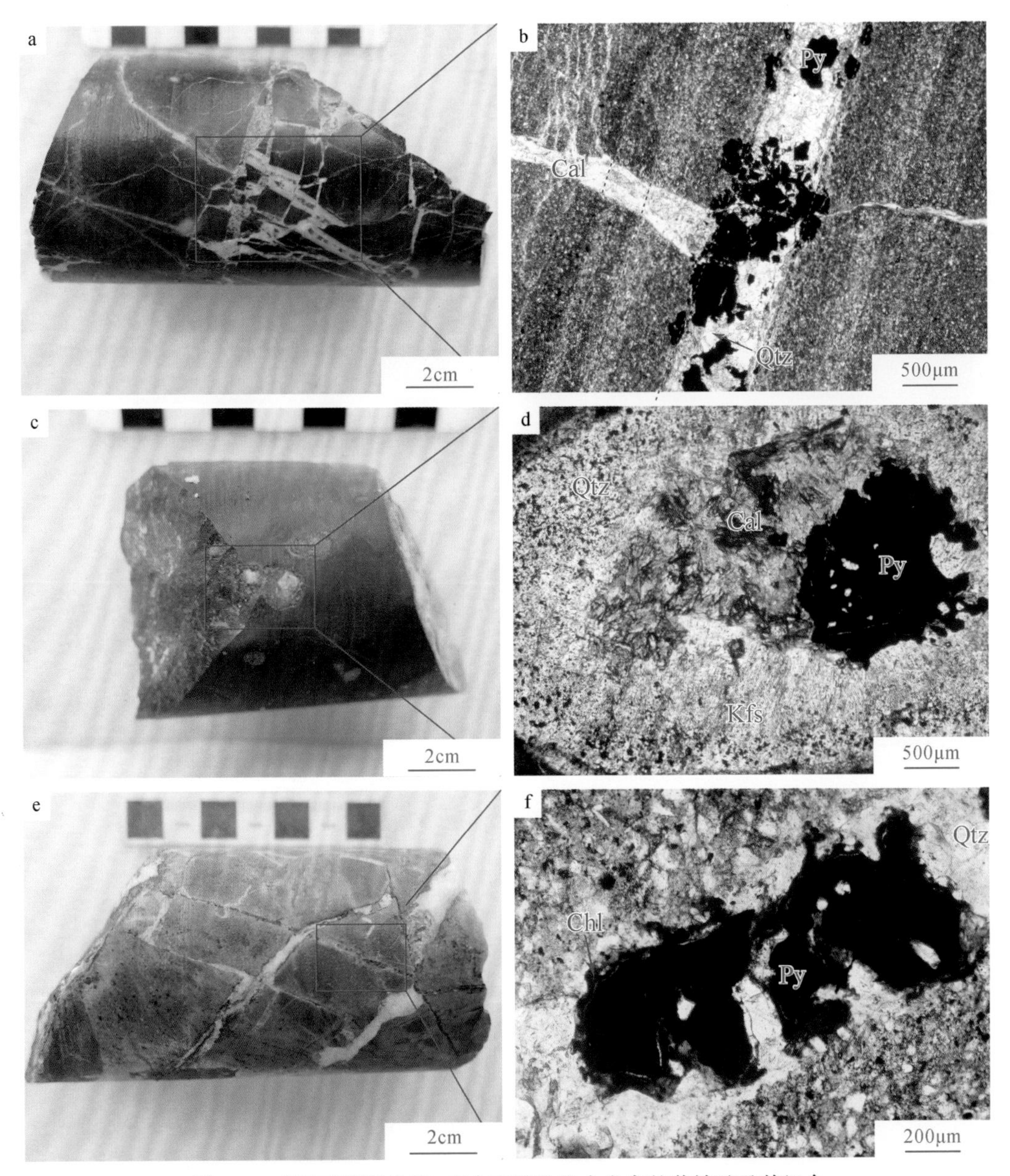

图4.4　矿区蒲圻组角岩-变余变质砂岩中发育的黄铁矿及其组合

a，b. 角岩中的方解石-石英-黄铁矿脉，脉两侧发生褪色化；c，d. 角岩中的石英-方解石-钾长石-黄铁矿团块；e，f. 变余砂岩中的石英-绿泥石-黄铁矿脉；Cal. 方解石；Chl. 绿泥石；Kfs. 钾长石；Qtz. 石英；Py. 黄铁矿

-500 ~ 0m，总体向NW倾斜，倾角自浅部至深部由陡倾变至低缓，走向NNE。该组地层以火山角砾岩为主，次为杂砂岩、碎屑凝灰岩、凝灰质粉砂岩、粉砂质黏土岩等（图4.5）。火山角砾岩中含大量岩屑角砾，大小不一，具有较差的分选性和磨圆度，个别大的可达50cm以上，小的不到0.5cm，岩屑角砾成分复杂，可分为岩浆岩角砾、大理岩角砾、角岩角砾及磁铁矿-赤铁矿角砾等；火山角砾岩的基质呈红色和灰色，且具有旋回性。

该地层与上覆灵乡组地层呈角度不整合接触。

a
10cm
b
10cm
c
10cm
d
闪长玢岩
2cm
e
磁铁矿–赤铁矿
大理岩
变质砂岩
2cm
f
角岩
大理岩
2cm
g
黑云母花岗闪长岩
似斑状石英闪长岩
2cm
h
石英闪长岩
大理岩
2cm

图 4.5　矿区马架山组火山角砾岩、凝灰质粉砂岩及凝灰岩手标本照片

a，b，c. 巨厚的火山角砾岩，可见红色、灰色交替出现；d，e，f. 红色火山角砾岩，可见闪长玢岩、变质砂岩、大理岩、角岩、磁铁矿-赤铁矿等角砾；g，h，i. 灰色火山角砾岩，可见黑云母花岗闪长岩、似斑状石英闪长岩、石英闪长岩、变质砂岩、大理岩、磁铁矿等角砾；j. 红色火山角砾岩和灰色火山角砾岩呈突变接触；k. 凝灰质粉砂岩；l. 红色凝灰岩和灰绿色凝灰岩呈突变接触

4）下白垩统灵乡组（K_1l）

下白垩统灵乡组主要出露于矿区西北部（图 4.1）及分布于矿区西北部地下标高 -200 ~ 10m。该组地层主要由安玄岩、玄武岩、红色和绿色凝灰岩、紫红色细砂岩、粉砂岩、粉砂质黏土岩等组成，厚 131 ~ 501m（图 4.6）。

图 4.6　矿区灵乡组火山岩手标本及镜下照片

a，b．玄武岩，见间粒结构，杂乱分布的自形斜长石间隙充填了他形黑云母、辉石、伊丁石及磁铁矿；c，d．红色晶屑凝灰岩，见方解石、石英和长石晶屑；e，f．含方解石杏仁体的安玄岩，见间粒结构，暗色矿物已完全蚀变，发生碳酸盐化；g，h. 不含方解石杏仁体的安玄岩，斑状结构，基质为间粒结构，可见斜长石斑晶，发育卡钠复合双晶，暗色矿物已碳酸盐化；Cal. 方解石；Bt. 黑云母；Idn. 伊丁石；Pl. 斜长石；Px. 辉石；Qtz. 石英；Mag. 磁铁矿

该地层与上覆第四系呈角度不整合接触。

5）第四系（Q）

第四系在区内广泛分布（图 4.1 中未画出），矿区北部和西部为湖积、冲-洪积黏土

层，底部有厚0～8m的含砾砂岩、角砾岩；南部、东部为冲积、冲-洪积层及残坡积层，其岩性为亚黏土、亚砂土、砾石、碎石等，厚5～30m。

4.1.2　构造

矿区位于大冶复式向斜南翼的次级褶皱，同时位于金牛火山断陷盆地的边缘，因此构造非常发育且较为复杂。矿区主要构造类型有隐伏褶皱构造和断裂构造（图4.1），主要构造方向为NWW向和NNE向（张国胜等，2013；湖北省地质局第一地质大队，2014）。

1）隐伏褶皱构造

区内褶皱全部为隐伏褶皱，且岩体入侵使其形态已不完整，从NE向SW分布有①、②、③号NWW向的隐伏次级背-向斜，另有④号NNE向的叠加背斜。

（1）①号隐伏背斜，分布于矿区15～19#勘探线的-200m标高，轴长约200m，轴向290°～300°，轴面倾向SW，倾角30°～50°，核部由嘉陵江组第三岩性段白云质大理岩组成，翼部也由嘉陵江组第三岩性段白云质大理岩组成，背斜的西部和北东翼保存较完整，翼部地层的倾角变化较大，一般为20°～35°。

（2）②号隐伏向斜，分布于矿区17～21#勘探线中部，轴长约350m，轴向290°～300°，轴面倾向SW，倾角约72°，核部由蒲圻组地层组成，两翼由嘉陵江组地层组成。

（3）③号隐伏背斜，分布于矿区22～27#勘探线，轴长约300m，轴向250°～290°，轴面倾向SW，倾角约72°，核部由蒲圻组地层组成，两翼由嘉陵江组地层组成。

（4）④号隐伏背斜，叠加于①、②、③隐伏背-向斜之上，造成它们的枢纽呈波状起伏，且严格控制了区内岩浆活动、矿化作用及矿体的展布（邱永进，1995）。该背斜分布于矿区13～28#勘探线，轴长约900m，轴向约30°，轴面倾向NW，倾角75°～80°，枢纽向NE方向扬起，核部地层被岩体吞蚀，北西翼相对保存完整，南东翼部分残存，仅见于26#勘探线南侧。

2）断裂构造

区内断裂构造主要为北东侧的鸡冠嘴断裂（F_1）和南部的鸡冠山断裂（F_2）（图4.1）。

鸡冠嘴断裂（F_1），位于矿区北东侧，全长约3000m，总体走向为NE10°～25°，局部弯曲，倾角60°～80°，是矿区主要的控矿断裂，也是金牛火山断陷盆地的东部边界。断裂形成于成矿前，但是在成矿期-成矿后仍有活动，断裂中充填有闪长岩墙。

鸡冠山断裂（F_2），位于矿区南部的鸡冠山一带，长度大于1000m，总体走向为NE68°左右，断面较陡为60°～89°，在鸡冠山以东倾向NW，在鸡冠山以西倾向SE，在地表该断裂以破碎带方式呈现，带宽10～30m，最宽达40m。该断裂不仅切穿了不同期次的围岩、岩体、矿体，产生了大量围岩及岩矿角砾，也切穿了鸡冠嘴断裂（F_1），破坏了矿体的分布。此外，矿区南部还发育一组规模不大、产状较陡的NWW向平移断层F_3、F_4和F_5。

4.1.3　岩浆岩

1）侵入岩

区内侵入岩属于铜绿山石英二长闪长玢岩岩株的边缘部分（邱永进等，1995），地表上在矿区南东部呈半环状分布，地下主要侵位于深部的中下三叠统嘉陵江组大理岩和中浅部的中三叠统蒲圻组角岩化砂页岩-变质砂岩之中，通过系统的钻孔编录，厘定矿区隐伏岩体主要岩性包括石英闪长岩和闪长玢岩，且这两种岩体为矿区主要致矿岩体，另见少量闪长岩（湖北省地质局第一地质大队，2014）；地表出露少量闪长岩和零星晚期安山玢岩脉（图4.1）（湖北省地质局第一地质大队，2014）。矿区侵入岩详细描述见4.2节。

2）火山岩

区内火山岩主要是矿区上覆的上侏罗统马架山组火山角砾岩，次为下白垩统灵乡组少量的安玄岩和玄武岩（图4.6）。

4.2　岩石学特征

4.2.1　岩体地质特征

本次岩浆岩研究重点关注鸡冠嘴矿区的致矿岩体石英闪长岩和闪长玢岩，矿区出露的闪长岩和后期安山玢岩脉并未涉及。结合前人资料、野外详细编录和室内研究，厘定本区的致矿侵入岩体主要为石英闪长岩和闪长玢岩。

石英闪长岩：主要见于-950m及以下标高的矿区深部，主要分布于区内北东向隐伏背斜的核部，并与核部两翼的中下三叠统嘉陵江组碳酸盐岩地层呈侵入接触关系；在矿区南东侧浅部也见少量的石英闪长岩呈脉状侵位于该背斜北西翼的中三叠统蒲圻组角岩-变余变质砂岩地层中，钻孔ZK02619中标高的-473.44～-233.24m及钻孔ZK02812中标高的-346.36～-271.66m均有揭露。

闪长玢岩：可见于矿区北西侧中-浅部和矿区深部，主要呈岩枝状侵位于该隐伏背斜北西翼的中三叠统蒲圻组角岩-变余变质砂岩和中下三叠统嘉陵江组碳酸盐岩地层中。钻孔资料揭露的石英闪长岩和闪长玢岩之间相互接触关系不太明显，但根据前人研究，在矿区-100m中段的位置，可见后期侵入的闪长玢岩沿构造薄弱带穿插早期形成的石英闪长岩（张建斌和朱志祥，2005）。

4.2.2　岩相学特征

石英闪长岩：新鲜面呈灰色，自形-半自形细粒近等粒结构，块状构造，矿物成分主要由斜长石（60%～65%）、钾长石（5%～8%）、角闪石（15%～20%）和石英（10%～

15%）组成，副矿物为磷灰石、榍石、锆石和磁铁矿等。其中，斜长石主要为中长石，部分不新鲜，发生黏土化、绢云母化、碳酸盐化、钾化和硅化等，仅剩残余或假象，可见自形-半自形板柱状轮廓，粒长0.4mm左右，发育聚片双晶、卡氏双晶和卡钠复合双晶，可见环带构造；钾长石主要呈他形填充在矿物间隙；角闪石，已完全蚀变，发生黑云母化、绿泥石化、磁铁矿化等，某些角闪石可见长柱状轮廓；石英，半自形-他形粒状为主，粒径0.3mm左右；副矿物磷灰石呈针柱状，可见于石英、长石晶体内及矿物间隙（图4.7a～d）。

闪长玢岩：未见新鲜面，基本蚀变成浅红-红色，斑状结构，基质呈微粒等粒结构，块状构造。斑晶主要由中性斜长石（55%～60%）和角闪石（5%～10%）组成，基质主要由长石（包括斜长石和钾长石，15%～20%）和石英（10%～15%）组成，副矿物为磷灰石、榍石、锆石和磁铁矿等。其中，斜长石斑晶粒径以2～3mm为主，已基本蚀变，发生黏土化、绢云母化、碳酸盐化、钾化、硅化和钠黝帘石化等，可见残余或假象，发育卡氏双晶、卡钠复合双晶、双晶纹较宽的聚片双晶，可见环带构造；角闪石斑晶粒径0.5mm左右，已基本蚀变，发生黑云母化、绿泥石化、磁铁矿化等；基质粒径多小于0.01mm，为微晶质；副矿物磷灰石呈长柱状或针柱状，个别粒径很大，可达0.2mm，见于长石晶体中或矿物间隙（图4.7e～h）。

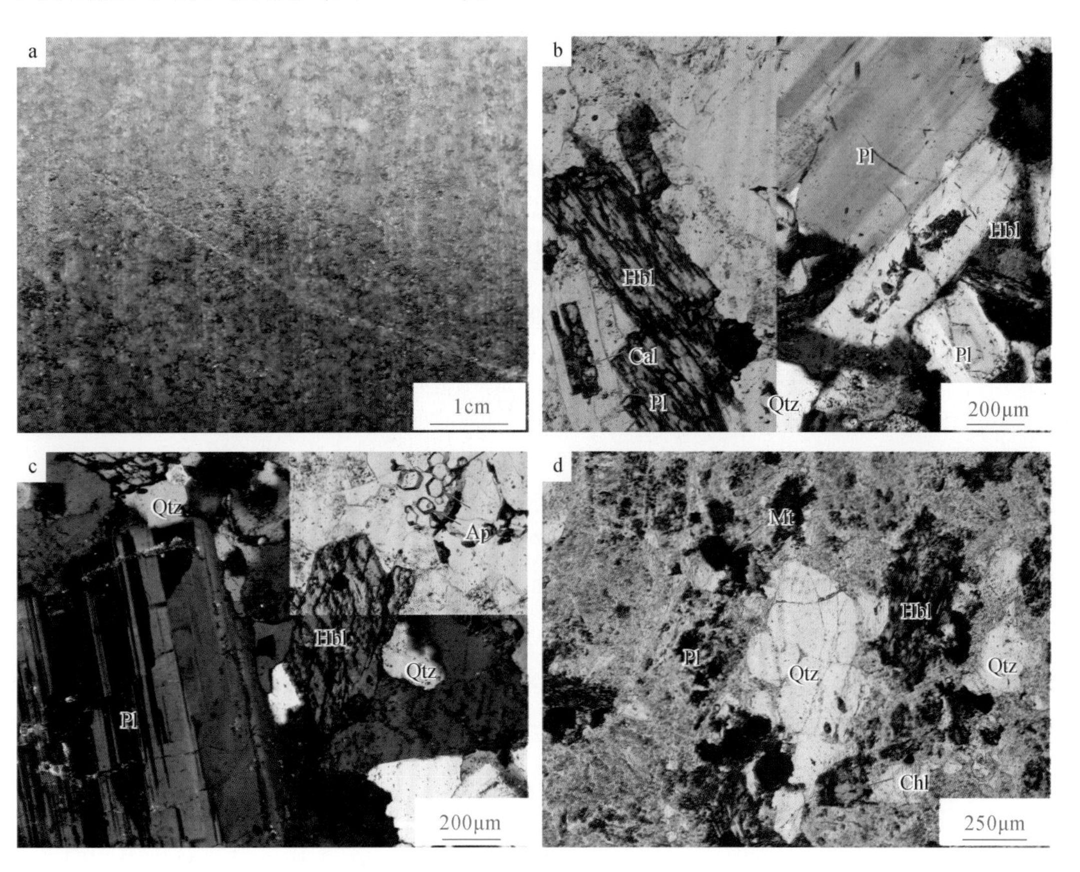

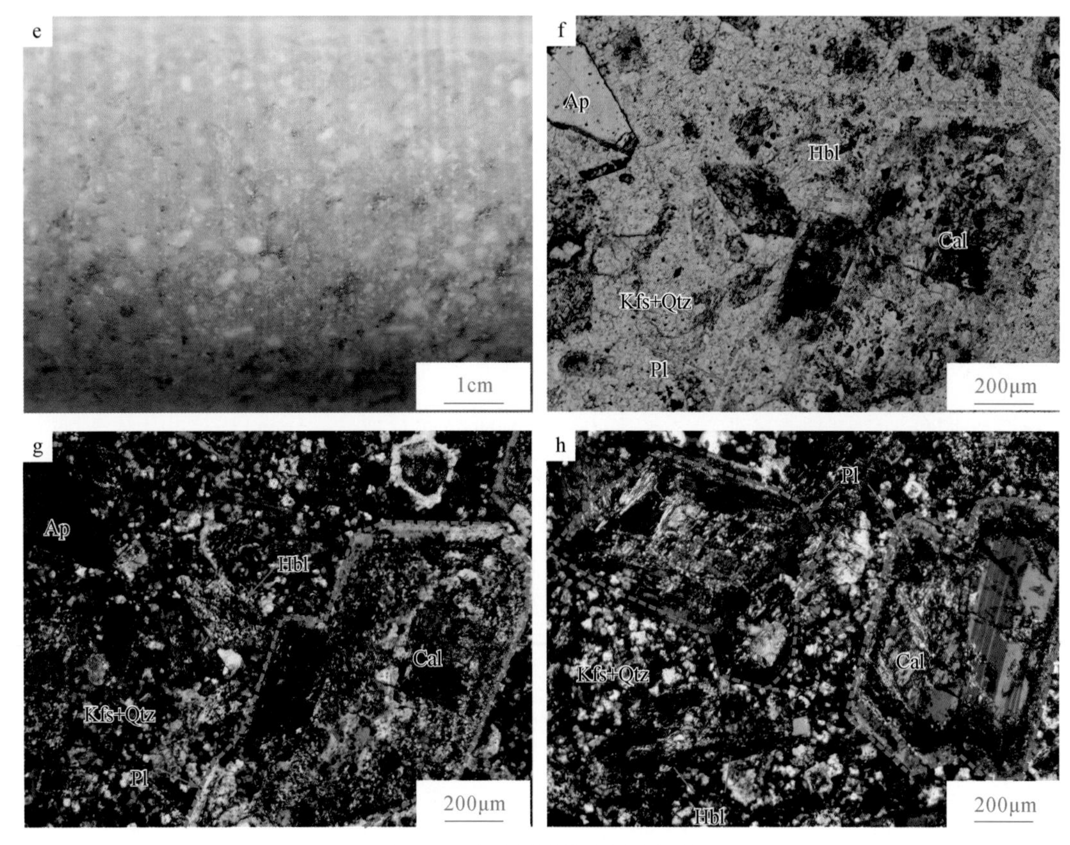

图 4.7　鸡冠嘴岩体岩相学特征

a. 石英闪长岩（手标本）；b. 石英闪长岩中斜长石、角闪石和石英，其中斜长石被方解石交代（左：-；右：+）；c. 石英闪长岩中斜长石、角闪石、石英，可见副矿物磷灰石（左下：+；右上：-）；d. 石英闪长岩中斜长石、石英和角闪石，其中斜长石黏土化、绢云母化，角闪石绿泥石化、磁铁矿化（-）；e. 闪长玢岩（手标本），基质由于钾化呈肉红色；f. 闪长玢岩中斜长石与角闪石为斑晶，基质为细粒的钾长石和石英，可见副矿物磷灰石，其中斜长石发生方解石化（-），可见斑状结构；g. 闪长玢岩中斜长石与角闪石为斑晶，基质为细粒的钾长石和石英，可见副矿物磷灰石，其中斜长石发生方解石化（+），可见斑状结构；h. 闪长玢岩中斜长石与角闪石为斑晶，基质为细粒的钾长石和石英，其中斜长石发生方解石化，角闪石发生磁铁矿化（+）。Hbl. 角闪石；Cal. 方解石；Pl. 斜长石；Qtz. 石英；Ap. 磷灰石；Mt. 磁铁矿；Chl. 绿泥石；Kfs. 钾长石

4.3　矿床地质特征

4.3.1　矿体特征

鸡冠嘴矿区内共发现Ⅰ、Ⅱ、Ⅲ、Ⅳ、Ⅵ、Ⅶ六个主矿体群以及Ⅴ矿体（图 4.8）。与矿体有关的岩浆岩主要为闪长玢岩和石英闪长岩，围岩主要为中三叠统蒲圻组和中下三叠统嘉陵江组地层。

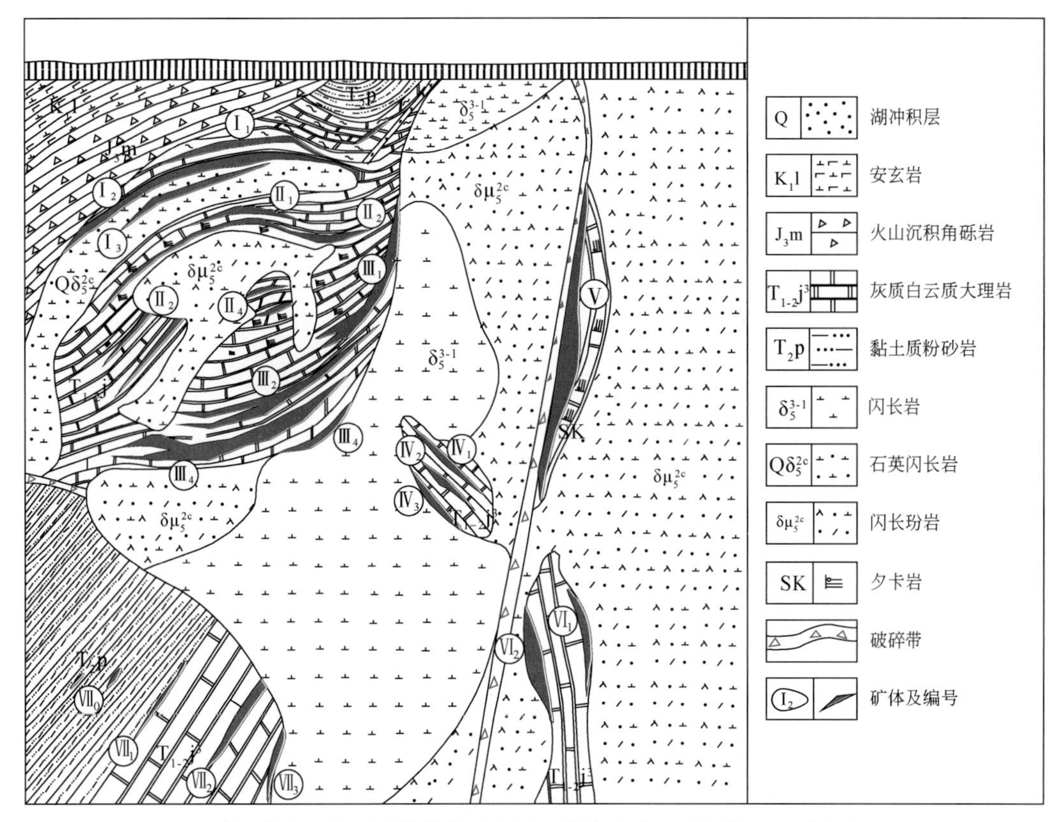

图4.8　鸡冠嘴矿区主要矿体分布示意图（据湖北省地质局第一地质大队，2014）

1）鸡冠嘴矿区Ⅰ号矿体群

Ⅰ号矿体群分布于鸡冠嘴矿区13～24#勘探线，矿体埋深较浅，主要有$Ⅰ_1$、$Ⅰ_2$和$Ⅰ_3$三个主矿体，与石英闪长岩关系密切。其中$Ⅰ_1$号矿体赋存在嘉陵江组白云质大理岩层间破碎带内，$Ⅰ_2$号矿体赋存在嘉陵江组白云质大理岩与石英闪长岩接触带内，$Ⅰ_3$号矿体赋存在接触带附近的石英闪长岩的裂隙内。Ⅰ号矿体群矿体走向为NEE，倾向为NW，呈透镜状、似层状和藕节状，$Ⅰ_1$、$Ⅰ_2$和$Ⅰ_3$三个矿体沿走向长度分别为400m、420m和320m。

2）鸡冠嘴矿区Ⅱ号矿体群

Ⅱ号矿体群分布于矿区19～25#勘探线，埋藏较深，位于Ⅰ号矿体群下部，主要有$Ⅱ_1$、$Ⅱ_2$、$Ⅱ_3$、$Ⅱ_4$四个主矿体，主要分布在嘉陵江组白云质大理岩层间破碎带以及与闪长玢岩接触形成的夕卡岩内。Ⅱ号矿体群总体上呈NE向展布，以透镜状、扁豆状为主，倾向为NW，$Ⅱ_1$、$Ⅱ_2$、$Ⅱ_3$、$Ⅱ_4$长度分别为150m、400m、120m、80m。

3）鸡冠嘴矿区Ⅲ号矿体群

Ⅲ号矿体群分布于矿区17～28#勘探线，埋藏深，主要有$Ⅲ_1$、$Ⅲ_2$、$Ⅲ_3$、$Ⅲ_4$四个主矿体。其中$Ⅲ_1$、$Ⅲ_2$号矿体赋存在嘉陵江组白云质大理岩、灰质白云石大理岩破碎带内，$Ⅲ_3$、$Ⅲ_4$号矿体赋存在嘉陵江组白云质大理岩与闪长玢岩的接触带附近。Ⅲ号矿体群矿体以透镜状为主，局部呈马鞍状，走向为 NE，倾向为 NW，$Ⅲ_1$、$Ⅲ_2$、$Ⅲ_3$、$Ⅲ_4$号矿体沿走向延伸长度分别为 670m、425m、300m、250m。

4）鸡冠嘴矿区Ⅳ号矿体群

Ⅳ号矿体群分布于矿区 25～27#勘探线，赋存在嘉陵江组大理岩层间破碎带内，自上而下呈雁行状排列，主要有$Ⅳ_1$、$Ⅳ_2$、$Ⅳ_3$三个主矿体，矿体规模较小。$Ⅳ_1$、$Ⅳ_2$、$Ⅳ_3$号矿体呈透镜状，走向为 NE，$Ⅳ_1$、$Ⅳ_3$号矿体倾向为 NE，$Ⅳ_2$号矿体倾向为 SE。$Ⅳ_1$、$Ⅳ_2$、$Ⅳ_3$号矿体沿走向延伸长度分别为 200m、200m、50m。

5）鸡冠嘴矿区Ⅵ号矿体群

Ⅵ号矿体群分布于矿区 22～25#勘探线南部，主要有$Ⅵ_1$、$Ⅵ_2$两个主矿体。其中$Ⅵ_1$号矿体赋存在嘉陵江组白云质大理岩与闪长玢岩的上接触带，$Ⅵ_2$号矿体赋存在嘉陵江组白云质大理岩与闪长玢岩的下接触带。$Ⅵ_1$、$Ⅵ_2$号矿体呈透镜状，走向为 NE，倾向为 SE，沿走向延伸长度分别为 100m、200m。

6）鸡冠嘴矿区Ⅶ号矿体群

Ⅶ号矿体群是鸡冠嘴矿区接替资源勘查项目（2013～2014 年）新发现的矿体，分布在Ⅲ号矿体群的下部 20～34#勘探线（图 4.8）。其中 24#勘探线的 KZK30、KZK09，26#勘探线的 KZK11、ZK02619、KZK23，28#勘探线的 ZK02812、KZK13、ZK0287、KZK25，32#勘探线的 ZK0327、ZK0326 控制Ⅶ号矿体群的分布，从上至下分为三个分支矿体：$Ⅶ_1$、$Ⅶ_2$和$Ⅶ_3$号矿体（图 4.9）。

根据 28#勘探线四个钻孔的编录工作描绘出的Ⅶ号矿体群如图 4.10 所示。Ⅶ号矿体群中$Ⅶ_1$、$Ⅶ_2$和$Ⅶ_3$号矿体规模最大，除此之外，可见一些小型的矿体呈透镜状分布在$Ⅶ_2$和$Ⅶ_3$号矿体之间（图 4.10）。

$Ⅶ_1$号矿体分布于 22～34#勘探线，赋存在蒲圻组粉砂岩与嘉陵江组白云质大理岩接触界面附近的层间破碎带内，该破碎带具有夕卡岩化，矿体分布具有不连续性（图 4.10），主要分布在 ZK0287 和 KZK25 中。矿体在剖面上呈薄板状、脉状，走向为 NNE，倾向为 NW，沿走向长约 500m，厚度比较稳定，1.11～28.63m，平均厚度为 8.75m。矿石类型主要为硫铁矿石，其次为铜矿石、金矿石，在 ZK0287 钻孔 1047.57～1059.97m 处$Ⅶ_1$号矿体为块状黄铁矿矿石，局部可见少量的方解石团块，矿石上下分别为夕卡岩和大理岩；在 KZK25 钻孔 631.90～640.90m 处$Ⅶ_1$号矿体为块状黄铁矿–黄铜矿矿石，局部夹有块状方解石，局部可见辉铜矿矿石并发生孔雀石化，矿石上下部分别为夕卡岩和大理岩。

$Ⅶ_2$号矿体分布于 24～32#勘探线，赋存在嘉陵江组白云质大理岩的层间破碎带内（图 4.10）。矿体呈薄板状、脉状，走向为 NNE，倾向为 NW，北西部较陡，南西部平缓，沿走向长约 600m，厚为 1.31～26.06m，平均厚度为 7.36m。矿石类型主要为铜矿石、铜金矿石和硫矿石，在 KZK13 钻孔 796.25～797.96m 处和 KZK25 钻孔 698.30～703.50m 处，$Ⅶ_2$号矿体为致密块状黄铁矿–黄铜矿矿石，脉石矿物主要为方解石、石英，局部可见斑铜矿、辉铜矿和孔雀石。

$Ⅶ_3$号矿体分布于 24～32#勘探线，赋存在靠近嘉陵江组白云质大理岩和闪长岩接触带的大理岩内（图 4.10）。矿体形态复杂，多呈分支板状、透镜状，走向为 NNE，倾向为

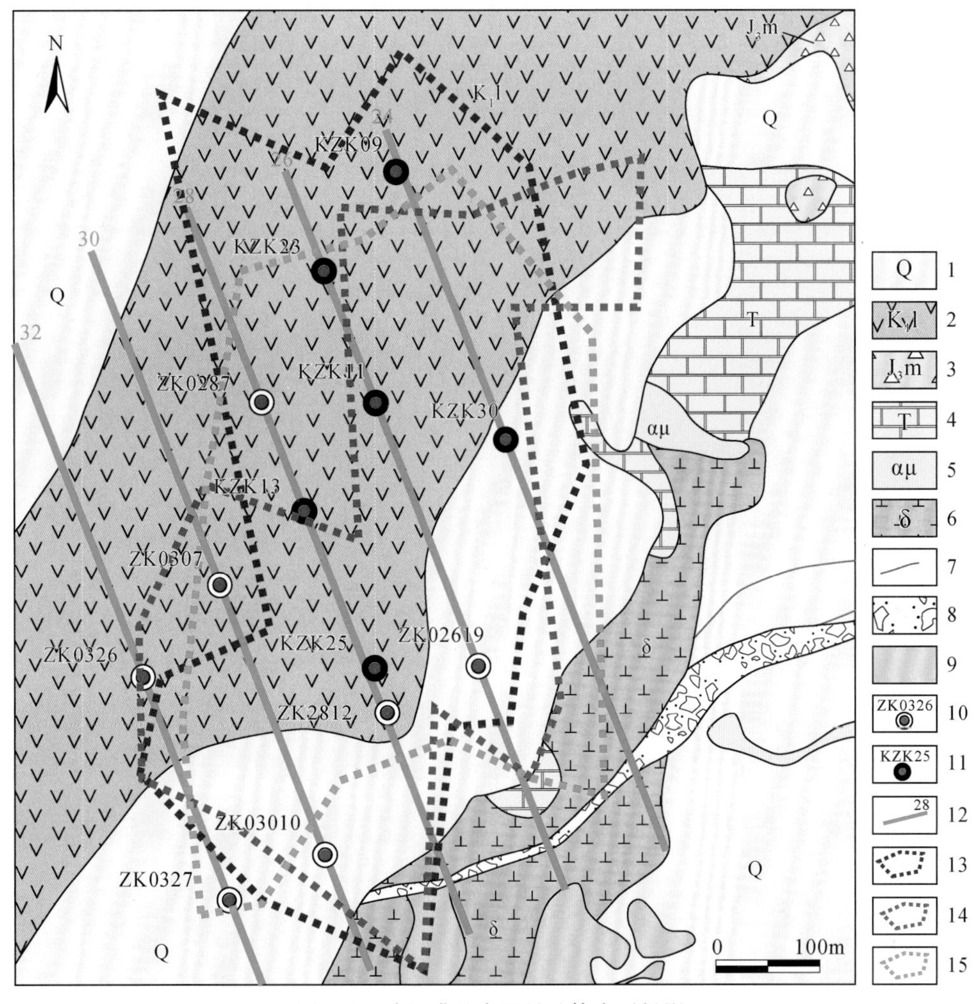

图4.9　鸡冠嘴矿床Ⅶ号矿体水平投影

1. 第四系；2. 早白垩世安玄岩；3. 晚侏罗世火山角砾岩；4. 三叠纪大理岩夹粉砂岩；5. 安山岩；6. 闪长岩；7. 断层；8. 破碎带；9. 铁帽；10. 地表钻孔及编号；11. 坑内钻孔及编号（水平投影位置）；12. 勘探线及编号；13. $Ⅶ_1$号矿体水平投影；14. $Ⅶ_2$号矿体水平投影；15. $Ⅶ_3$号矿体水平投影

NW，沿走向延伸约500m，厚度为1.2～29.25m，平均厚度为9.91m。矿石类型主要为铜矿石、铜金矿石和硫矿石，在KZK25钻孔729.30～736.80m处$Ⅶ_3$号矿体为致密浸染状黄铜矿-黄铁矿矿石，黄铜矿多氧化为斑铜矿，脉石矿物为方解石，分布在夕卡岩中；在ZK02812钻孔965.93～966.43m处为块状黄铜矿-黄铁矿矿石，矿体中有方解石细脉，矿体与上、下部大理岩呈突变接触，未见夕卡岩化。

4.3.2　矿石特征

1）*矿石类型*

鸡冠嘴铜金矿床的矿石类型主要有以下六种类型，以前五种为主：①黄铁矿型

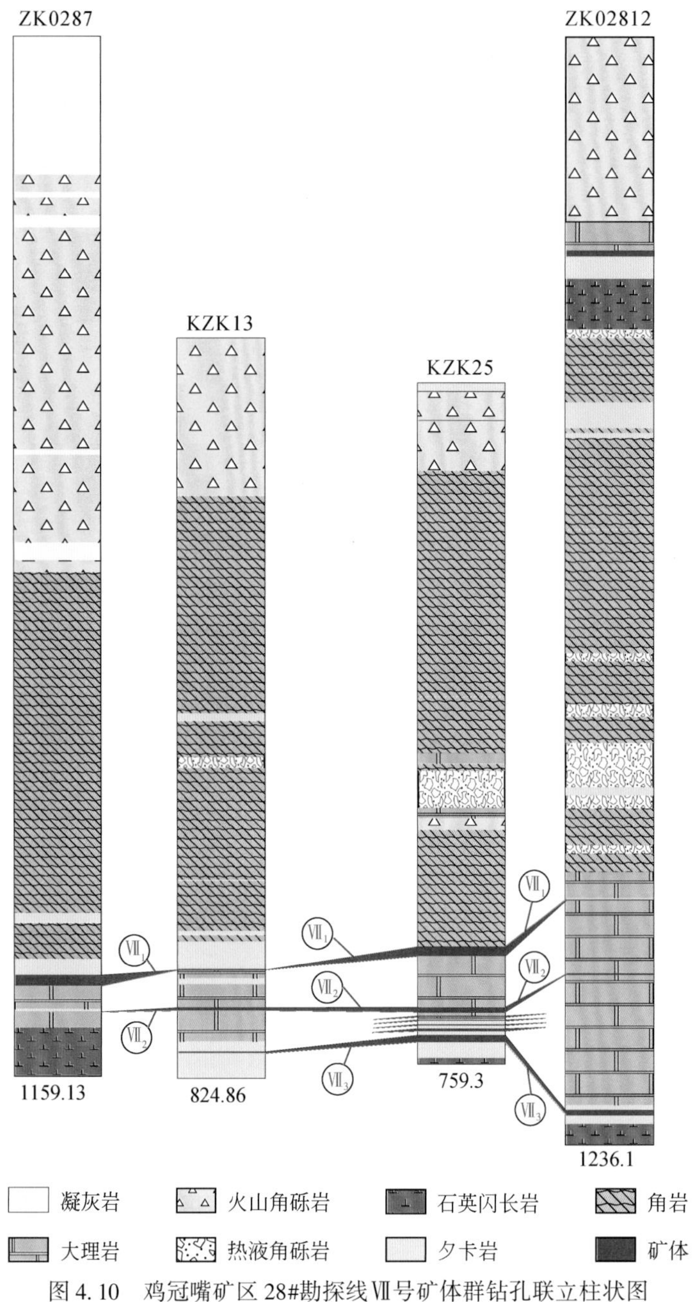

图 4.10　鸡冠嘴矿区 28#勘探线Ⅶ号矿体群钻孔联立柱状图

(图 4.11a)；②黄铜矿型（图 4.11b)；③赤铁矿–磁铁矿型（图 4.11c)；④黄铁矿–黄铜矿–赤铁矿型（图 4.11d)；⑤黄铁矿–黄铜矿–辉铜矿型（图 4.11e)；⑥黄铁矿–黄铜矿–闪锌矿型（图 4.11f)。

2）*矿石组成*

金属矿物以黄铁矿、黄铜矿等为主，还有少量的赤铁矿、磁铁矿、辉钼矿、闪锌矿、辉铜矿、斑铜矿、铜蓝、褐铁矿以及少量细小的自然金。

黄铜矿钻孔中分布范围小，主要分布在矿石中（图 4.11b，d，f），少部分与黄铁矿呈浸染状、脉状分布。

黄铁矿在鸡冠嘴矿区中分布最广泛，多以浸染状、细脉状或团块状分布。

非金属矿物主要为方解石、石英、石榴子石、绢云母等，其次为绿泥石、绿帘石、黑云母、白云母、白云石等。

图 4.11　鸡冠嘴铜金矿床主要矿石类型

a. 块状黄铁矿矿石；b. 块状黄铜矿矿石；c. 块状含赤铁矿的磁铁矿矿石；d. 含赤铁矿、黄铜矿的黄铁矿矿石；e. 块状含辉铜矿、黄铜矿的黄铁矿矿石；f. 含黄铜矿闪锌矿的黄铁矿矿石；Py. 黄铁矿；Ccp. 黄铜矿；Mt. 磁铁矿；Hem. 赤铁矿；Cal. 方解石；Cc. 辉铜矿；Sp. 闪锌矿；Marble. 大理岩

3）*矿石结构*

鸡冠嘴矿区矿石结构很丰富，主要有自形结构、半自形结构、他形结构、交代结构（骸晶结构、交代残余结构、假象结构）、镶边结构、共结边结构、包含结构、出溶结构（乳浊状结构、叶片状结构、格状结构）、似斑状结构、碎裂结构、脉状结构、指纹状结构、聚晶结构、填隙结构、胶状结构、鲕状结构等，其中最常见的结构为粒状结构和交代结构。各种矿石结构描述如下。

自形结构：常见黄铁矿呈自形粒状结构，主要为立方体晶形和五角十二面体晶形（图 4.12a），也可见辉钼矿呈自形板状结构。

半自形结构：可见半自形粒状的黄铁矿、黄铜矿（图 4.12b）和辉钼矿（图 4.12c）

他形结构：黄铁矿、黄铜矿、斑铜矿、辉铜矿、闪锌矿等矿物无完好的晶形，呈他形粒状结构（图 4.12d）。

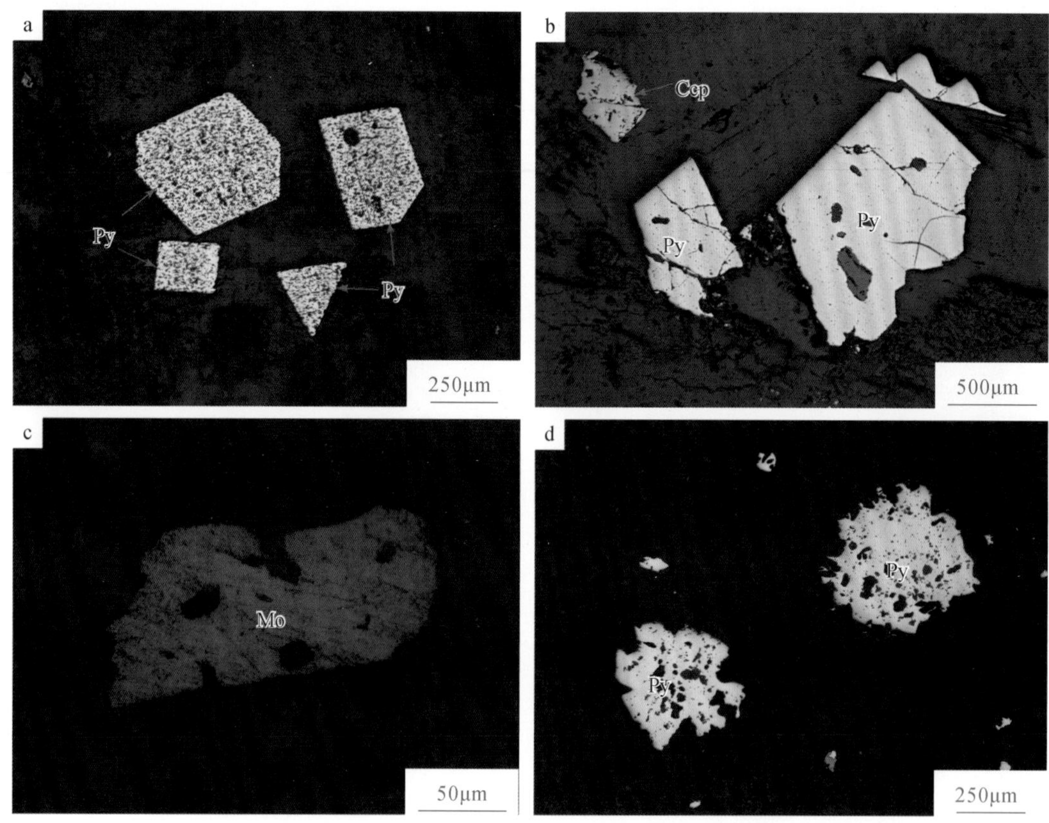

图 4.12　鸡冠嘴矿区矿石典型的粒状结构

a. 自形粒状黄铁矿，黄铁矿呈五角十二面体和立方体晶形；b. 半自形粒状黄铁矿和半自形粒状黄铜矿；c. 半自形板状辉钼矿；d. 他形粒状黄铁矿；Py. 黄铁矿；Ccp. 黄铜矿；Mo. 辉钼矿

交代结构：鸡冠嘴矿床交代结构比较发育，主要有三种——骸晶结构、交代残余结构和假象结构。骸晶结构主要表现为黄铁矿被方解石从内部和边缘交代，仍基本保留黄铁矿的晶形（图 4.13a）。交代残余结构表现为绢云母交代黄铜矿，黄铜矿呈交代残余状（图 4.13b）；方解石和石英穿插交代黄铁矿，黄铁矿呈交代残余状（图 4.13c）。假

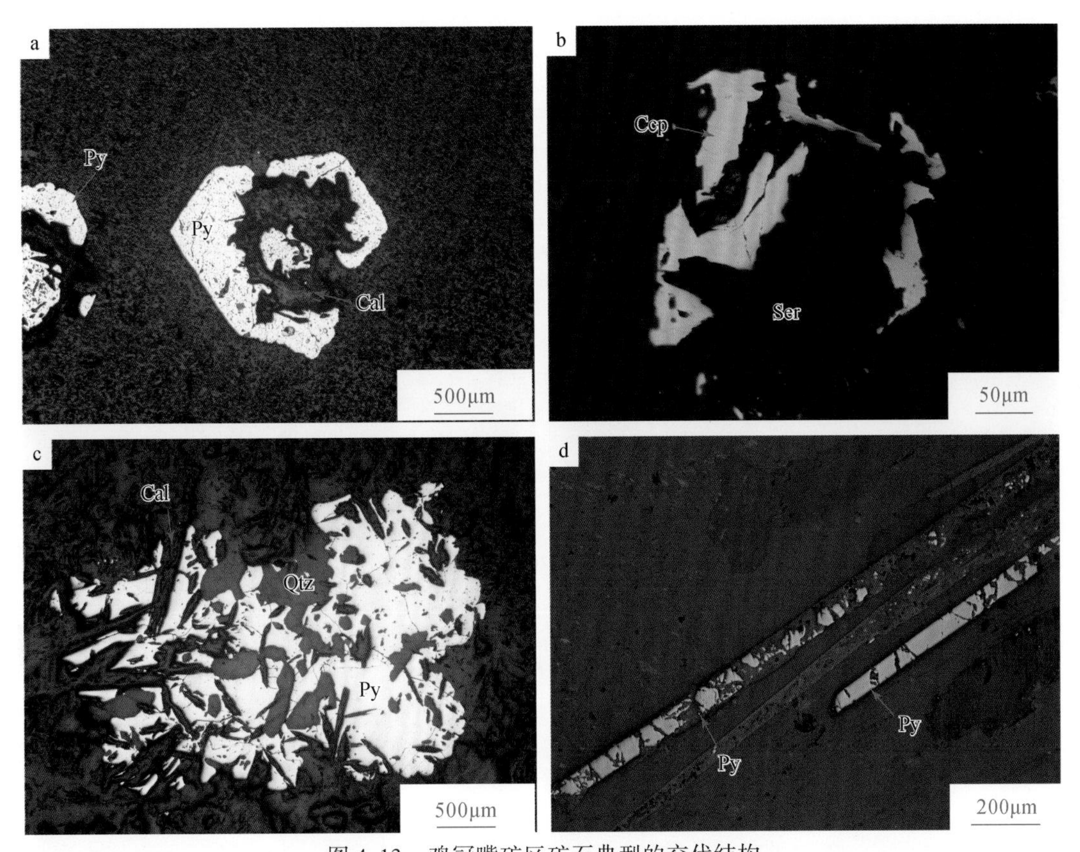

图4.13　鸡冠嘴矿区矿石典型的交代结构

a. 黄铁矿被方解石交代呈骸晶结构；b. 黄铜矿被绢云母交代呈交代残余结构；c. 黄铁矿被石英和方解石交代呈交代残余结构；d. 穆磁铁矿交代赤铁矿呈针状，为赤铁矿假象；Py. 黄铁矿；Cal. 方解石；Ccp. 黄铜矿；Ser. 绢云母；Qtz. 石英

象结构表现为磁铁矿交代赤铁矿，呈针状，为赤铁矿假象（图4.13d）。

镶边结构：可见黄铜矿沿黄铁矿边缘分布呈镶边状（图4.14a），可见白铁矿沿黄铁矿和黄铜矿边缘呈镶边状分布（图4.14b），也可见黄铁矿沿黄铜矿边缘呈镶边状分布。

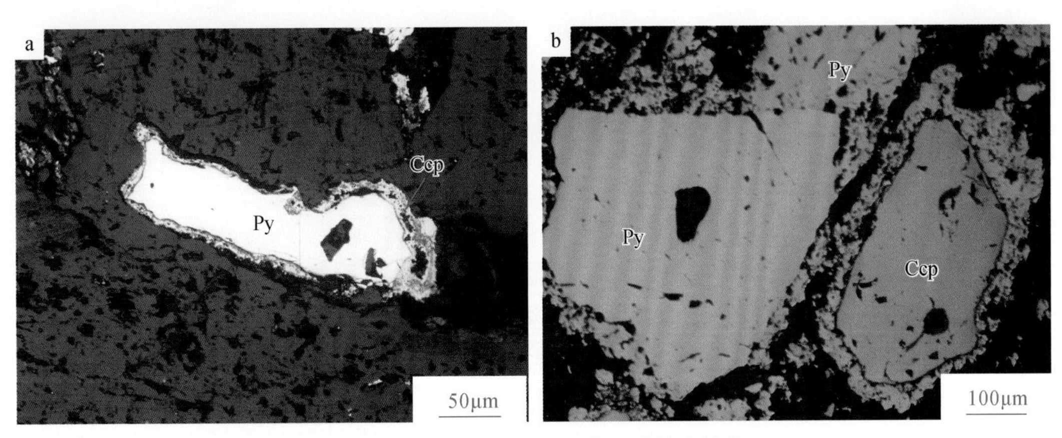

图4.14　鸡冠嘴矿区矿石典型的镶边结构

a. 黄铜矿沿黄铁矿边缘呈镶边状分布；b. 白铁矿沿黄铁矿和黄铜矿边缘呈镶边状分布；Py. 黄铁矿；Ccp. 黄铜矿

共结边结构：在鸡冠嘴矿区共结边结构主要表现为黄铜矿和黄铁矿两种矿物之间具有平整的接触界线（图4.15a，b）。

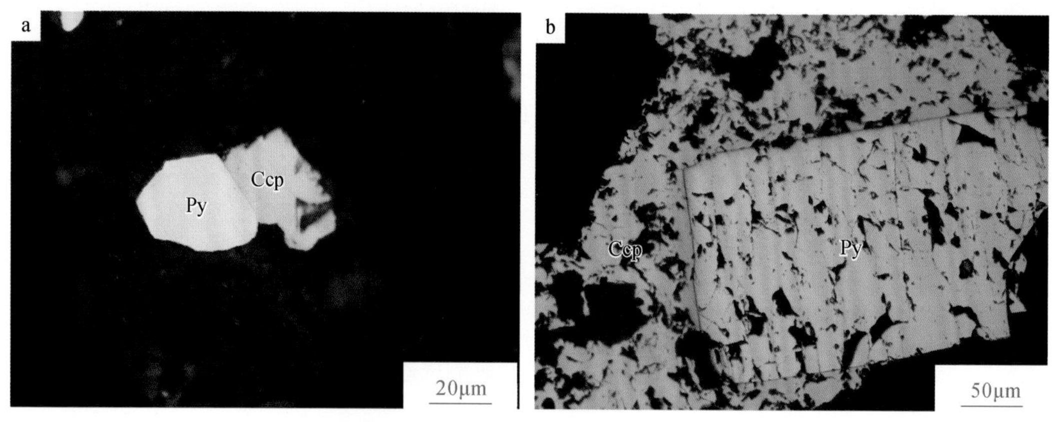

图4.15　鸡冠嘴矿区矿石典型的黄铁矿和黄铜矿共结边结构

Py. 黄铁矿；Ccp. 黄铜矿

包含结构：鸡冠嘴矿区包含结构比较发育，可见黄铜矿中包含有白铁矿颗粒，白铁矿早于黄铜矿形成（图4.16a）；偶见黄铜矿颗粒中包含有自然金（图4.16b）；也可见黄铁矿颗粒中包含有黄铜矿。

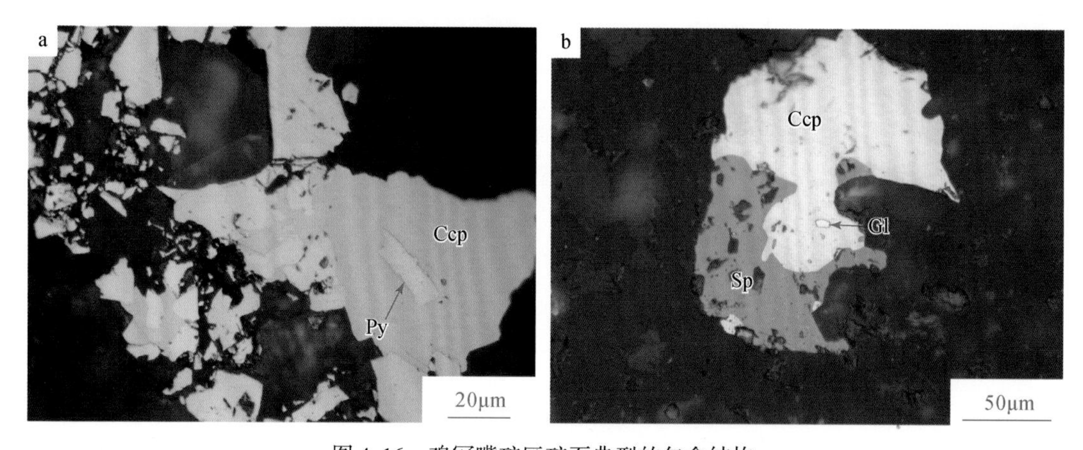

图4.16　鸡冠嘴矿区矿石典型的包含结构

a. 黄铜矿颗粒中包含有白铁矿颗粒，同时可见黄铜矿交代黄铁矿，黄铁矿早于黄铜矿形成；b. 黄铜矿颗粒中包含有自然金颗粒；Py. 黄铁矿；Ccp. 黄铜矿；Sp. 闪锌矿；Gl. 自然金

出溶结构：又称为固溶体分离结构，鸡冠嘴矿区出溶结构比较发育，主要包括乳浊状结构、叶片状结构和格状结构。乳浊状结构表现为黄铁矿颗粒中黄铜矿呈乳浊状分布；叶片状结构主要表现为黄铁矿、黄铜矿和辉铜矿呈叶片状分布在角闪石颗粒中；格状结构主要表现为蓝辉铜矿呈格状分布在黄铜矿中（图4.17）。

似斑状结构：矿区中可见半自形–他形粗粒黄铁矿分布在细粒黄铁矿基质中（图4.18a）。

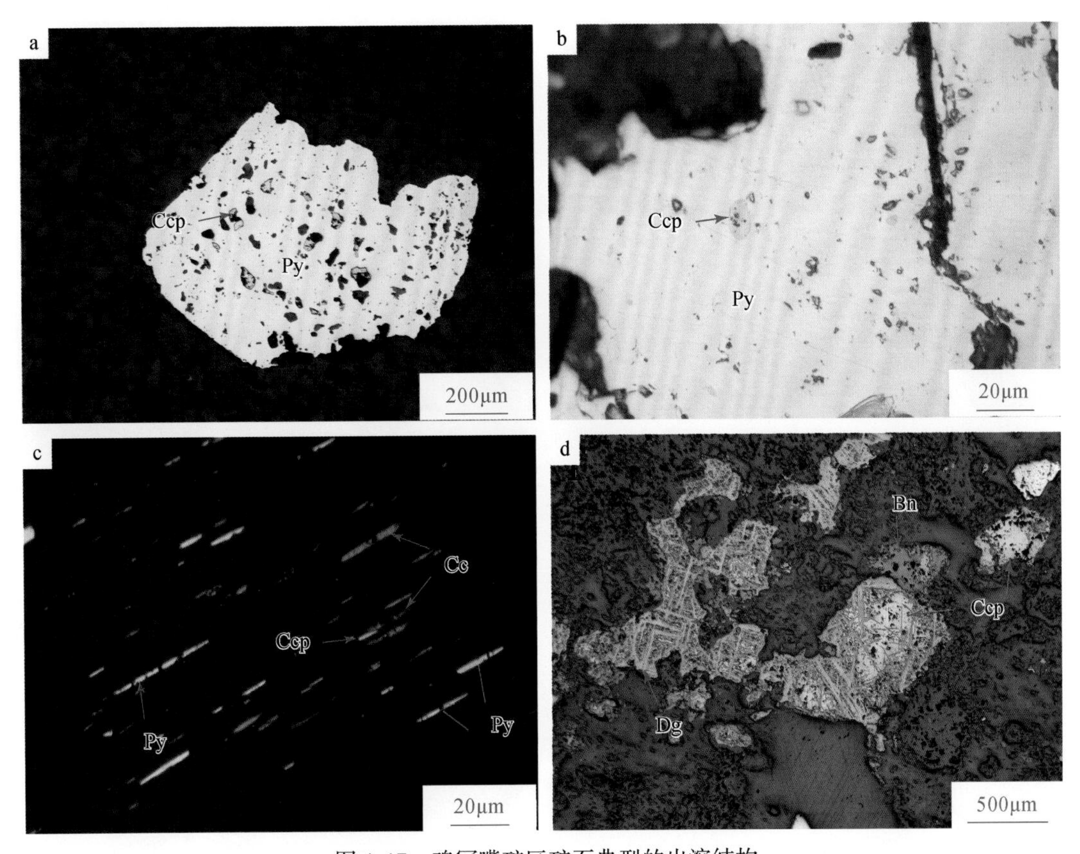

图4.17　鸡冠嘴矿区矿石典型的出溶结构

a，b. 黄铜矿呈乳浊状分布在黄铁矿颗粒中；c. 黄铁矿、黄铜矿、辉铜矿呈叶片状分布在角闪石中；d. 蓝辉铜矿呈格状出溶于黄铜矿中；Ccp. 黄铜矿；Py. 黄铁矿；Cc. 辉铜矿；Dg. 蓝辉铜矿；Bn. 斑铜矿

碎裂结构：鸡冠嘴矿区中可见白铁矿受外力作用发生碎裂（图4.18b），也可见黄铁矿受外力作用发生碎裂，二者碎块没有明显的位移（图4.18c，d）。

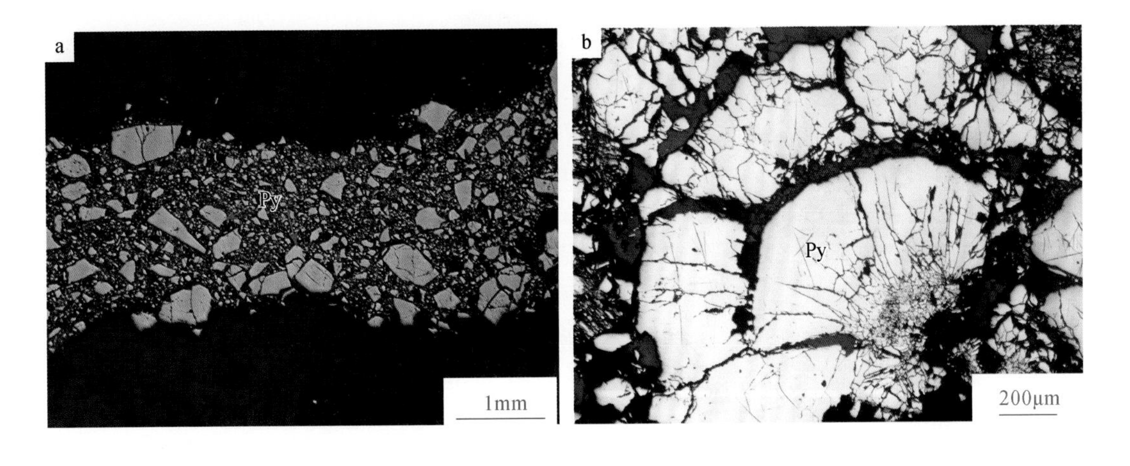

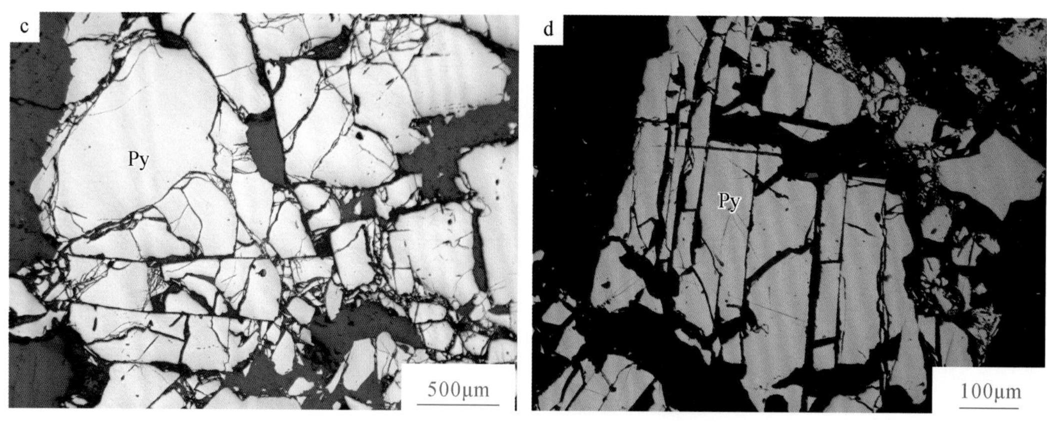

图 4.18　鸡冠嘴矿区矿石典型的似斑状结构和碎裂结构

a. 半自形-他形粗粒黄铁矿分布在细粒黄铁矿基质中；b. 黄铁矿受外力作用发生碎裂，碎块无明显位移；c，d. 黄铁矿受外力作用发生碎裂，碎块无明显位移；Py. 黄铁矿

胶结结构：在矿区可见黄铁矿发生碎裂之后被黄铜矿所胶结（图 4.19）。

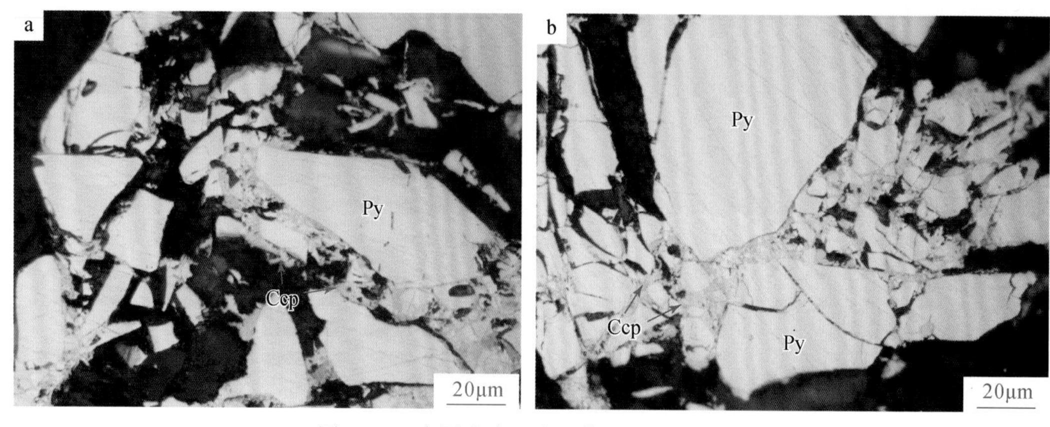

图 4.19　鸡冠嘴矿区矿石典型的胶结结构

Py. 黄铁矿；Ccp. 黄铜矿

脉状结构：鸡冠嘴矿区脉状结构比较发育，主要为黄铜矿呈脉状穿插交代黄铁矿颗粒（图 4.20a），也可见黄铁矿呈脉状穿插交代夕卡岩阶段形成的石榴子石（图 4.20b）。

指纹状结构：又称为变胶状结构，胶状黄铁矿重结晶后形成的环状条纹，形如指纹，部分被硫化物期黄铜矿所交代（图 4.21a，b）。

聚晶结构：立方体晶形的黄铁矿形成聚晶结构（图 4.22a）。

填隙结构：黄铁矿呈脉状充填在方解石颗粒间隙，形成填隙结构（图 4.22b）。

胶状结构：在鸡冠嘴矿区中可见黄铁矿呈胶状结构，被后期结晶黄铁矿所交代（图 4.23）。

鲕状结构：可见赤铁矿呈鲕状结构，可见赤铁矿壳层（图 4.24）。

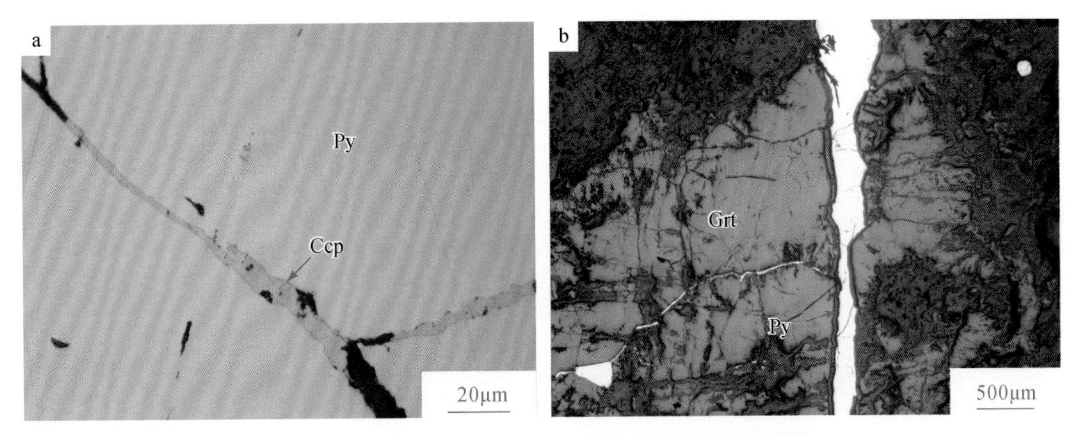

图 4.20　鸡冠嘴矿区矿石典型的脉状结构和网状结构

a. 黄铜矿呈脉状穿插交代黄铁矿；b. 硫化物阶段的黄铁矿呈脉状穿插交代夕卡岩阶段形成的石榴子石；Py. 黄铁矿；Ccp. 黄铜矿；Grt. 石榴子石

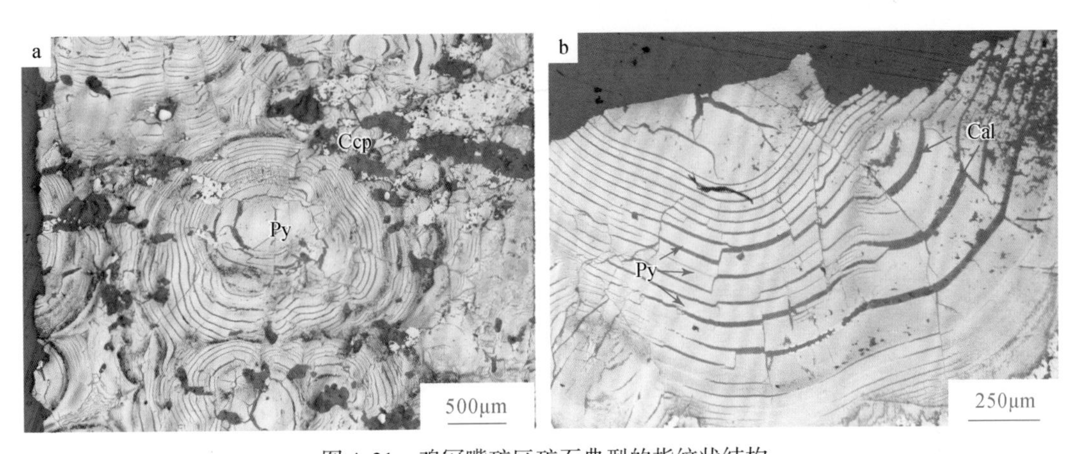

图 4.21　鸡冠嘴矿区矿石典型的指纹状结构

a，b. 胶状黄铁矿重结晶形成环状条纹，形如指纹，部分被硫化物期的黄铜矿交代；Py. 黄铁矿；Ccp. 黄铜矿；Cal. 方解石

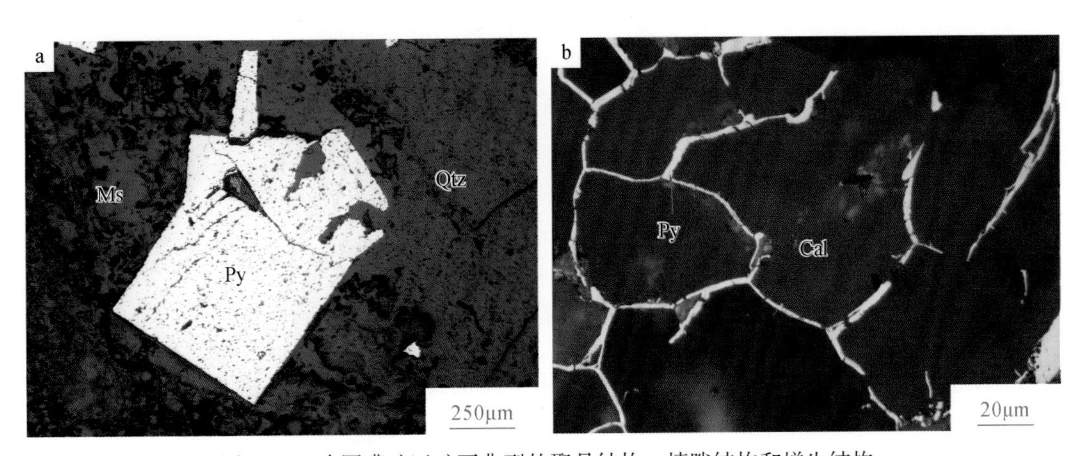

图 4.22　鸡冠嘴矿区矿石典型的聚晶结构、填隙结构和增生结构

a. 立方体晶形的黄铁矿形成聚晶结构；b. 黄铁矿呈脉状充填在方解石颗粒间隙；Py. 黄铁矿；Ms. 白云母；Qtz. 石英；Cal. 方解石

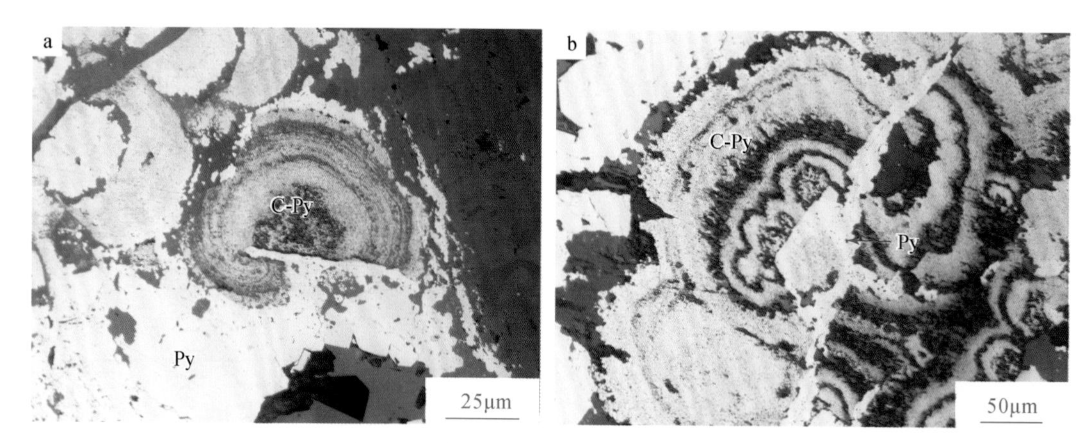

图 4.23　鸡冠嘴矿区矿石典型的胶状结构

a，b. 胶状黄铁矿被后期结晶黄铁矿交代；Py. 黄铁矿；C-Py. 胶状黄铁矿

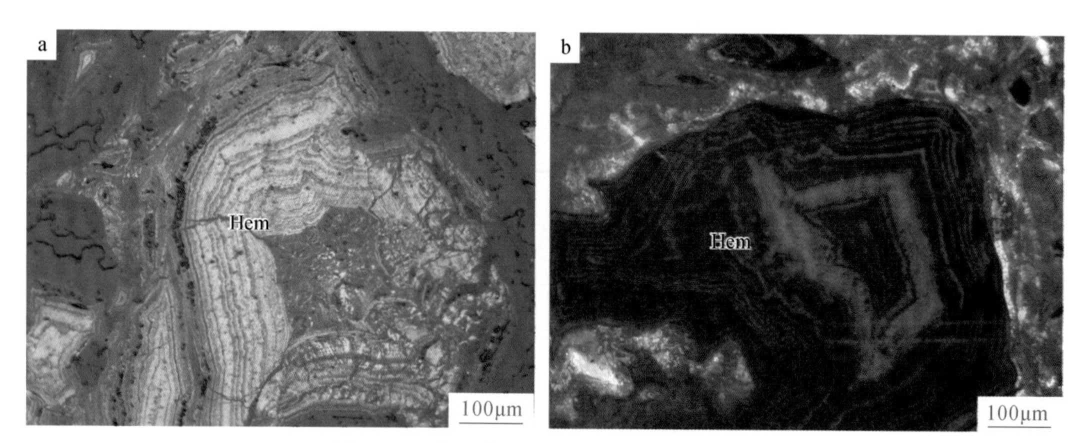

图 4.24　鸡冠嘴矿区矿石典型的鲕状结构

a. 鲕状赤铁矿（-）；b. 鲕状赤铁矿（+）；Hem. 赤铁矿

4）*矿石构造*

鸡冠嘴矿区矿石构造有块状构造、团块状构造、脉状构造、浸染状构造、纹层状构造、葡萄状构造等（图 4.25），以块状构造、团块状构造、脉状构造和浸染状构造为主。

4.3.3　围岩蚀变特征

1）蚀变类型

通过对鸡冠嘴矿区钻孔的详细编录、系统的矿物组合研究以及短波红外光谱的分析，确定鸡冠嘴矿区的蚀变类型主要有夕卡岩化（石榴子石化、绿帘石化、阳起石化）、高岭石化、蒙脱石化、绢云母化、绿泥石化、硅化、钾化、黄铁矿化、黄铁绢英岩化、碳酸盐化（方解石化、铁白云石化）等。以 28#勘探线上的 ZK0287、ZK02812、KZK13 和 KZK25 为例，其各类蚀变的分布范围如图 4.26 和图 4.27 所示。

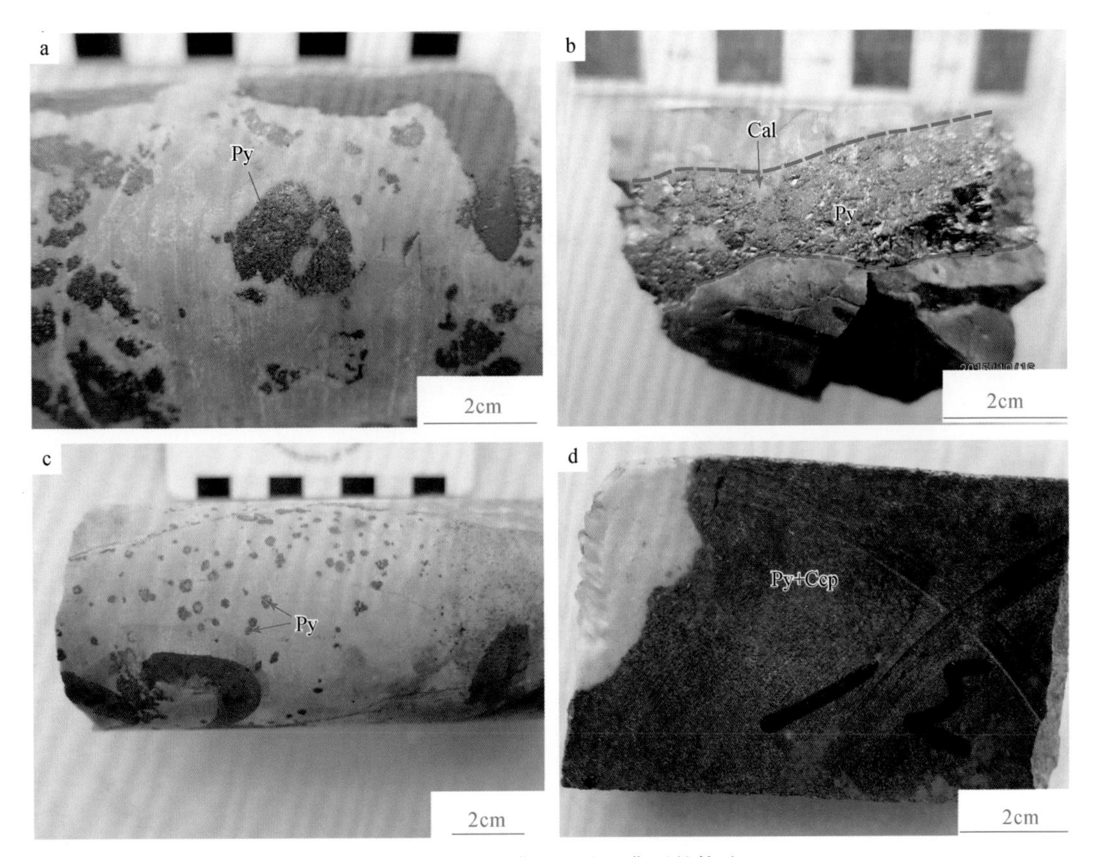

图4.25　鸡冠嘴矿区矿石典型的构造

a. 黄铁矿呈团块状；b. 黄铁矿-方解石脉；c. 浸染状黄铁矿分布在角岩中；d. 块状黄铁矿-黄铜矿矿石；Py. 黄铁矿；Cal. 方解石；Ccp. 黄铜矿

2）宏观特征

夕卡岩化主要出现在大理岩和岩体的接触带，局部出现在角岩中的碳酸盐岩夹层和大理岩中（图4.26）。夕卡岩矿物主要为石榴子石、绿帘石，也见少量的阳起石。其中石榴子石属于早夕卡岩阶段，呈不规则状或者是自形晶粒（图4.28a）。而绿帘石和阳起石属于晚夕卡岩阶段，绿帘石呈团块状或块状（图4.28b，c），阳起石和角闪石常共生在一起，呈块状（图4.28d）。

绢云母化分布广泛，主要分布在凝灰岩、火山角砾岩和角岩中，形成于氧化物阶段。灰绿色凝灰岩绢云母化较强，为细小的鳞片状，整体呈疏松状，颜色为淡绿色，岩石易破碎（图4.29a）。石英闪长岩岩体以及火山角砾岩中的石英闪长岩角砾多发生绢云母化，呈灰白色。角岩裂隙面多发生绢云母化，并伴生有绿泥石化，岩石较破碎（图4.29b）。

绿泥石化广泛发育，主要分布在凝灰岩、火山角砾岩和角岩中（图4.30），石英闪长岩中角闪石和黑云母常发育绿泥石化。绿泥石化呈暗绿色，多与绢云母化共生在一起（图4.29b），除此之外，局部可见绿泥石化和黄铁绢英岩化叠加在一起。

黄铁绢英岩化在硫化物阶段形成，主要分布在角岩带中，呈团块状，可见紫红色、浅

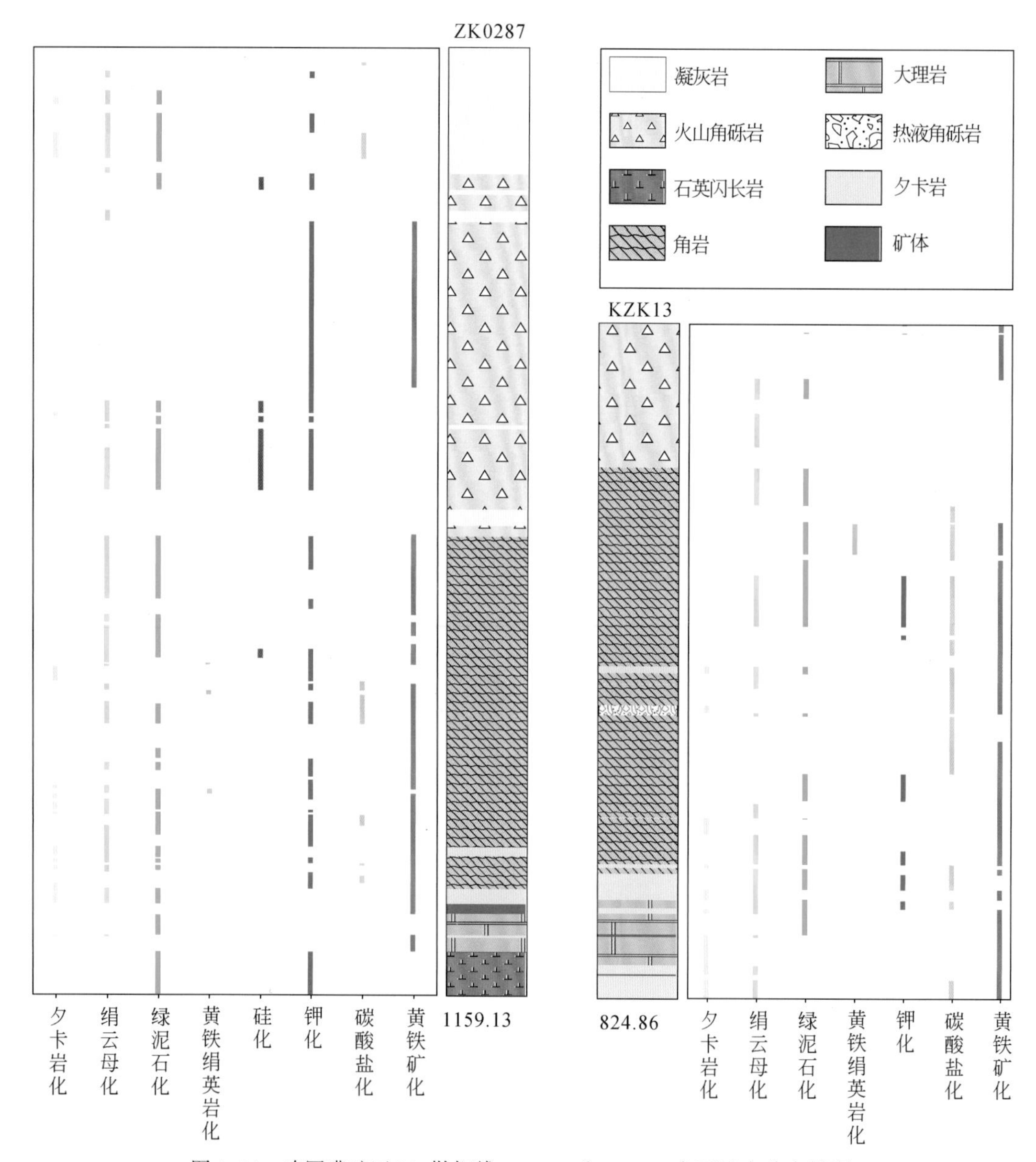

图 4.26 鸡冠嘴矿区 28#勘探线 ZK0287 和 KZK13 主要蚀变分布情况

黄色、灰白色以及深灰色角岩中均分布有黄铁绢英岩化团块（图 4.31），除此之外，局部可见黄铁绢英岩化团块和绿泥石化叠加在一起，也见黄铁绢英岩化团块和钾化叠加在一起（图 4.31a）。

硅化在钻孔中分布较少，在角砾岩中局部可见强硅化的花岗斑岩角砾，表现为石英溶蚀花岗斑岩的角砾（图 4.32a），也可见石英闪长岩岩体发生硅化，岩石颜色变浅，硬度增加（图 4.32b）。

钾化在钻孔中分布广泛，分为钾长石化和黑云母化，主要分布在角砾岩和角岩中，少

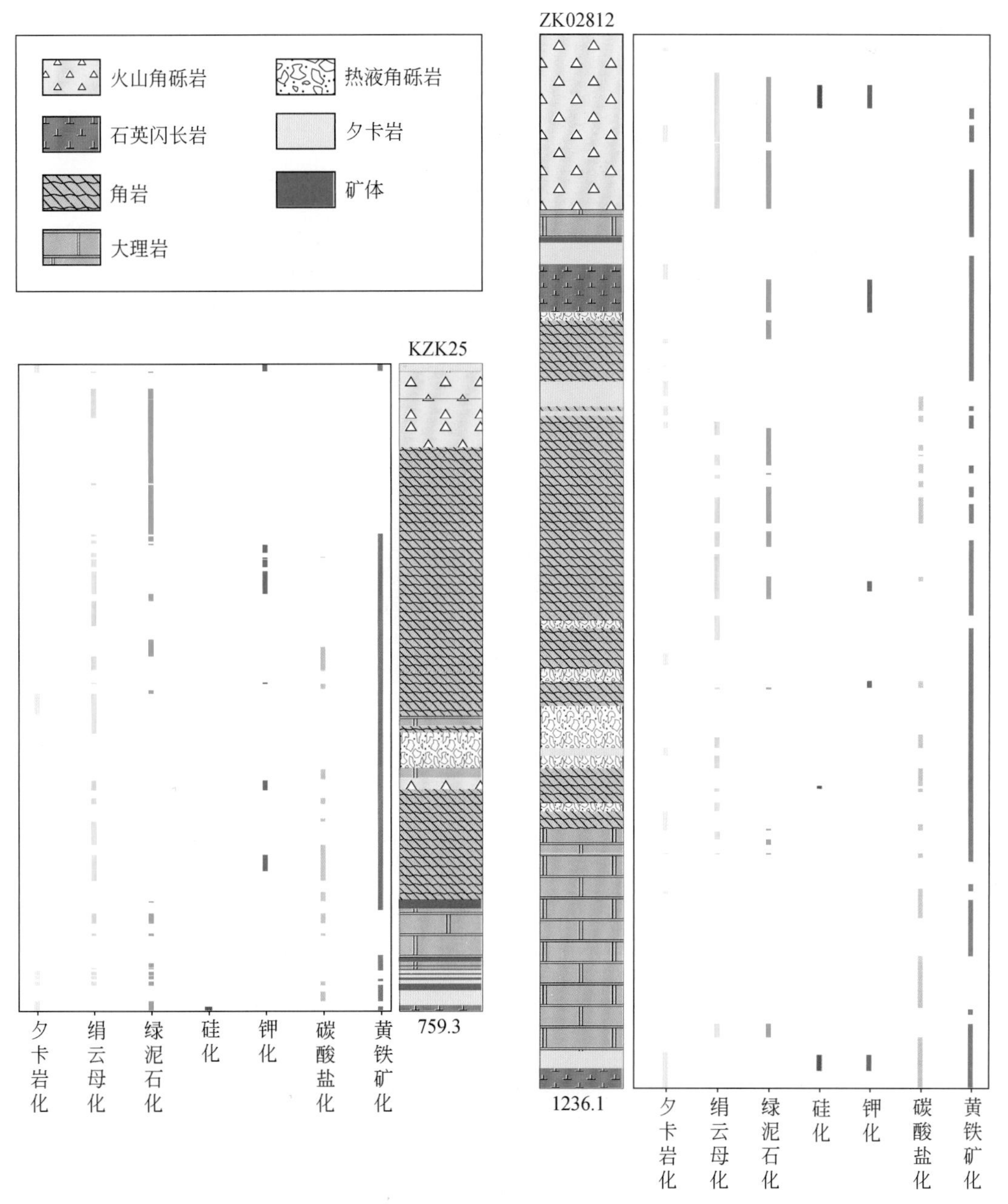

图4.27　鸡冠嘴矿区28#勘探线KZK25和ZK02812主要蚀变分布情况

部分分布在石英闪长岩岩体中。钾长石化多发生在角岩中，呈红色（图4.33a），部分钾长石化角岩上叠加有黄铁绢英岩化团块（图4.31a），也可见钾长石常分布在角岩中黄铁矿-方解石脉旁侧（图4.33b）。黑云母化多发生在角岩和石英闪长岩岩体中。碳酸盐化在钻孔中分布最广泛，主要分布在角岩、大理岩和矿体中，主要矿物为方解石和铁白云石。局部可见方解石呈脉状切割黄铜矿矿石，也可见方解石、铁白云石常呈脉状分布在角岩中（图4.34）。

图 4.28　夕卡岩化蚀变宏观特征

a. 石榴子石呈自形粒状分布在大理岩中；b. 团块状绿帘石；c. 团块状绿帘石、脉状钾长石、团块状阳起石和角闪石；d. 阳起石夕卡岩化，阳起石和角闪石近于同时形成；Grt. 石榴子石；Ep. 绿帘石；Act. 阳起石；Kfs. 钾长石；Hbl. 角闪石

图 4.29　绢云母化蚀变宏观特征

a. 灰绿色凝灰岩中绢云母化；b. 角岩中绢云母化和绿泥石化，较破碎；Ser. 绢云母；Chl. 绿泥石

图4.30　绿泥石化蚀变宏观特征

a. 角岩中呈团块状的绿泥石；b. 角岩中呈团块状的绿泥石；Chl. 绿泥石；Hem. 赤铁矿；Cal. 方解石

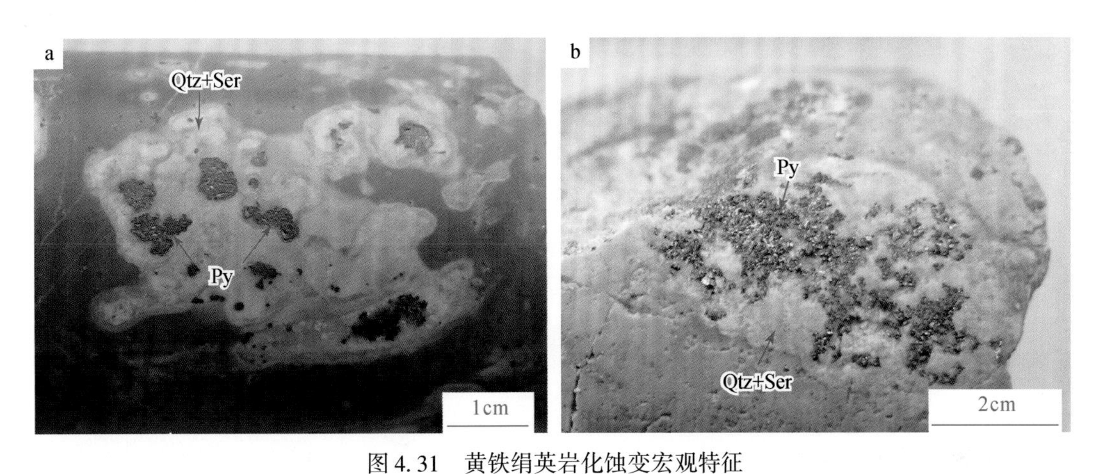

图4.31　黄铁绢英岩化蚀变宏观特征

a. 紫红色角岩（钾化）中黄铁绢英岩化呈团块状分布；b. 灰白色角岩中团块状黄铁绢英岩化；Qtz. 石英；Ser. 绢云母；Py. 黄铁矿

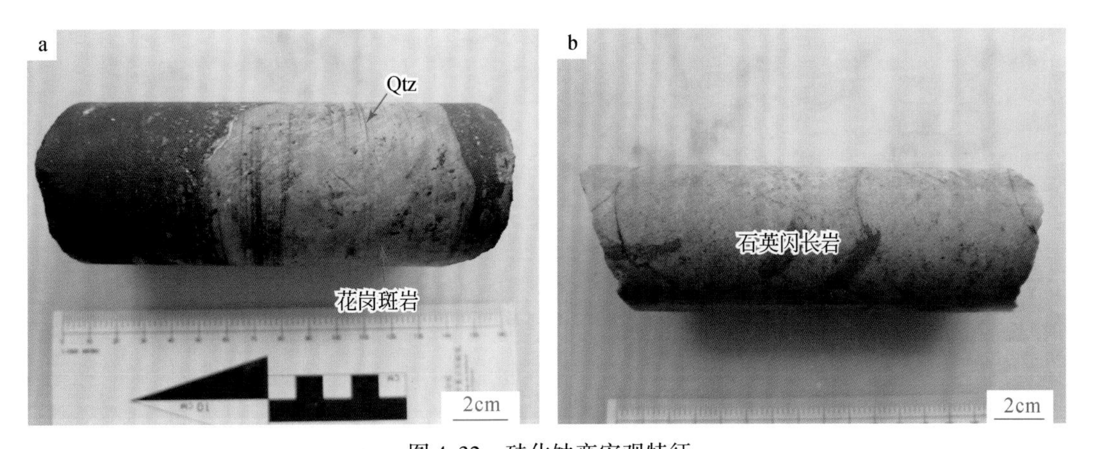

图4.32　硅化蚀变宏观特征

a. 强硅化的花岗斑岩角砾，可见石英溶蚀花岗斑岩角砾；b. 石英闪长岩发生硅化，岩石颜色变浅，硬度增加；Qtz. 石英

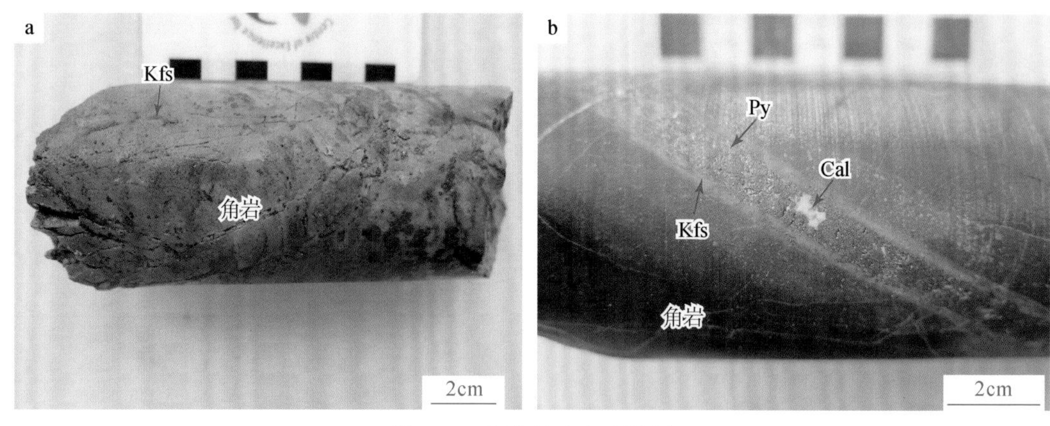

图 4.33　钾化蚀变宏观特征

a. 钾化角岩，角岩呈肉红色；b. 钾长石化出现在方解石-黄铁矿脉旁侧；Kfs. 钾长石；Py. 黄铁矿；Cal. 方解石

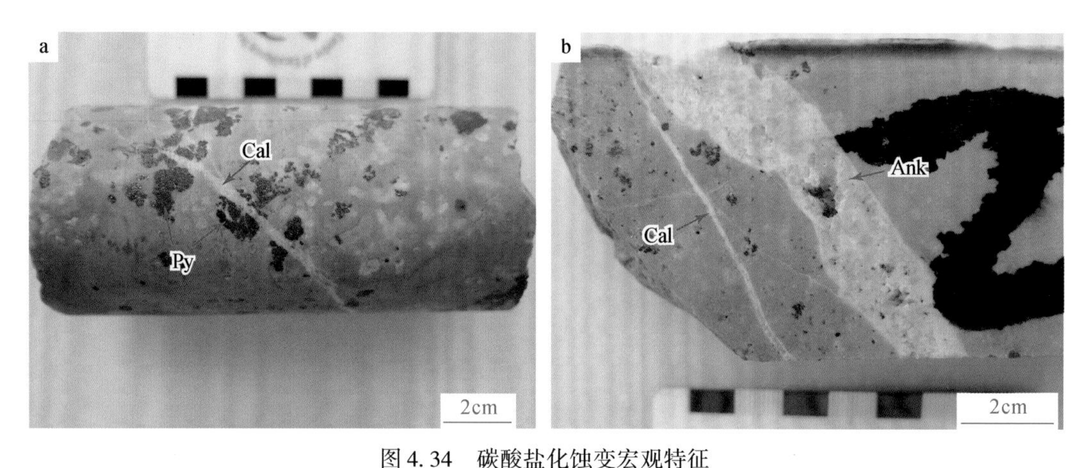

图 4.34　碳酸盐化蚀变宏观特征

a. 角岩中方解石细脉切割黄铁矿团块；b. 角岩中方解石细脉和铁白云石脉；Py. 黄铁矿；Cal. 方解石；Ank. 铁白云石

黄铁矿化分布广泛，主要分布在火山角砾岩、角岩、热液角砾岩、大理岩以及夕卡岩中，主要呈浸染状、脉状和团块状分布。

3）微观特征

夕卡岩化主要的矿物为石榴子石、绿帘石以及部分阳起石。其中夕卡岩阶段的石榴子石在显微镜下呈自形粒状结构或他形结构，部分石榴子石可见清晰的环带，未见环带的石榴子石多具有全消光。绿帘石在晚夕卡岩阶段、氧化物阶段出现，硫化物阶段有少量出现，晚夕卡岩阶段的绿帘石呈不规则脉状穿插交代夕卡岩阶段形成的石榴子石（图 4.35a）；氧化物阶段的绿帘石呈不规则粒状与氧化物阶段的方解石近于同时形成；硫化物阶段的绿帘石为不规则粒状，见与黄铁矿、石英、绢云母共生呈团块状，也见与石英、黄铁矿、方解石呈脉状（图 4.35b）。阳起石只出现在晚夕卡岩阶段，呈他形结构交代夕卡岩阶段形成的石榴子石，局部可见阳起石被后期的磁铁矿交代，也见被氧化物阶段的石英所交代。

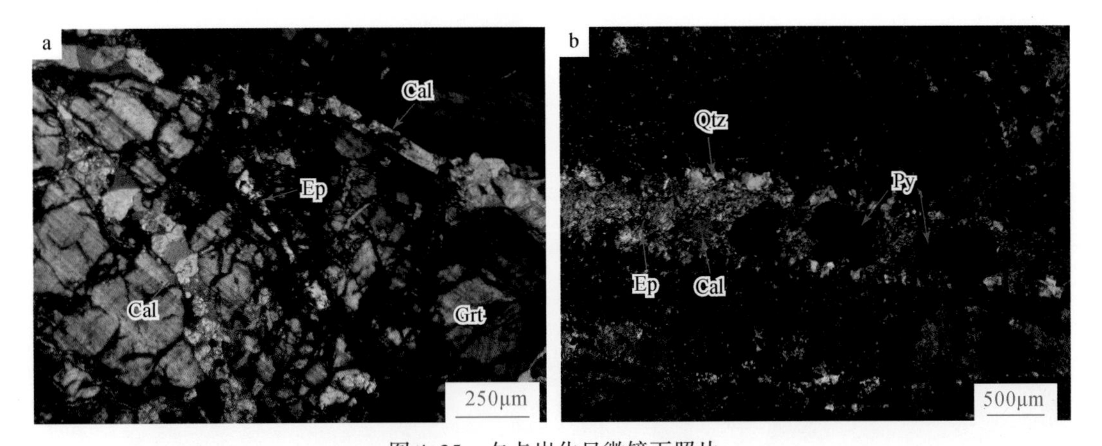

图4.35 夕卡岩化显微镜下照片

a. 绿帘石呈脉状切割石榴子石（正交偏光）；b. 绿帘石-方解石-石英-黄铁矿脉（正交偏光）；Cal. 方解石；Ep. 绿帘石；Grt. 石榴子石；Qtz. 石英；Py. 黄铁矿

绢云母化出现在氧化物阶段和硫化物阶段，以硫化物阶段生成为主。氧化物阶段形成的绢云母、石英和方解石交代夕卡岩阶段形成的石榴子石。在火山角砾岩以及石英闪长岩中局部常见斜长石发生绢云母化，绢云母呈细小鳞片状交代斜长石（图4.36a）。除此之外，可见氧化物阶段形成的绢云母呈片状分布在角岩中，并被硫化物阶段形成的绢云母脉切割（图4.36b）。

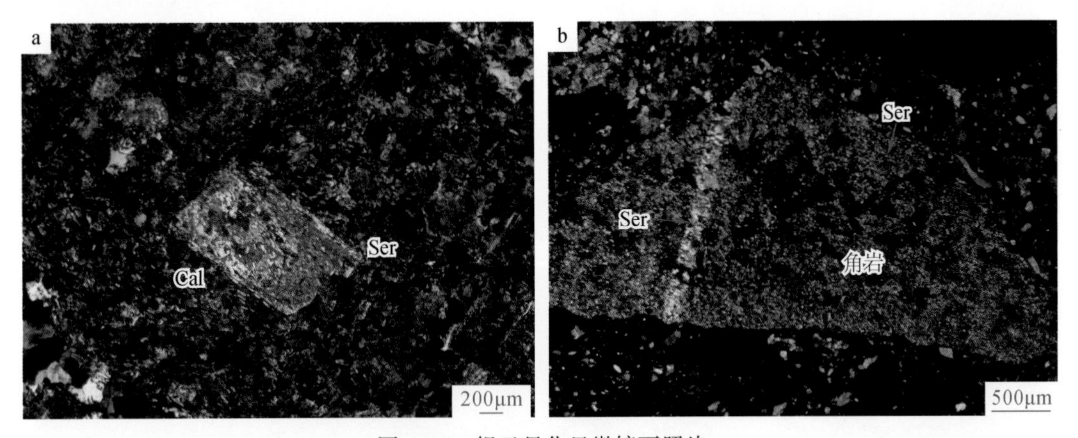

图4.36 绢云母化显微镜下照片

a. 石英闪长玢岩中斜长石被绢云母和方解石交代（正交偏光）；b. 绢云母化角岩角砾被绢云母呈脉状切割（正交偏光）；Cal. 方解石；Ser. 绢云母

绿泥石在镜下为暗绿色，主要呈不规则片状，局部可见绿泥石与黄铁矿共生（图4.37a，b），除此之外，可见绿泥石交代黑云母（图4.37c），也可见石英闪长岩中角闪石黑云母化后被绿泥石交代（图4.37d～f）。

黄铁绢英岩化在镜下为团块状，有时可见白云母-黄铁矿-石英团块，也可见黄铁绢英岩团块中存在黑云母。

硅化在镜下常呈脉状，局部可见角岩中发育有石英脉，粗脉中石英波状消光明显（图4.38），除此之外变质砂岩中可见较大颗粒的石英脉。

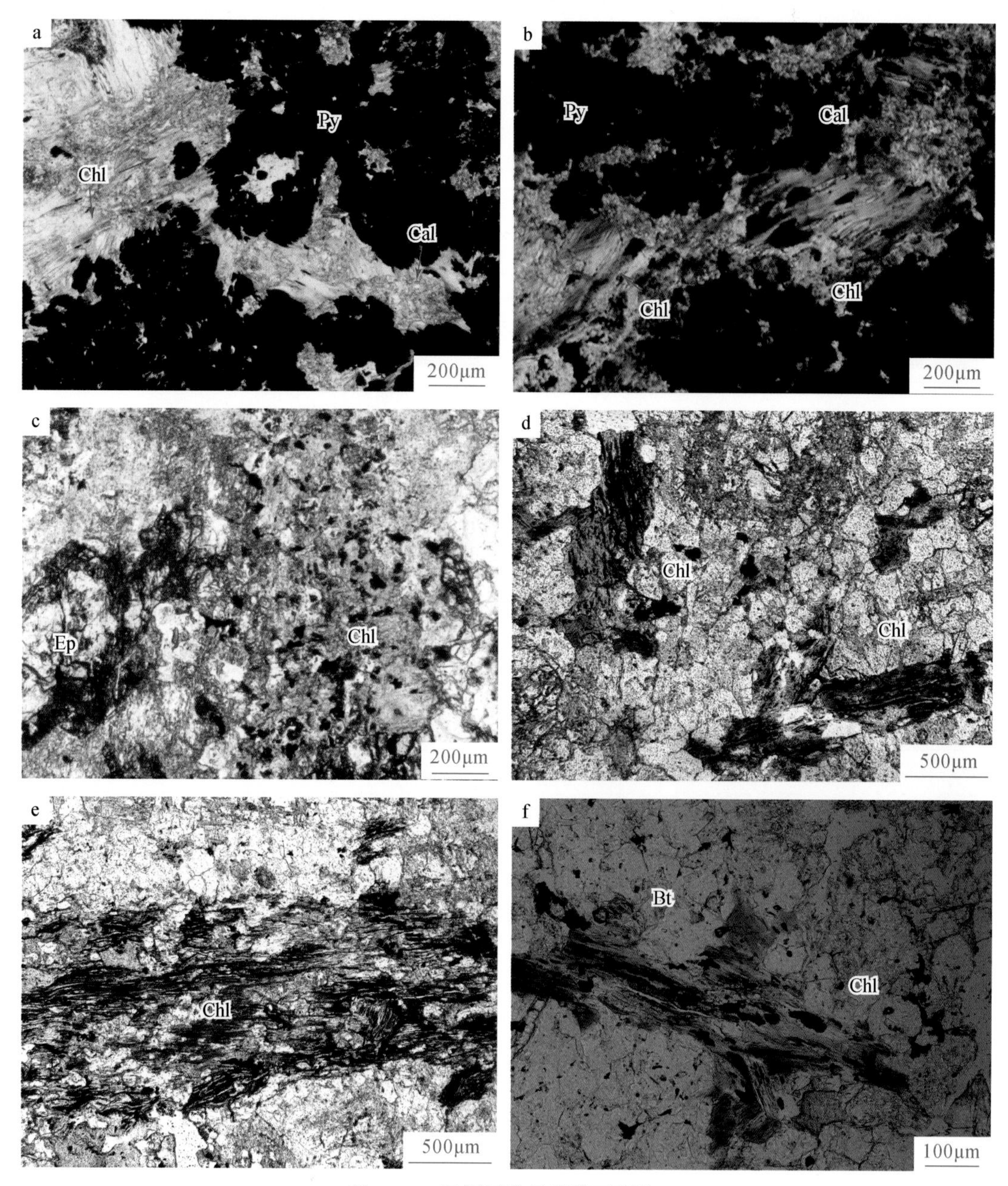

图 4.37　绿泥石化显微镜下照片

a，b. 绿泥石呈不规则片状与黄铁矿共生，被后期方解石交代（单偏光）；c. 绿泥石和绿帘石共生（单偏光）；d，e. 石英闪长岩中角闪石发生黑云母化后被绿泥石交代（单偏光）；f. 黑云母被绿泥石交代（单偏光）；Py. 黄铁矿；Chl. 绿泥石；Cal. 方解石；Ep. 绿帘石；Bt. 黑云母

钾化在显微镜下表现为两种形式：一种为钾长石化，常见钾长石交代夕卡岩阶段形成的石榴子石，但被后期黏土矿物交代，表面模糊呈土状；另一种为黑云母化，局部可见黑云母交代石英闪长岩中的角闪石（图 4.39a），也可见黑云母呈鳞片状分布在角岩中（图 4.39b）。

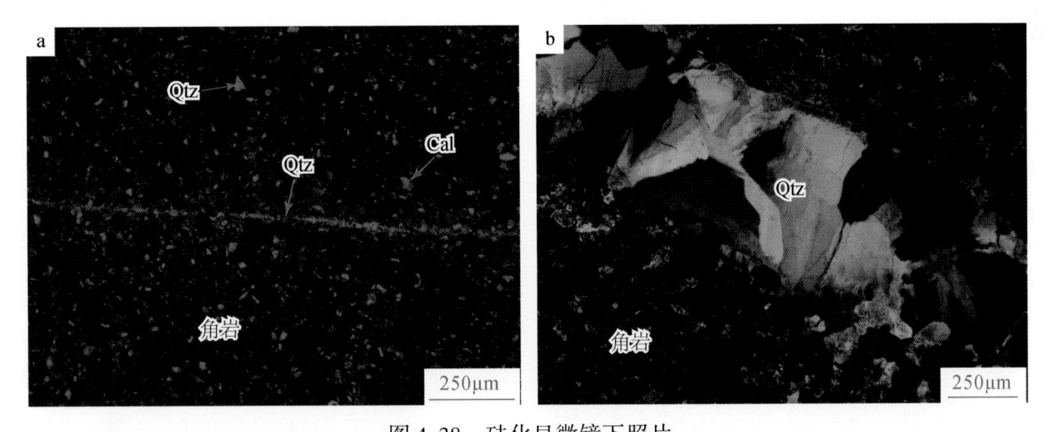

图 4.38　硅化显微镜下照片

a. 角岩中石英细脉（正交偏光）；b. 角岩中石英脉呈波状消光（正交偏光）；Qtz. 石英；Cal. 方解石

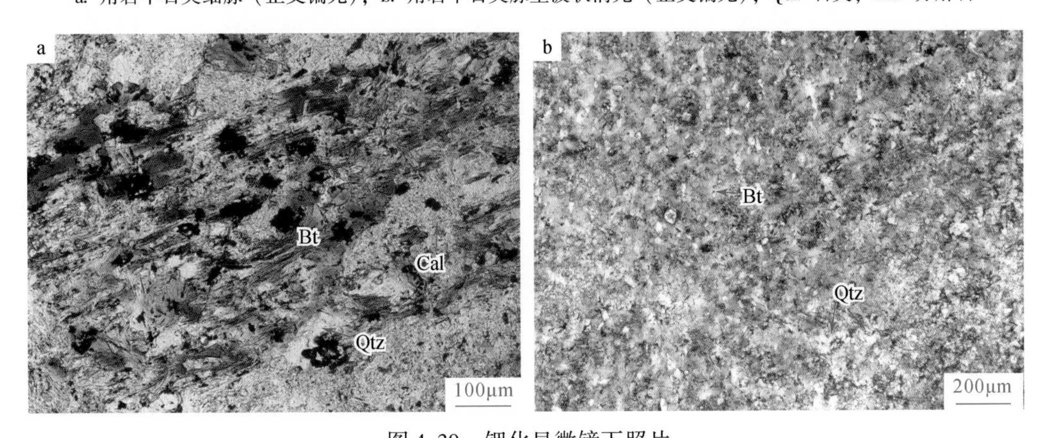

图 4.39　钾化显微镜下照片

a. 石英闪长岩中角闪石被黑云母、方解石、石英交代（单偏光）；b. 角岩中黑云母团块，黑云母呈鳞片状（单偏光）；Bt. 黑云母；Cal. 方解石；Qtz. 石英

碳酸盐化在镜下主要为方解石，局部可见方解石交代石英闪长岩中角闪石（图 4.39a），也可见方解石交代石英闪长岩中斜长石（图 4.40a）。除此之外，可见方解石细脉切割石英、

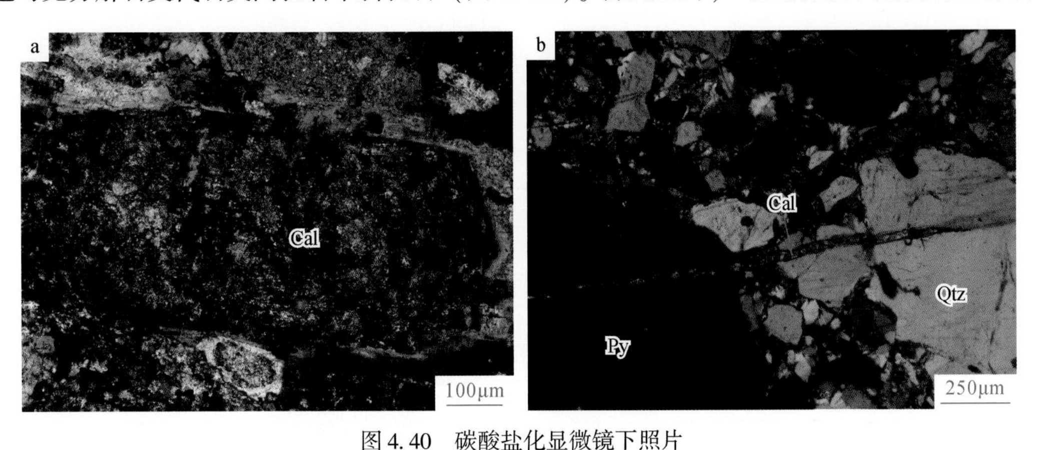

图 4.40　碳酸盐化显微镜下照片

a. 石英闪长岩中斜长石被方解石交代，呈斜长石假象（正交偏光）；b. 方解石细脉切割石英和黄铁矿（正交偏光）；Cal. 方解石；Py. 黄铁矿；Qtz. 石英

黄铁矿等颗粒（图4.40b），也可见大理岩中方解石脉，脉侧方解石具有梳状结构。

4）分带特征

鸡冠嘴矿区围岩蚀变强烈，以28#勘探线剖面为例，根据围岩蚀变的宏观特征和微观特征，圈定了夕卡岩化、绢云母化、绿泥石化、黄铁绢英岩化、硅化、钾化（图4.41）。

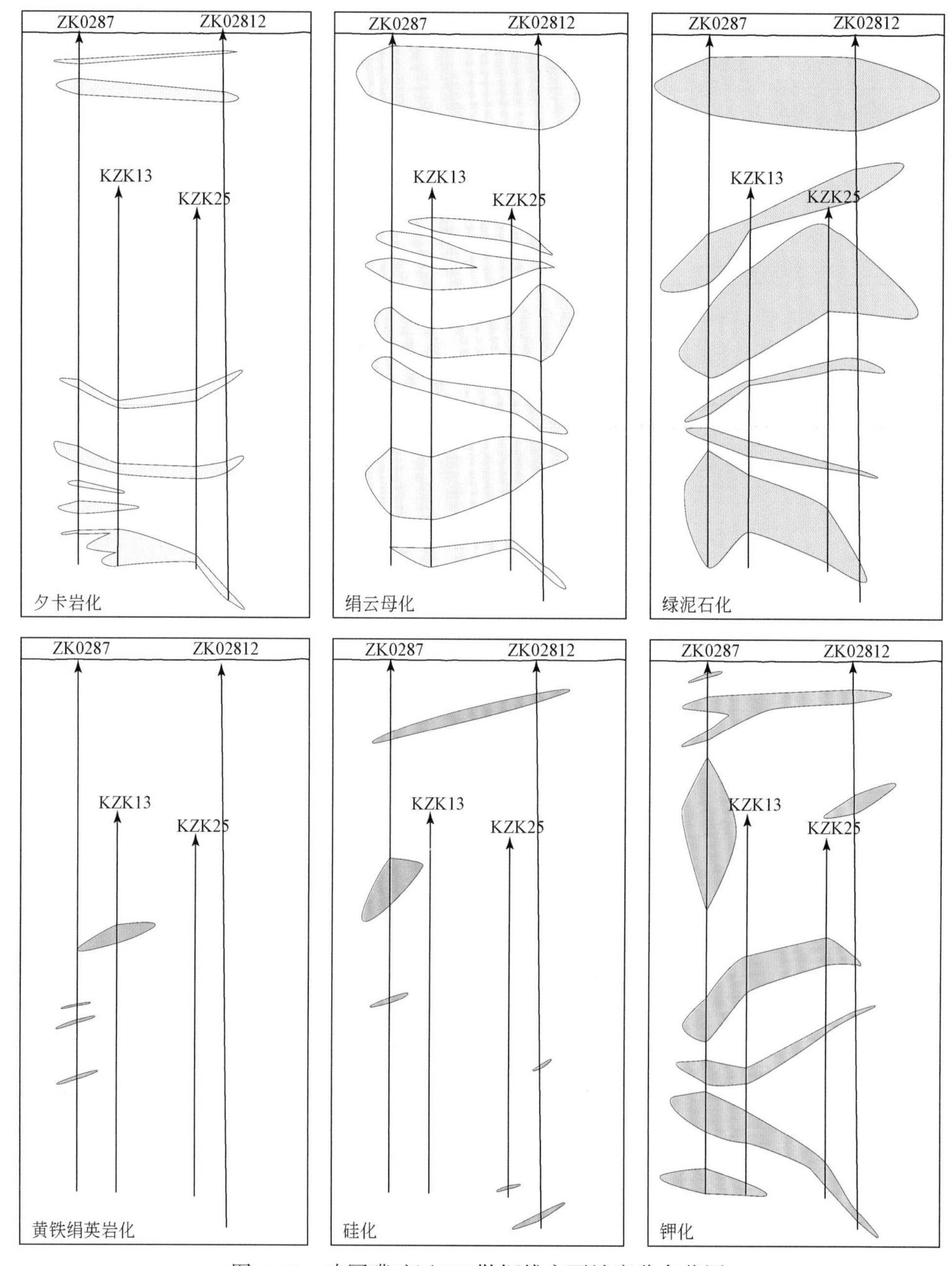

图4.41　鸡冠嘴矿区28#勘探线主要蚀变分布范围

夕卡岩化主要呈薄板状或透镜状分布在矿体附近，与矿体产状相似，主要集中在钻孔下部的大理岩和岩体的接触部位，在 ZK0287 和 KZK13 中分布较多。在局部凝灰岩和火山角砾岩中呈薄板状分布，推测为岩浆热液沿着凝灰岩和火山角砾岩中的裂隙进行渗滤交代作用所产生。

绢云母化呈透镜状和不规则状分布，可见绢云母化分布明显呈三部分，上部绢云母化呈较大的透镜状分布在凝灰岩和火山角砾岩中，中部绢云母化呈薄板状和不规则状分布在角岩中，下部绢云母化呈较大的透镜状分布在夕卡岩中，并靠近矿体。

绿泥石化和绢云母化分带特征相似，主要呈透镜状、薄板状和不规则状，在 28#勘探线上基本与绢云母化相对应，二者分布基本重叠。

黄铁绢英岩化主要呈零星的透镜状分布在角岩中，多出现在 ZK0287 和 KZK13 中，KZK25 和 ZK02812 中基本少见。

硅化在钻孔上部呈薄板状分布在凝灰岩和火山角砾岩中，与夕卡岩化重叠。在下部呈透镜状零星分布在角岩以及矿体附近。

钾化在钻孔上部呈薄板状分布在凝灰岩和火山角砾岩中，与夕卡岩化重叠。在角岩中分布广泛，呈不规则板状分布；在钻孔下部，与矿体产状类似。

矿区围岩蚀变分带规律明显，靠近矿体部位夕卡岩化、绢云母化、绿泥石化和钾化比较强烈，且与Ⅶ1、Ⅶ2、Ⅶ3 号矿体的产状基本相同。除此之外，矿区内多种蚀变具有叠加性，指示矿区存在蚀变具有多期次的特点。

5）蚀变矿物数据库建立

本阶段研究通过光薄片显微鉴定、手标本观察和 SWIR 光谱测定详细解剖了 26#勘探线 KZK23、KZK11 和 ZK02619，28#勘探线 ZK0287 和 ZK02812，30#勘探线 ZK0307 和 ZK0310 共计 7 个钻孔的 1008 件样品的蚀变矿物组成/组合特征，并据此建成蚀变矿物数据库。按照矿物组合、成矿阶段和 SWIR 光谱测定的矿物分类，蚀变矿物数据库中包含 110 种蚀变矿物/组合，具体为早夕卡岩阶段 12 种、晚夕卡岩阶段 15 种、氧化物阶段 10 种、胶状黄铁矿阶段 2 种、石英-硫化物期 43 种、晚期脉状矿化阶段 5 种和 SWIR 光谱测定矿物 21 种，另外包含马架山组火山角砾岩中的磁铁矿和赤铁矿角砾 2 种。数据库中“1”表示对应样品含有对应的蚀变矿物（组合）；相反，“0”表示无。数据库中数据量共 110880 条。

在蚀变矿物数据库的基础上，通过三维建模软件（如 Voxler 等）可以对鸡冠嘴铜金矿床各蚀变矿物（组合）的空间分布特征进行三维展示，以便于选取合适的矿物开展原位地球化学测试和物理结构特征分析。基于前阶段研究得到的角岩中绿泥石的 Dep2350 特征值靠近矿体具有增大的趋势，以及该矿床白云母族矿物（蒙脱石、伊利石、白云母和多硅白云母）的广泛分布，本次蚀变矿物三维空间分布特征主要选取绿泥石和白云母族矿物进行描述。

绿泥石：绿泥石三维空间分布如图 4.42 所示。总体看来，7 个钻孔中的绿泥石分布较少且分散，但具有一定的规律性。矿区北西侧绿泥石主要集中在-700 ~ -400m，南东侧绿泥石分布广泛，从浅部到深部均有出现，相对集中在-600 ~ -200m。绿泥石的分布与矿体的分布整体耦合性不大，但是在每个钻孔中矿体的周围基本都有或多或少的绿泥石出现，中浅部-400 ~ -200m 的矿体下方均见绿泥石的聚集，而深部除了 ZK02619 中-1100m 左右和 ZK0812 中-1300m 左右的矿体周围聚集了较多的绿泥石外，其他矿体周围绿泥石仅零星分布。

白云母族：白云母族矿物三维空间分布如图 4. 43 所示。7 个钻孔中白云母族矿物分布广泛，除了矿区南东侧的浅部-300 ~ -100m 和整个矿区深部-1200 ~ -1000m 很少有白云母族矿物，其他地方从浅部到深部均有出现。白云母族矿物分布整体与矿体的耦合性不大，但是除了 KZK23 中-1000m 左右的零星矿体周围未见白云母族矿物之外，其他空间只要是矿体出现的地方，均可见该族矿物的存在。

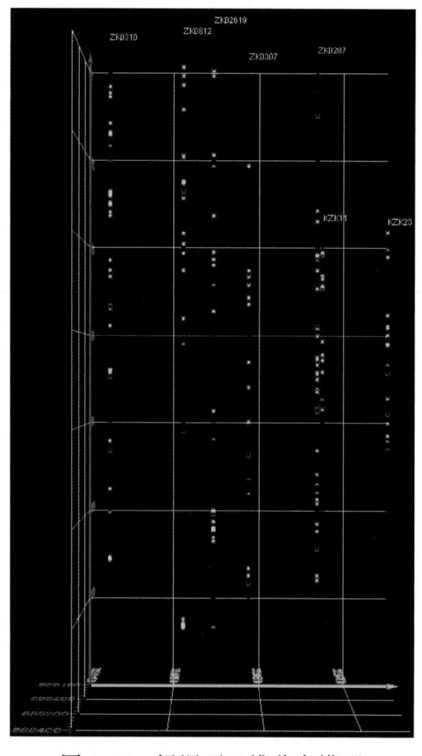

图 4. 42　绿泥石三维分布模型

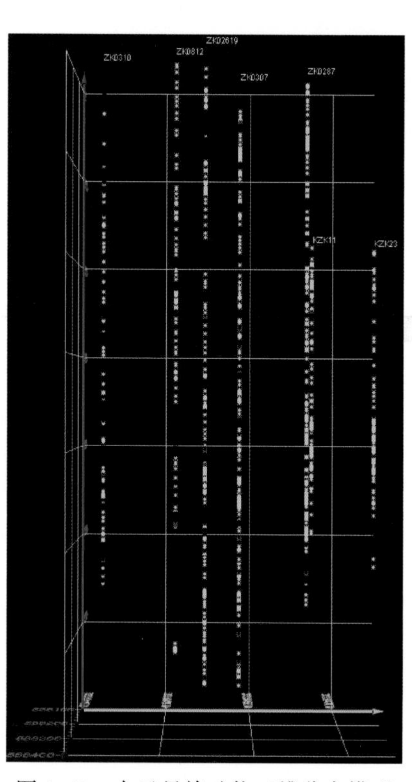

图 4. 43　白云母族矿物三维分布模型

4. 3. 4　成矿期次

在对鸡冠嘴矿床地质特征详细总结和野外钻孔系统编录的基础上，结合光薄片中矿物的共生组合、结构构造特点将鸡冠嘴矿床的成矿作用划为两期五个阶段，分别为夕卡岩期和硫化物期：夕卡岩期包括早夕卡岩阶段、晚夕卡岩阶段和氧化物阶段；硫化物期包括石英-硫化物阶段和方解石-硫化物阶段，其中石英-硫化物阶段是矿区最主要的铜金成矿阶段（表 4. 1）。

1. 夕卡岩期

夕卡岩期主要见于大理岩和石英闪长岩、闪长玢岩与大理岩的接触带。

1）早夕卡岩阶段

本阶段形成大量的石榴子石，局部可见少量的透辉石，除此之外未见其他明显的矿物生成。

表4.1　鸡冠嘴矿床矿物生成顺序表

期	夕卡岩			硫化物	
矿物 \ 阶段	早夕卡岩	晚夕卡岩	氧化物	石英-硫化物	方解石-硫化物
石榴子石	大量分布				
透辉石	少量分布				
角闪石		少量分布			
绿帘石		少量分布		局部分布	
阳起石		少量分布			
黑云母		局部分布	局部分布	局部分布	
磁铁矿		局部分布	局部分布		
赤铁矿			少量分布	局部分布	
钾长石			少量分布	局部分布	
白云母			局部分布	少量分布	
伊利石			局部分布	少量分布	
蒙脱石			局部分布	少量分布	
绿泥石			少量分布	少量分布	
石英			少量分布	大量分布	
方解石			少量分布	少量分布	大量分布
黄铁矿				大量分布	大量分布
黄铜矿				大量分布	大量分布
自然金				局部分布	
斑铜矿				少量分布	少量分布
方辉铜矿				局部分布	局部分布
辉铜矿				局部分布	局部分布
方铅矿				局部分布	局部分布
闪锌矿				局部分布	局部分布
辉钼矿				局部分布	局部分布
胶状黄铁矿				局部分布	
铁白云石					局部分布

大量分布　少量分布　局部分布

石榴子石在手标本中为自形粒状或者集合体，主要呈绿色（图4.44a），偶见黄褐色。镜下可见石榴子石团块（图4.44b），也可见石榴子石生长环带（图4.44c）。大部分石榴子石被后期矿物交代，包括阳起石、方解石等矿物（图4.44b，c）。透辉石分布较少，主要呈自形粒状，可见两组解理，被后期方解石脉交代（图4.44d）。

2）晚夕卡岩阶段

晚夕卡岩阶段是夕卡岩期的重要阶段，主要形成湿夕卡岩矿物（包括角闪石、绿帘石和阳起石）并交代早夕卡岩阶段形成的石榴子石和透辉石。除此之外，还有少部分黑云母和磁铁矿生成。

石榴子石±透辉石夕卡岩被角闪石、绿帘石和阳起石交代，在手标本上变绿–黑绿色（图4.44a）。角闪石呈自形粒状结构，交代早夕卡岩阶段形成的石榴子石（图4.45a）。绿帘石主要呈不规则粒状或者是脉状交代早夕卡岩阶段形成的石榴子石（图4.45a，b）。阳起石主要呈不规则片状交代早夕卡岩阶段形成的石榴子石或者充填在石榴子石颗粒的间隙（图 4.45c）。除此之外，偶尔可见阳起石-黑云母-磁铁矿团块，指示阳起石、黑云母和磁铁矿同时形成于晚夕卡岩阶段（图 4.45d）。

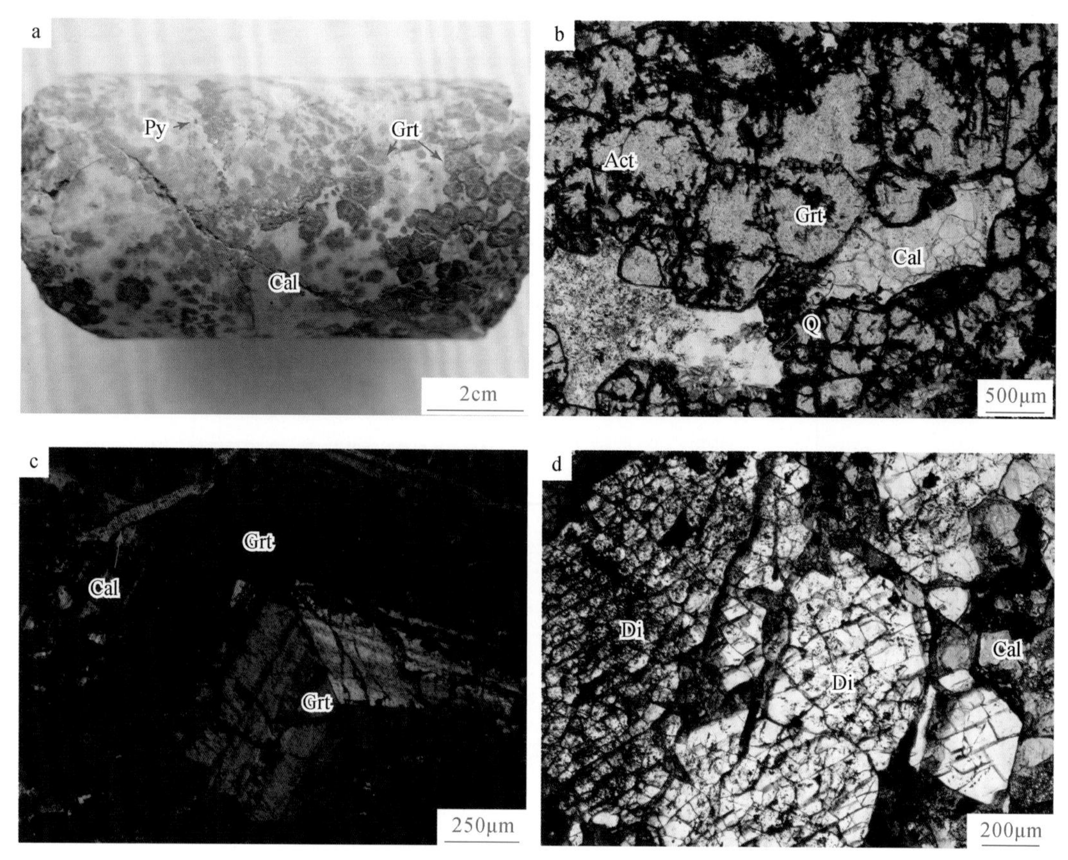

图 4.44　鸡冠嘴矿床早夕卡岩阶段手标本及镜下照片

a. 石榴子石化的大理岩。可见自形的石榴子石颗粒，被后期方解石交代，也见黄铁矿脉。b. 石榴子石镜下显微照片，可见自形的石榴子石颗粒，石榴子石被磁铁矿-赤铁矿交代，局部间隙充填阳起石、方解石和石英（-）。c. 石榴子石显微镜下照片，可见生长环带及异常干涉色，裂隙被后期方解石充填（+）。d. 透辉石显微镜下照片，周围被方解石脉充填（-）。Py. 黄铁矿；Grt. 石榴子石；Cal. 方解石；Act. 阳起石；Q. 石英；Di. 透辉石

3）氧化物阶段

氧化物阶段是夕卡岩期向硫化物期的过渡阶段，该阶段以硅酸盐矿物大量减少，开始形成赤铁矿、石英等氧化物为特征。本阶段主要形成赤铁矿、钾长石以及后期的绢云母、绿泥石、石英和方解石，除此之外还有少量的黑云母、磁铁矿以及白云母形成。

该阶段形成的矿物继续交代早、晚夕卡岩阶段形成的矿物。在钻孔岩心中可见石榴子石被绢云母、方解石、石英等矿物交代呈淡绿色。手标本中可见绢云母、绿泥石、石英、方解石和赤铁矿呈团块状交代角闪石-绿帘石-阳起石夕卡岩（图 4.46a）。赤铁矿±磁铁矿呈石榴子石假象交代早夕卡岩阶段形成的石榴子石（图 4.46b，c）。少量钾长石呈不规则粒状交代早夕卡岩阶段形成的石榴子石（图 4.46d）。除此之外，本阶段还形成少量的石

英-方解石-白云母、石英-钾长石-绢云母-白云母以及白云母团块。

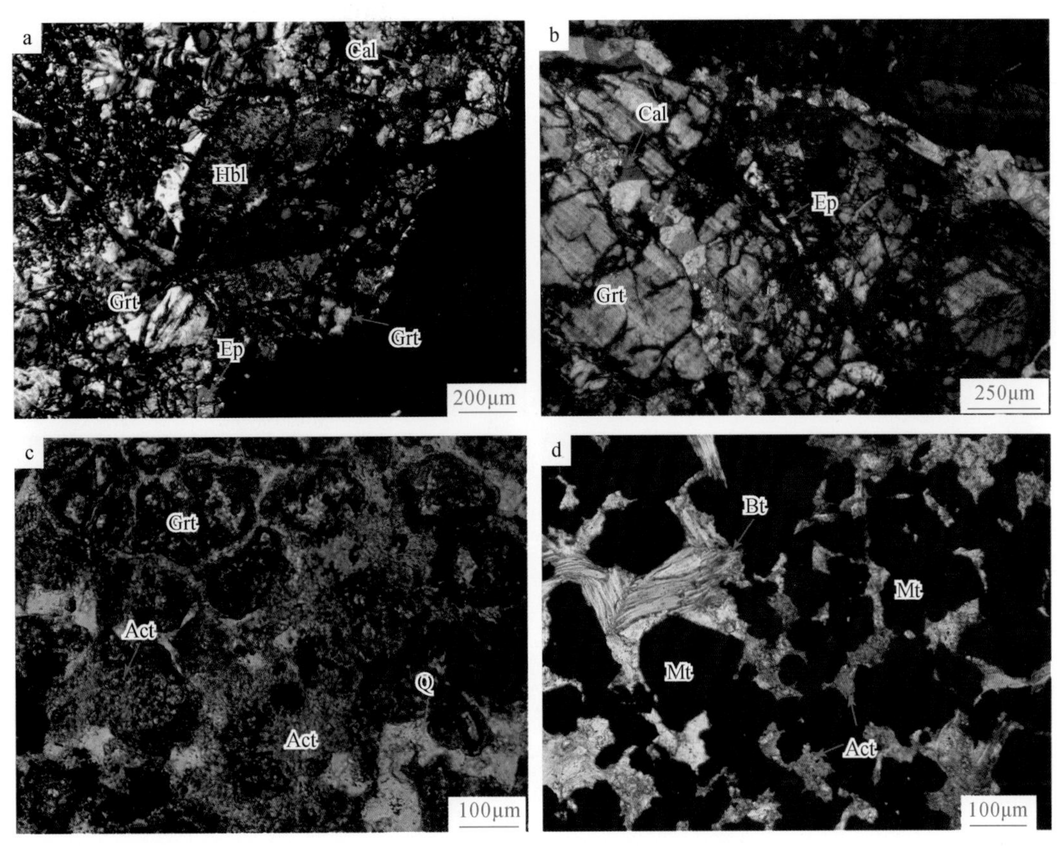

图4.45　鸡冠嘴矿床晚夕卡岩阶段镜下照片

a. 自形粒状角闪石和不规则粒状绿帘石交代石榴子石，可见少量方解石充填裂隙（+）；b. 脉状绿帘石和方解石交代石榴子石（+）；c. 石榴子石被阳起石和石英交代（-）；d. 阳起石、黑云母和磁铁矿共生（-）。Grt. 石榴子石；Hbl. 角闪石；Ep. 绿帘石；Cal. 方解石；Act. 阳起石；Bt. 黑云母；Mt. 磁铁矿；Q. 石英

2. 硫化物期

1）石英-硫化物阶段

石英-硫化物阶段是鸡冠嘴矿床最主要的铜金矿化阶段，自然金在本阶段形成。该阶段形成的非金属矿物主要有白云母、绢云母、绿泥石、石英、方解石以及少量的绿帘石、黑云母和钾长石；金属矿物主要为黄铁矿和黄铜矿，除此之外还有少量的赤铁矿、自然金、斑铜矿、方辉铜矿、辉铜矿、方铅矿、闪锌矿、辉钼矿和胶状黄铁矿。

本阶段早期形成微量的赤铁矿，微量赤铁矿消失后，晚阶段开始形成多种金属硫化物，同时方解石也开始形成。本阶段多发育石英-黄铁矿脉（图4.47a）。绢云母、石英和他形黄铁矿多与绿帘石或者黑云母、方解石形成团块状（图4.47b），这些脉石矿物通常出现在黄铁矿颗粒周围。自形粒状的黄铁矿也与石英和白云母形成团块状（图4.47c）。同时，石英与黄铜矿也呈团块状存在（图4.47d）。此外，在半自形粒状黄铁矿中可见黄铜矿和斑铜矿出溶，指示三者在本阶段共生。自然金可见于黄铁矿或黄铜矿中。

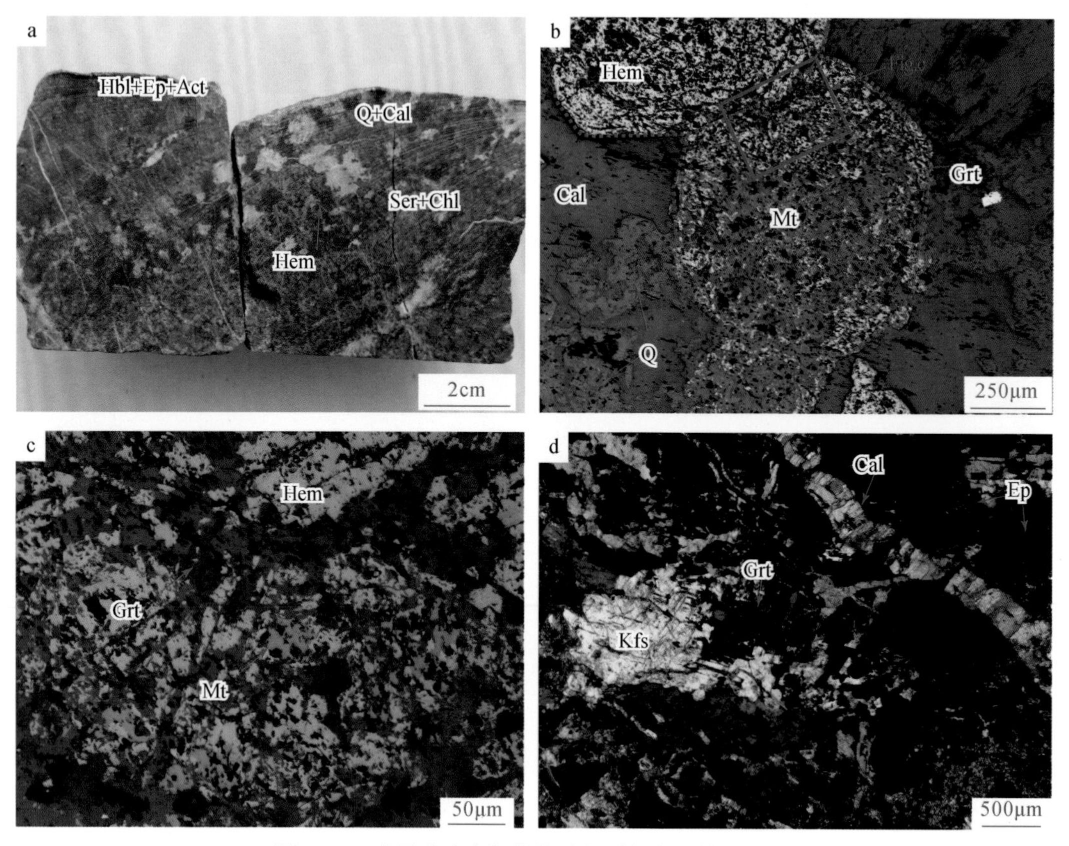

图 4.46　鸡冠嘴矿床氧化物阶段手标本及镜下照片

a. 手标本可见角闪石、绿帘石和阳起石共生被绢云母、绿泥石、石英、方解石和赤铁矿呈团块状交代；b. 显微镜下石榴子石被赤铁矿±磁铁矿交代，保留石榴子石晶形的假象（反光）；c. 图 b 中局部放大照片，可见磁铁矿和赤铁矿以及残留的石榴子石（反光）；d. 可见钾长石呈不规则粒状交代早夕卡岩阶段形成的石榴子石，也可见晚夕卡岩阶段的绿帘石和后期的方解石脉交代早夕卡岩阶段形成的石榴子石（+）。Hbl. 角闪石；Ep. 绿帘石；Act. 阳起石；Ser. 绢云母；Chl. 绿泥石；Hem. 赤铁矿；Q. 石英；Cal. 方解石；Grt. 石榴子石；Mt. 磁铁矿；Kfs. 钾长石

本阶段末期存在少量的胶状黄铁矿，主要见于大理岩或夕卡岩中，如 KZK13 钻孔 423.42m 处，ZK03010 钻孔 254.32m、288.36m 处等，局部氧化形成针状透明矿物。胶状黄铁矿在显微镜下呈椭圆形或圆形交代本阶段早期形成的黄铁矿。之后胶状黄铁矿重结晶形成指纹状黄铁矿，并被方解石-硫化物阶段的方解石-黄铁矿脉以及方解石脉交代（图 4.47e，f）。

2）*方解石-硫化物阶段*

方解石-硫化物阶段主要形成大量的方解石、黄铁矿和黄铜矿，除此之外还有少量的斑铜矿、辉铜矿、方辉铜矿、辉铜矿、方铅矿、闪锌矿、辉钼矿以及铁白云石，石英在本阶段完全消失。随着本阶段从早到晚，金属硫化物逐渐减少直到消失，本阶段后期只形成大量的方解石脉和少量的铁白云石脉。

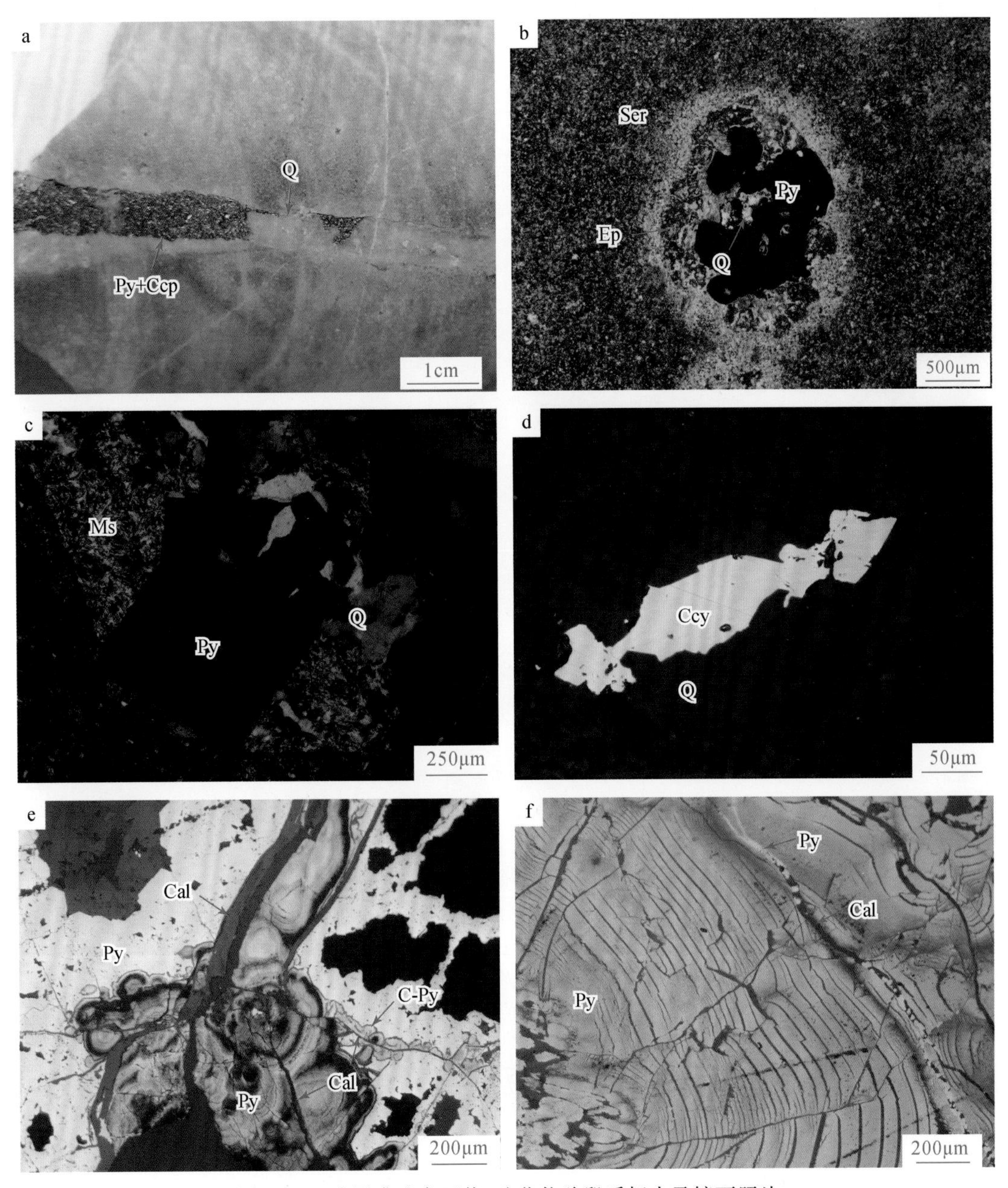

图4.47 鸡冠嘴矿床石英-硫化物阶段手标本及镜下照片

a. 手标本中石英-黄铁矿脉；b. 石英-绢云母-绿帘石-黄铁矿团块（-）；c. 石英-白云母-黄铁矿团块（+）；d. 石英-黄铜矿团块（反射光）；e. 椭圆状胶状黄铁矿交代石英-硫化物阶段的黄铁矿，部分胶状黄铁矿重结晶为指纹状黄铁矿，被后期方解石-黄铁矿交代（反射光）；f. 指纹状黄铁矿被后期方解石脉和方解石-黄铁矿脉交代（反射光）。Py. 黄铁矿；Q. 石英；Cal. 方解石；Ser. 绢云母；Ep. 绿帘石；Ms. 白云母；Ccp. 黄铜矿；C-Py. 胶状黄铁矿

本阶段形成方解石-黄铁矿-黄铜矿-辉钼矿脉（图4.48a）、方解石-黄铁矿-方铅矿脉（图4.48b）。本阶段中后期形成大量的方解石-黄铁矿脉（图4.48c，d）以及少部分铁白云石-黄铁矿脉，直到本阶段末期形成特别干净的方解石脉切割黄铁矿-黄铜

矿矿石。

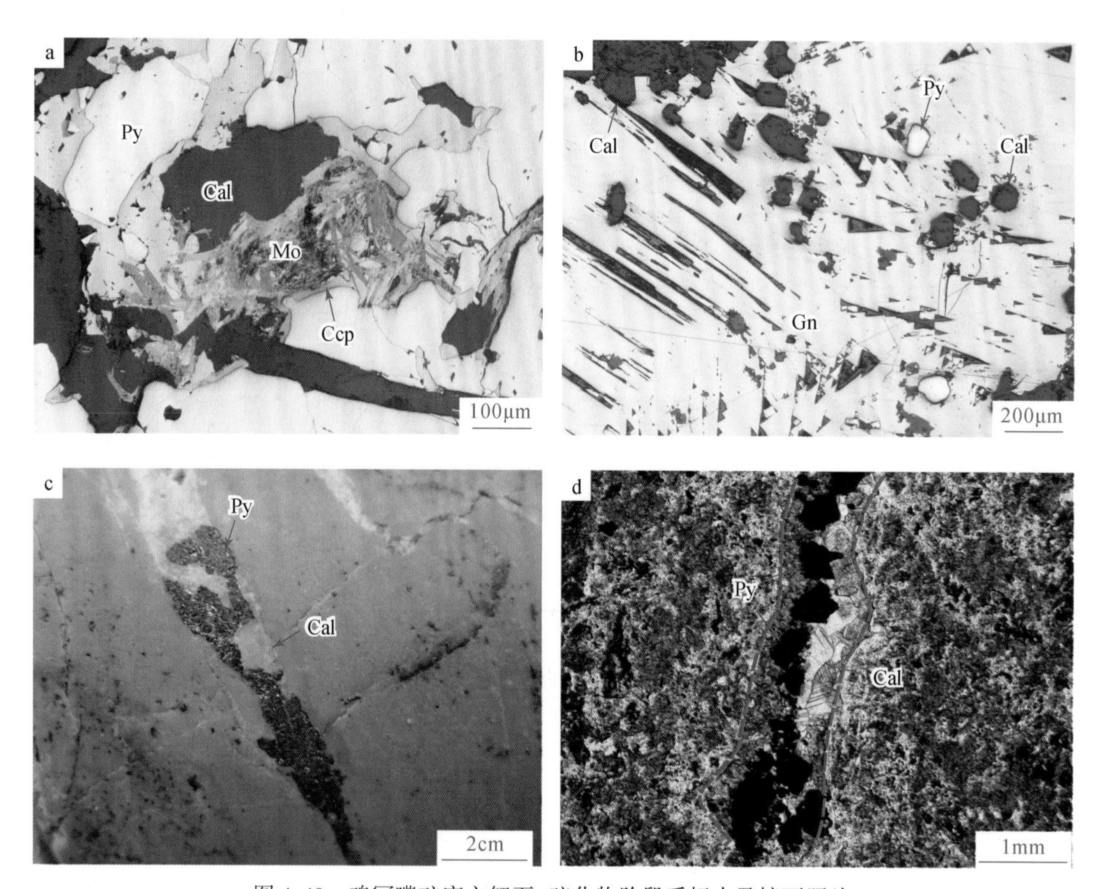

图 4.48　鸡冠嘴矿床方解石-硫化物阶段手标本及镜下照片

a. 方解石-黄铁矿-黄铜矿-辉钼矿脉（反射光）；b. 方解石-黄铁矿-方铅矿脉（反射光）；c. 手标本中方解石-黄铁矿脉切割石英-硫化物阶段形成的绿泥石-黄铁矿脉；d. 方解石-黄铁矿脉（-）。Py. 黄铁矿；Cal. 方解石；Mo. 辉钼矿；Ccp. 黄铜矿；Gn. 方铅矿

4.4　蚀变矿物短波红外光谱特征

4.4.1　蚀变矿物 SWIR 光谱识别

野外编录工作严格围绕蚀变矿物特征开展，并系统取样，所采取的样品基本能反映整个钻孔的地质特征。对所有样品进行 SWIR 光谱分析测试，每件样品测试三个点。测试结果显示，鸡冠嘴对应的蚀变矿物主要有蒙脱石、方解石、铁白云石、白云石、高岭石、伊利石、白云母、绿泥石等。下面以 28#勘探线钻孔为例对 SWIR 分析结果进行详细介绍。

1. 28#勘探线 ZK02812 钻孔

ZK02812 钻孔岩心样品 SWIR 光谱数据显示：蚀变矿物主要有白云母族矿物（主要为蒙脱石，还有少量的伊利石和白云母）、碳酸盐矿物（主要为方解石，还有少量的铁白云石和白云石）、高岭石和埃洛石，还有少量的绿泥石族矿物和金云母。

1）*白云母族矿物*

白云母族矿物在 ZK02812 钻孔岩心中分布最广泛，在钻孔中集中分布在四个部位，分别是 0～206.06m 段（火山角砾岩）、269.56～687.28m 段（闪长岩、热液角砾岩、角岩和夕卡岩）、837.20～960.93m 段（夕卡岩、热液角砾岩、角岩、部分大理岩）、1194.08～1236.10m 段（夕卡岩和石英闪长岩）（图 4.49）。SWIR 光谱分析显示：在 269.56～326.46m 段（闪长岩），IC 特征值较大；在 837.20～901.63m 段（夕卡岩、热液角砾岩和角岩），Dep2200 和 IC 特征值明显增大。

2）*碳酸盐矿物*

碳酸盐矿物主要为方解石，其次还有少量的铁白云石和白云石，其中方解石主要分布在 206.06～237.86m 段（大理岩）和 931.83～1194.08m 段（大理岩）。野外编录显示，夕卡岩中除了少量的方解石脉为热液方解石之外，还含有一些来自于地层中灰岩或大理岩的残余，所以推测大理岩和夕卡岩样品 SWIR 光谱测试显示的方解石应主要来自于地层。另外，SWIR 光谱数据显示角岩和热液角砾岩样品中也含有一定量的方解石（图 4.50），这与角岩中广泛发育方解石脉和热液角砾岩中的方解石胶结物特征吻合，其 SWIR 光谱测试显示的方解石应属热液成因。在夕卡岩和大理岩中方解石的 Dep2350 特征值明显增大，而角岩和热液角砾岩中的方解石 Dep2350 相对稳定且较小。根据宏观地质特征和 SWIR 光谱分析数据，我们推测本区热液方解石可能具有较小的 Dep2350，而来自于地层中的方解石 Dep2350 可能相对较大。

3）*高岭石*

高岭石在 ZK02812 钻孔岩心中主要分布在夕卡岩附近和 687.28～960.93m 段（角岩和热液角砾岩互层、夕卡岩、部分大理岩）（图 4.51）。SWIR 光谱分析显示：在 406.90～436.50m 段（夕卡岩）和 837.20～846m 段（夕卡岩），Dep1900 明显增大。

4）*埃洛石*

埃洛石在 ZK02812 钻孔岩心中含量不多，主要分布在 243.76～269.56m 段（夕卡岩、角岩和热液角砾岩）中，少部分分布在大理岩中（图 4.52）。SWIR 光谱数据显示：在 787.58～931.83m 段（角岩、夕卡岩、热液角砾岩），Dep1900、Dep2200 特征值略有增大；但埃洛石在 ZK02812 中分布不多，未见其他明显的规律。

2. 28#勘探线 ZK0287 钻孔

ZK0287 钻孔岩心样品 SWIR 光谱数据显示：蚀变矿物主要有白云母族矿物（主要为蒙脱石和伊利石，还有少量的白云母）、碳酸盐矿物（主要为方解石，还有少量的铁白云石和白云石）、高岭石、埃洛石，还有少量的绿泥石族矿物、金云母。

1）白云母族矿物

白云母族矿物在 ZK0287 钻孔岩心中分布最广泛，每一种岩性中都有分布（图 4.53），以蒙脱石和伊利石为主，还含有少量的白云母。SWIR 光谱分析显示：Dep1900、Dep2200 和 IC 特征值在 154.55 ~ 212.85m 段（火山角砾岩和凝灰岩重复出现）略有增大；Pos2200 特征值在 1028.97 ~ 1106.32m 段（夕卡岩、矿石、大理岩）明显增大；Dep2200、IC 特征值在 1106.32 ~ 1159.13m 段（石英闪长岩）明显增大。

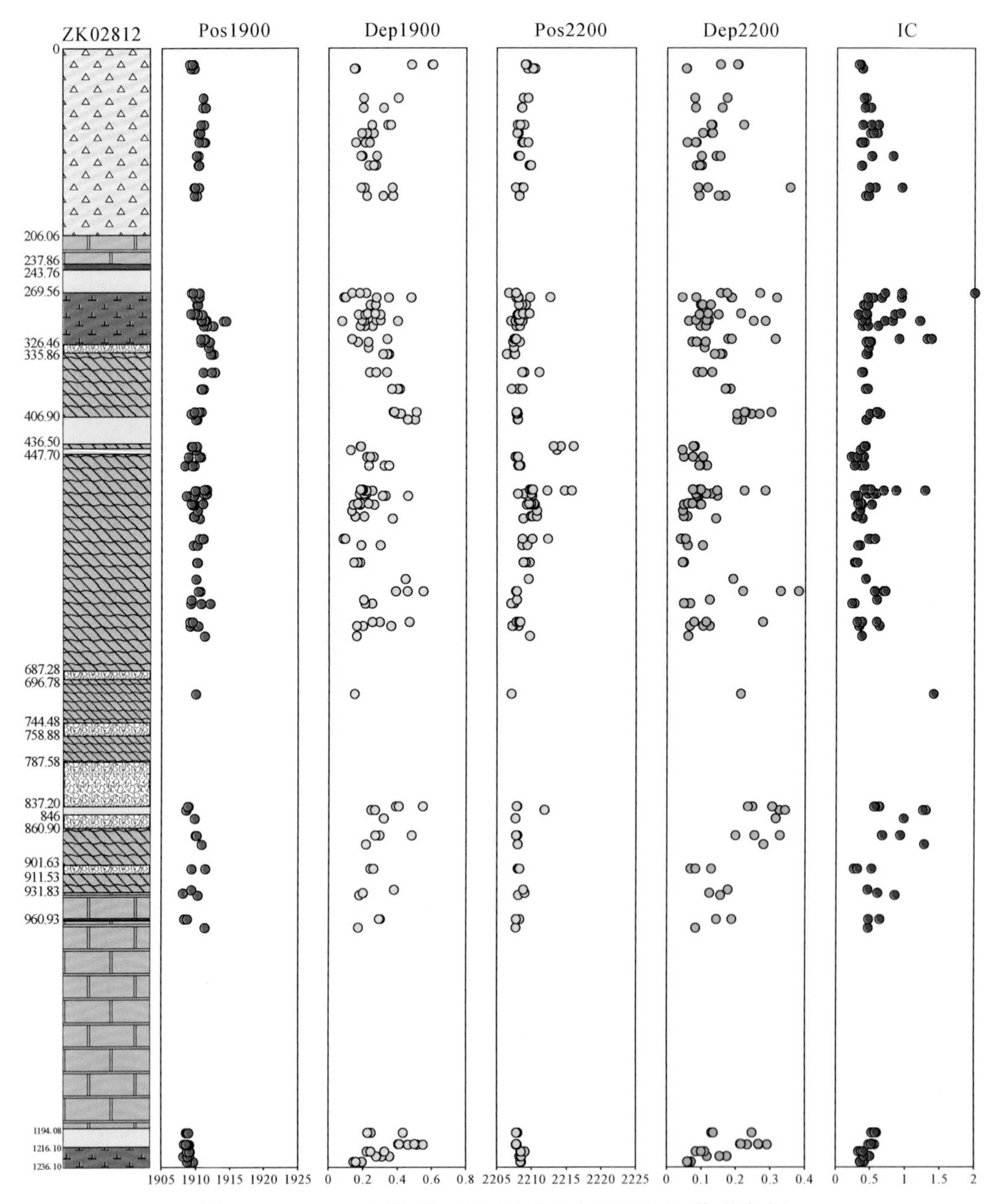

图 4.49 ZK02812 钻孔样品白云母族矿物 SWIR 特征值统计分析

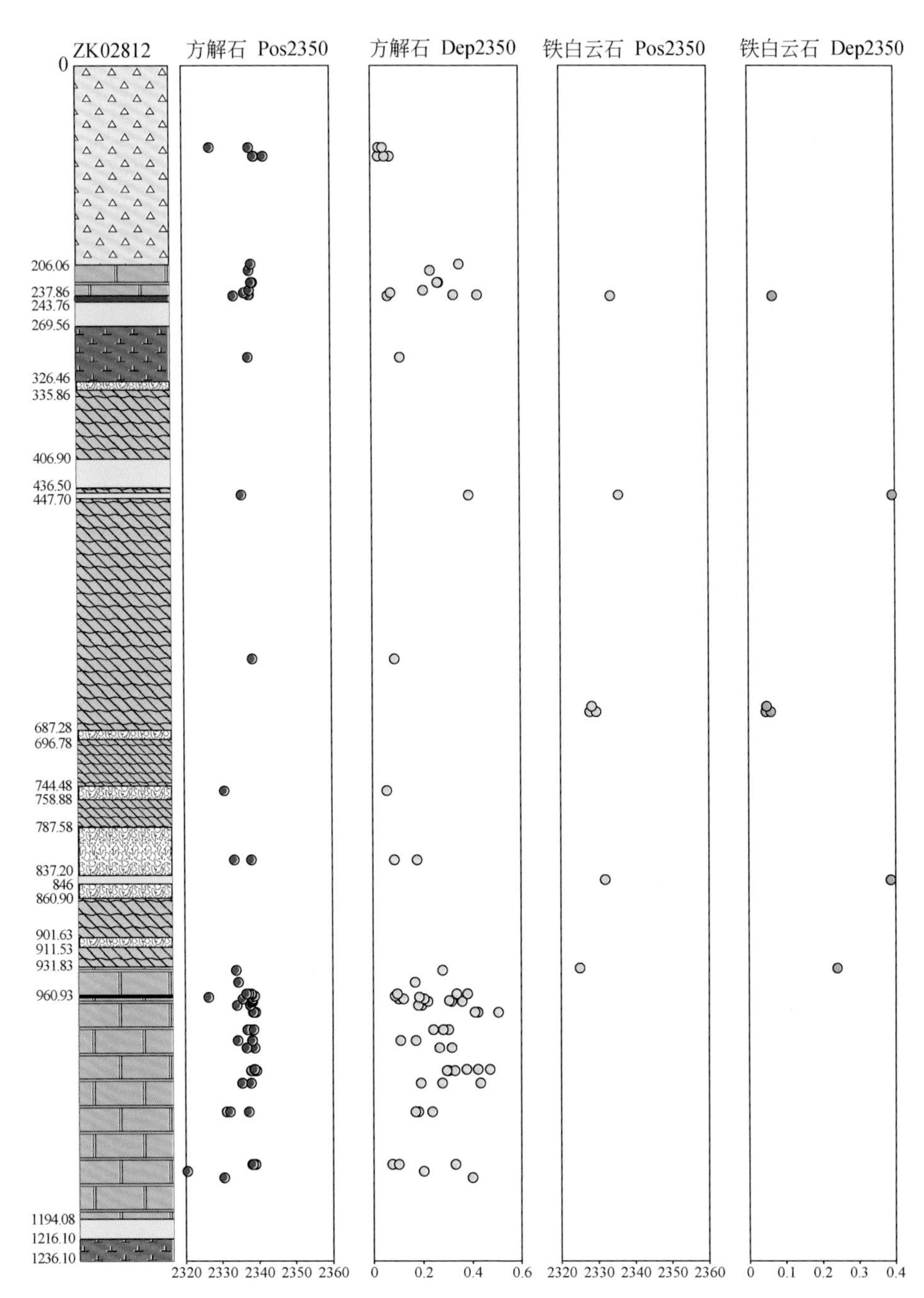

图 4.50　ZK02812 钻孔样品碳酸盐矿物 SWIR 特征值统计分析

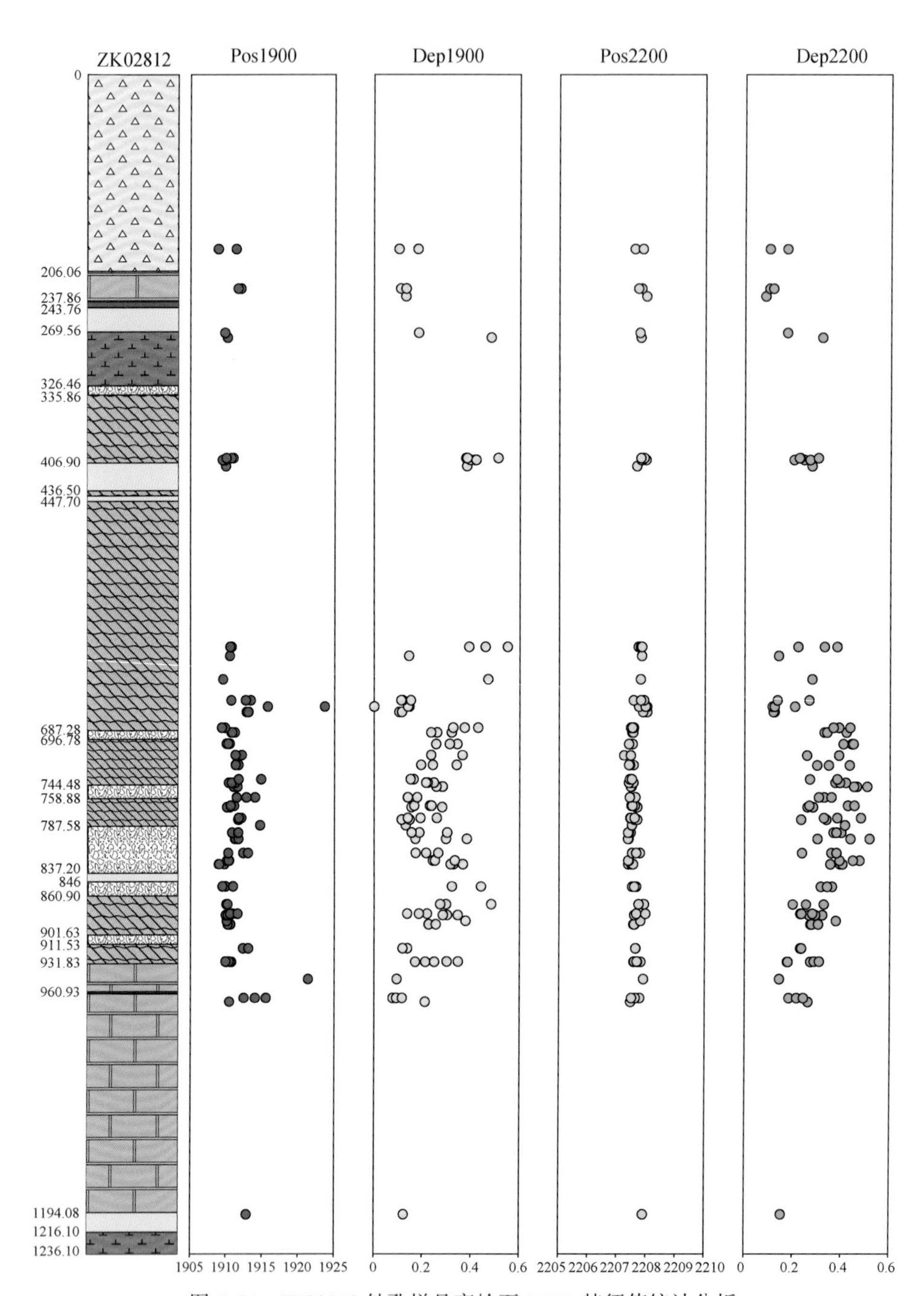

图 4.51　ZK02812 钻孔样品高岭石 SWIR 特征值统计分析

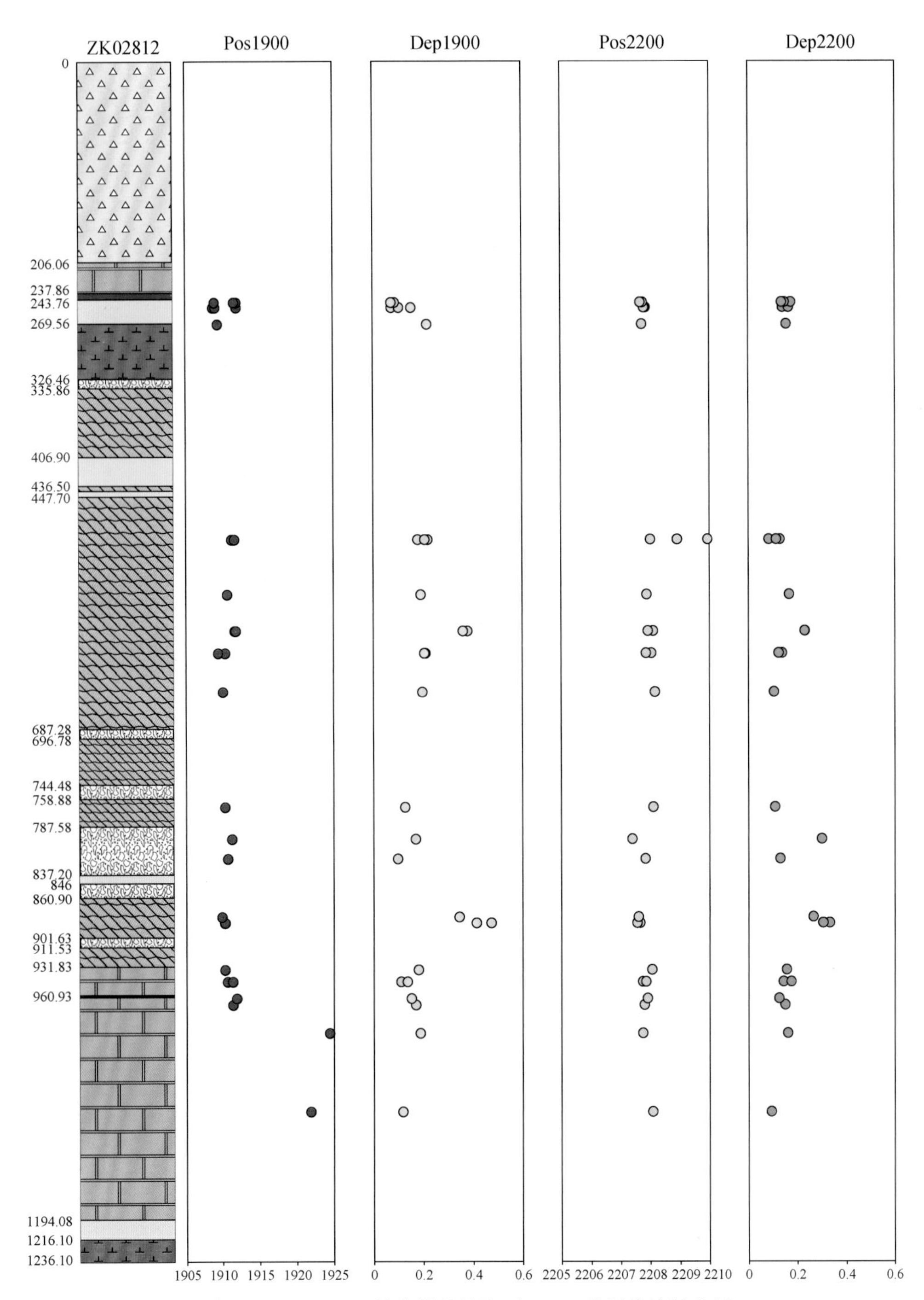

图4.52　ZK02812钻孔样品埃洛石SWIR特征值统计分析

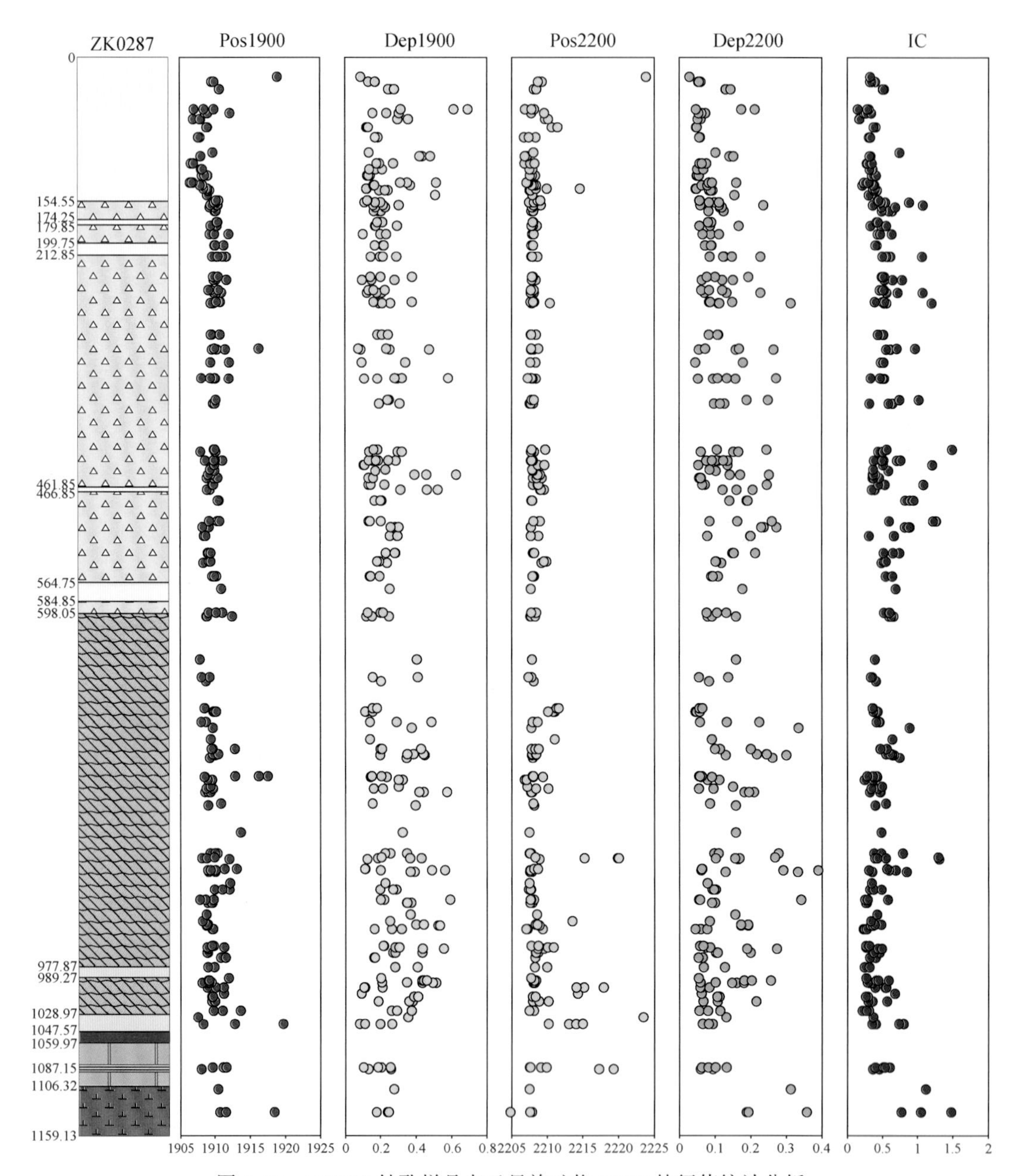

图 4.53　ZK0287 钻孔样品白云母族矿物 SWIR 特征值统计分析

2）碳酸盐矿物

碳酸盐矿物主要为方解石，其次还有少量的铁白云石和白云石，其中方解石主要分布在凝灰岩、火山角砾岩、角岩、大理岩以及夕卡岩中，铁白云石主要分布在角岩中（图 4.54）。SWIR 光谱分析发现凝灰岩、火山角砾岩以及角岩中方解石的 Dep2350 特征值大部分集中在 0.1 ~ 0.3，而在大理岩、夕卡岩中方解石的 Dep2350 特征值主要集中在 0.1 ~ 0.5，可能地层中方解石的 Dep2350 略高于热液方解石的 Dep2350。

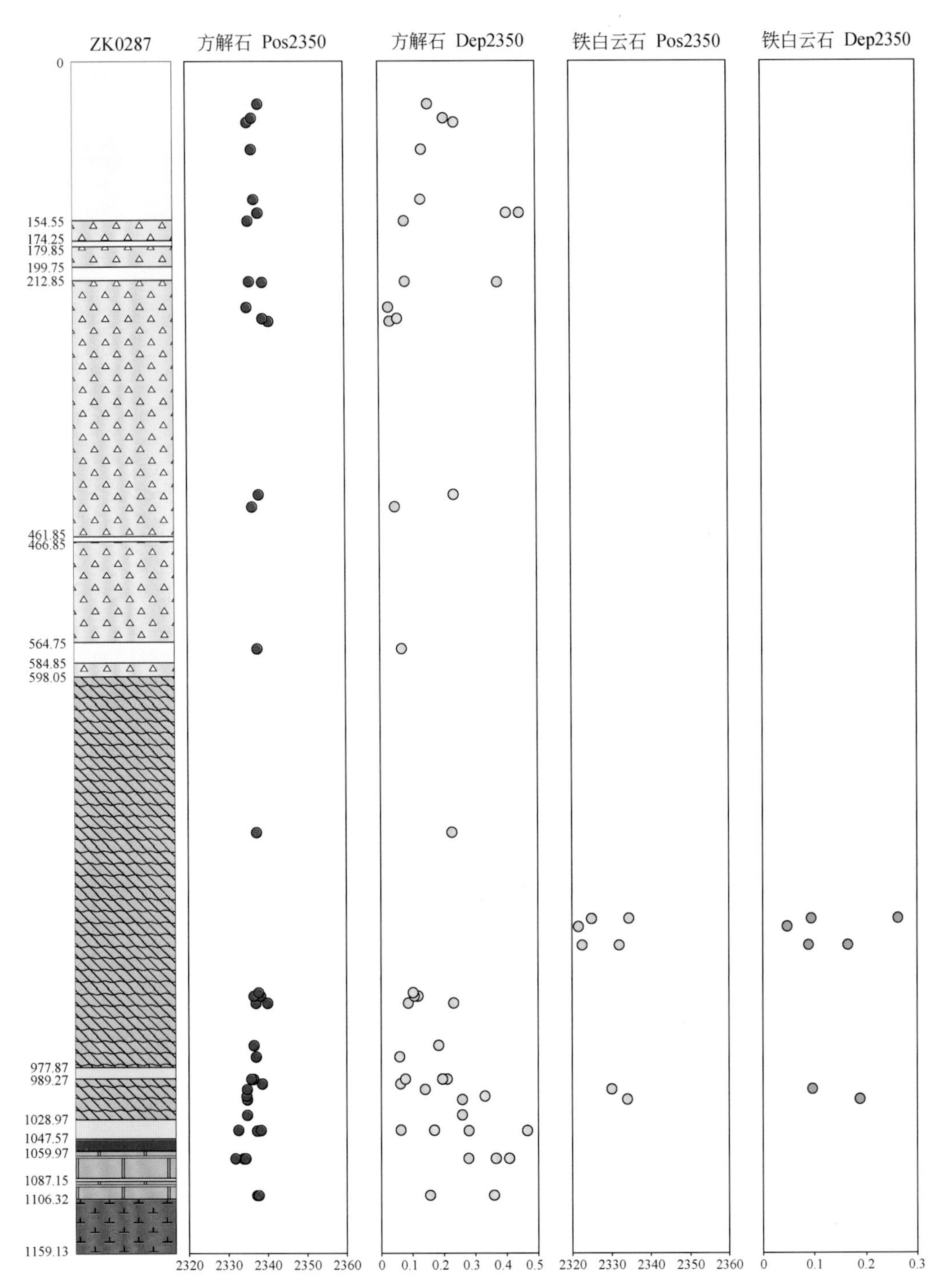

图 4.54　ZK0287 钻孔样品碳酸盐矿物 SWIR 特征值统计分析

3）高岭石

高岭石在 ZK0287 钻孔岩心中主要分布在 598.05～1028.97m 段（角岩夹夕卡岩）、1047.57～1159.13m 段（矿石、夕卡岩、大理岩、石英闪长岩），还有少量分布在钻孔上部的凝灰岩和火山角砾岩中（图 4.55）。SWIR 光谱分析显示：在钻孔 977.87～989.27m 段（夕卡岩）以及上部的角岩 Dep1900、Dep2200 特征值增大；在钻孔 1087.15～1159.13m 段（大理岩、石英闪长岩以及夕卡岩），Pos1900、Dep1900、Dep2200 明显增大。

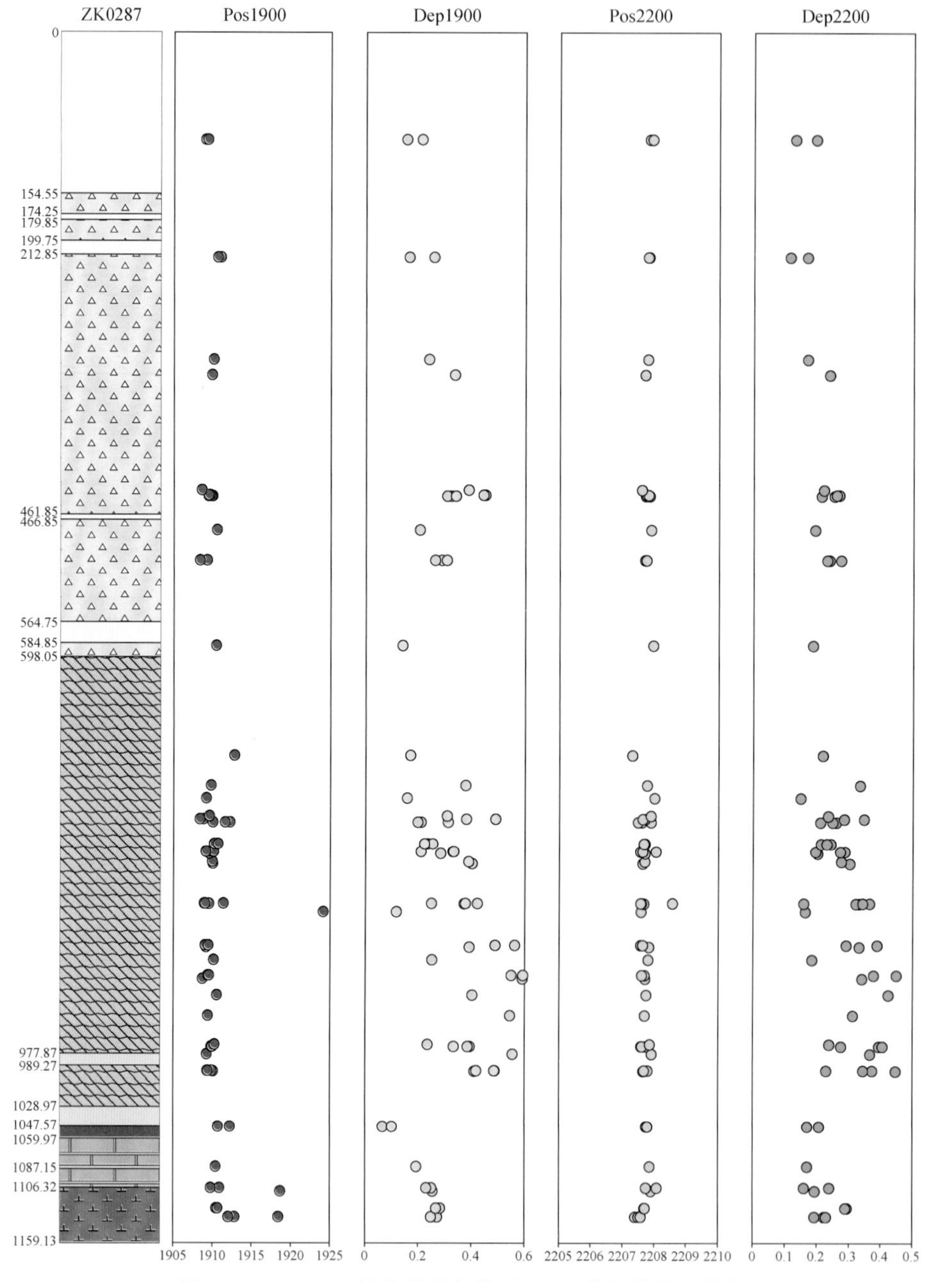

图 4.55　ZK0287 钻孔样品高岭石 SWIR 特征值统计分析

4）埃洛石

埃洛石在ZK0287钻孔岩心中集中分布在598.05～1028.97m段（角岩夹夕卡岩），还有少量零星分布在凝灰岩、火山角砾岩和石英闪长岩中（图4.56）。SWIR光谱分析显示未发现明显的规律。

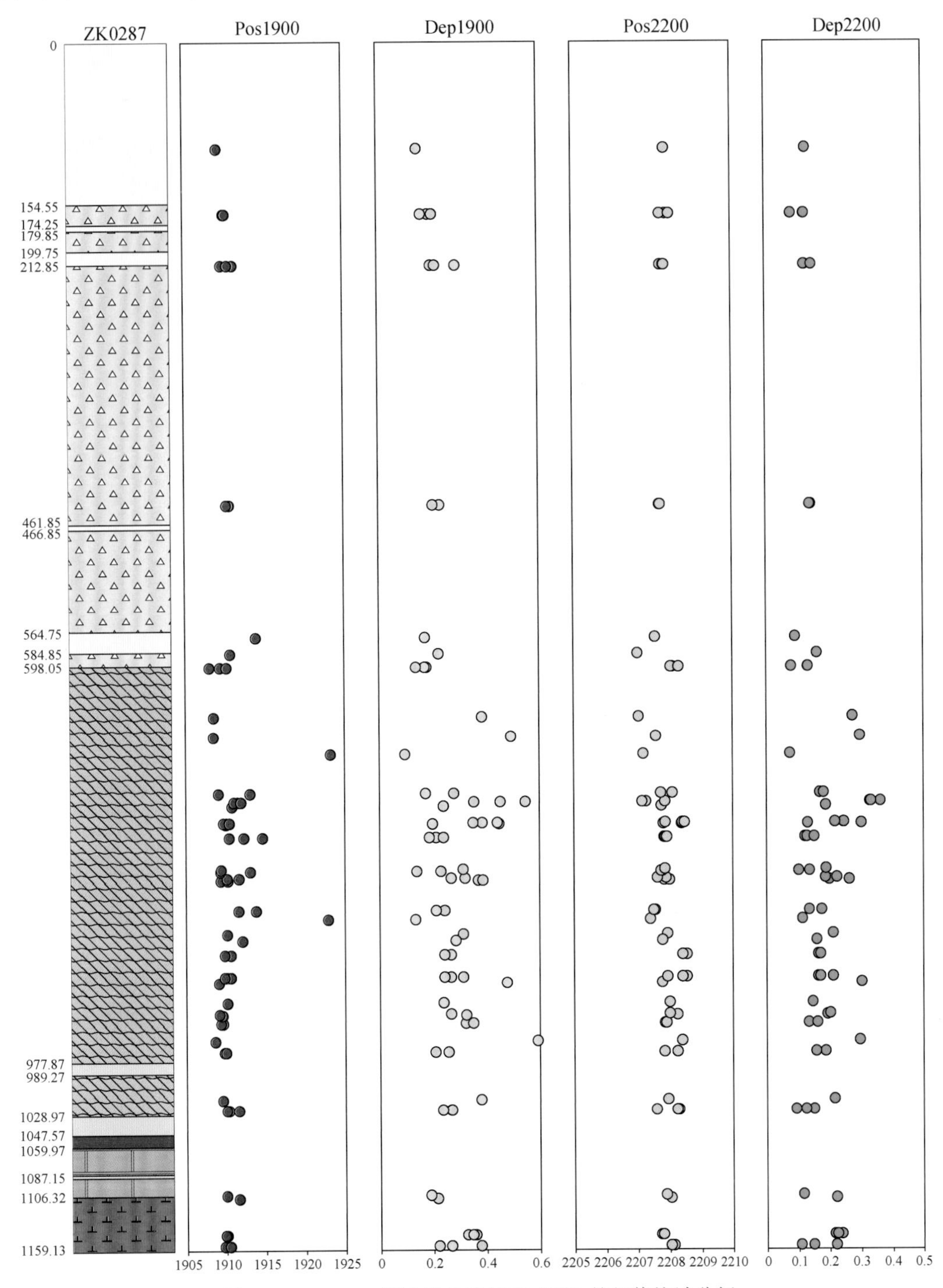

图4.56　ZK0287钻孔样品埃洛石SWIR特征值统计分析

3. 28#勘探线 KZK25 钻孔

KZK25 钻孔岩心样品 SWIR 光谱数据显示：蚀变矿物主要有白云母族矿物（主要为蒙脱石和伊利石以及少量的白云母）、碳酸盐矿物（方解石）、高岭石、埃洛石，也有少量的绿泥石族矿物。

1）*白云母族矿物*

白云母族矿物在 KZK25 钻孔岩心中分布最广泛，几乎遍布全孔（图 4.57），以蒙脱石为主，其次为伊利石，也有少量的白云母。角岩中有一段白云母族矿物分布集中在 200 ~ 300m 段处（图 4.57），野外编录显示该段黄铁矿化比较发育。Pos2200 特征值在 KZK25 钻孔岩心的 736.80 ~ 759.30m 段（夕卡岩与矿体）明显增大，而 IC 特征值在 KZK25 钻孔岩心的 631.90 ~ 698.30m 段（大理岩与矿体）略有增大。

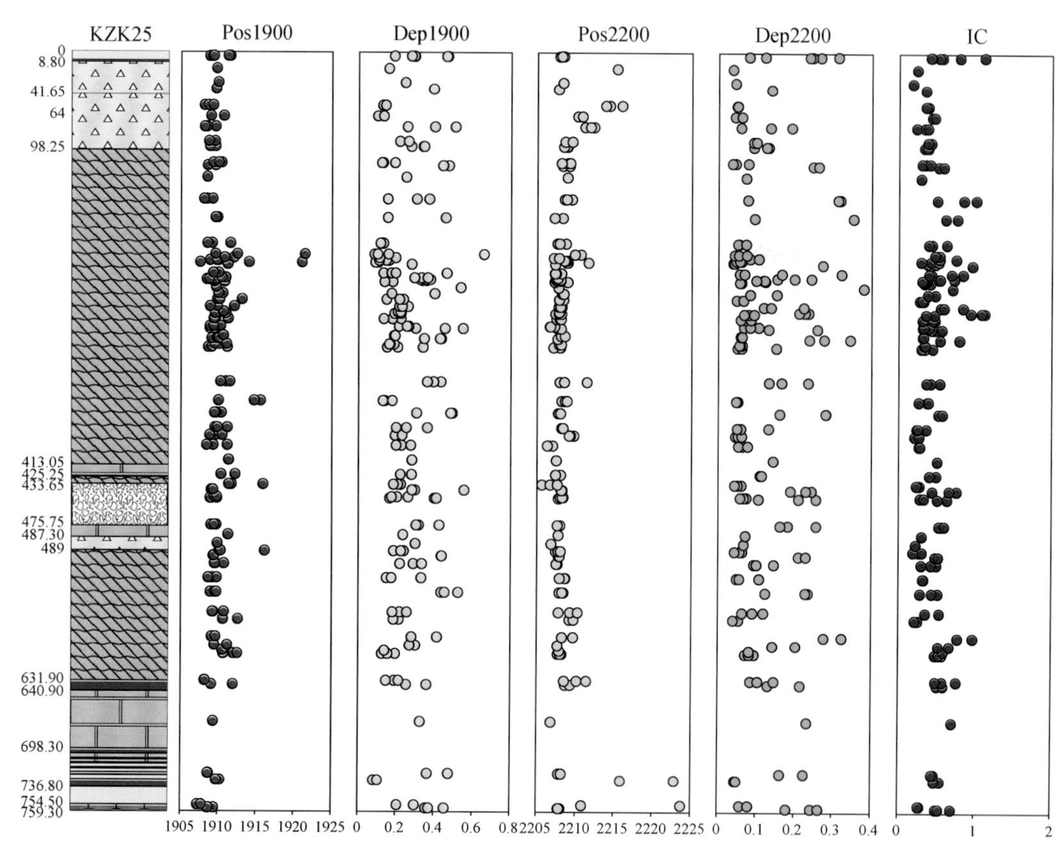

图 4.57　KZK25 钻孔样品白云母族矿物 SWIR 特征值统计分析

2）*碳酸盐矿物*

碳酸盐矿物在 KZK25 钻孔岩心中以方解石为主，铁白云石和白云石很少见，主要出现在 0 ~ 95.25m 段（火山角砾岩）和 631.90 ~ 799.30m 段（矿体、大理岩、夕卡岩）（图 4.58）。野外编录显示火山角砾岩中方解石呈脉状，属于热液方解石，其 SWIR 光谱分析显示 Dep2350 特征值集中在 0～0.3；而野外编录显示夕卡岩和矿体中方解石属于灰岩和大理岩的残余，来自地层，SWIR 光谱分析显示 Dep2350 特征值集中分布在 0.1～0.5，大于热液方解石的 Dep2350 特征值。因此推测本区热液方解石具有较小的 Dep2350，镁的含量较低；而来自地层的方解石 Dep2350 可能相对较大，指示镁含量略高于热液方解石的镁含量。

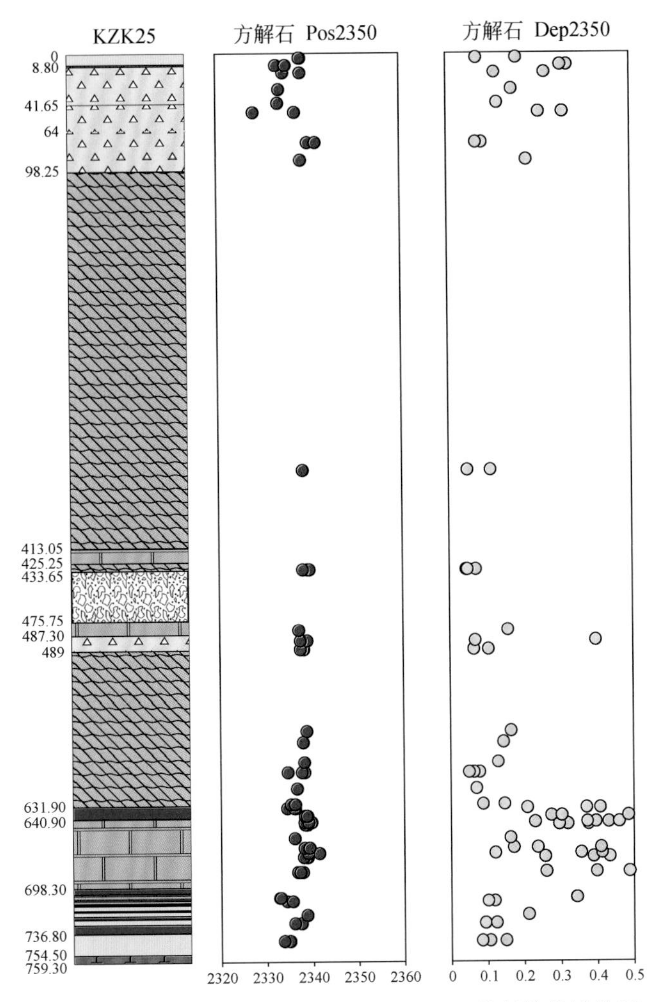

图 4.58　KZK25 钻孔样品碳酸盐矿物 SWIR 特征值统计分析

3）高岭石

高岭石主要分布在 KZK25 钻孔岩心的角岩中，少部分分布在大理岩中（图 4.59）。野外钻孔编录显示高岭石集中在角岩的那一段，黄铁矿化发育。但夕卡岩和矿体附近由于高岭石分布含量较少，未发现明显的特征值规律。由于高岭石和蒙脱石均存在水峰和 Al 峰，在统计高岭石 Pos1900、Dep1900、Pos2200 和 Dep2200 特征值时，需要排除蒙脱石水峰和 Al 峰对高岭石特征值的影响。KZK25 岩心中高岭石特征值没有明显的规律，其原因之一可能是热液高岭石蚀变与岩心后期发生的次生高岭石蚀变混合导致。

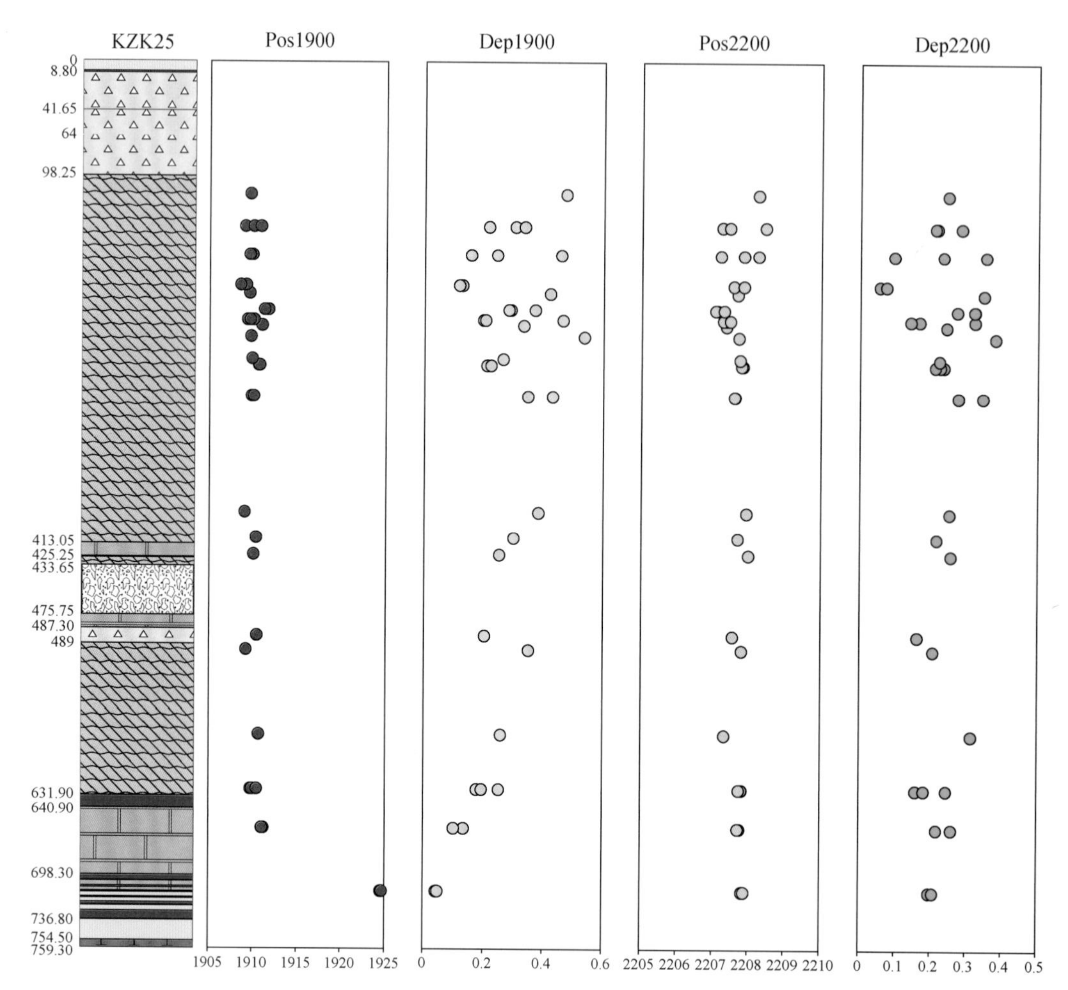

图 4. 59　KZK25 钻孔样品高岭石 SWIR 特征值统计分析

4）埃洛石

埃洛石在 KZK25 钻孔岩心中主要分布在 98. 25 ~ 413. 05m 段（角岩）、433. 65 ~ 487. 30m 段（热液角砾岩和大理岩）、631. 90 ~ 640. 90m 段（黄铁矿、黄铜矿）及其邻近部位（图 4. 60）。在 631. 90 ~ 640. 90m 段可见 Pos1900、Dep1900 及 Pos220 略有所增大，因为埃洛石含量较少，未见其他明显的特征值规律。

4. 28#勘探线 KZK13 钻孔

KZK13 钻孔岩心样品 SWIR 光谱数据显示：蚀变矿物主要有白云母族矿物（主要为蒙脱石和伊利石，也含有少量的白云母）、碳酸盐矿物（主要为方解石和少量的铁白云石）、高岭石，也含有少量的绿泥石族矿物、埃洛石。

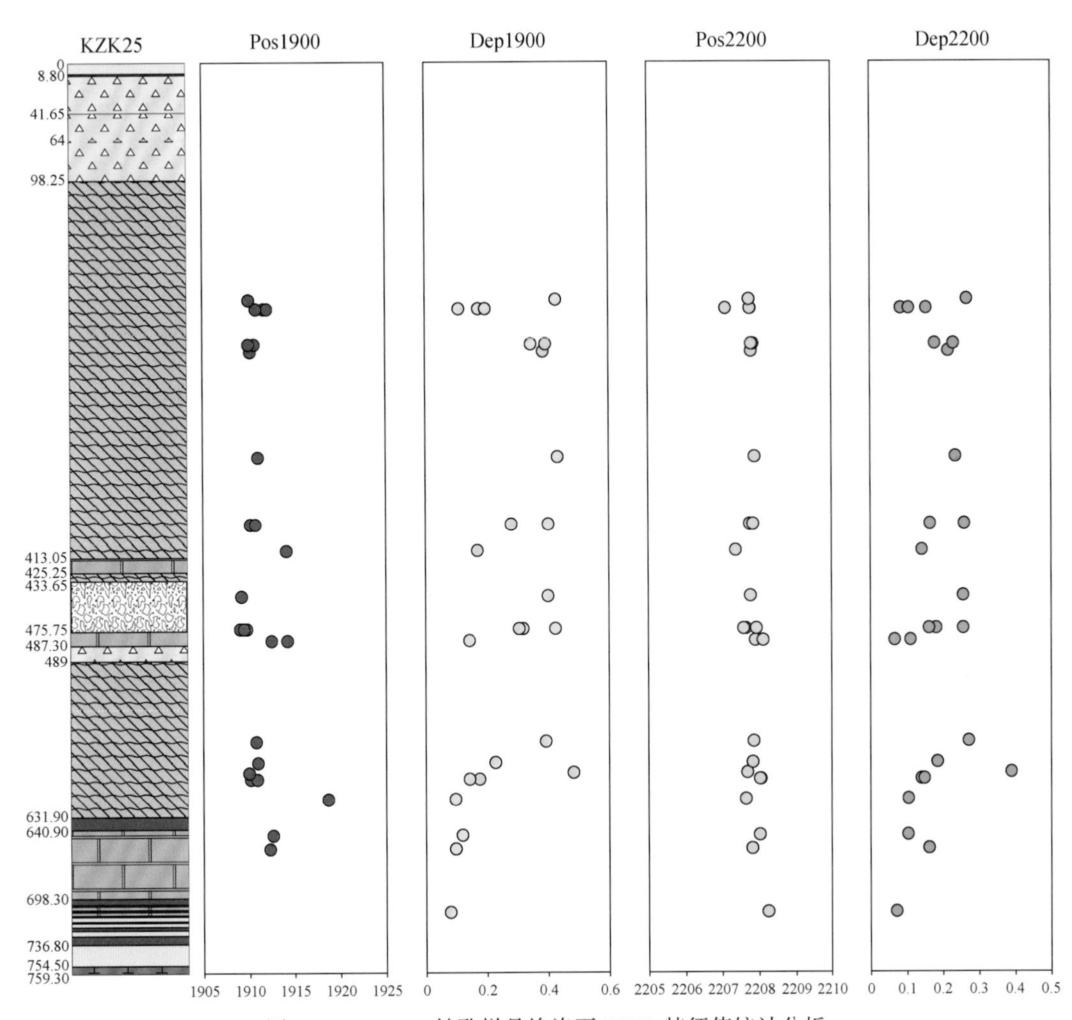

图4.60　KZK25钻孔样品埃洛石SWIR特征值统计分析

1）*白云母族矿物*

白云母族矿物在KZK13钻孔中分布广泛（图4.61），以蒙脱石为主，其次为伊利石，白云母含量极少。夕卡岩及其邻近地段（418.82～427.72m段、672.85～705.10m段、785.15～824.86m段）白云母族矿物分布较多。在SWIR特征值中，Dep1900和Pos2200值在672.85～721.70m段（含赤铁矿化和黄铁矿化夕卡岩）明显增大；Dep2200和IC值在672.85～824.86m段（夕卡岩以及赤铁矿、黄铁矿矿石）持续增大。整体上，IC值小于2.5，只在夕卡岩、矿体附近以及部分角岩中较高。

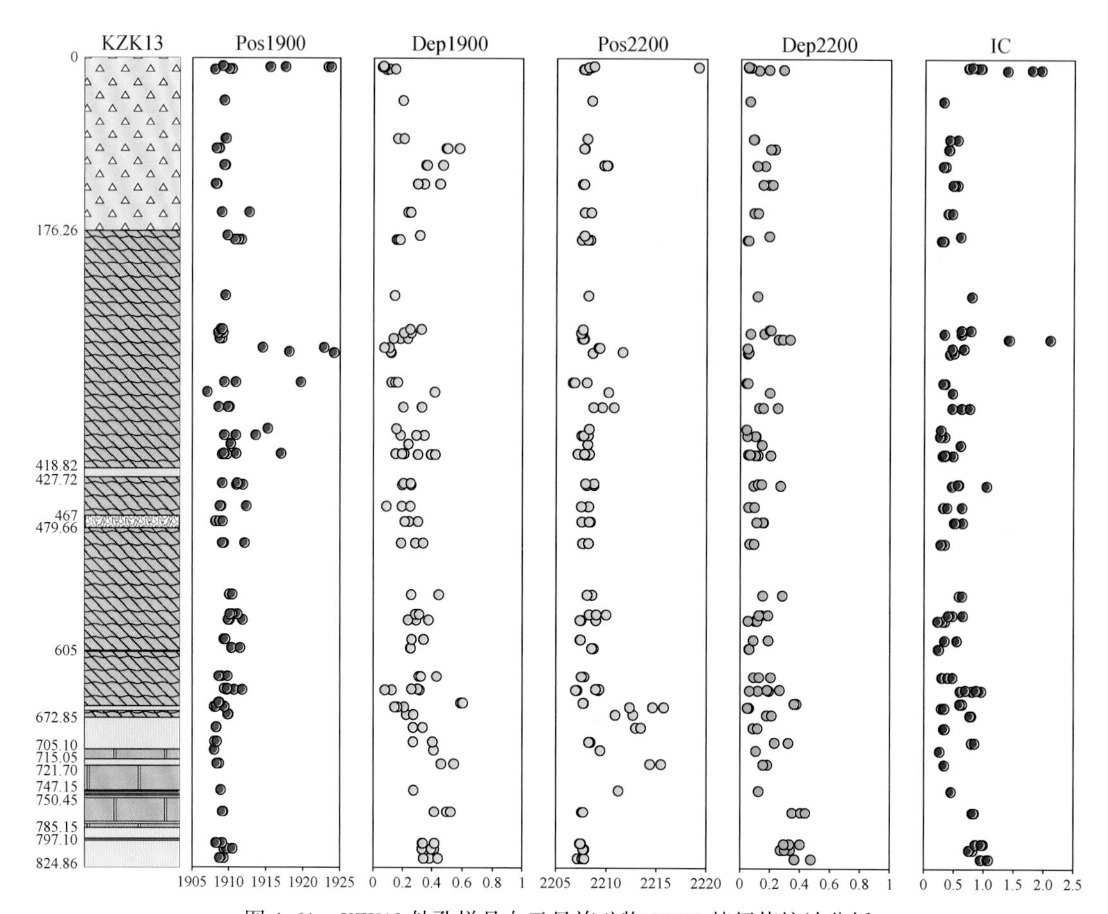

图 4.61　KZK13 钻孔样品白云母族矿物 SWIR 特征值统计分析

2）*碳酸盐矿物*

KZK13 钻孔中碳酸盐矿物主要为方解石，其次有少量的铁白云石，主要出现在火山角砾岩、角岩，以及夕卡岩与大理岩邻近部位（图 4.62）。野外编录显示，火山角砾岩和角岩中主要为方解石脉，推测 SWIR 光谱测试显示的方解石和铁白云石属于热液成因；而夕卡岩以及大理岩邻近部位方解石为灰岩和大理岩的残余，推测 SWIR 光谱测试显示的方解石和铁白云石来自地层。除此之外，因为 KZK13 钻孔中 SWIR 光谱所测试的方解石和铁白云石含量相对较少，未见明显的规律。

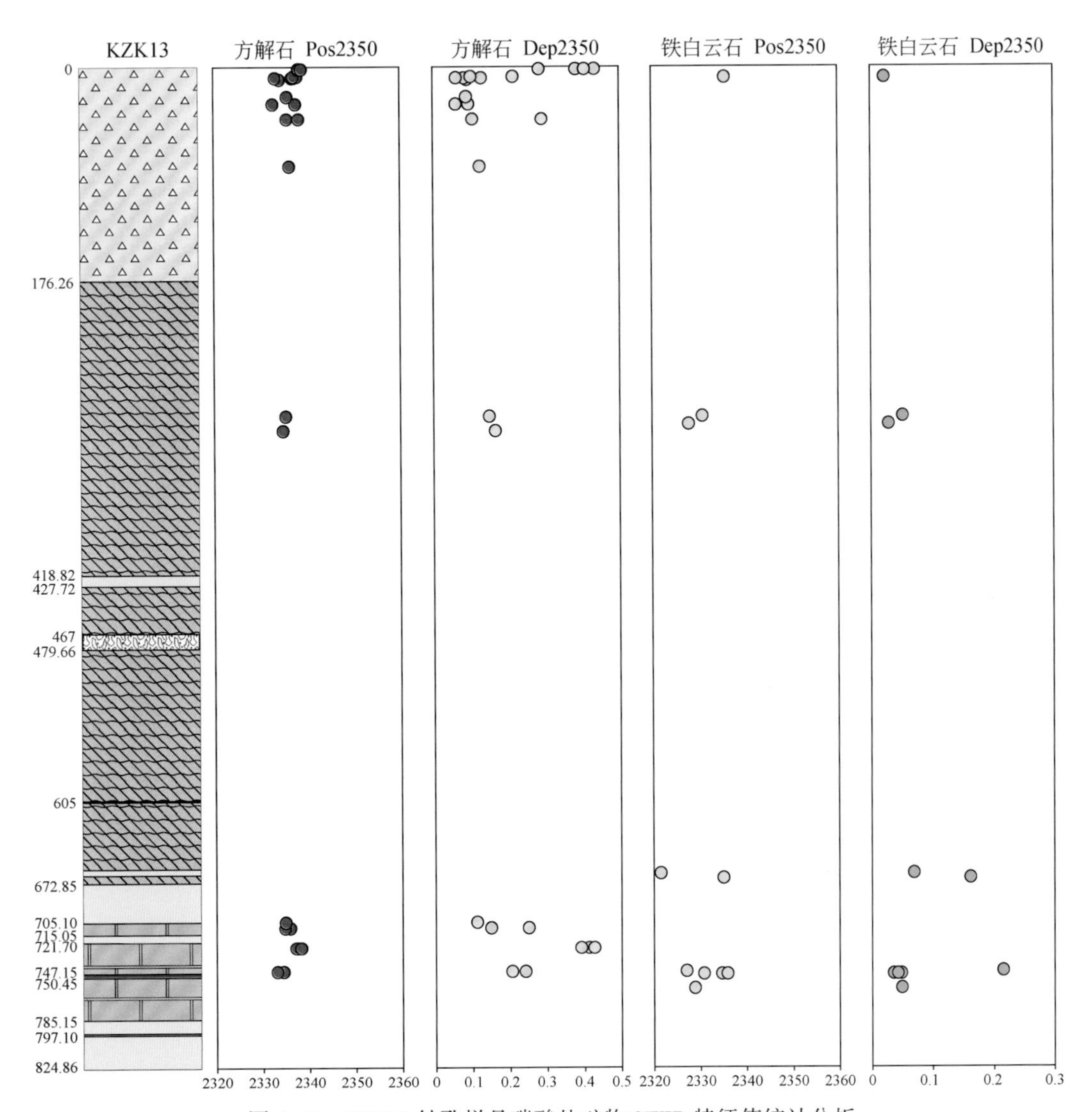

图 4.62　KZK13 钻孔样品碳酸盐矿物 SWIR 特征值统计分析

3）高岭石

高岭石主要分布在 KZK13 钻孔岩心的 176.26 ~ 418.82m 段（角岩）、785.15 ~ 824.86m 段（含黄铁矿和黄铜矿的夕卡岩）以及钻孔顶部（火山角砾岩）（图 4.63）。高岭石 Pos1900、Dep1900、Pos2200 和 Dep2200 特征值在火山角砾岩和角岩中未见明显的规律，但在 785.15 ~ 824.86m 段（含黄铁矿和黄铜矿的夕卡岩），高岭石 Dep1900 和 Dep2200 特征值稍微偏大。

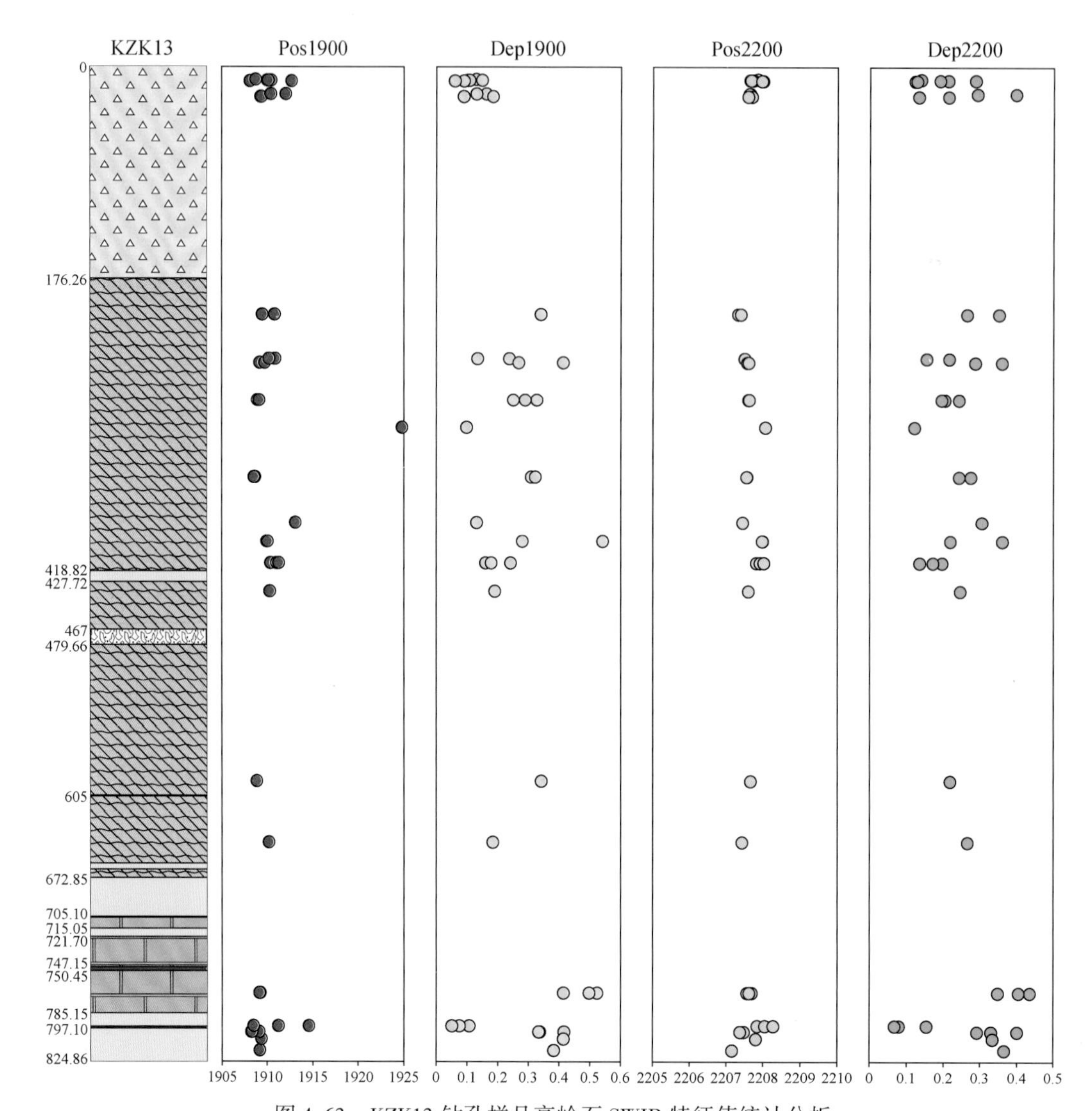

图 4.63　KZK13 钻孔样品高岭石 SWIR 特征值统计分析

4）*绿泥石族矿物*

KZK13 钻孔岩心样品 SWIR 光谱分析显示，绿泥石族矿物为铁绿泥石和镁绿泥石。绿泥石含量整体较少，在火山角砾岩、角岩和夕卡岩中均有少量分布。在 672.85～785.15m 段（含矿夕卡岩），Dep2250 和 Dep2350 特征值增大，在矿体附近最大，但由于绿泥石含量较少，这一规律具有不确定性（图 4.64）。

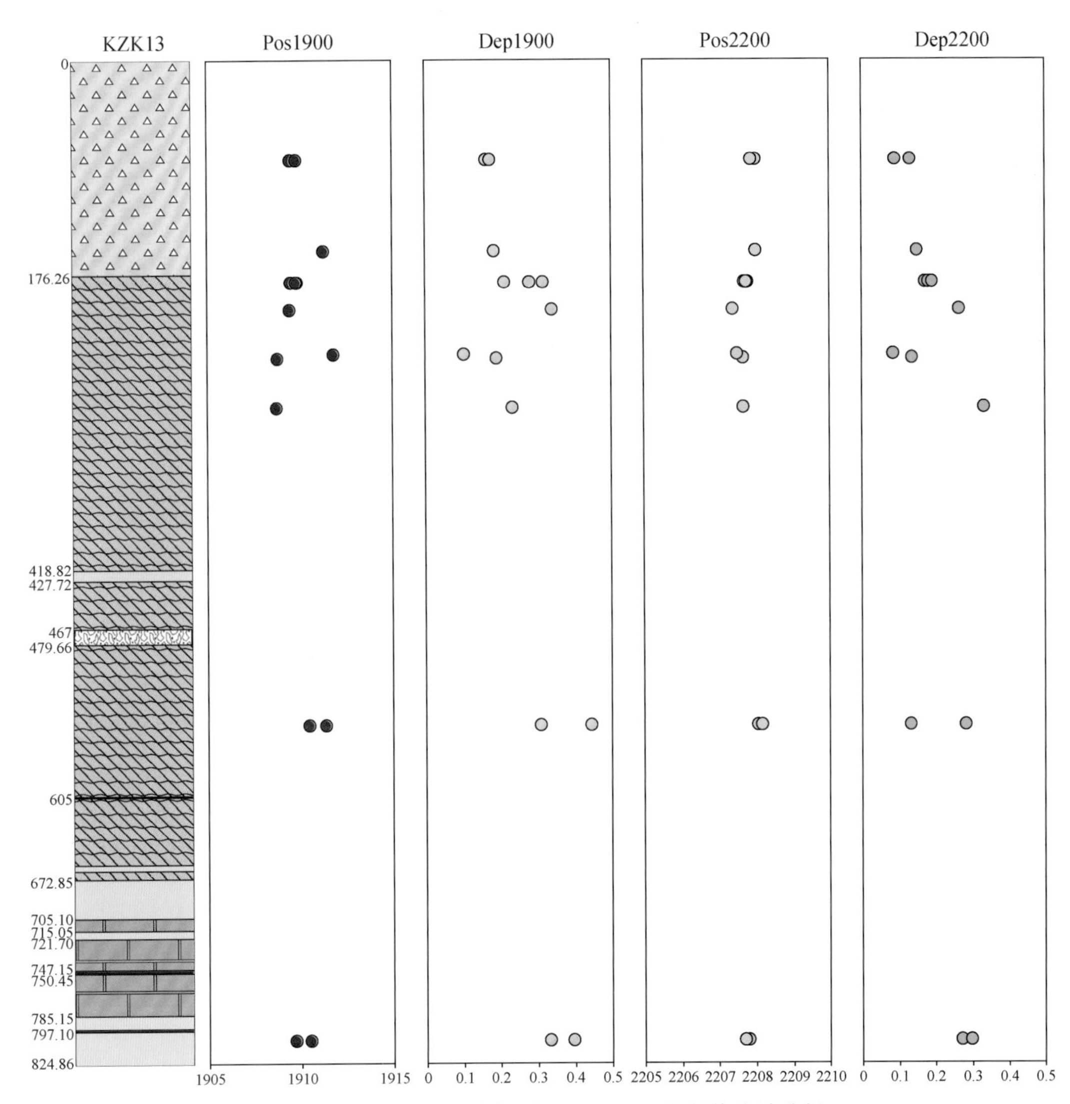

图 4.64 KZK13 钻孔样品绿泥石 SWIR 特征值统计分析

5）规律小结

通过对不同钻孔样品的系统 SWIR 光谱分析，主要获得如下 SWIR 光谱特征值规律：

（1）白云母族矿物的 Pos2200 或者 Dep2200 多在夕卡岩或夕卡岩型矿化附近明显增大；其 IC 值多在夕卡岩或者与岩体的接触带附近明显增大。

（2）地层中方解石的 Dep2350 明显大于热液方解石的 Dep2350。

（3）高岭石的 SWIR 光谱特征值无明显规律，可能是因为 SWIR 光谱识别的高岭石中包含次生高岭石。

（4）绿泥石在夕卡岩中分布较多，其 SWIR 光谱特征值变化明显。在角岩中的绿泥石 Dep2350 随着深度有逐渐增大的趋势。

4.4.2　SWIR 光谱特征值属性

1. 二维属性模型

SWIR 光谱分析工作成果显示，局部钻孔中：①白云母族矿物的 Pos2200 或者 Dep2200 多在夕卡岩或夕卡岩型矿化附近明显增大，其 IC 值多在夕卡岩或者与岩体的接触带附近明显增大；②地层中方解石的 Dep2350 明显大于热液方解石的 Dep2350；③角岩中的绿泥石 Dep2335 随着深度可能有逐渐增大的趋势。为了进一步验证相关矿物（绿泥石和白云母族矿物）的 SWIR 光谱特征值与矿体的耦合关系，以确定示矿信息和勘查标志，本阶段研究对相关勘探线的钻孔样品 SWIR 光谱特征值进行联立处理，建立对应的 SWIR 光谱特征值二维属性模型。

样品的采集密度和勘探线上钻孔的控制密度都会明显影响 SWIR 光谱特征值二维属性模型的有效性。鸡冠嘴矿床各钻孔样品采集密度相近（约 7.84m/件），但勘探线上钻孔的控制密度不一，其中 28#勘探线选择了 ZK02812、KZK13、KZK25 和 ZK0287 共 4 个钻孔进行系统采样，钻孔控制密度最大，其 SWIR 光谱二维属性模型所反映的特征值与矿体的耦合关系应具更高的可靠性，所以本次探讨 SWIR 光谱特征值与矿体的关系主要以 28#勘探线为例。另外，鉴于 28#勘探线 KZK25 和 ZK02812 钻孔中绿泥石发育较少（对应样品中均仅有 2 个样品通过 SWIR 光谱检测出含有绿泥石），绿泥石 SWIR 光谱二维模型数据规律的讨论主要选择绿泥石发育相对较多的 26#勘探线。

1）*绿泥石*

Pos2250（铁峰位置）：绿泥石 Pos2250 特征值在 26#勘探线上总体变化明显，在石英闪长岩内及其与大理岩的接触带呈现出 2 个明显的浓集中心，而且浓集中心区域与矿体呈现出一定的耦合性。除此之外，绿泥石 Pos2250 特征值还在角岩内呈现 1 个次级浓集中心，附近区域分布有两个小型矿体。但整体而言，该勘探线控制的大部分矿体区域的绿泥石 Pos2250 特征值并未见明显的异常区域，特别是-950m 附近矿化较为富集的Ⅶ号矿体。

Dep2250（铁峰吸收深度）：绿泥石 Dep2250 特征值在 26#勘探线上总体变化明显，主要呈现出 3 个浓集中心。第一个浓集中心在石英闪长岩内及其与大理岩的接触带上，该浓集中心与旁侧矿体存在明显偏移；第二个浓集中心在角岩内，并与旁侧的小型矿体呈现出较好的耦合性；第三个浓集中心在石英闪长岩内，由于超出钻孔的控制标高，所以该浓集中心应该剔除，但总体而言深部的石英闪长岩内的绿泥石 Dep2250 呈现出高值区域，但区域内并未明显矿化。

Pos2335（镁峰位置）：绿泥石 Pos2335 特征值在 26#勘探线上总体变化不大，仅在深部石英闪长岩内出现高值区域，整体上与Ⅶ号矿体缺乏耦合性。而浅部区域的矿体则对应着 Pos2335 高值和低值的过渡区域，也未见明显的耦合性。

Dep2335（镁峰吸收深度）：绿泥石 Dep2335 特征值在 26#勘探线上总体变化不明显，几乎都处于高值区域，仅在深部的石英闪长岩内出现低值区域，由于超出钻孔控制标高，所以该低值区域应该剔除。整体上，绿泥石 Dep2335 与矿体未见明显的耦合性，示矿作用不明显。

需要指出的是，虽然鸡冠嘴矿床26#勘探线绿泥石相对发育，但其发育程度仍然有限，三个钻孔共采集的379件样品中仅有35个样品（KZK23、KZK11和ZK02619分别为13件、7件和15件样品）被SWIR光谱检测出绿泥石，这使得对绿泥石SWIR光谱特征值空间规律的总结受到了一定程度的制约，其余矿体耦合关系的有效性仍然需要进一步的验证。

2）白云母族

Pos2200（铝峰位置）：白云母族 Pos2200 特征值在28#勘探线剖面上整体变化不大，一共出现4个浓集中心。第一个浓集中心出现在地表附近，推测为近地表的火山岩受风化作用影响形成，不具实际意义；第二个浓集中心在近石英闪长岩和大理岩接触带区域上，并且与Ⅶ号矿体群呈现出较好的耦合性，且产状相近；第三个浓集中心也在石英闪长岩和大理岩接触带区域内，虽然该浓集中心范围较小，但与该区域的Ⅶ号矿体产状转折端具有较好的耦合性；第四个浓集中心在石英闪长岩与角岩的接触带上，为次级浓集中心，产状与旁侧矿体近似，虽然该浓集中心与矿体在空间位置上存在偏移，但其示矿作用明显。总体而言，Pos2200 特征值的浓集中心在28#勘探线上与矿体的耦合性较好。

为了进一步验证该特征值在其他空间位置与矿体的耦合性，选择26#、30#和32#勘探线剖面的 Pos2200 特征值进一步讨论。

26#勘探线剖面中，Pos2200 特征值出现了4个明显的浓集中心，其中有3个浓集中心位于石英闪长岩和大理岩的接触带，与矿区的Ⅶ号矿体群呈现出较好的耦合性，而且有一个浓集中心正好与Ⅶ号矿体群产状转折端重合。另外一个浓集中心在大理岩内部，空间位置上也与该区域的小型矿体具有较好的耦合性。

30#勘探线剖面中，Pos2200 特征值出现多个明显的浓集中心，其中在近大理岩与角岩的接触带以及近大理岩与石英闪长岩的接触带上出现的浓集中心与Ⅶ号矿体群呈现出较好的耦合性。浅部区域中，虽然未形成明显的浓集中心，但该区域内的矿体也与 Pos2200 的高值对应。

32#勘探线剖面中，Pos2200 特征值总体较高，浓集中心不明显。总体而言，32#勘探线剖面深部（-1400 ~ -1300m）Ⅶ号矿体群和-1000 ~ -750m 角岩内的小型矿体仍然对应着白云母族 Pos2200 特征值的高值。

综上所述，鸡冠嘴铜金矿床白云母族 Pos2200 特征值的高值区域对矿体位置具有较好的指示性。这与澳大利亚 Hellyer VHMS 矿床（Yang et al.，2011）和阿根廷 Arroyo Rojo VMS 矿床（Biel et al.，2012）具有相似的特征。那么指示矿体位置的白云母族 Pos2200 高值范围是多少呢？26#勘探线、28#勘探线和30#勘探线与矿体位置耦合较好的、明显的浓集中心 Pos2200 最低值均为2209。所以白云母特征值 Pos2200 大于2209的石英闪长岩接触带区域或者破碎带区域可能为找矿潜力较好的区域。同时选择白云母族 Pos2200 与矿体耦合关系较好且富集矿体分布较为集中的28#勘探线分布 Pos2200 特征值与矿体距离的耦合关系。ZK0287 钻孔中，远离矿化的区域 Pos2200 特征值较为稳定，在距离矿体400m左右的距离时，少数 Pos2200 明显变大，在矿体附近 Pos2200 变化较大，但总体而言 Pos2200

与矿体距离之间变化关系无明显规律。ZK02812 钻孔中，因为Ⅶ号矿体群的尖灭，Pos2200 与距Ⅶ号矿体的距离无明显关系，在距离为 600 ~ 700m 局域（即Ⅲ号矿体附近区域），Pos2200 明显增大，示矿距离约为 200m。KZK25 中，Ⅶ号矿体附近和Ⅲ号矿体区域Pos2200 均明显增大，示矿距离约为 200m。KZK13 钻孔中，Pos2200 在矿化位置有较大的值，但整体无规律，示矿距离约为 400m。Pos2200 的示矿距离明显受到岩性复杂程度的影响，岩性单一，示矿距离较大，可达 400m。

Dep2200（铝峰吸收深度）：白云母族 Dep2200 特征值在 28#勘探线剖面上整体变化明显，呈现出多个浓集中心和次级浓集中心。其中在石英闪长岩与大理岩的接触带区域的浓集中心与Ⅶ号矿体呈现出了一定程度的耦合性。在石英闪长岩与角岩的接触带区域的次级浓集中心也与该区域内的小型矿体呈现出较好的耦合性。但在近石英闪长岩与角岩的竖直接触带的浓集中心以及其余次级浓集中心区域均未发现有明显的矿体与其对应，所以云母族矿物 Dep2200 特征值的示矿作用具有局限性。

IC（结晶度=Dep2200/Dep1900）：白云母族 Dep2200 特征值在 28#勘探线剖面上整体较低，出现的两个浓集中心分别在石英闪长岩以及角岩内，均未见明显的矿化与其对应。

2. 三维属性模型

1）绿泥石

Pos2250：绿泥石 Pos2250 特征值在三维空间上总体呈现出 3 个高值区域，即 ZK02619 钻孔-450m 和-950m 标高附近区域以及 KZK23 钻孔标高-600m 附近区域（图 4.65）。除了 ZK02619 标高-950m 区域的高值区域与矿体对应关系明显外，整体上与矿体对应关系不明显，特别是深部较为富集的Ⅶ号矿体。

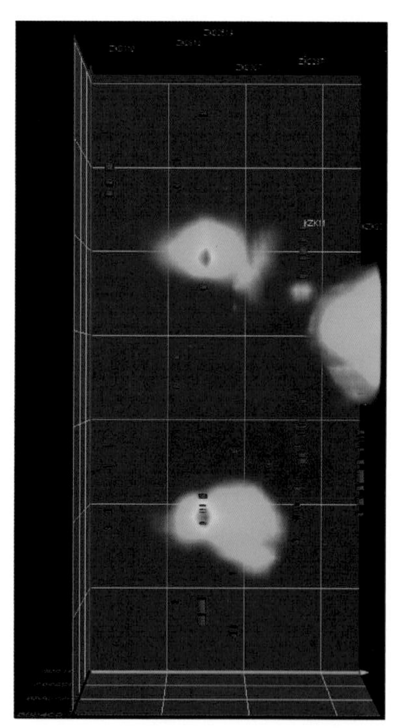
图 4.65　绿泥石 Pos2250 三维模型

Dep2250：绿泥石 Pos2250 特征值在三维空间上总体呈现出 3 个高值区域，即 ZK02619 钻孔-400m 和-1000m标高附近区域以及 KZK23 钻孔标高-800m 附近区域（图 4.66）。除了 ZK02619 标高-1000m 区域的高值区域与矿体存在一定的对应关系外，整体上与矿体对应关系不明显。Pos2250 特征值高值说明对应区域绿泥石含量相对较高，绿泥石化可能相对较强。

Pos2335：绿泥石 Pos2335 特征值在三维空间上总体呈现出 1 个高值区域，即 KZK23 钻孔标高-600m 附近区域（图 4.67），与 Pos2250 在该区域的高值近于重合，但整体上与矿体对应关系不明显。

Dep2335：绿泥石 Dep2335 特征值在三维空间上总体呈现出 3 个高值区域，即 ZK0307 钻孔-1100m 标高附近区域、ZK02619 标高-1000m 区域以及 KZK23 钻孔标高-600m 附近区域（图 4.68）。除此之外，还见两个次级高值区域（ZK02619 标高-400m 区域和

KZK23 标高-800m 区域)，但范围较小。整体上，除了 ZK02619 标高-1000m 区域的高值区域与矿体对应关系明显外，整体上与矿体对应关系不明显。Dep2335 高值指示对应区域绿泥石化相对较强，但其也可能是受到旁侧碳酸盐岩 Dep2335 特征值的影响。

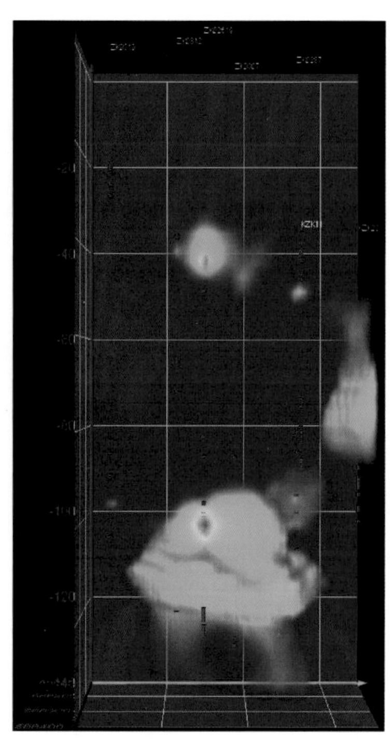

图 4.66　绿泥石 Dep2250 三维模型

2）白云母族

Pos2200：白云母族 Pos2200 特征值在三维空间上总体呈现出 3 个高值区域，即 KZK11 钻孔 -1000 ~ -800m标高区域、ZK02812、ZK02619 钻孔标高-400m 区域、ZK0287 钻孔近地表区域（图 4.69）。ZK0287 钻孔近地表区域，推测其高值可能是风化产生的云母族矿物所致。而其余两个高值区域与矿体的对应关系较为明显，空间上其他矿体区域虽然未出现明显的高值区域，但总体上 Pos2200 特征值较高。

Dep2200：白云母族 Dep2200 特征值在三维空间上呈现出的高值区域形状不规则，且与矿体的对应关系不明显。总体而言，Dep2200 规律性不强，空间上深部的石英闪长岩和闪长玢岩区域呈现高值，浅部的角岩和大理岩也较高，暗示白云母族矿物含量相对较高（图 4.70）。

IC：白云母族 IC 值在三维空间上呈现出的高值区域形状不规则，且与矿体的对应关系不明显。但总体而言，空间上岩体区域白云母族 IC 值较高，而大理岩、火山角砾岩和

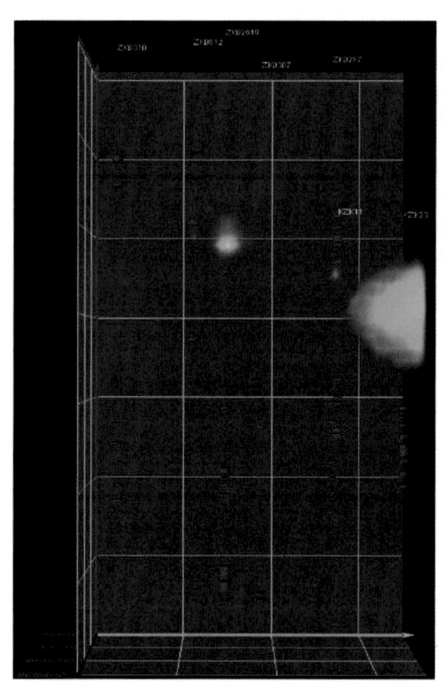

图 4.67　绿泥石 Pos2335 三维模型

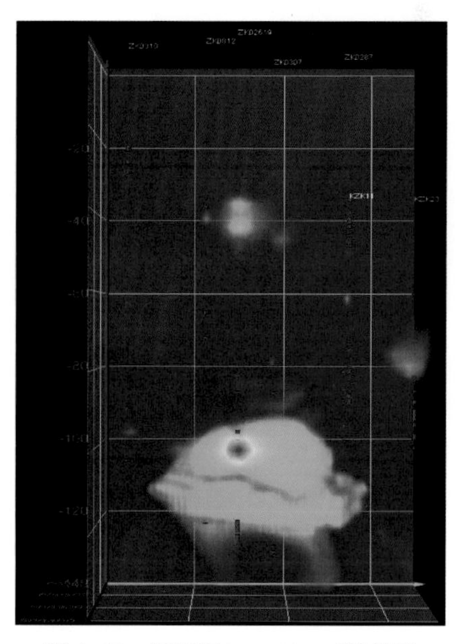

图 4.68　绿泥石 Dep2335 三维模型

火山碎屑岩的IC值较低（图4.71）。在KZK23钻孔标高-855～-700m区域白云母族IC值出现特高值区域，这是因为该范围内的样品的云母族矿物主要为白云母。

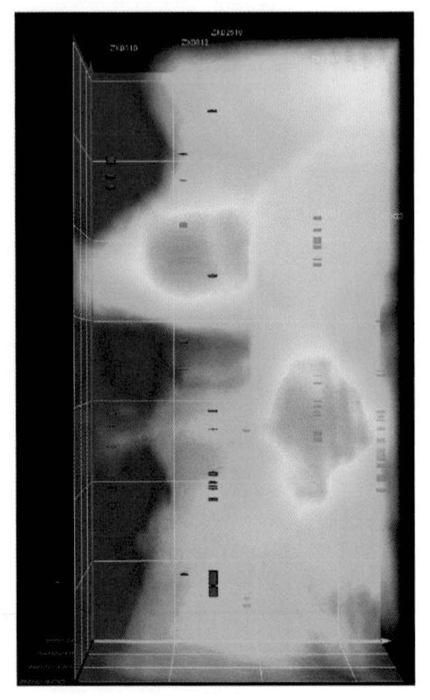

图4.69　白云母族Pos2200三维模型

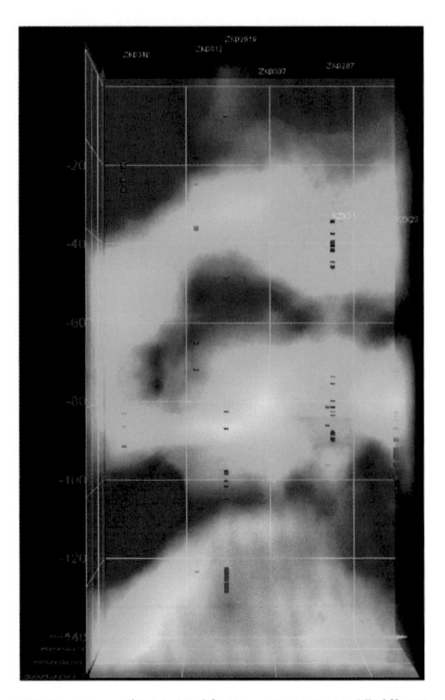

图4.70　白云母族Dep2200三维模型

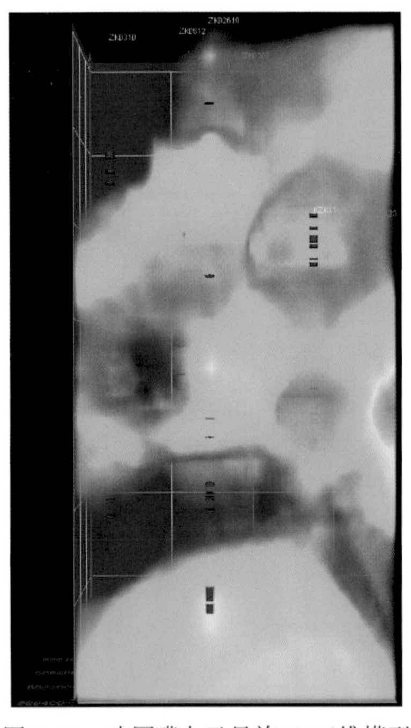

图4.71　鸡冠嘴白云母族IC三维模型

4.5　黄铁矿地质地球化学特征

1. 黄铁矿类型及空间分布特征

鸡冠嘴矿床的黄铁矿多以浸染状、细脉状或团块状分布于矿体中，如近矿的夕卡岩和岩体中，远矿的大理岩、角岩和角砾岩中，其中以角岩中的流体逃逸结构最为典型，其矿物组合形式主要可以分为6种：①石英-黄铁矿（图4.72a，b）；②方解石-黄铁矿（图4.72c，d）；③石英-方解石-黄铁矿（图4.72e，f）；④石英-钾长石-黄铁矿（图4.72g）；⑤石英-绢云母-黄铁矿（图4.72h，i）；⑥石英-方解石-绿泥石-（绿帘石）-黄铁矿（图4.72j，k）。局部也偶见方解石-钾长石-黄铁矿（图4.72l，m）和石英-黑云母-黄铁矿（图4.72n，o）。常见方解石-黄铁矿脉多穿切石英-方解石-黄铁矿脉/团块（图4.73a，b）、石英-黄铁矿脉（图4.73c）、石英-绢云母-黄铁矿团块（图4.73d）和石英-钾长石-黄铁矿脉（图4.73e），局部也见石英-黄铁矿脉切割石英-钾长石-黄铁矿脉（图4.73f），显示鸡冠嘴黄铁矿具有多期性。

更为重要的是，对ZK03010钻孔250～280m段大理岩中的孔隙状黄铁矿（图4.72p）进行显微观察发现，结晶黄铁矿中含大小不等的胶状黄铁矿颗粒，多呈椭圆状（图4.72q），局部呈不规则状，且后期改造明显，局部重结晶形成结晶黄铁矿和方解石交互排列的指纹状黄铁矿（图4.72r）。鸡冠嘴胶状黄铁矿的成因尚不清楚，其是属于沉积成因进而指示本矿床存在早期的沉积成矿作用，还是属于岩浆期后热液成因进而指示成矿过程发生过物理化学条件的骤变，有待进一步的研究。

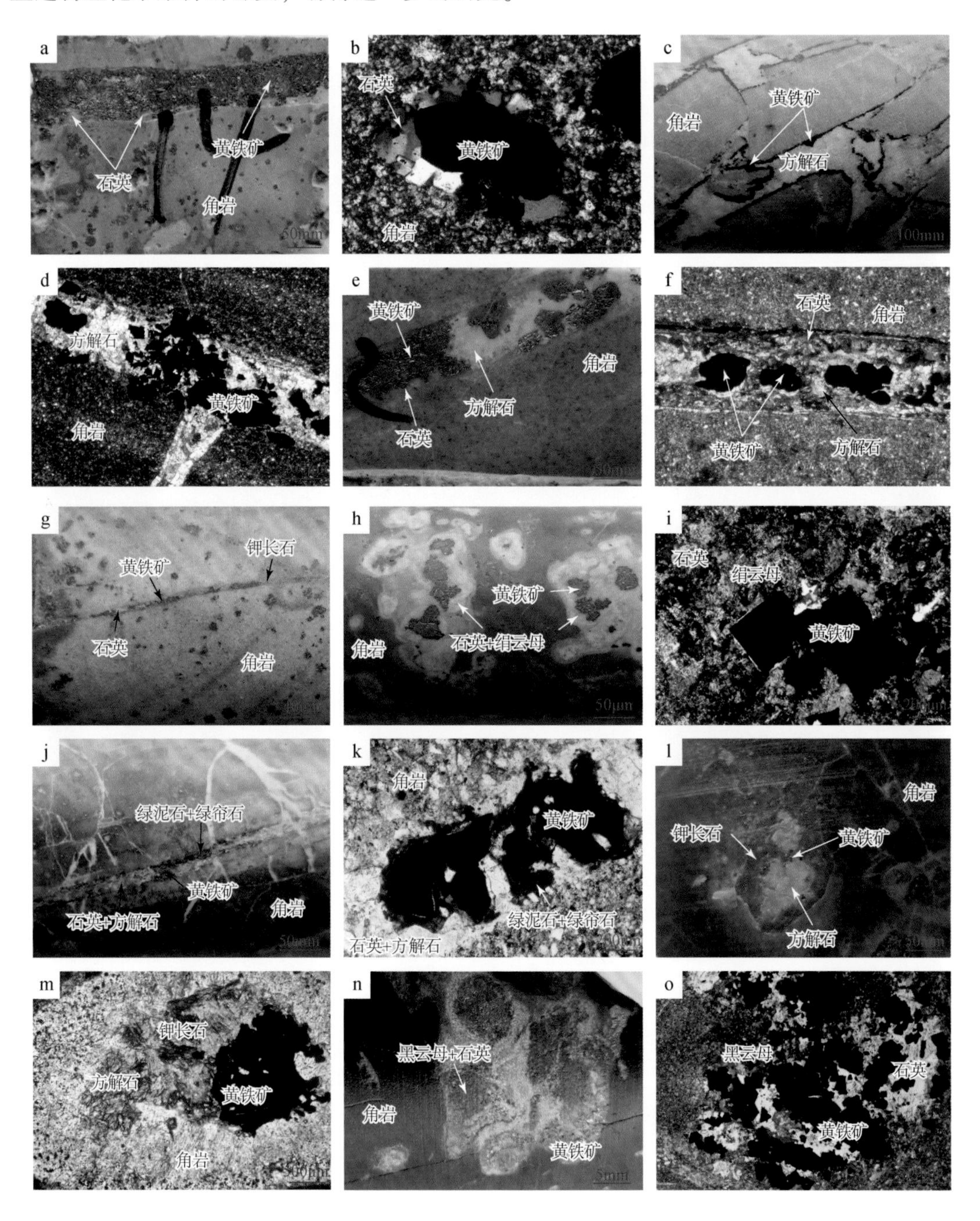

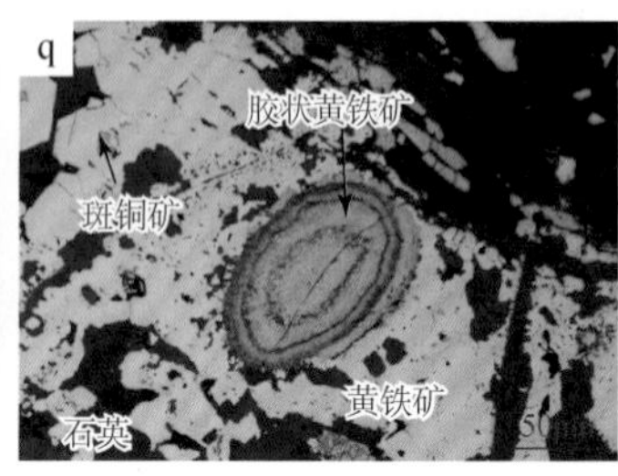

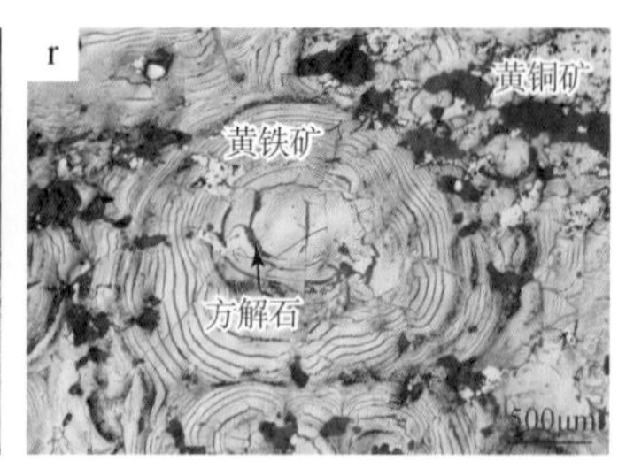

图 4.72　鸡冠嘴矿区典型黄铁矿类型

a. 角岩中的石英-黄铁矿脉和浸染状黄铁矿；b. 角岩中石英-黄铁矿团块显微照片（+）；c. 方解石-黄铁矿网脉胶结角岩角砾，黄铁矿分布于脉侧；d. 角岩中的方解石-黄铁矿脉显微照片（+）；e. 角岩中的石英-方解石-黄铁矿脉和浸染状黄铁矿；f. 角岩中石英-方解石-黄铁矿脉显微照片（+）；g. 石英-钾长石-黄铁矿脉；h. 角岩中不规则团块状石英-绢云母-黄铁矿；i. 石英-绢云母-黄铁矿显微照片（+）；j. 角岩中的石英-方解石-绿泥石-绿帘石-黄铁矿脉；k. 角岩中的石英-方解石-绿泥石-绿帘石-黄铁矿脉显微照片（-）；l. 角岩中的团块状方解石-钾长石-黄铁矿，钾长石分布于团块外侧；m. 角岩中的团块状方解石-钾长石-黄铁矿显微照片（-）；n. 角岩中不规则团块状的石英-黑云母-黄铁矿；o. 角岩中不规则团块状的石英-黑云母-黄铁矿显微照片（-）；p. 产于大理岩中的孔隙状黄铁矿矿石；q. 椭圆状的胶状黄铁矿颗粒包含于石英-结晶黄铁矿中；r. 胶状黄铁矿重结晶形成的指纹状黄铁矿

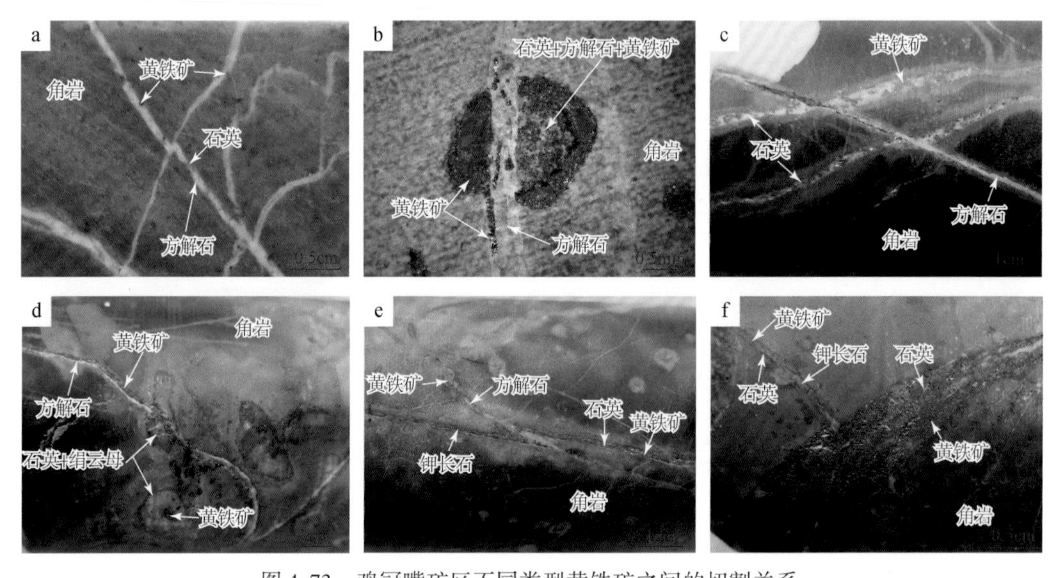

图 4.73　鸡冠嘴矿区不同类型黄铁矿之间的切割关系

a. 角岩中的方解石-黄铁矿脉切割石英-方解石-黄铁矿脉；b. 角岩中的方解石-黄铁矿脉切割团块状石英-方解石-黄铁矿；c. 角岩中脉侧钾化的方解石-黄铁矿脉切割 2 条脉侧钾化的石英-黄铁矿脉；d. 角岩中方解石-黄铁矿脉切割团块状石英-绢云母-黄铁矿；e. 角岩中方解石-黄铁矿脉切割石英-钾长石-黄铁矿脉；f. 石英-钾长石-黄铁矿脉被石英-黄铁矿脉所切割

石英-黄铁矿、石英-方解石-黄铁矿和方解石-黄铁矿分布范围广且均匀，是研究黄铁矿微量元素和物理结构空间变化规律及其与矿体耦合关系的理想对象。石英-黄铁矿主要分布在Ⅲ号和Ⅶ号矿体群外围，以角岩中最为发育，分布标高主要为-1000 ~ -600m。石英-方解石-黄铁矿也分布在矿体外围，除了标高主要为-1000 ~ -600m 的角岩中，深部

-1300 ~ -1200m 的岩体中也有分布。方解石-黄铁矿是分布最广的黄铁矿类型，与石英-方解石-黄铁矿分布相似，但浅部分布更为广泛。石英-方解石-绿泥石-（绿帘石）-黄铁矿在空间上呈零星产出，产于 ZK0307、KZK11、KZK23 和 ZK02619 钻孔控制的局部地段。石英-钾长石-黄铁矿和石英-绢云母-黄铁矿的分布虽然较石英-绿泥石-黄铁矿发育，但其控制范围有限。石英-钾长石-黄铁矿多分布于-1200 ~ -600m 的深部区域，接近深部的大型岩体，蚀变温度可能较高；石英-绢云母-黄铁矿分布较石英-钾长石-黄铁矿浅，主要分布标高为-800 ~ -200m 区域，靠近浅部小型岩体，推测蚀变温度相对较低。方解石-钾长石-黄铁矿和石英-黑云母-黄铁矿仅为零星出露，前者出现在 KZK9 钻孔 236. 73m 处和 ZK0326 钻孔 980. 10m 处，而后者仅出现在 KZK13 钻孔 434. 96m 处。

可见，鸡冠嘴矿床黄铁矿的多期性、分布的广泛性、矿物组合及结构的多样性均为黄铁矿物理结构及化学成分特征研究、成因机制研究和勘查指示信息提取提供了客观保障。

2. 样品采集及测试方法

本次测试选取鸡冠嘴与矿化密切相关的石英-黄铁矿样品开展黄铁矿微量元素空间矢量变化规律研究，样品从三维蚀变编录的 13 个钻孔中均匀采取 113 件。同时，也对各类矿物组合的黄铁矿开展微量元素对比研究。

黄铁矿 LA-ICP-MS 原位微区微量元素分析在澳大利亚塔斯马尼亚大学国家矿产研究中心（CODES）进行，分析仪器为 213nm New Wave Nd，YAG 激光剥蚀系统和 Agilent 7500a 型四级杆质谱仪。实验过程中采用 He 作为剥蚀物质的载气。实验过程中采用 20 ~ 40μm 的激光束对分析样品进行斑点式剥蚀，重复频率为 5Hz，激光的能量约为 $6J/cm^2$。每个样品分析点的分析时间为 90s，其中包括 30s 的剥蚀前的背景值测定，接下来激光开启后的 45 ~ 50s 内接收的数据为有效分析数据。所有的分析数据都必须用 STDGL 2b-2 标样值来进行校正，且以 Fe 作为内标元素来进行元素含量的计算。为了排除偶然因素，用来分析微量元素空间矢量变化规律的石英-黄铁矿每个样品选取不同的点测试 6 次。

黄铁矿原位 S 同位素分析在中国科学院广州地球化学研究所 SIMS 实验室完成，所用仪器为 Cameca IMS1280-HR 型二次离子质谱仪。测试过程中的标样设置举例如下：4 个标样—10 个未知样—2 个监控样—4 个标样，并依次循环。未知样品可根据情况增加或减少。获得数据后，首先观察标样的测试结果，若标样结果浮动过大，则需仔细分析标样结果，并评估数据的可靠性。如标样结果浮动很小，可计算未知样品。借鉴前人研究成果（Kozdon et al.，2010；Whitehouse，2013；Ushikubo et al.，2014；LaFlamme et al.，2016），本书最初确定的分析条件为：一次束为 Cs^+；束流为 5nA；束斑为 15μm；能量窗为 40 ± 5eV；CA 为 400μm；FA 为 4000μm；质量分辨率为 5000 用以消除 $^{32}S^1H$ 对 ^{33}S 的干扰；进行预溅射以剥蚀掉样品表面的金，预溅射时间为 20s；积分时间为 160s，共 40 个循环，每个循环用时 4s；利用 NMR 技术锁定磁场；利用电子枪进行电荷补偿；用 3 个法拉第杯同时接收 ^{32}S，^{33}S，^{34}S；用 EM 接收 ^{36}S，二次束对中时间为 60s；每 10 个循环做一次二次束对中，每个点的总分析时间为 6min。

3. 测试结果

1）黄铁矿 LA-ICP-MS 原位微区微量元素分析

不同矿物组合的黄铁矿中，石英-绢云母-黄铁矿中普遍具有较高的 Na、Mg、Al、Si、K、Ca、Ti、V、Zr、Nb、Gd、Hf、Ta、W、Th 和 U，推测可能是黄铁矿中包含微细粒的长石等包裹体。方解石-黄铁矿具有较低的 Co、Ni 和 Te，较高的 Zn 和 Mo。石英-钾长石-黄铁矿和石英-黄铁矿具有较低的 Hg。胶状黄铁矿和指纹状黄铁矿相对于各种矿物组合的结晶黄铁矿具有更高的微量元素含量，包含 Na、Mg、Al、Si、K、Ca、V、Mn、Cu、Zn、As、Mo、Ag、Cd、Sn、Sb、Te、W、Au、Tl、Pb 和 U，但是却含有更低的 Cr。

2）黄铁矿 SIMS 原位微区 S 同位素分析

胶状黄铁矿、指纹状黄铁矿和主成矿阶段的结晶黄铁矿 $\delta^{34}S_{CDT}$ 分别为 -3.41‰ ~ 2.00‰（平均值：-0.54‰）、2.55‰ ~ 3.99‰（平均值：1.48‰）和 2.37‰ ~ 3.02‰（平均值：2.03‰）。

4. 胶状黄铁矿成因

胶状黄铁矿先前一直被认为是通过沉积作用才能形成，如谢华光等（1995）、杨道斐等（1982）、刘裕庆（1991）和唐永成等（1998）对长江中下游成矿带铜陵矿集区新桥铜-硫-铁矿床胶状黄铁矿的成因判断。近些年来，随着 LA-ICP-MS 原位微区微量元素和 SIMS 或 SHRIMP 原位微区 S 同位素测试技术的应用，胶状黄铁矿的成因得到了进一步的研究。Barrie 等（2009）研究指出胶状结构是在非平衡动力学控制的条件下形成，其代表成矿热液物理化学条件或沉积条件的变化。Franchini 等（2015）更是指出热液型胶状结构的形成反映了流体在沸腾或（和）混合情况下的快速结晶，这种沸腾或（和）混合常常导致了温度的波动，如日本的 Ezuri 矿床中的岩浆热液型胶状黄铁矿（Barrie et al.，2009）。那么，鸡冠嘴胶状黄铁矿是属于岩浆热液成因反映矿床成矿物理化学条件的变化，还是属于沉积成因反映主成矿作用之前存在早期的沉积成矿作用？

Bralia 等（1979）对多种不同成因类型黄铁矿的 Co、Ni 含量进行系统研究后认为：沉积黄铁矿 Co/Ni 小于 1；热液型黄铁矿的 Co、Ni 含量变化较大，1<Co/Ni<5；火山喷气块状硫化物矿床 Co/Ni 变化范围一般为 5 ~ 50。鸡冠嘴胶状黄铁矿和指纹状黄铁矿的 Co、Ni 含量以及两种黄铁矿的 Co/Ni 都具热液成因特征。

宋学信和张景凯（1986）通过对我国众多矿床开展黄铁矿微量元素地球化学特征研究指出，我国沉积黄铁矿的 Se/Te 变化范围为 0.2 ~ 4，而夕卡岩-热液矿床黄铁矿的 Se/Te 变化幅度较大，为 0.4 ~ 75。鸡冠嘴胶状黄铁矿和指纹状黄铁矿的 Se、Te 含量以及两种黄铁矿的 Se/Te 具热液成因特征。

胶状黄铁矿、指纹状黄铁矿和交代二者的石英-黄铁矿硫同位素平均值三者总体相近，也与张伟（2015）所获得的鸡冠嘴接触带夕卡岩型黄铁矿（2.40‰ ~ 3.50‰）和角岩地层中层状矿体中的黄铁矿（3.86‰ ~ 4.50‰），以及余元昌等（1985）、赵海杰等（2010）获得的邻区铜绿山夕卡岩型黄铁矿（2.85‰ ~ 6.50‰）相近。另外，鸡冠嘴胶状黄铁矿与新桥岩浆热液型胶状黄铁矿（$\delta^{34}S_{CDT}$：-4.61‰~2.74‰，平均值为0.58‰；Zhang et al.，2017b）具有相似的S同位素组成，暗示鸡冠嘴胶状黄铁矿属于热液成因的可能，反映鸡冠嘴矿床在形成过程中可能存在成矿热液沸腾或混合引起的物理化学条件急剧波动。

5. 黄铁矿微量元素赋存状态

黄铁矿富含Au、Ag、Cu、Pb、Zn、Co、Ni、As、Sb、Se和Te等多种微量元素（Reich and Becker，2006；Large et al.，2009；Deditius et al.，2011），这也使得热液型黄铁矿被认为是成矿热液中（金属）元素的“清除剂”和流体成分变化的“监视器”（Reich et al.，2013）。微量元素在黄铁矿中的赋存形式主要包括类质同象、硫化物固溶体和纳米级包裹体3种形式（Thomas et al.，2011；Ciobanu et al.，2012）。元素Ni和Co容易进入黄铁矿的晶格同象置换Fe，而且不易释放，而As、Se和Te常以同样形式置换S（Tribovillard et al.，2006；Large et al.，2009）。黄铁矿LA-ICP-MS原位微区微量元素分析的激光信号图可以有效指示黄铁矿微量元素的赋存状态（Zhang et al.，2017c）。大量鸡冠嘴黄铁矿LA-ICP-MS测试点的Co、Ni、Cu、Se、Te、Mn、As、Zn信号稳定且平坦，显示这些元素在黄铁矿中均匀分布，应以类质同象的形式存在于黄铁矿的晶体结构中。局部一些点的Co、Ni信号此消彼长或同时波动，显示黄铁矿颗粒内部也存在一些Co-Ni环带。元素Pb由于较大的原子半径而不容易进入黄铁矿的晶格中，但是它相比Fe元素更易于与元素S结合形成金属硫化物，这导致方铅矿早于黄铁矿形成，并易于在黄铁矿中形成方铅矿的微细粒包裹体（Morse and Luther，1999；Koglin et al.，2010）。鸡冠嘴黄铁矿一些测试点的激光信号图显示鸡冠嘴黄铁矿中常存在Pb-Bi-Ag-Cu-Sb包裹体、Pb-Bi-Mn包裹体、Pb-Bi和Cu-Co-Ag包裹体和Pb-Bi-Ag-Te-Sb包裹体，这与鸡冠嘴矿区广泛存在碲银矿的特征吻合（张伟等，2016），也与Pb和Bi两元素含量的正相关特征吻合。由于元素Pb、Co分别主要以类质同象和包裹体的形式存在于黄铁矿中，那么Pb/Co和Ag/Co、Bi/Co的良好正相关关系也说明Ag和Bi主要以微细粒包裹体的形式存在于黄铁矿中。

元素Au在黄铁矿主要以固溶体金（Au^{+1}）和纳米金（Au^{0}）形式存在，而黄铁矿中Au和As的含量可以对Au的赋存形式进行有效制约（Reich et al.，2005）。通过研究发现鸡冠嘴的Au在黄铁矿中以晶格金的形式存在。

6. 流体成分演化

选择石英-硫化物阶段和方解石-硫化物阶段最主要的黄铁矿类型——石英-黄铁矿和方解石-黄铁矿，石英-硫化物阶段晚期的石英-方解石-黄铁矿和末期的胶状黄铁矿，方解石-硫化物阶段早期的指纹状黄铁矿进行微量元素对比，以反演石英-硫化物阶段至方解石-硫化物阶段成矿流体成分的演化。

指纹状黄铁矿为胶状黄铁矿重结晶形成，其微量元素基本继承了胶状黄铁矿的特征，二者与石英-硫化物阶段和方解石-硫化物阶段的黄铁矿微量元素具有较大差别，暗示成矿热液成分在石英-硫化物阶段末期发生了明显的波动，这也与胶状黄铁矿可能形成于成矿热液混合引起的急剧波动的物理化学条件的推测吻合，即在石英-硫化物阶段末期可能有富含微量元素的流体加入成矿热液中。但考虑到胶状黄铁矿在鸡冠嘴矿区分布的局限性，推测该富含微量元素的流体的量极少，对成矿流体的主要成分没有明显的影响。

从石英–硫化物阶段至该阶段晚期，再到方解石–硫化物阶段，成矿热液中元素 Na、Al、Si、K、Ca、Ti、Nb、Ag、Sn、Sb、Gd、Hf、Ta、W、Pt、Au、Th 和 U 含量没有明显变化，元素 Mg、V、Cr、Mn、Cu、Zn、As、Zr、Mo、Cd、Hg、Tl、Pb 具有不同程度的升高趋势，但元素 Co、Ni、Se、Te、Bi 却发生了明显的降低。

黄铁矿中 Co 和 Ni 的变化与地质过程紧密相关。黄铁矿中 Co 和 Ni 易于替代元素 Fe 导致黄铁矿晶格参数增大，且形成 CoS_2 和 NiS_2，在 FeS_2 和 CoS_2 二者间存在一个连续固溶体系列，而在 FeS_2 和 NiS_2 之间存在一个不连续固溶体系列，在这个系列中，温度越高，黄铁矿中元素 Fe 被 Co 替代的越多，因此 Co/Ni 不但用来判断黄铁矿的成因，还可以用来判断热液黄铁矿的形成温度（Seyfried and Ding，1993；Huston et al.，1995；Hanley et al.，2010；Revan et al.，2014；Keith et al.，2016）。石英–黄铁矿、石英–方解石–黄铁矿和方解石–黄铁矿的 Co/Ni 整体呈下降趋势，暗示成矿热液的温度逐步下降。

7. 黄铁矿微量元素空间属性

28#勘探线的 4 个钻孔中共选取了 35 个石英–黄铁矿样品开展 LA-ICP-MS 原位微区微量元素分析，其控制密度最高，是黄铁矿微量元素空间属性规律探讨的主要剖面。在 28#勘探线中，元素 V、Co、Ni、Zn、Ag、Gd、Ta、W、Pb、Th、Si、Ca、Zr、Nb 的低值区域与该剖面揭露的主要矿体（深部Ⅶ号矿体和浅部Ⅲ号矿体）耦合关系明显，特别是深部低值区域的产状与Ⅶ号矿体的产状相似。元素 As 和 Te 的高值区域与深部Ⅶ号矿体的耦合关系明显，特别是 As 元素。

26#勘探线的 3 个钻孔中共选取了 27 个石英–黄铁矿样品开展 LA-ICP-MS 原位微区微量元素分析，其控制密度仅次于 28#勘探线剖面。元素 Ti、Cu、W、Pt、Gd、Tl、Si 和 Ca 的低值区域对应深部Ⅶ号矿体，其中元素 Cu、Pt 和 Tl 耦合性最好。元素 Se 和 Mo 的高值区域对应Ⅶ号矿体，尤以 Se 与矿体的耦合性最好。

24#勘探线、30#勘探线和 32#勘探线各选取了两个钻孔，控制样品的数量分别为 16 个、16 个和 19 个，控制程度较差，其微量元素二维属性模型代表性较差。

通过 26#勘探线和 28#勘探线的石英–黄铁矿的标型参数 Co/Ni 和 Se/Te 进一步分析其与矿体的耦合性。在 28#勘探线中，Co/Ni 的高值区域与浅部的Ⅲ号矿体和深部的Ⅶ号矿体均具有明显的耦合性，Se/Te 的低值区域总体上与矿体耦合。在 26#勘探线中，Co/Ni 的高值区域与Ⅶ号矿体对应，特别是矿体产状发生明显转折的附近，Se/Te 也显示出了相似的耦合性，但浅部Ⅲ号矿体旁侧的 Se/Te 却显示出相反的规律。总体而言，Co/Ni 的高值区域与矿体耦合性较好，暗示温度场对矿体形成的控制。

第5章 铜山口夕卡岩-斑岩型铜钼钨矿床

铜山口铜钼钨矿床位于鄂东南矿集区西南部。1957年起由湖北省鄂东南地质大队（现湖北省地质局第一地质大队）对该矿区及其外围开展普查找矿及矿床勘探工作。目前仍在进行深部补充勘探工作。截至2018年，矿区已探明铜储量0.55Mt（平均品位0.86%），钼储量0.01Mt（平均品位0.104%），WO_3储量0.012Mt（平均品位0.185%）。

5.1 矿区地质特征

5.1.1 矿区地层

铜山口夕卡岩-斑岩铜钼矿床位于鄂东南矿集区西南部，殷祖岩体和灵乡岩体之间，枫林-大冶-灵乡-嘉鱼锯齿状长江断裂带旁侧（舒全安等，1992；方可栋，1994；Li et al.，2008）。

矿区地层主要为中下三叠统嘉陵江组（$T_{1-2}j$），主要包含两个岩性段：①第一岩性段，主要为白色薄层-中厚层状白云岩和灰质白云岩，厚50~214m；②第二岩性段，主要为灰白色-浅黄色薄-中厚层状大理岩夹白云岩或白云质大理岩，多泥质条带和缝合线构造，厚46~125m。大理岩多为变晶粒状结构，常见石榴子石-透辉石-黄铜矿-黄铁矿脉、绿泥石-黄铁矿脉、绿帘石脉、石英-黄铜矿-黄铁矿-辉钼矿脉，且趋向岩体表现出明显的蚀变分带的特征。矿区东南部的部分钻孔中可见大理岩中发育灰质条带，局部出现小段的碳质灰岩和生物碎屑灰岩，岩心中可见少量珊瑚类和笔石类的化石。

5.1.2 岩浆岩序列

矿区主要岩浆岩为花岗闪长斑岩岩株、岩脉和石英闪长斑岩岩筒（图5.1）。

花岗闪长斑岩岩株受天台山东西向断裂和北东向的铜山口倾伏背斜控制，由南东向北西侵入三叠系碳酸盐岩地层中。地表出露为两部分：一是狮子山岩瘤，一是金竹顶岩株。岩株出露直径500~600m，面积约0.33km，呈上大、下小的似蘑菇状，属燕山早期第三阶段产物，在各个钻孔中分布广泛。

石英闪长斑岩体分布较为局限，主要在ZK1902和B21SZK1中有出露。根据已有的地质资料（如21#勘探线剖面图），石英闪长斑岩岩筒切割花岗闪长斑岩岩株和主要矿体，又伴有铜、钼矿化，对早期形成的铜、钼矿体进行叠加（方可栋，1994）。

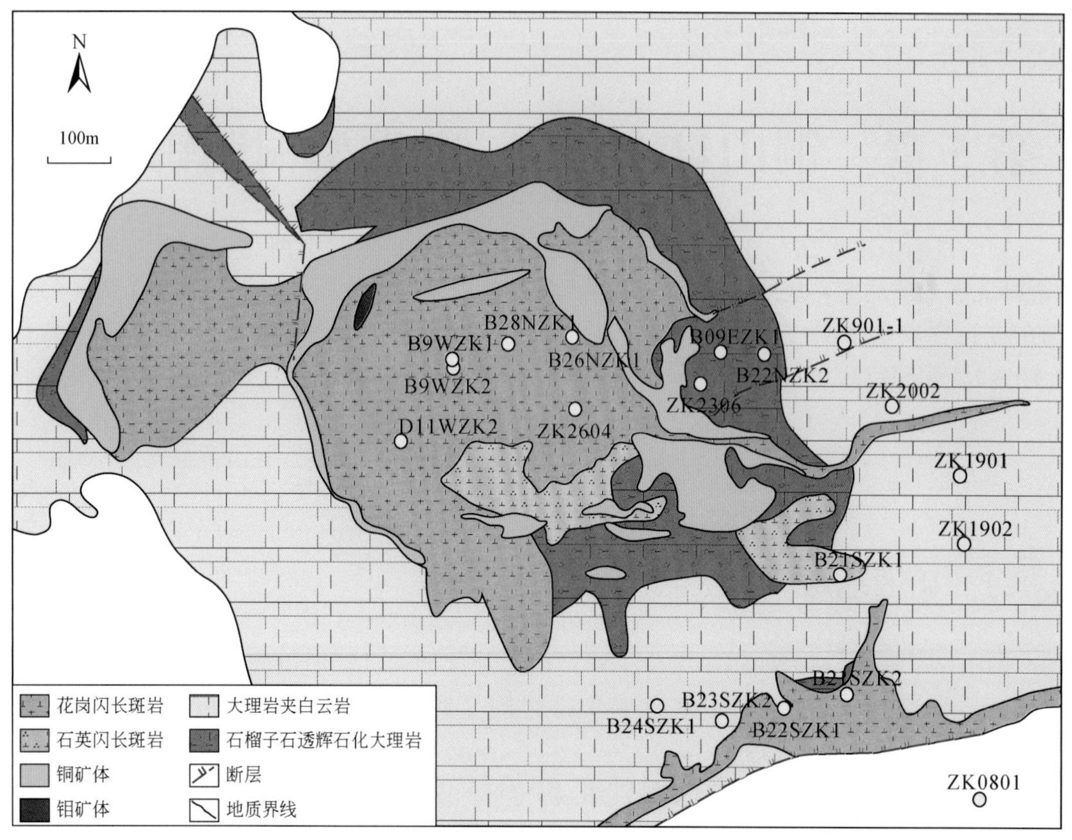

图 5.1 铜山口铜钼钨矿床矿区地质图及已编录钻孔位置（据湖北省地质局第一地质大队，2010 修改）

5.2 岩石学特征及成岩机制分析

5.2.1 岩相学特征

花岗闪长斑岩：手标本颜色为灰白色，绢云母化蚀变使岩体呈灰绿色，钾化蚀变使岩体呈肉红色，风化后呈黄色。斑状结构，块状构造（图 5.2a）。斑晶含量为 50%～60%，主要组成矿物为斜长石（50%～60%）、角闪石（10%～20%）、石英（10%～15%），以及少量磷灰石和榍石；基质含量为 40%～50%，细粒显晶质，粒度为 1～2mm，主要组成矿物为斜长石、石英、钾长石，副矿物有锆石、磁铁矿、钛铁矿、金红石等（图 5.2b，c）。蚀变矿物主要为钾长石、绢云母、方解石、绿泥石、黑云母等。斑晶含量较高，为 60%～65%，大小差异较大，粒径 0.4mm～2cm。其中钾长石的斑晶粗大，可达4～5cm，部分粗大的钾长石斑晶中包裹细小的角闪石或黑云母颗粒，局部钾长石的斑晶表面会出现斜长石的环带。斜长石部分为斑晶，无色透明，呈自形粒状或板状，粒径 0.5～20mm，灰绿色绢云母化蚀变岩体中斜长石均发生绢云母化，呈灰绿色；局部见卵圆形绢云母化蚀变后的斜长石，呈灰绿色。部分也比较粗大，可达 1～2cm，斑晶表面常生长有一层钾长石的环带。石英斑晶自形程度较差，一般为椭圆状，很少见到负晶形者，粒径2～5mm，无色透明。

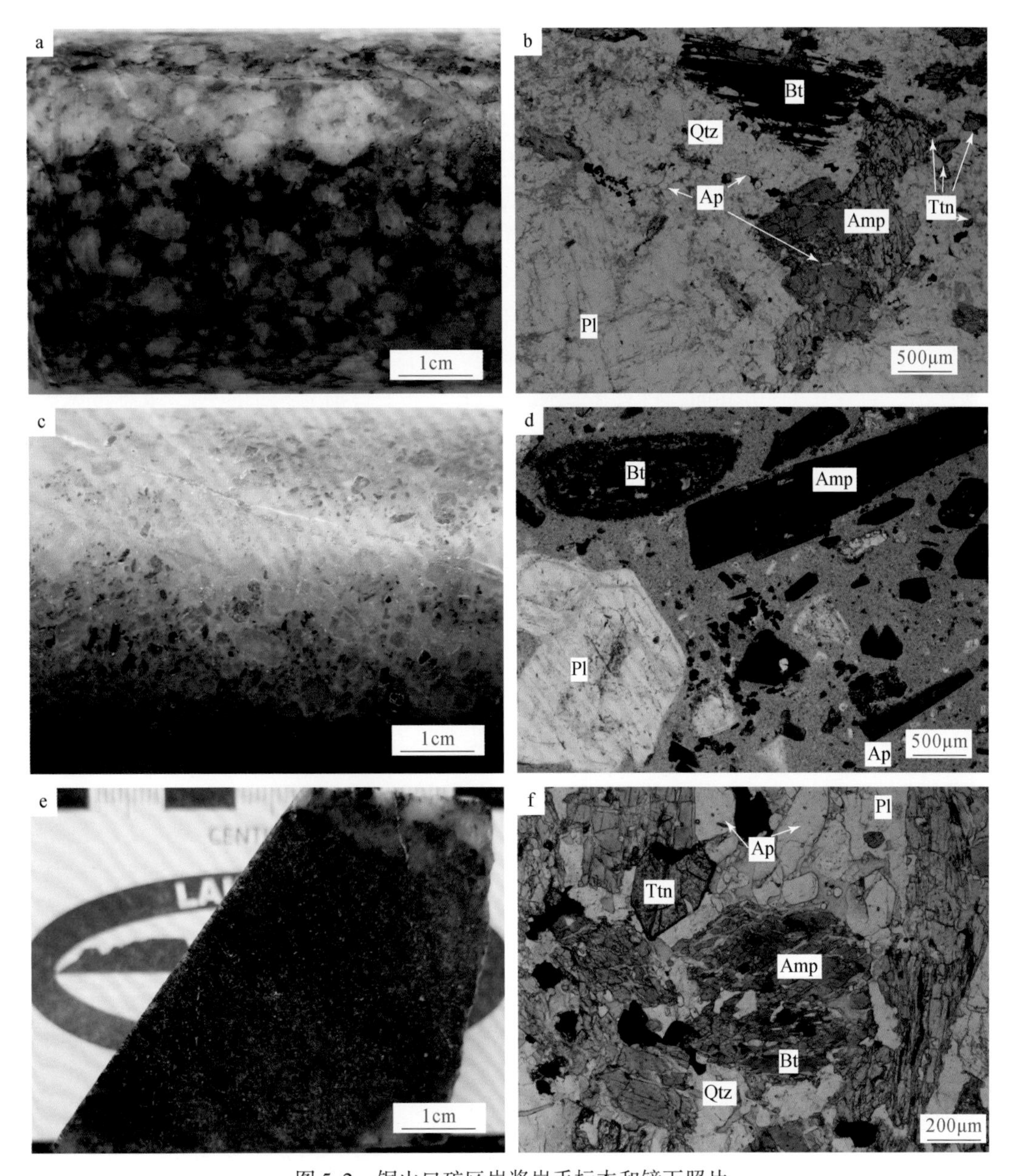

图5.2 铜山口矿区岩浆岩手标本和镜下照片

a. 花岗闪长斑岩手标本；b. 花岗闪长斑岩显微照片（单偏光）；c. 石英闪长斑岩手标本；d. 石英闪长斑岩显微照片（单偏光）；e. 暗色包体手标本；f. 暗色包体显微照片（单偏光）。Bt. 黑云母；Qtz. 石英；Ap. 磷灰石；Amp. 普通角闪石；Ttn. 榍石；Pl. 斜长石

石英闪长斑岩：手标本呈灰色，具有斑状结构，块状构造（图5.2d）；斑晶含量为40%～50%，主要组成矿物有斜长石（50%～60%）、角闪石（10%～20%）、黑云母（5%～10%）、石英（5%～10%）及少量榍石和磷灰石；基质含量为50%～60%，隐晶质。副矿物有锆石、磁铁矿、钛铁矿、金红石等。斜长石斑晶粒径5～20mm，环带发育（图5.2e，f）。局部见少量晶面结构非常好的钾长石，这些钾长石多包裹暗色矿物的细晶。

镁铁质暗色微粒包体：以下称暗色包体，产于上述的两种岩体中，地表踏勘并没有发现，只在部分钻孔中大量产出。形态大多为浑圆状，其次为椭球状、透镜体状等，长轴一般为5～10cm。手标本灰黑色，不等粒结构（图5.2g），主要组成矿物为斜长石（30%～40%）、角闪石（30%～40%）、石英（5%～10%）及少量磷灰石和榍石，副矿物有锆石、磁铁矿、钛铁矿、金红石等，局部见少量黄铁矿（图5.2h，i）。与寄主花岗闪长斑岩和石英闪长斑岩的接触界线清晰（图5.2g），在暗色包体与上述两种岩体的交界部位，见角闪石堆晶结构。并含有特征性的针状磷灰石，反映出中基性岩浆快速冷凝结晶的特点。

钾长石镜下无色透明，呈自形板状或半自形粒状，粒径0.2～0.5mm，见卡斯巴双晶，负低突起，常见黏土矿物交代。黑云母呈淡绿色，呈自形-半自形片状或鳞片状集合体的形式产出，粒径0.1～0.5mm，可见多色性，正交光下平行消光，干涉色二级。常见黑云母局部或整体发生绿泥石化，呈交代假象结构。磁铁矿呈半自形-他形粒状，粒径0.1～0.2mm。常见磁铁矿交代早期的钾长石和斜长石，亦见磁铁矿被后期氧化形成的赤铁矿交代呈镶边结构。磷灰石主要呈针状，长宽比以大于30为主，有的甚至大于100。镜下无色，正中突起，正交光下平行消光，干涉色一级灰。榍石主要呈菱形或不规则粒状产出，镜下淡褐色，正极高突起。正交光下高级白干涉色。见简单双晶。

5.2.2 样品采集及测试方法

本次测试样品共5个，ZK1902-16和9W2-23A为石英闪长斑岩，分别取自钻孔ZK1902中标高-219.5m和钻孔B9WZK2中标高-139.5m处；ZK2002-62、ZK2002-81B和9W2-24为石英闪长斑岩，分别取自钻孔ZK2002中标高705.5m、-968.2m和钻孔B9WZK2中标高-148.0m处。样品主要进行了锆石U-Pb年代学和微量元素测试，具体测试方法见3.2.1节和3.2.2节。

5.2.3 成岩年龄

大量定年数据统计表明鄂东南矿区岩浆侵入-火山喷发活动集中在晚中生代，活动时间范围为151～125Ma，持续时长25Ma左右。本书所研究的铜山口矿床，Li等（2008）利用SHRIMP U-Pb定年得到花岗闪长斑岩的加权平均年龄为140.6±2.4Ma；Li等（2010a）利用SIMS U-Pb定年得到花岗闪长斑岩的加权平均年龄为144.0±1.3Ma；Xia等（2015）利用LA-ICP-MS U-Pb定年得到花岗闪长斑岩的加权平均年龄为143.5±0.5Ma。而对于石英闪长斑岩的研究相对较少，前人认为石英闪长斑岩的同位素年龄为127～122Ma。而我们发现的暗色包体也尚没有相应的研究工作。

在本次研究中，我们采用LA-ICP-MS U-Pb定年的方法得到石英闪长斑岩的加权平均年龄为143.9±0.6Ma，石英闪长斑岩的加权平均年龄为143.6±0.7Ma（未发表数据）。结合前人对于花岗闪长斑岩的定年数据，我们发现二者在误差范围之内具有一致性。这表明，铜山口矿区的岩浆岩均形成于晚中生代，与鄂东南矿集区晚中生代大规模成岩作用相吻合，且铜山口发现的三种岩性是在较短的地质历史时期内形成的。

5.2.4　岩浆岩与成矿的关系

通过对铜山口矿床详细的地质编录发现，花岗闪长斑岩和石英闪长斑岩在与大理岩的接触带均有夕卡岩蚀变和矿化出现，指示两种岩性的岩体均为致矿岩体。岩体与矿化的关系较为密切，是成矿的重要因素。

高氧逸度和富水的岩浆有利于铜矿化的形成（Arculus，1994；Torrence and Compo，1998；Ballard et al.，2002；Sillitoe，2010），特别是斑岩型铜矿化的形成一般需要对应的致矿岩体的岩浆氧逸度达到 ΔFMQ +2（Sun et al.，2015）。而岩浆锆石的 Ce^{4+}/Ce^{3+} 常被作为反映岩浆氧逸度的指标。岩浆富水有利于岩浆期后成矿热液的形成、矿质的迁移和矿化的形成。铜山口花岗闪长斑岩和石英闪长斑岩的 Ce^{4+}/Ce^{3+} 范围分别为 357 ~ 1659（平均值为 1032，未发表数据）和 789 ~ 1905（平均值为 1203，未发表数据），高于北智利的 Chuquicamata-El Abra 斑岩铜矿带（Ce^{4+}/Ce^{3+}>300；Ballard et al.，2002）。铜山口花岗闪长斑岩和石英闪长斑岩的氧逸度类似于德兴斑岩型铜矿和北智利的斑岩铜矿床的致矿岩体，但明显高于北智利的斑岩铜矿床带上不含矿的岩体。铜山口花岗闪长斑岩和石英闪长斑岩的高氧逸度指示其具备良好的铜矿化潜力。

铜山口花岗闪长斑岩和石英闪长斑岩中均含有一定量的含水矿物，如角闪石和黑云母，暗示其对应的岩浆富水，这与 Ti 温度计显示的花岗闪长斑岩（609 ~ 661℃，平均值为 638℃，未发表数据）和石英闪长斑岩（592 ~ 670℃，平均值为 628℃，未发表数据）较低的成岩温度特征相一致。

矿体与岩体的时空关系：铜山口的主要矿化均产于花岗闪长斑岩/石英闪长斑岩和大理岩的接触带，局部斑岩型矿化产于花岗闪长斑岩中，为岩浆期后热液沿着裂隙渗滤接触交代所形成。整体而言，矿体和岩体的空间关系较为密切。

铜山口花岗闪长斑岩和石英闪长斑岩的形成年龄分别为 143.9±0.6Ma 和 143.6±0.7Ma，在误差范围内接近于矿区 Ⅰ 号矿体中辉钼矿 Re-Os 年龄（143.8±2.6Ma；Li et al.，2008）以及金云母 Ar-Ar 年龄（143.0±0.3Ma；Li et al.，2008），反映出成矿与成岩在时间上的密切关系。

5.3　矿体及矿石特征

5.3.1　矿体特征

铜山口矿床由 6 个矿体组成，其中 Ⅰ 号和 Ⅳ 号矿体为主矿体（图 5.1），主要产于岩体与围岩的外接触带中，部分在内接触带中，近岩体处为斑岩型矿化，向外逐渐过渡到夕卡岩型矿化，其他矿体均为隐伏夕卡岩型矿体。

本次研究主要以 Ⅰ 号矿体为研究对象。Ⅰ 号矿体规模最大，占全区总储量的 60%。从矿区 9#勘探线地质剖面图上可以看出，Ⅰ 号矿体形态近似筒状，地表呈椭圆环带形，其产状较陡，倾向南东（图 5.3），倾角 50° ~ 80°，厚 10 ~ 40m，最厚达 100m，斜深 300 ~ 600m。矿体上部较厚，向深部厚度变小，但深至 700m 仍未尖灭。

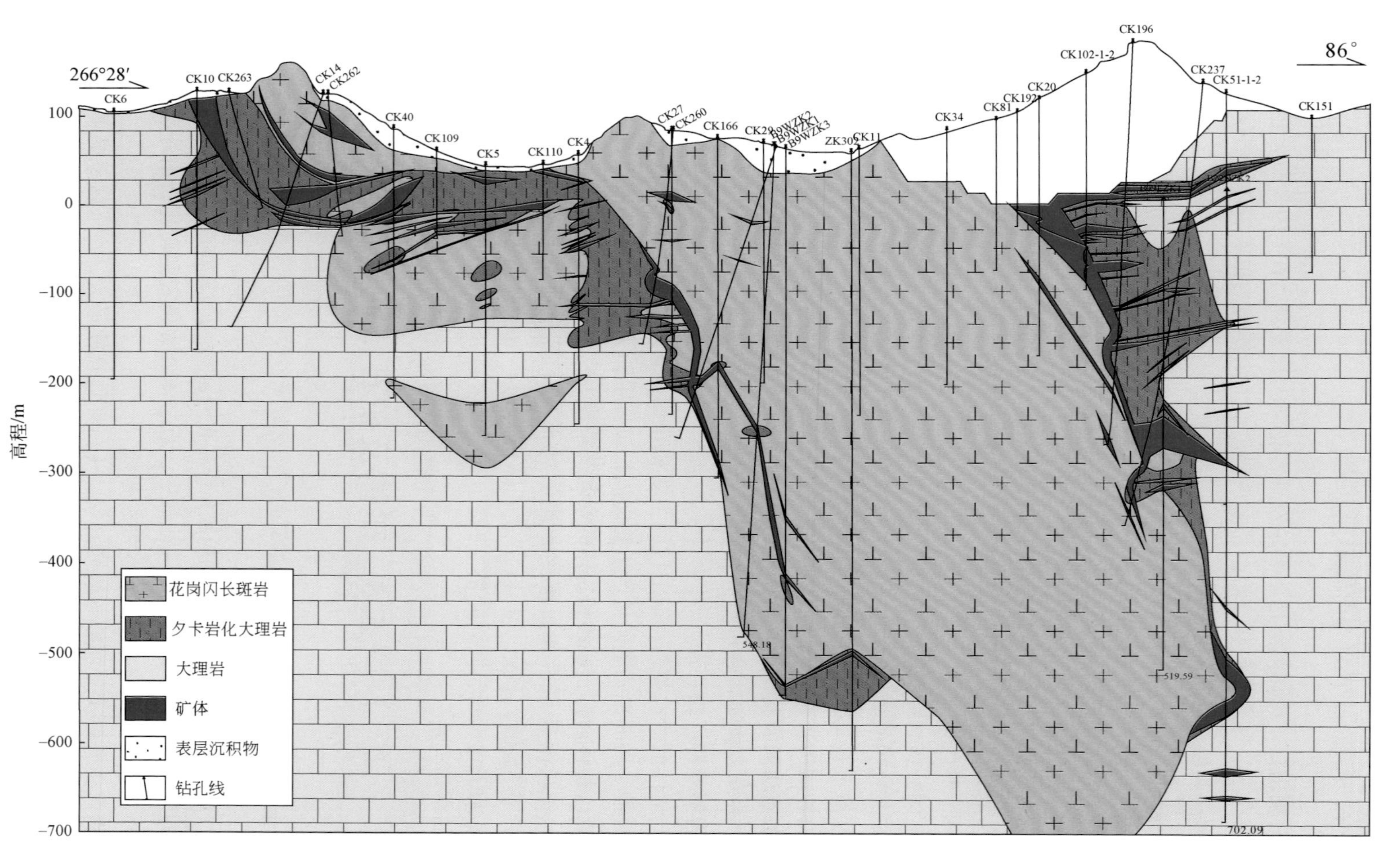

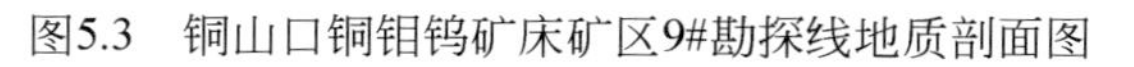
图5.3　铜山口铜钼钨矿床矿区9#勘探线地质剖面图

5.3.2　矿石特征

铜山口铜钼钨矿床的矿化类型主要为块状黄铜矿黄铁矿矿石、浸染状黄铁矿黄铜矿辉钼矿矿石、浸染状黄铁矿黄铜矿斑铜矿矿石、脉状黄铁矿黄铜矿矿石、脉状辉钼矿矿石等，也见少量产于石榴子石透辉石夕卡岩中的块状或不规则状磁铁矿。

块状的黄铜矿黄铁矿斑铜矿矿石（图5.4a，b）多产于花岗闪长斑岩和大理岩接触带中的石榴子石透辉石夕卡岩或石榴子石夕卡岩中，局部也可产在大理岩中发育的石榴子石透辉石大脉中。

浸染状黄铁矿黄铜矿辉钼矿斑铜矿矿石（图5.4d，c）多产于大理岩中发育的石榴子石透辉石大脉中，局部品位较低的矿石也产于花岗闪长斑岩和大理岩接触带中的石榴子石透辉石夕卡岩或石榴子石夕卡岩中。

脉状黄铁矿矿石（图5.5a～d）多产于大理岩中发育的石榴子石透辉石脉中，局部也发育有少量石英-黄铁矿-黄铜矿脉。花岗闪长斑岩的局部也可见少量石英-黄铁矿-黄铜矿脉或石英-钾长石-黄铁矿-黄铜矿脉（图5.5f）。

脉状辉钼矿矿石（图5.5e）多产在花岗闪长斑岩以及石英闪长斑岩中发育的石英-辉钼矿脉和石英-黄铁矿-辉钼矿脉中，局部也可产在大理岩中发育的石英-辉钼矿脉和石英-黄铁矿-辉钼矿脉中，大理岩中的石榴子石透辉石夕卡岩脉中局部也发育有稀疏浸染状分布的辉钼矿。

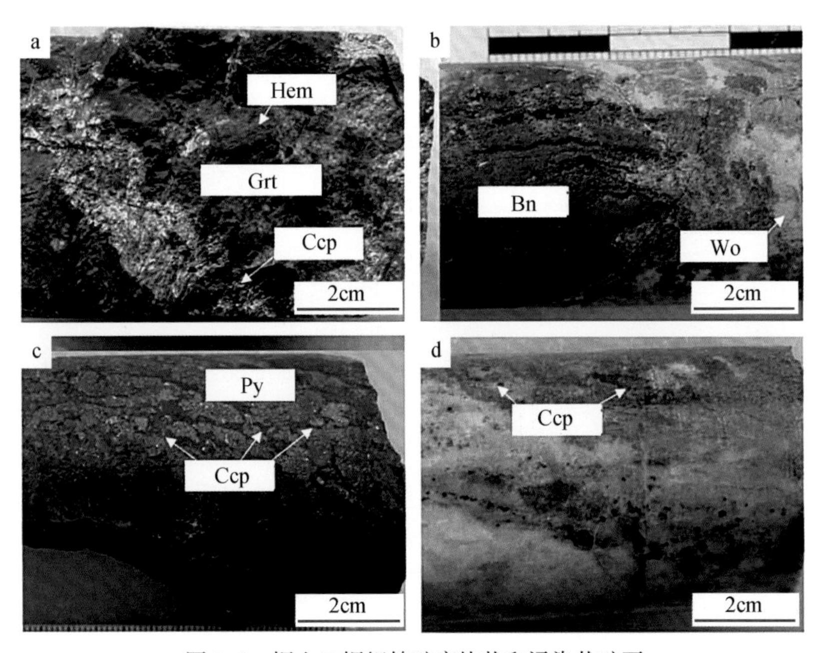

图5.4　铜山口铜钼钨矿床块状和浸染状矿石

a. 产于夕卡岩中块状黄铜矿矿石；b. 产于夕卡岩中块状斑铜矿矿石；c. 产于夕卡岩中稠密浸染状矿石；d. 产于夕卡岩与大理岩的交界位置稀疏浸染状矿石。Hem. 赤铁矿；Grt. 石榴子石；Ccp. 黄铜矿；Bn. 斑铜矿；Wo. 硅灰石；Py. 黄铁矿

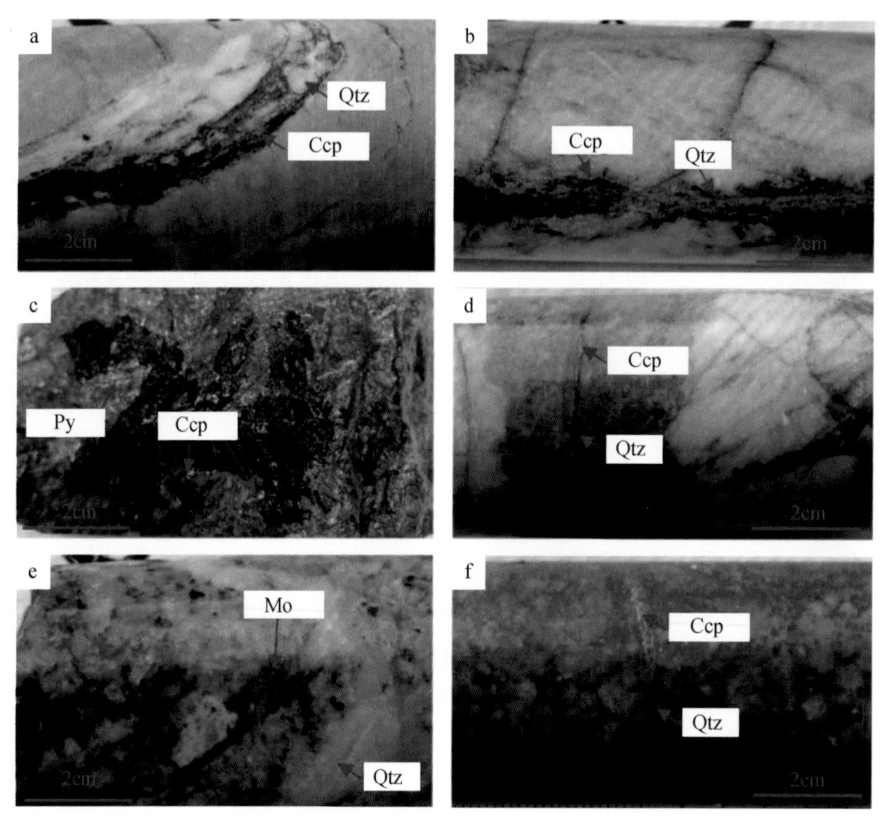

图 5.5　铜山口铜钼钨矿床矿区脉状矿石

a. 产于大理岩中脉状黄铜矿矿石；b. 产于大理岩中脉状黄铜矿矿石；c. 产于夕卡岩中细脉浸染状矿石；d. 产于夕卡岩与大理岩的交界位置脉状矿石；e. 产于花岗闪长斑岩中的脉状辉钼矿矿石；f. 产于花岗闪长斑岩中的脉状黄铜矿矿石。Qtz. 石英；Ccp. 黄铜矿；Py. 黄铁矿；Mo. 辉钼矿

5.4　矿化期次和围岩蚀变特征

通过对铜山口矿床野外踏勘、钻孔编录、矿床地质特征总结，以及手标本、光薄片的研究，根据脉次间穿插关系及矿物组合，我们将铜山口矿床的成矿作用划分为两部分，分别为夕卡岩成矿系统和斑岩成矿系统。其中夕卡岩成矿系统从早到晚划分为早夕卡岩阶段、晚夕卡岩阶段、氧化物阶段、石英硫化物阶段和后期热液脉阶段（表 5.1）。斑岩成矿系统从早到晚划分为钾化阶段、绢英岩化阶段和后期热液脉阶段（表 5.2）。

5.4.1　夕卡岩成矿系统

铜山口矿床夕卡岩成矿系统可以划分为早夕卡岩阶段、晚夕卡岩阶段、氧化物阶段、石英硫化物阶段和后期热液脉阶段。

表 5.1　铜山口矿区夕卡岩成矿系统矿物生成顺序表

成矿期次	夕卡岩成矿系统				
成矿阶段	早夕卡岩阶段	晚夕卡岩阶段	氧化物阶段	石英硫化物阶段	后期热液脉阶段
石榴子石	━━━━				
透辉石	────				
硅灰石	━━━━				
磷灰石	- - - -				
透闪石		────			
绿帘石		────			
阳起石		────			
普通角闪石		- - - -			
赤铁矿			────		
磁铁矿			────		
石英			────	━━━━	- - - -
白云母			- - - -	- - - -	
蒙脱石			- - - -	- - - -	
伊利石			- - - -	- - - -	
方解石			────	────	────
绿泥石			- - - -	────	
硬石膏			- - - -		
黄铁矿			- - - -	━━━━	- - - -
蛇纹石				- - - -	
黄铜矿				━━━━	
斑铜矿				- - - -	
方铅矿				────	
闪锌矿				────	
辉钼矿				────	
辉铜矿				────	
黝铜矿				────	
铁白云石					- - - -

━━━━ 大量出现　　──── 局部出现　　- - - - 少量出现

1) 早夕卡岩阶段

早夕卡岩阶段主要形成了大量的干夕卡岩矿物，如石榴子石、透辉石、硅灰石。

石榴子石在宏观上呈紫红色、深褐色，局部可见较浅的红褐色（图 5.6a）。石榴子石通常较为新鲜，尤其是以石榴子石为主的夕卡岩脉中，石榴子石多呈自形粒状，环带发育清晰。局部可见石榴子石被晚夕卡岩阶段矿物（绿帘石、阳起石、绿泥石等）交代的现象。

显微镜下石榴子石呈浅红色、浅褐色，主要呈自形粒状结构，常见同心环带状构造以及双晶，如轮式双晶。镜下可见后期方解石、绿帘石、绿泥石、白云母和石膏等矿物沿裂纹交代石榴子石形成骸晶结构（图 5.6b），以及后期方解石-黄铁矿脉、石英-黄铜矿脉、石英-方解石-黄铜矿脉及绢云母-硫化物细脉常穿切石榴子石的现象。

硅灰石在镜下为无色，见两种产状，第一种主要呈长柱状或见纤维状集合体，分布于石榴子石或透辉石的晶间，与石榴子石和透辉石应为共生关系（图 5.6c，f）。正交光下平行消光，正中突起，干涉色一级灰白。透辉石在宏观上呈灰绿色，主要以透辉石-石榴子

表 5.2　铜山口矿区斑岩成矿系统矿物生成顺序表

成矿期次	斑岩成矿系统		
成矿阶段	钾化阶段	绢英岩化阶段	后期热液脉阶段
钾长石	━━━━		
石英	━━━━	━━━━	———
黑云母	————		
磁铁矿	- - - -		
磷灰石	- - - -		
白云母		————	
蒙脱石		————	
伊利石		————	
绿泥石		————	━━━━
绿帘石		————	
硬石膏		- - - -	
方解石		- - - -	━━━━
赤铁矿		————	
黄铁矿	——	━━━━	———
黄铜矿		————	
辉钼矿		- - - -	
方铅矿		- - - -	
闪锌矿		- - - -	
斑铜矿		- - - -	
辉铜矿		- - - -	
黝铜矿		- - - -	
玉髓			———
石膏			- - -
萤石			- - -

━━━━ 大量出现　　———— 局部出现　　- - - - 少量出现

石夕卡岩脉的形式产出，多他形粒状，少见自形板状结构。与石榴子石伴生出现（图5.6e，d）。单偏光下无色，他形粒状结构，正高突起。正交光下斜消光，干涉色二级蓝绿到橙黄（图5.6d）。镜下所见透辉石较少，可能经后期蚀变为纤闪石、绿帘石、绿泥石等矿物。磷灰石镜下无色，正中突起，他形粒状结构。正交光下平行消光，干涉色一级灰。常见与绿帘石共生（图5.7f）。

2）晚夕卡岩阶段

晚夕卡岩阶段以形成大量的含水夕卡岩矿物为特征，如纤闪石、阳起石、绿泥石、蛇纹石、绿帘石，还有少量普通角闪石和磷灰石产出。

纤闪石镜下为无色–淡绿色，呈纤维状集合体形式产出于石榴子石晶间或裂隙中（图5.7a）。镜下可见纤闪石交代穿切早期的石榴子石（图5.7b）。阳起石镜下为浅黄绿色–绿色，呈纤维状集合体产出（图5.7a）。绿泥石手标本呈灰绿色，主要呈脉状分布于大理岩中。单偏光下淡绿–浅黄色。该阶段中，绿泥石多为叶绿泥石，常呈叶片状集合体交代石榴子石；部分绿泥石分布于石榴子石颗粒之间或石榴子石的裂隙之中，与绿帘石、纤闪石、阳起石等伴生出现。蛇纹石手标本中呈墨绿色，主要呈脉状穿切于大理岩中。显微镜下无色-浅黄色，多色性不明显，正低突起。其集合体呈鳞片状或波状（图5.7d）。见蛇纹石脉穿切绿帘石化的石榴子石。绿帘石手标本呈草绿色，镜下呈浅黄绿色。多与绿泥石共生交代早期形成的石榴子石。

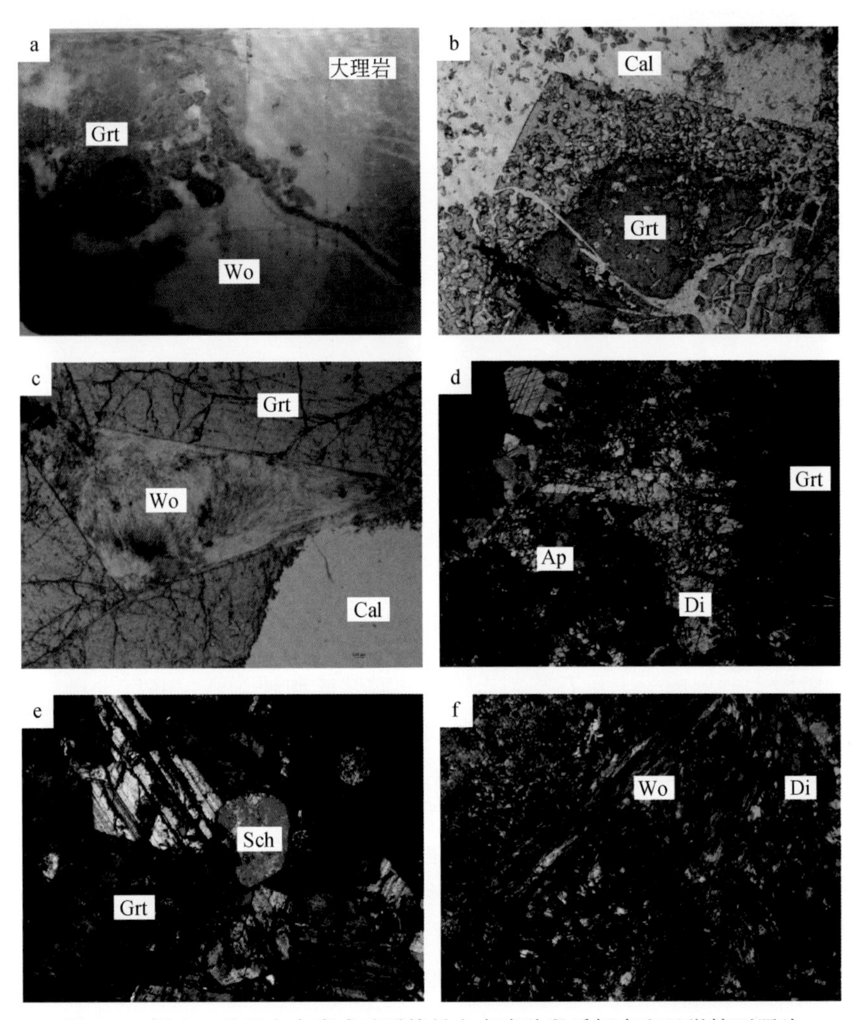

图5.6　铜山口矿区夕卡岩成矿系统早夕卡岩阶段手标本和显微镜下照片

a. 本阶段形成的典型干夕卡岩，主要矿物成分为石榴子石和硅灰石，外侧灰岩重结晶形成大理岩（手标本）；b. 本阶段形成的石榴子石，环带明显，裂隙发育（单偏光）；c. 毛发状的硅灰石分布于石榴子石的颗粒之间；d. 石榴子石与透辉石共生出现，并有少量磷灰石（正交偏光）；e. 本阶段形成的石榴子石，见少量白钨矿（正交偏光）；本阶段形成的石榴子石，并被硫化物阶段形成的石英和方解石交代（正交偏光）；f. 毛发状的硅灰石沿透辉石的裂隙分布，显示硅灰石略晚于透辉石形成（正交偏光）。Grt. 石榴子石；Cal. 方解石；Di. 辉石/透辉石；Ap. 磷灰石；Wo. 硅灰石；Sch. 白钨矿

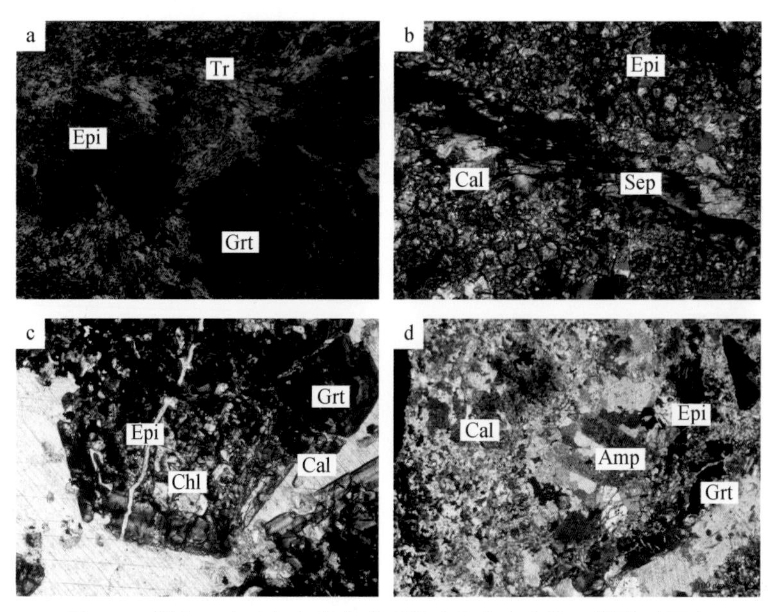

图 5.7　铜山口矿区夕卡岩成矿系统晚夕卡岩阶段显微镜下照片

a. 纤闪石-绿帘石脉交代石榴子石（正交偏光）；b. 蛇纹石脉切割绿帘石化石榴子石（正交偏光）；c. 绿帘石交代早期石榴子石并被后期方解石脉体所切割（正交偏光）；d. 绿帘石、角闪石和方解石共生（正交偏光）。Grt. 石榴子石；Tr. 透闪石/纤闪石；Epi. 绿帘石；Sep. 蛇纹石；Cal. 方解石；Chl. 绿泥石；Amp. 角闪石

3）氧化物阶段

氧化物阶段主要形成了大量石英、赤铁矿、磁铁矿和硬石膏，并有少量方解石、硅灰石和黄铁矿产出。本阶段所产出的黄铁矿主要与磁铁矿、赤铁矿共生，或比二者稍早。显微镜下常见石榴子石被石英、赤铁矿、磁铁矿、硬石膏交代蚀变呈骸晶结构。

镜下常见赤铁矿交代早期石榴子石，分布在石榴子石的裂隙中（图 5.8a，b）；另见赤铁矿、磁铁矿和石英共生并切穿交代早一期的黄铁矿（图 5.8c，d）。磁铁矿手标本黑色，强磁性。镜下磁铁矿部分或完全交代赤铁矿形成针状假象赤铁矿（图 5.8c，d），交代早期石榴子石分布在石榴子石的裂隙中。粒径 0.05 ~ 0.1mm。硬石膏镜下无色，具假立方体解理。见硬石膏交代早期的绿帘石化石榴子石（图 5.8j），被后一期的方解石交代蚀变（图 5.8f）。

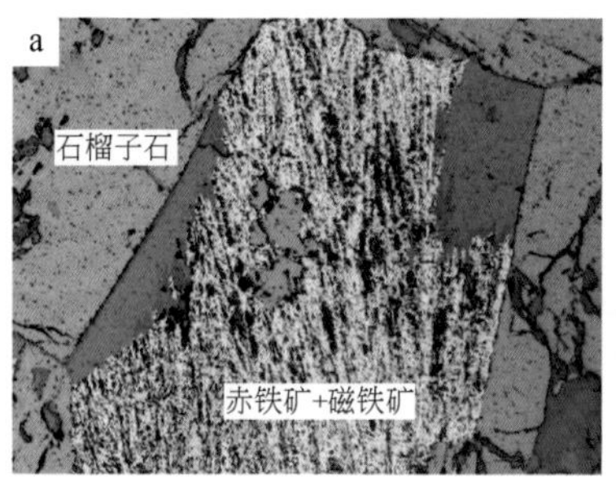

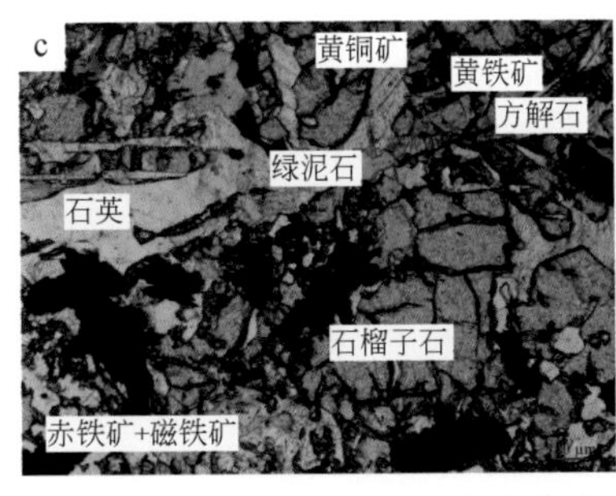

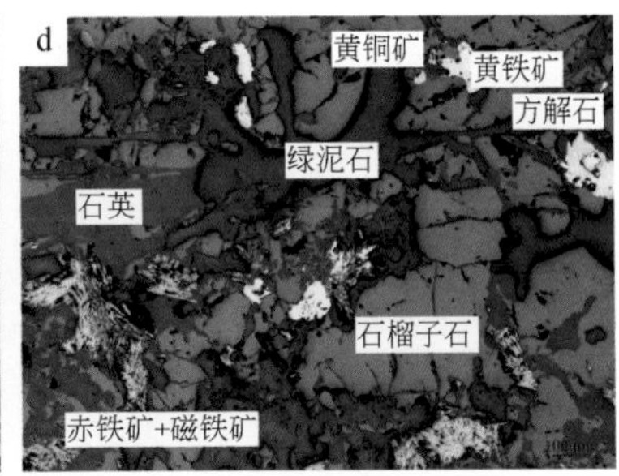

图5.8　铜山口矿区夕卡岩成矿系统氧化物阶段显微镜下照片

a. 本阶段形成的赤铁矿针状集合体，局部磁铁矿交代，与石英共生，包裹早夕卡岩阶段形成的石榴子石（反射光）；b. 本阶段形成的纤闪石纤维状集合体，交代切割早期的绿帘石化石榴子石（单偏光）；c. 本阶段形成的赤铁矿和交代赤铁矿的磁铁矿，被硫化物阶段的石英-黄铜矿熔蚀（反射光）；d. 本阶段形成的赤铁矿和交代赤铁矿的磁铁矿，与黄铜矿共生，交代早期的黄铁矿（反射光）

4）*石英硫化物阶段*

石英硫化物阶段是铜山口矿床最重要的矿化阶段。该阶段形成的非金属矿物主要有石英、方解石、绿泥石；金属矿物主要有黄铁矿、黄铜矿、辉钼矿，其次还有少量的蓝辉铜矿、斑铜矿、方铅矿和闪锌矿等。镜下常见石英-硫化物脉穿切、交代早期石榴子石、透辉石及硬石膏等矿物。

该阶段矿化主要分布于接触带。黄铜矿、黄铁矿常以团块状分布于石榴子石夕卡岩中，或以石英-黄铜矿-黄铁矿大脉产出。远离接触带的位置，矿化减弱，出现细脉或网脉状石英-黄铁矿脉以及方解石-黄铁矿脉。辉钼矿通常以石英-辉钼矿脉、方解石-辉钼矿脉的形式切穿大理岩。

显微镜下，该阶段形成大量的黄铁矿、黄铜矿、辉钼矿。局部可见方解石脉中黄铜矿呈乳滴状出溶在闪锌矿中，并与黄铁矿共生（图5.9b），见黄铁矿被斑铜矿和黄铜矿交代，说明黄铁矿最早，斑铜矿和黄铜矿稍晚；亦见方解石-辉钼矿脉体穿切交代（图5.9a），见石英-黄铜矿组合交代早期石榴子石（图5.9d），亦见方解石-石英-黄铜矿组合交代早期石榴子石。闪锌矿是该阶段的一种重要副矿物，主要呈他形粒状（1～5mm），常与黄铜矿、黄铁矿等伴生出现。在方解石-黄铜矿脉（±闪锌矿）中，可见闪锌矿中出溶乳滴状黄铜矿的现象。

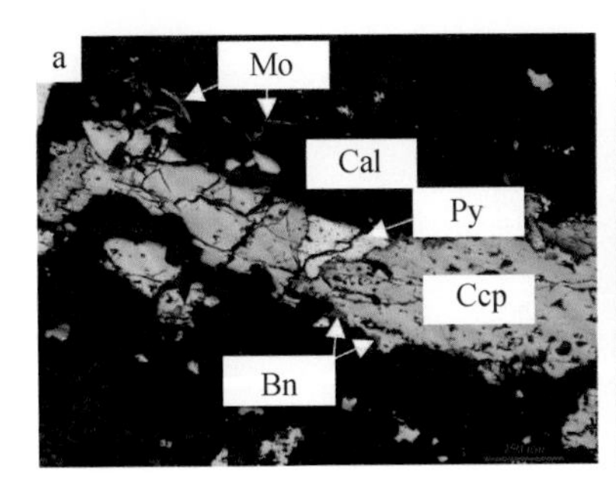

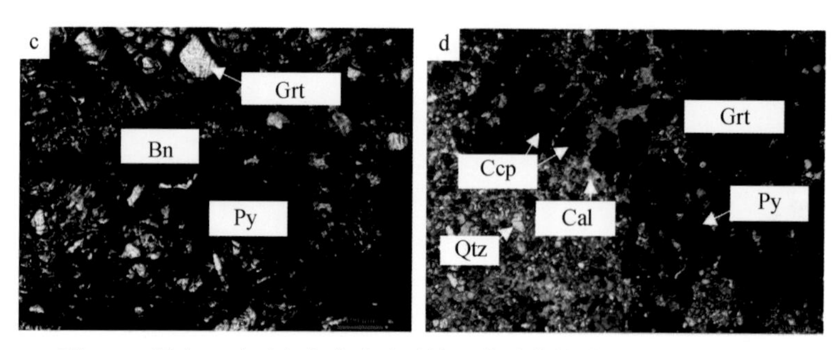

图 5.9　铜山口矿区夕卡岩成矿系统石英硫化物阶段显微镜下照片

a. 黄铜矿、黄铁矿共生，被稍晚的斑铜矿切割，另见少量辉钼矿与方解石共生（反射光）；b. 黄铜矿呈乳滴状出溶于闪锌矿中，并见黄铁矿共生（反射光）；c. 斑铜矿黄铁矿交代石榴子石（单偏光）；d. 本阶段形成的石英-方解石-黄铁矿-黄铜矿交代早期石榴子石（正交偏光）。Mo. 辉钼矿；Cal. 方解石；Py. 黄铁矿；Ccp. 黄铜矿；Bn. 斑铜矿；Sp. 闪锌矿；Grt. 石榴子石；Cal. 方解石；Qtz. 石英

5）后期热液脉阶段

后期热液脉阶段产出的矿物主要有石英、方解石、黄铁矿和少量铁白云石，主要呈脉状穿切早期的块状石榴子石夕卡岩和石英硫化物脉（图 5.10）。

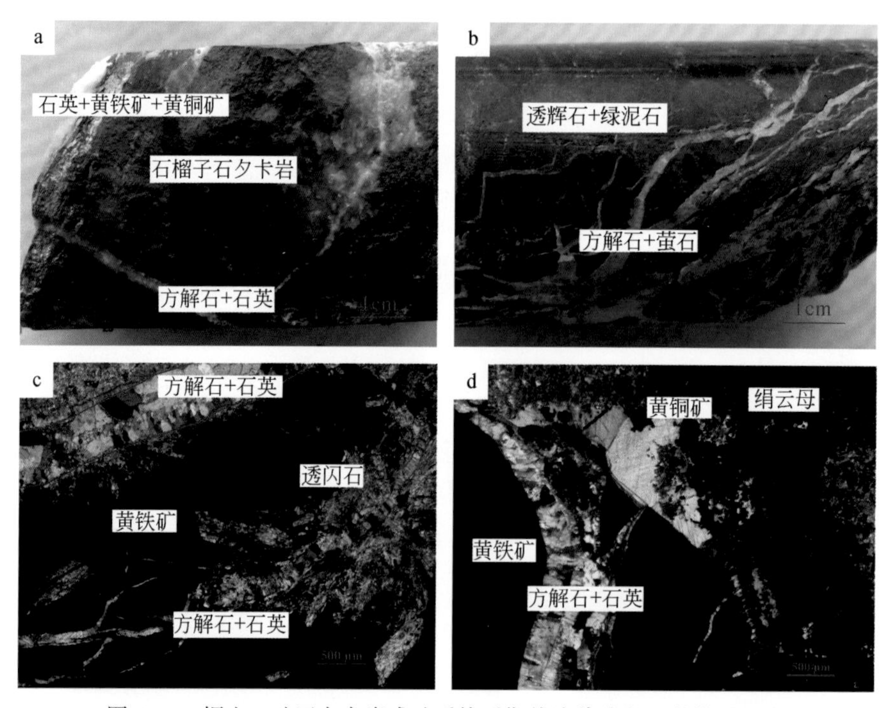

图 5.10　铜山口矿区夕卡岩成矿系统后期热液脉阶段显微镜下照片

a. 石榴子石夕卡岩和矿化石英脉被后期方解石-石英脉穿切（手标本）；b. 绿泥石化的透辉石夕卡岩被后期方解石-萤石脉穿切（手标本）；c. 透闪石-黄铁矿脉被后期方解石-石英脉穿切（正交偏光）；d. 绢云母-黄铜矿-黄铁矿脉被后期方解石-石英穿切，黄铁矿呈碎裂结构（正交偏光）。

5.4.2　斑岩成矿系统

铜山口矿床斑岩成矿系统可以划分为钾化阶段、绢英岩化阶段和后期热液脉阶段。

1）钾化阶段

钾化阶段形成的主要矿物是钾长石、黑云母，还有少量的磁铁矿。宏观上表现为花岗闪长斑岩岩体上发育的面状或脉状钾化。

第一期的面状钾化，在整个岩体都有分布，呈面状，主要矿物为钾长石，还有少量黑云母，使整个岩体呈现肉红色（图5.11a，c）。钾长石多自形-半自形粒状结构，粒径1～10mm。黑云母多自形片状，粒径1～2mm。第二期钾化为脉状，以钾长石-石英脉体的形式产出，脉体呈粉红色，脉宽1～3cm，见后期石英-硫化物脉体穿切的现象（图5.11b，d）。第三期钾化为脉状，以纯钾长石脉的形式出现，石英含量极少，脉体呈紫红色，脉宽0.5～1cm。钾长石多细粒，手标本晶形难以分辨，紫红色。局部见第三期钾化脉体切穿第二期的钾化脉。

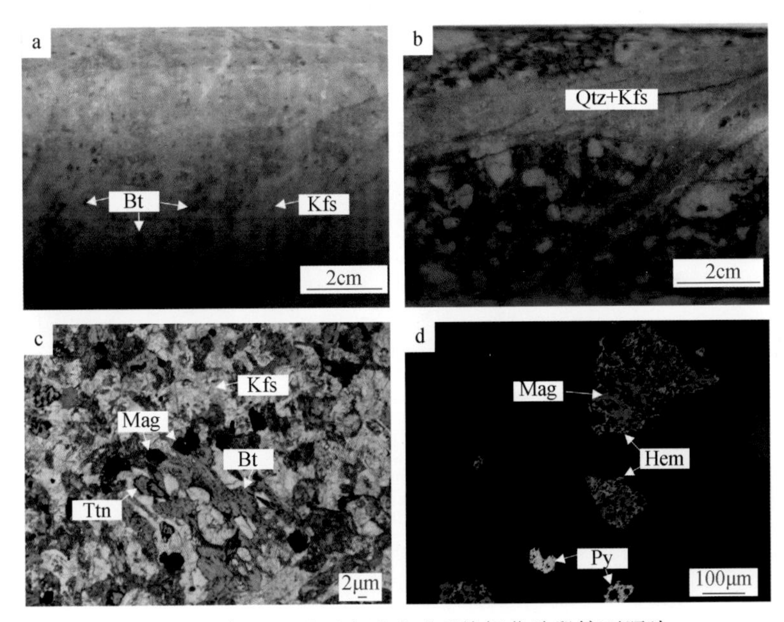

图5.11　铜山口矿区斑岩成矿系统钾化阶段镜下照片

a. 岩体中弥散状钾长石-黑云母化（手标本）；b. 石英-钾长石脉穿切岩体（手标本）；c. 弥散状钾化矿物组合——钾长石-黑云母-磁铁矿，局部含有少量榍石（单偏光）；d. 石英钾长石脉中局部出现的磁铁矿被赤铁矿交代（反射光）。Bt. 黑云母；Kfs. 钾长石；Qtz. 石英；Mag. 磁铁矿；Ttn. 榍石；Hem. 赤铁矿；Py. 黄铁矿

2）绢英岩化阶段

绢英岩化阶段是斑岩成矿系统最主要的矿化阶段。此阶段所形成的非金属矿物主要有石英、绢云母，还有少量方解石、硬石膏、绿泥石和绿帘石；金属矿物主要有黄铜矿、黄铁矿、斑铜矿和辉钼矿，还有少量的方铅矿、闪锌矿、辉铜矿和黝铜矿。主要表现为花岗

闪长斑岩和石英闪长斑岩体中呈面状发育的强绢英岩化蚀变、多期石英硫化物脉，以及局部在石榴子石夕卡岩中交代早期的石榴子石。

花岗闪长斑岩和石英闪长斑岩体中呈面状发育的强绢英岩化蚀变（图5.12a），主要是斜长石被完全蚀变，形成绢云母、方解石等矿物，暗色矿物完全蚀变成绿泥石等矿物。在局部出现的内接触带中，交代蚀变早期形成的石榴子石。常见与石英、黄铁矿、黄铜矿、斑铜矿、方铅矿、闪锌矿共生，亦见后期方解石脉体穿切。

本阶段产出大量石英-硫化物脉，主要可分为三期（图5.12b，e，f）：①第一期的石英脉，几乎不含硫化物，脉体边部见少量黑云母，见石英脉穿切早期石英-钾长石脉。②第二期的石英脉主要以石英-方解石-绿泥石-黄铁矿-黄铜矿-辉钼矿组合为特征，含辉钼矿较多时呈烟灰色。局部见少量方铅矿和闪锌矿。③第三期的石英脉主要以石英-方解石-少量黄铁矿为特征。

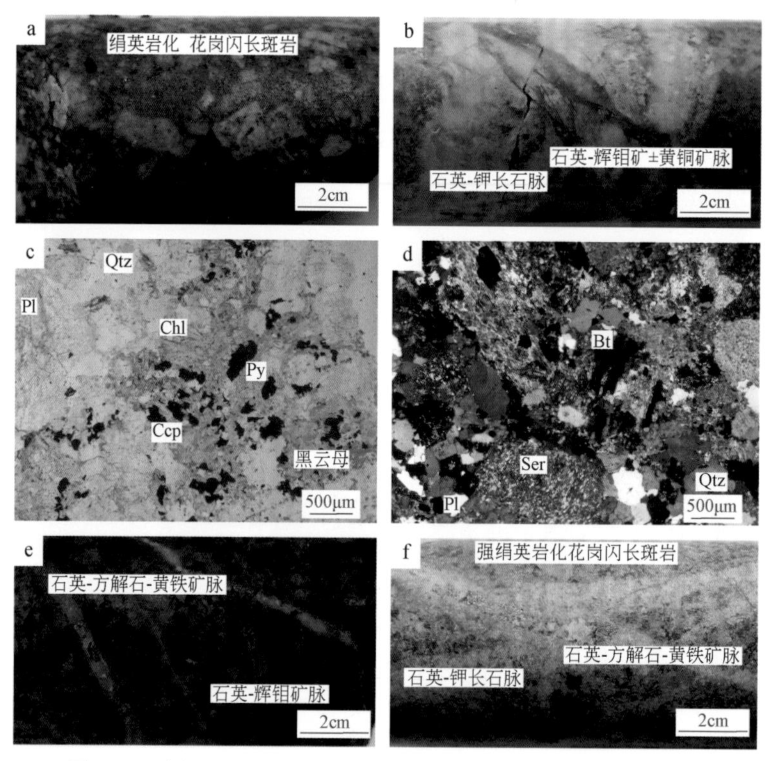

图5.12　铜山口矿区斑岩成矿系统绢英岩化阶段显微镜下照片

a. 本阶段形成的面状绢英岩化岩体（手标本）；b. 本阶段形成的石英-辉钼矿-黄铜矿脉穿切早期石英-钾长石脉（手标本）；c. 本阶段形成的绢云母、石英、黄铜矿、斑铜矿共生（单偏光）；d. 本阶段形成的绢云母交代斜长石（正交光）；e. 石英-方解石-黄铁矿脉穿切早期石英-辉钼矿-黄铜矿脉（手标本）；f. 石英-方解石-黄铁矿脉穿切早期石英-钾长石脉（手标本）。Qtz. 石英；Pl. 斜长石；Chl. 绿泥石；Py. 黄铁矿；Ccp. 黄铜矿；Bt. 黑云母；Ser. 绢云母

3）后期热液脉阶段

后期热液脉阶段是绢英岩化阶段成矿后的低温过程。此阶段所形成的主要矿物有石英和方解石，还有少量石膏和萤石。宏观上主要呈脉状切穿大理岩以及早期形成的矿物。镜

下多见方解石或方解石-石膏细脉切穿早期形成的矿物（图5.13）。

石膏手标本无色，硬度低，呈脉状分布（图5.13b）。常见呈纤维状脉体或以方解石-石膏脉体的形式切穿大理岩以及被方解石交代蚀变过的石榴子石，脉体边缘呈梳状结构。

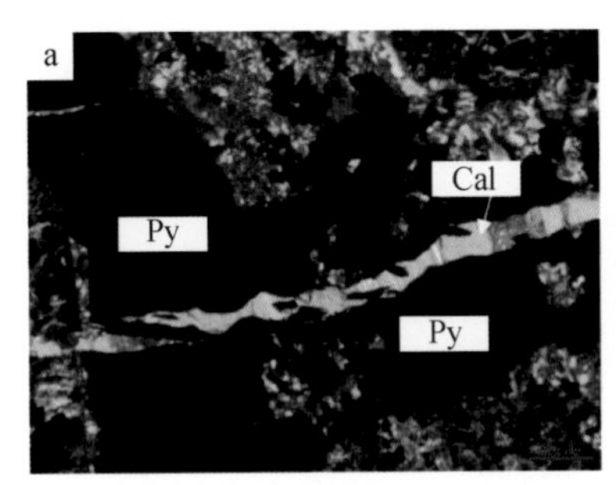

图5.13　铜山口矿区斑岩成矿系统成矿后期阶段显微镜下照片

a. 本阶段形成的方解石脉穿切早期的黄铁矿（单偏光）；b. 本阶段形成的方解石石膏脉体切穿大理岩以及被方解石交代的石榴子石（正交偏光）。Py. 黄铁矿；Cal. 方解石；Gp. 石膏

5.4.3　围岩蚀变

钾化蚀变多发生于花岗闪长斑岩中，发生钾化的花岗闪长斑岩呈肉红色。钾化有两种形式，一种是面状分布于整个岩体中，矿物成分以钾长石和黑云母为主，钾长石多呈半自形-他形粒状结构，粒径1～10mm。黑云母多自形片状，粒径1～2mm。另一种是以石英-钾长石脉或钾长石脉的形式产出。其中第二期的钾长石脉呈暗红色，穿切早期的肉红色石英钾长石脉。

绢云母化多发生于花岗闪长斑岩中，使岩体呈灰绿色，呈面状分布于整个岩体中，主要为斑岩中的长石斑晶蚀变而成。镜下观察在大理岩中也发现有石英-绢云母组合交代早期石榴子石，并与黄铜矿矿化关系密切。

硅化多发生于花岗闪长斑岩中，以石英脉的形式出现，切穿花岗闪长斑岩的钾长石和斜长石大斑晶及部分暗色包体，石英脉中往往伴有黄铜矿、黄铁矿、辉钼矿的矿化。脉体周边的岩体可见少量钾化或绢云母化的增强。此外，在局部大理岩中也可见少量石英-黄铁矿-黄铜矿脉或石英-辉钼矿-黄铁矿脉产出。

绿泥石化多发生于大理岩中，主要以细脉或网脉的形式产出，脉体中可见少量黄铜矿、黄铁矿矿化。镜下观察绿泥石多呈他形，见叶片状集合体分布于石榴子石夕卡岩中，交代早期形成的石榴子石，应是晚夕卡岩阶段形成。

蛇纹石化在局部花岗闪长斑岩岩体与夕卡岩的交界部位，以蛇纹岩的形式产出，钻孔中间岩心较破碎，未见明显矿化；在距离花岗闪长斑岩与大理岩的接触部位较远的大理岩中，主要以细脉或网脉的形式产出，脉体中常见少量黄铜矿、黄铁矿矿化。镜下见蛇纹石脉穿切绿帘石化的石榴子石（图5.7d）。

夕卡岩化多发生于花岗闪长斑岩与大理岩的接触部位。另外，在靠近接触带的大理岩中也可见夕卡岩的脉体延伸到距离接触带较远的位置。宏观上夕卡岩矿物主要为石榴子石和透辉石，也见少量的绿帘石、硅灰石、阳起石、透闪石、石膏、萤石。石榴子石呈紫红色、深褐色，局部可见较浅的红褐色。石榴子石通常较为新鲜，尤其是以石榴子石为主的夕卡岩脉中，石榴子石多呈自形粒状，环带发育清晰。

5.5　SWIR 特征属性模型建立

5.5.1　二维属性模型

如图 5.14 所示，南线地质剖面岩性简单，分带也较明显，主要包括花岗闪长斑岩及大理岩，其中大理岩与底部花岗闪长斑岩接触部位发生明显的夕卡岩化，而南线厚大矿体分布在大理岩与底部花岗闪长斑岩的接触部位，三条矿体分布在夕卡岩化大理岩，而两个矿体分布在花岗闪长斑岩中，所采样品均匀分布。所以我们选取了南线剖面（包含 B21SZK2，B22SZK1，B23SZK2，B24SZK1）对分布比较广泛的绢云母和绿泥石的 SWIR 光谱参数进行了统计。

1）*白云母族矿物*

样品中检测出的白云母族矿物主要包括蒙脱石、伊利石，二者可以总体统计，主要统计其铝峰、水峰的位置（铝峰：Pos2200。水峰：Pos1900）和吸收深度（铝峰：Dep2200。水峰：Dep1900）及其结晶度（IC = Dep2200/Dep1900）。下面将分别对白云母族矿物这 5 个参数与矿体的位置进行统计。

Pos2200：如图 5.15 所示，白云母族矿物的分布并无岩性的专属性，在花岗闪长斑岩及大理岩中均较多，而 Pos2200 的大小也无规律性，在大理岩及花岗闪长斑岩中均可见高值中心，且高值中心与矿体并无任何吻合关系，南侧可见矿体沿 Pos2200 高值中心分布，呈现相对较好的规律性，但在北侧无矿大理岩中也可见 Pos2200 的高值中心，总体来说，Pos2200 的规律性较差。

Dep2200：如图 5.16 所示，Dep2200 南侧与北侧均显示高值中心，在南侧 -400 ~ -200m高值中心与矿体近似对应，而在北侧 0 ~ 100m 和 -100 ~ -50m Dep2200 高值中心与岩体近似对应，但同时在 -200 ~ -100m 仍可见一个小规模的 Dep2200 高值中心，与矿体和岩体均无任何耦合关系，因此云母在 Dep2200 对矿体的指示作用有限。

IC 值：如图 5.17 所示，白云母族 IC 值大小与岩性并无直接联系，在岩体与大理岩中均可见较大值，而高值中心与矿体的关系并无明显的相关关系。

总体而言，在铜山口白云母族矿物的 5 个参数较大值虽然与部分矿体呈现较好的相关关系，但是总体规律较差，运用白云母族矿物的 5 个参数来预测指导找矿相对较难。

2）*绿泥石族矿物*

样品中检测出的绿泥石族矿物主要为铁绿泥石、镁绿泥石和铁镁绿泥石，三者可以总体统计，主要统计其 Fe-OH 峰、Mg-OH 峰的位置（Fe-OH 峰：Pos2250。Mg-OH 峰：Pos2335）和吸收深度（Fe-OH 峰：Dep2250。Mg-OH 峰：Dep2335）。

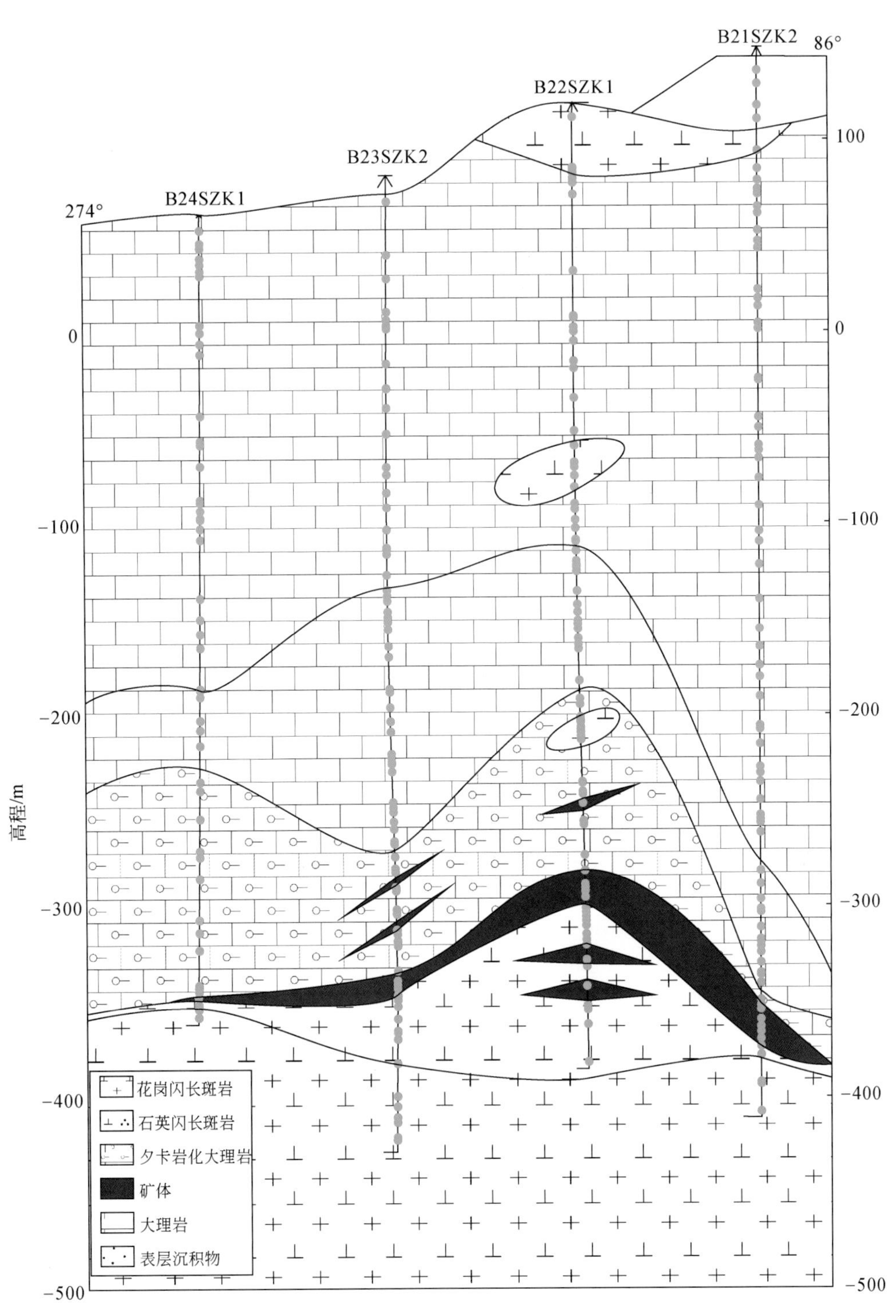

图5.14　铜山口矿区南线剖面地质图及样品点分布

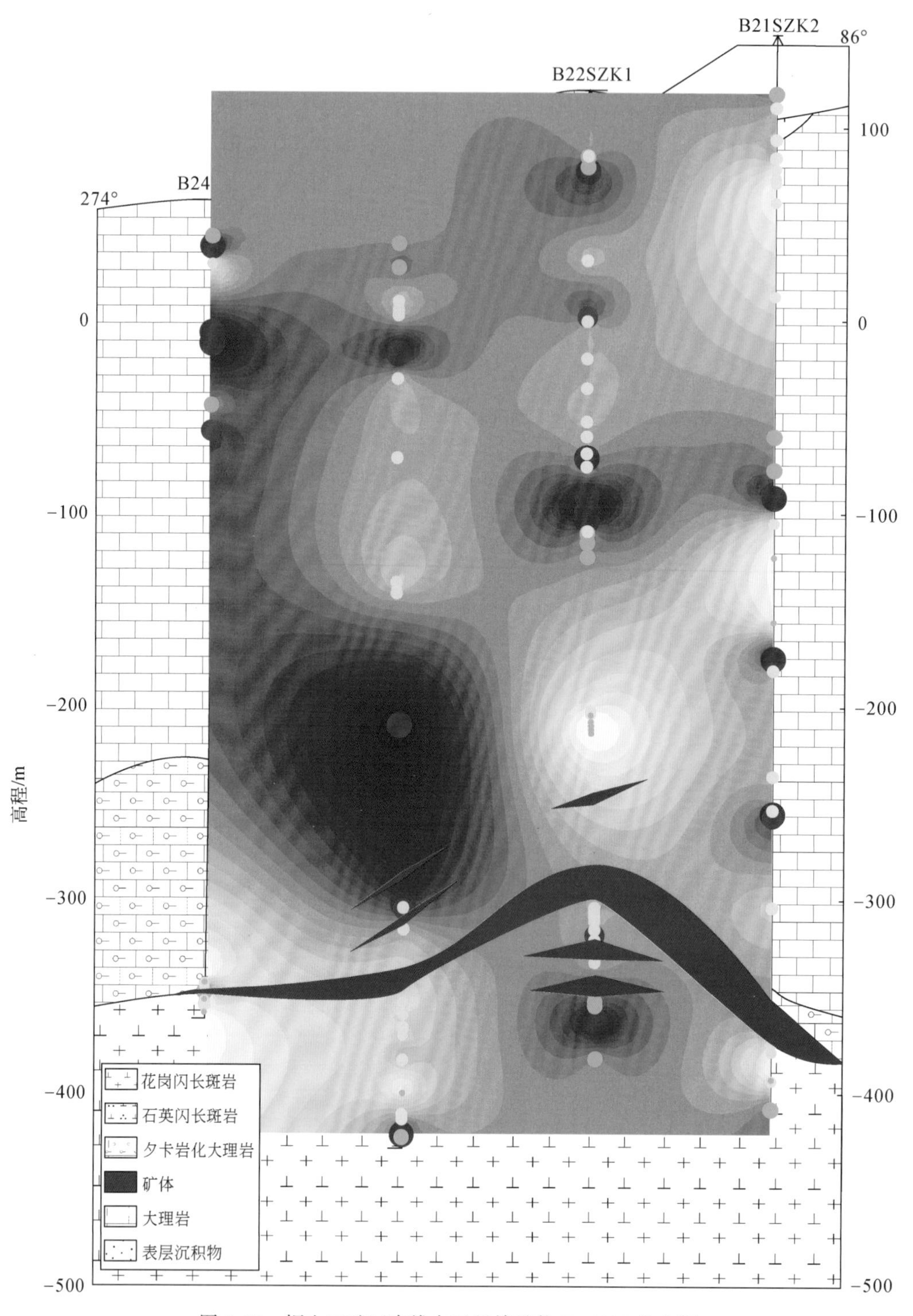

图 5.15　铜山口矿区南线白云母族矿物 Pos2200 热力图

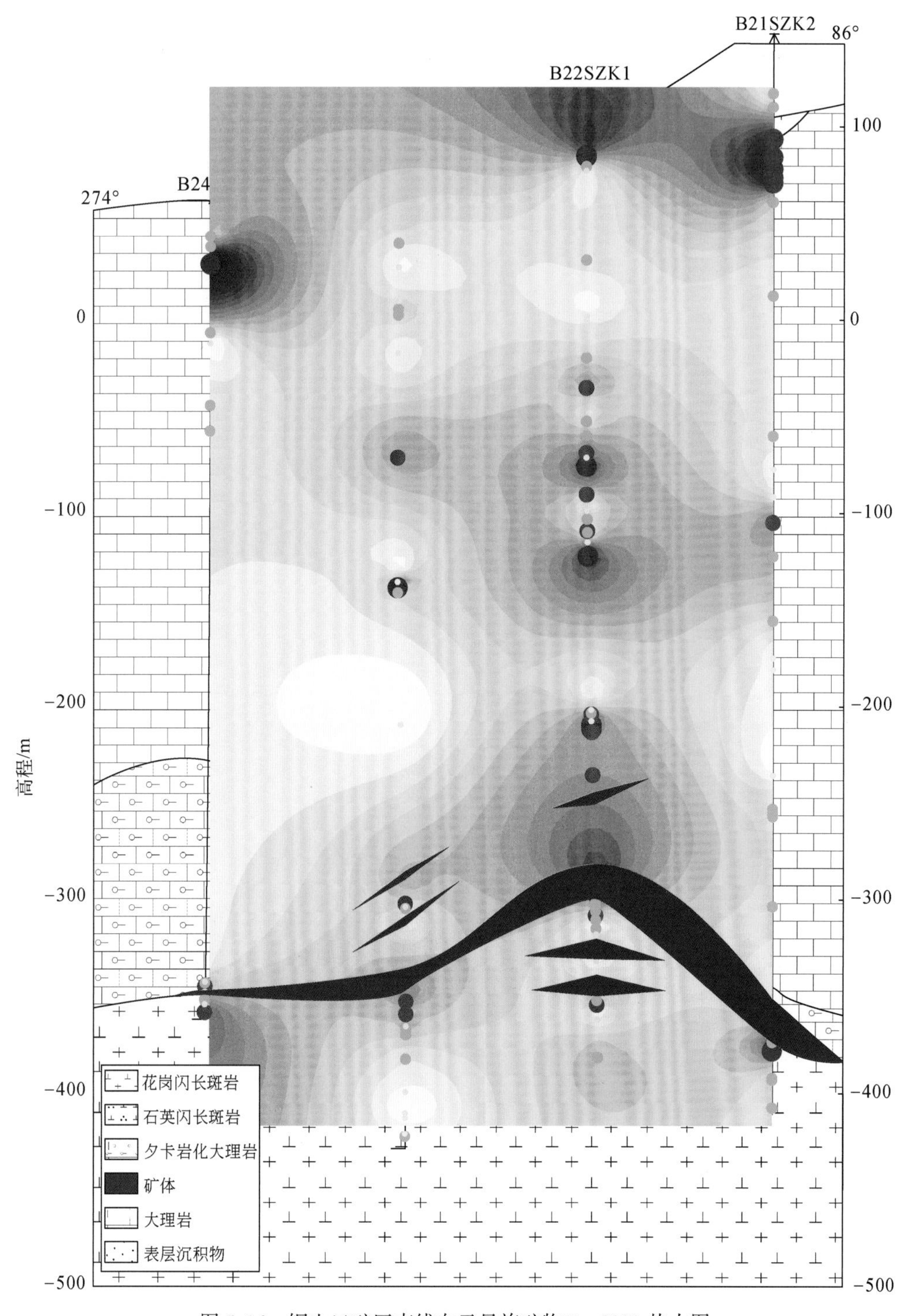

图 5.16　铜山口矿区南线白云母族矿物 Dep2200 热力图

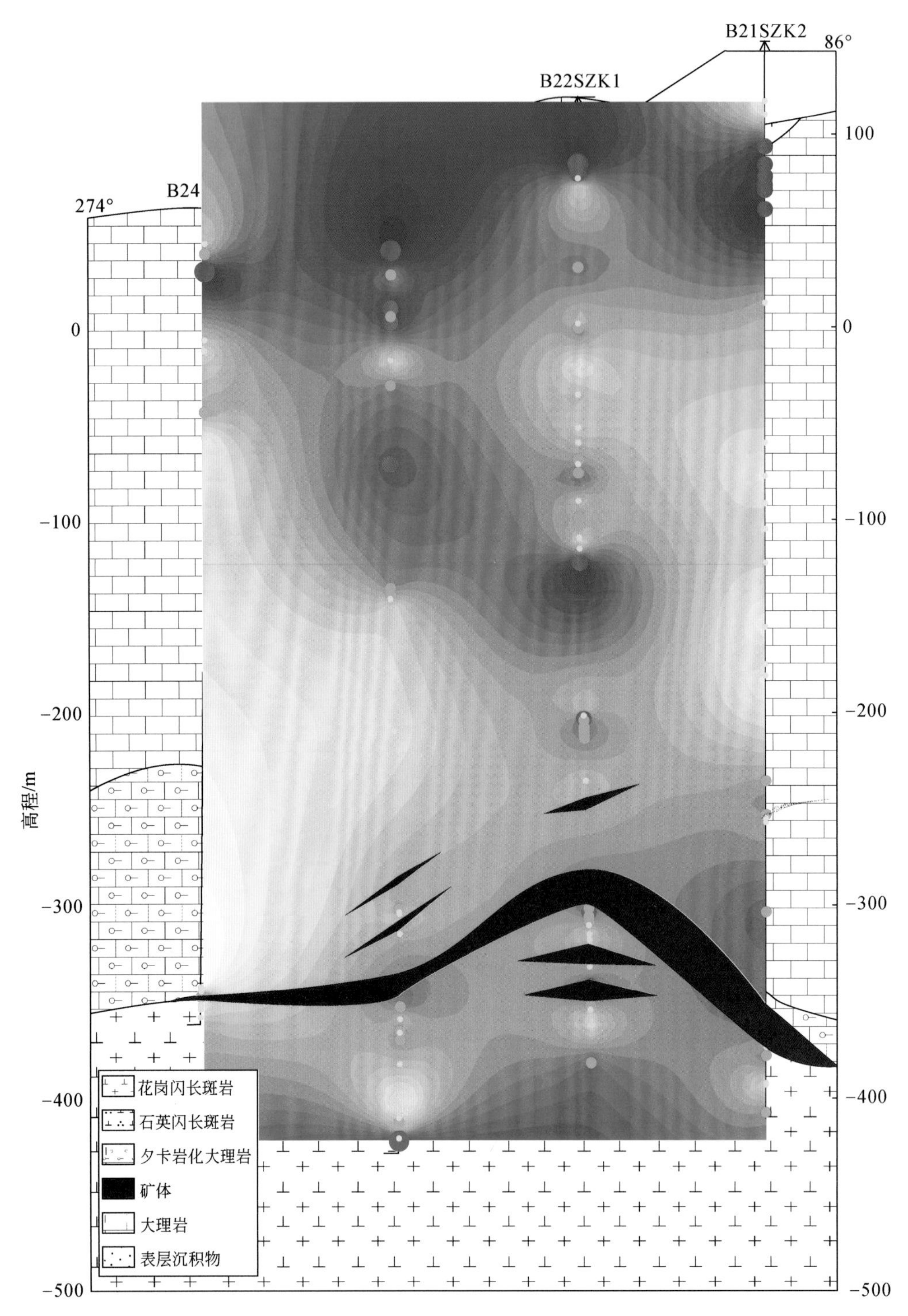

图 5.17　铜山口矿区南线白云母族矿物 IC 值热力图

Pos2250峰：如图5.18所示，明显可以发现绿泥石的Pos2250高值中心位于-400～-300m岩体与大理岩的接触带附近，矿体也分布在附近，Pos2250的高值中心与矿体的分布呈现很好的相关关系。

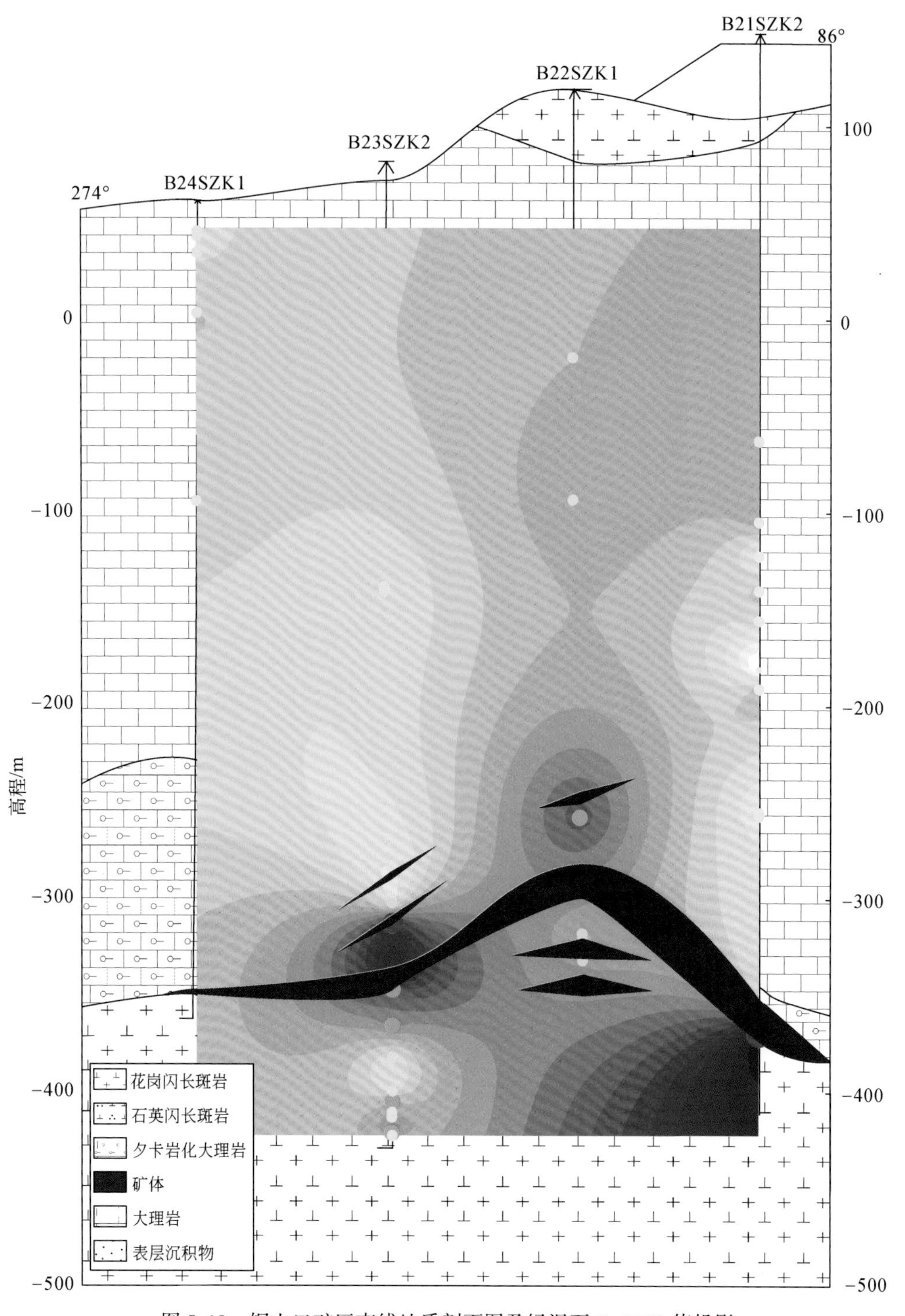

图5.18　铜山口矿区南线地质剖面图及绿泥石Pos2250值投影

Dep2250 峰：如图 5.19 所示，发现绿泥石 Dep2250 在花岗闪长斑岩中及其与大理岩接触带附近均显示低值（-200m 及以下），而矿体与 Dep2250 低值具有非常好的吻合关系，在-200～0m 出现的 Dep250 低值区域与矿体并无对应关系。

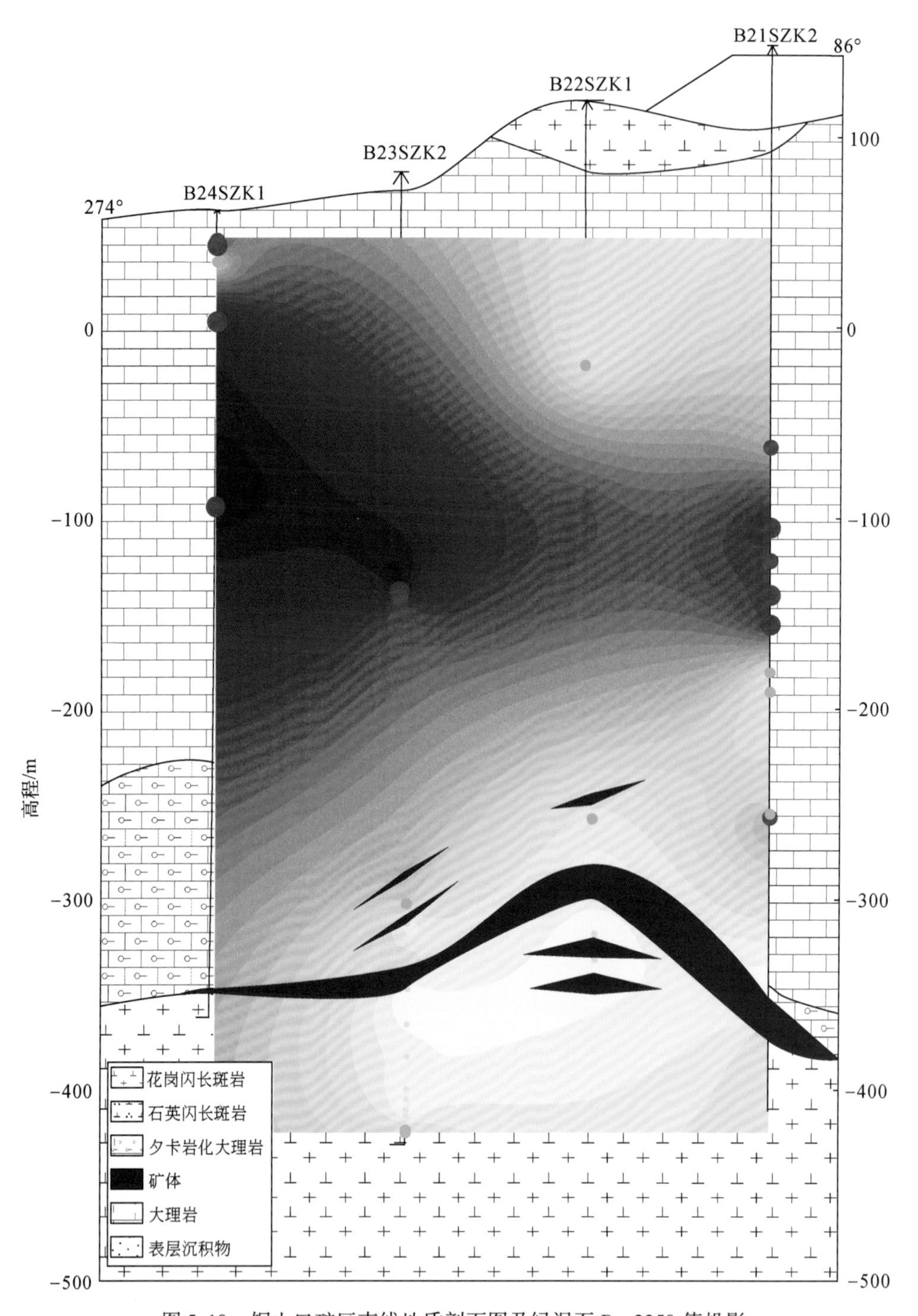

图 5.19　铜山口矿区南线地质剖面图及绿泥石 Dep2250 值投影

Pos2335 峰：绿泥石 Pos2335 在岩体与夕卡岩接触带部位总体显示高值，且矿体与 Pos2335 的高值区域具有比较好的对应关系，而在无矿大理岩中，Pos2335 总体显示较小的值。

Dep2335 峰：Dep2335 值明显在-250m 及以下显示一个低值中心，而矿体与低值区域具有非常好的对应关系，在-100～0m 也为低值中心，但由于-100m 至以上几乎没有绿泥石分布，所以此部分可以忽略。因此可以认为矿体与 Dep2335 低值区域具有比较好的耦合关系。

总体而言，在所选的两个剖面上，我们可以发现绿泥石的 4 个特征光谱参数值在空间上均表现出较显著的变化规律，即绿泥石 Fe-OH 和 Mg-OH 的吸收峰位（Pos2250 和 Pos2335）从两侧靠近矿体呈现出增大的趋势；而 Fe-OH 和 Mg-OH 的吸收深度（Dep2250 和 Dep2335）从两侧靠近矿体呈现出减小的趋势。为此，我们以南线剖面图为例，以主接触带厚层的铜矿体为中心，计算出每个样品距离主矿体的距离，并将绿泥石的 4 个特征光谱参数值与样品距离主矿体的距离进行线性回归分析，得到了绿泥石的 4 个特征光谱参数值与距矿体距离的散点图（图 5.20）。

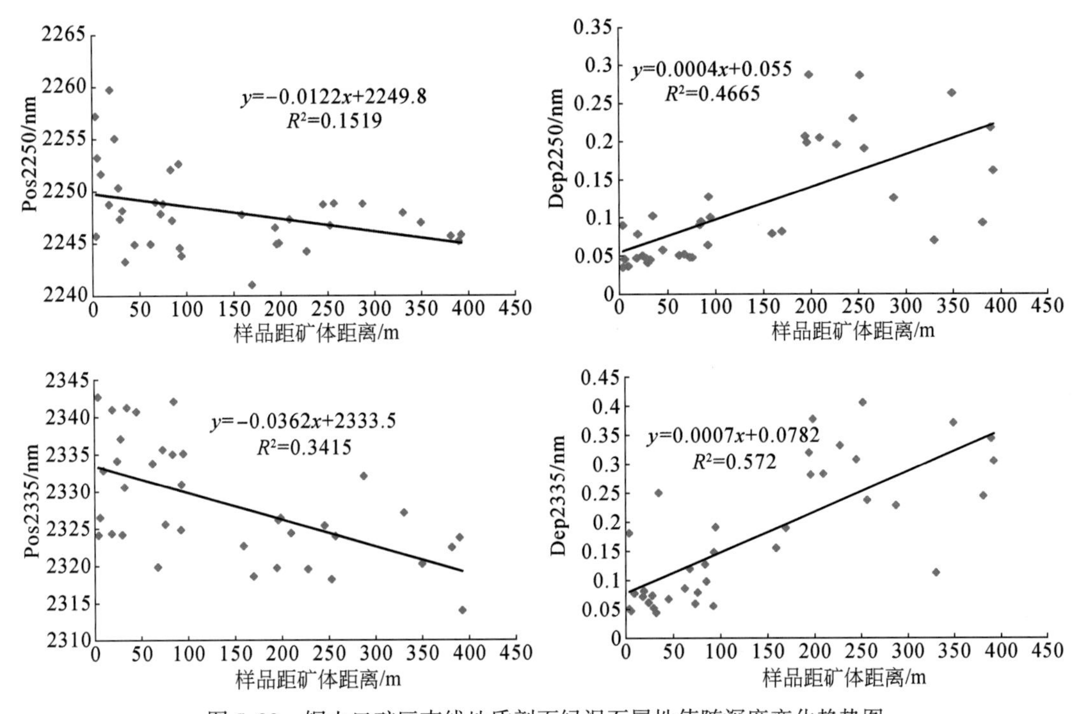

图 5.20 铜山口矿区南线地质剖面绿泥石属性值随深度变化趋势图

数值模拟的结果表明，绿泥石 Fe-OH 和 Mg-OH 的吸收峰位（Pos2250 和 Pos2335）从两侧靠近矿体呈现出一定的相关性，但是其相关性较差。这主要是因为靠近主矿体的位置仍然出现了很多的低值。但是，在靠近矿体 150m 的范围内，绿泥石的 Fe-OH 的吸收峰位值（Pos2250）大于 2249nm 的样品点增多，Mg-OH 的吸收峰位值（Pos2335）大于 2335nm 的样品点增多。而绿泥石 Fe-OH 和 Mg-OH 的吸收深度（Dep2250 和 Dep2335）从两侧靠近矿体呈现出的相关性则相对好一些，但仍然不是很理想。绿泥石的 Fe-OH 的吸收深度值（Dep2250）小于 0.11 的样品点增多，Mg-OH 的吸收深度值（Dep2335）小于 0.13 的样品点增多。

5.5.2　三维属性模型

通过 5.5.1 节中对铜山口二维属性模型的建立，我们发现白云母族矿物的特征吸收峰参数变化未见明显规律，但是绿泥石族矿物的特征吸收峰参数的空间变化表现出明显规律性。因此在本节中，我们使用 Voxler 三维建模软件对绿泥石的特征吸收峰参数进行三维建模。

由于铜山口可用的钻孔有限，我们能够编录的钻孔主要分布在北部（10 个钻孔）、东部（5 个钻孔）和南部（4 个钻孔），中部空虚并无钻孔加以限定，如图 5.1 所示。在这样的条件下，如果采用所有钻孔进行三维建模，产生的结果必然与地质事实差距较大，不利于我们探寻规律性。因此我们选择北部分布相对较集中的 10 个钻孔的 SWIR 样品数据进行三维建模分析。

根据每个钻孔、各个样品以及各个矿体的三维位置建立矿体的三维模型，如图 5.21 所示。

图 5.21　铜山口矿床北侧 I 号矿体相关钻孔和矿体的三维模型

图中红色饼代表矿体，绿色点代表含绿泥石样品位置

通过对绿泥石的特征吸收峰的 4 个参数的三维建模可得以下内容。

（1）Fe-OH 吸收峰位值（Pos2250）：如图 5.22 所示，高值区域与几个钻孔的下部分支矿体耦合度很高，但是与上部分支矿体的耦合度较差。主要是由于，在 B09EZK1 和 ZK2306 等钻孔的浅部矿体主要是含大量赤铁矿的矿体，其中绿泥石并不发育，样品的测试也没有绿泥石检出，导致高值区无法覆盖浅部矿体。

（2）Mg-OH 吸收峰位值（Pos2335）：高值区域与几个钻孔的下部分支矿体有一定耦合度，尤其是钻孔 B26NZK1 和 ZK2604 的深部矿体，但是与上部分支矿体以及 B09EZK1 和 ZK2306 等钻孔的深部矿体耦合度较差。

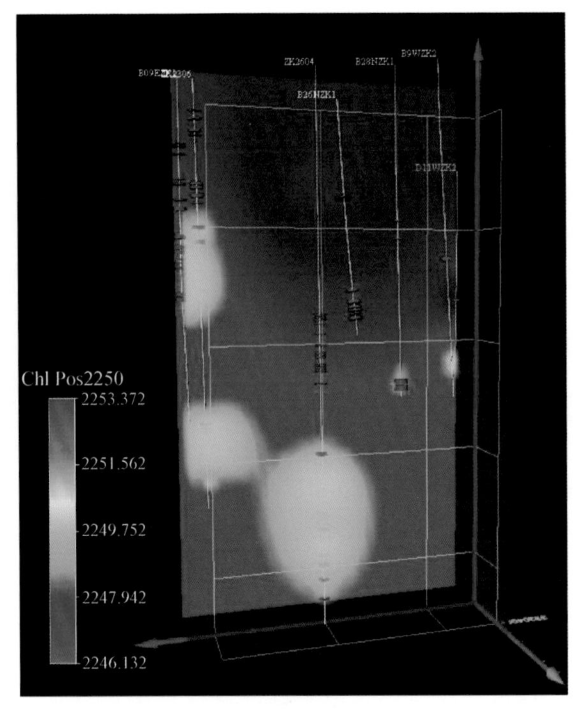

图 5.22　铜山口矿床北侧钻孔绿泥石 Pos2250 值三维模型

(3) Fe-OH 的吸收深度值 (Dep2250，如图 5.23 所示) 和 Mg-OH 的吸收深度值 (Dep2335)：低值区域与矿体耦合度较差。系统差值在未检测出绿泥石的位置添加的低值明显不符合地质事实。

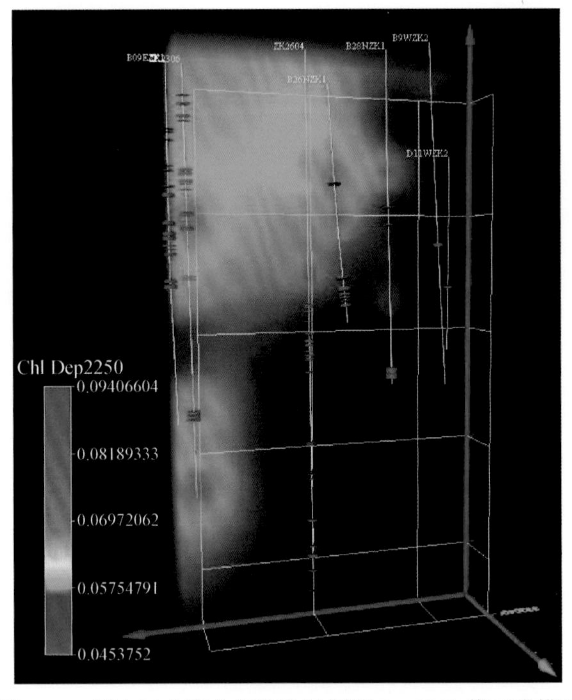

图 5.23　铜山口矿床北侧钻孔绿泥石 Dep2250 值三维模型

5.5.3 SWIR 属性建模总结

综合蚀变矿物绿泥石二维和三维的 SWIR 属性建模特征，在二维剖面上高 Fe-OH 吸收峰位值（Pos2250>2249nm）、高 Mg-OH 吸收峰位值（Pos2335>2333nm）、低 Fe-OH 的吸收深度值（Dep2250<0.11）以及低 Mg-OH 的吸收深度值（Dep2335<0.13）的出现和增多，与矿体有非常好的耦合性。但是到了三维模型上 Mg-OH 吸收峰位值（Pos2335）表现出的效果有所下降，Fe-OH 的吸收深度值（Dep2250）和 Mg-OH 的吸收深度值（Dep2335）表现出的效果则很不理想。

结合地质事实，我们认为可能原因如下。

（1）局部矿体含大量赤铁矿，其矿物组合主要是石榴子石+赤铁矿+少量黄铁矿，几乎不含有绿泥石。导致局部矿体耦合性较差。

（2）经与杨凯博士、Jon Huntington 和 Andy Green 等专家交流，短波红外光谱中，某样品的光谱吸收深度即光的吸收强度与物质的浓度成正比，服从比尔-郎伯定律。例如，在 Olympic Dam 铜铀矿床的研究中，杨凯等发现赤铁矿三价铁的吸收峰、吸收深度与赤铁矿的含量成明显正相关。所以，我们认为绿泥石 Fe-OH 的吸收深度值（Dep2250）和 Mg-OH 的吸收深度值（Dep2335）反映的主要是样品测试区域中绿泥石的含量多少。而绿泥石的含量在空间上的分布可能本身规律性就比较差，只是在局部表现得好一些，不具有普适性。

据此，我们认为在铜山口矿床，蚀变矿物绿泥石的高 Fe-OH 吸收峰位值（Pos2250>2249nm）和高 Mg-OH 吸收峰位值（Pos2335>2333nm）的出现和增多，可以作为铜山口矿床 SWIR 光谱较好的勘查标志。

5.6 绿泥石微区成分分析

5.6.1 分析样品的选取和测试方法

在对南线剖面（包含 B21SZK2，B22SZK1，B23SZK2 和 B24SZK1）中分布比较广泛的绢云母和绿泥石的 SWIR 光谱参数进行统计的过程中，我们发现南线剖面上 4 个钻孔的绿泥石 SWIR 光谱特征参数具有较好的规律性。为进一步探究其中所反映的地质意义，我们选择南线剖面的 4 个钻孔（B21SZK2，B22SZK1，B23SZK2 和 B24SZK1）中的绿泥石进行地质地球化学特征研究。

通过光薄片的鉴定和手标本的观察，我们在 4 个钻孔中识别出 4 种不同产状的绿泥石。①G 型：岩体发生面状绢英岩化、碳酸盐化时，岩体中的角闪石和黑云母（包括原生黑云母和钾化形成的黑云母）被流体交代蚀变成为绿泥石（图 5.24a，b）。②V 型：岩体中常出现的石英-绿泥石-方解石-赤铁矿-黄铁矿（黄铜矿）-辉钼矿脉中产出的绿泥石（图 5.24c），此产状的绿泥石与斑岩型矿化关系密切。③S 型：在接触带石榴子石夕卡岩中与石英硫化物共生交代早期石榴子石（图5.24d，e），此产状的绿泥石与夕卡岩型矿化关系密切。④M型：在大理岩中局部呈脉状分布的石英硫化物脉中分布的团块状绿泥石（图5.24f）。

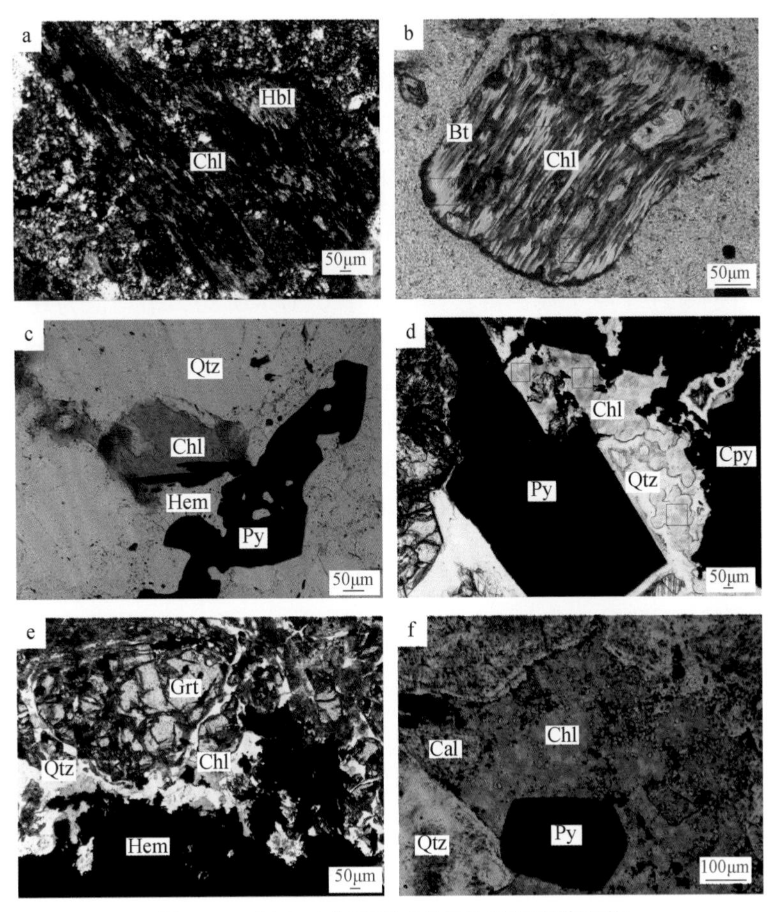

图5.24　铜山口矿区不同产状的绿泥石族矿物

Hbl. 角闪石；Chl. 绿泥石；Bt. 黑云母；Qtz. 石英；Hem. 赤铁矿；Py. 黄铁矿；Cpy. 黄铜矿；Grt. 石榴子石；Cal. 方解石

由于不同样品所含绿泥石的颗粒大小差异较大，部分样品绿泥石的粒径并不足以用来进行EPMA和LA-ICP-MS分析。所以我们对含绿泥石的样品进行了挑选。测试方法参见3.2节。

5.6.2　绿泥石的电子探针分析结果

由于部分样品中绿泥石粒径偏小，在电子探针分析中容易出现干扰，严重影响结果的准确性。我们对数据进行了筛选，一般绿泥石的 $w(Na_2O+K_2O+CaO)$ 可以用于判断其成分是否存在混染，且前人将 $w(Na_2O+K_2O+CaO)>0.5\%$ 作为判断绿泥石存在混染的标准（Foster，1962；Zang and Fyfe，1995；Inoue et al.，2010）。因此，不在这些范围内的绿泥石样品数据最好予以剔除，不参与结果的讨论。

筛选过后 15 个样品中有效的 44 个点的部分分析结果如表 5.3 所示。G 型绿泥石的 SiO_2、Al_2O_3、FeO 和 MgO 质量分数范围分别为 24.38% ~ 32.67%、12.45% ~ 18.74%、17.77% ~ 34.82% 和 6.24% ~ 20.87%，平均值分别为 29.08%、16.52%、24.65% 和 14.97%；Fe/(Fe+Mg)（原子数比值）则变化于 0.33 ~ 0.75，平均值为 0.48。V 型绿泥石的 SiO_2、Al_2O_3、FeO 和 MgO 成分范围分别为 27.82% ~ 29.56%、16.90% ~ 17.86%、20.95% ~ 33.94% 和 6.48% ~ 18.68%，平均值分别为 28.42%、17.38%、28.19% 和 12.06%；Fe/(Fe+Mg)（原子数比值）则变化于 0.39 ~ 0.75，平均值为 0.58。S 型绿泥石的 SiO_2、Al_2O_3、FeO 和 MgO 质量分数范围分别为 24.67% ~ 32.48%、13.02% ~ 19.64%、20.42% ~ 38.93% 和 5.13% ~ 19.22%，平均值分别为 28.18%、16.02%、30.24% 和 10.66%；Fe/(Fe+Mg)（原子数比值）则变化于 0.37 ~ 0.80，平均值为 0.63。M 型绿泥石的 SiO_2、Al_2O_3、FeO 和 MgO 质量分数范围分别为 26.94% ~ 29.05%、17.66% ~ 18.96%、23.69% ~ 27.21% 和 11.64% ~ 14.76%，平均值分别为 28.30%、18.12%、25.91% 和 12.90%；Fe/(Fe+Mg)（原子数比值）则变化于 0.47 ~ 0.56，平均值为 0.53。从 4 种产状的绿泥石主量元素箱状图（图 5.25）中，比较出 4 种产状的绿泥石中 S 型和 V 型绿泥石最富 Fe，这与两种绿泥石的产状相协调。

表 5.3 铜山口矿床南线 4 个钻孔绿泥石电子探针分析结果（部分代表性数据）

点编号	212651	212652	212692	221621	221622	221623	221761	221792	221793
类型	S	S	S	M	M	M	V	G	G
SiO_2	30.24	30.08	25.37	29.05	26.94	28.89	29.56	28.21	27.88
TiO_2	0.03	0.04	0.07	0.00	0.03	0.02	0.02	0.00	0.04
Al_2O_3	15.19	15.07	19.35	17.66	18.96	17.75	16.90	17.71	17.16
FeO	21.38	20.42	35.47	27.21	26.82	23.69	29.68	22.56	24.89
MnO	0.76	0.72	0.03	0.00	0.00	0.01	0.22	0.42	0.49
MgO	18.29	18.72	5.37	12.31	11.64	14.76	11.03	15.58	14.72
CaO	0.11	0.09	0.26	0.11	0.08	0.08	0.12	0.04	0.03
Na_2O	0.01	0.01	0.02	0.02	0.00	0.00	0.05	0.00	0.01
K_2O	0.01	0.00	0.06	0.00	0.01	0.00	0.11	0.01	0.01
Cr_2O_3	0.06	0.02	0.00	0.05	0.06	0.03	0.22	0.05	0.07
Total	86.09	85.17	86.00	86.41	84.53	85.23	87.89	84.57	85.30
Si	6.32	6.33	5.73	6.18	5.88	6.12	6.26	6.03	6.00
Al^{iv}	1.68	1.67	2.27	1.82	2.12	1.88	1.74	1.97	2.00
Al^{vi}	2.08	2.08	2.92	2.64	2.79	2.59	2.52	2.52	2.38
Fe	3.74	3.59	6.70	4.84	4.90	4.20	5.26	4.03	4.48
Mg	5.70	5.87	1.81	3.90	3.79	4.66	3.48	4.96	4.73
Fe/(Fe+Mg)	0.40	0.38	0.79	0.55	0.56	0.47	0.60	0.45	0.49
T/℃	190.55	191.61	216.64	191.23	221.54	204.16	177.34	216.69	215.73

注：SiO_2 ~ Total 质量分数单位为%；Si ~ Mg 按阳离子法且 Oa. p. f. u = 28 计算

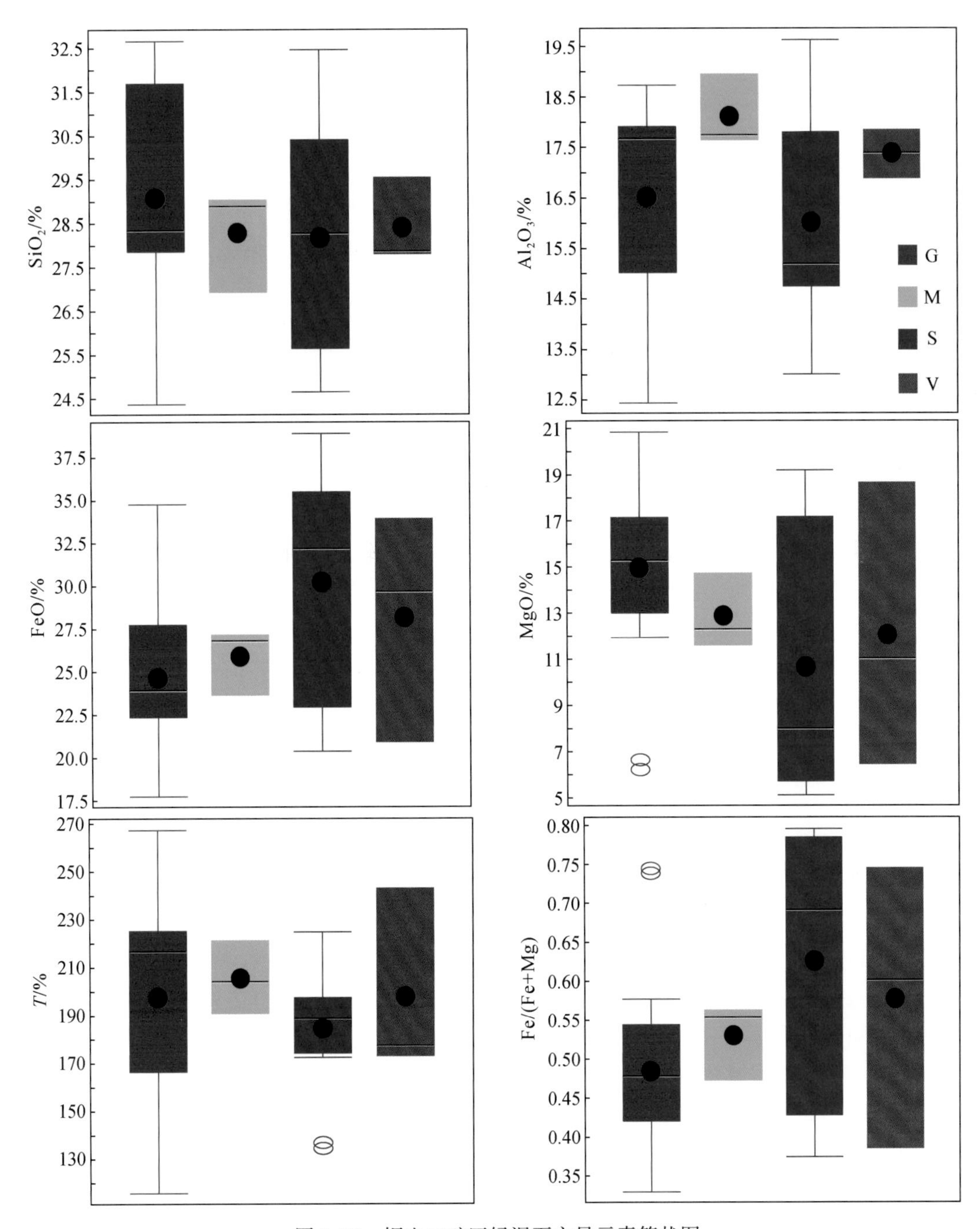

图 5.25　铜山口矿区绿泥石主量元素箱状图

在绿泥石 Fe-Si 分类图解（Deer et al., 1962；图 5.26）中，铜山口矿床 4 种产状的绿泥石主要落在铁镁绿泥石、密绿泥石和铁斜绿泥石（辉绿泥石）区域。其中 G 型主要为密绿泥石和铁斜绿泥石；S 型为铁镁绿泥石和少量铁斜绿泥石。在主要阳离子间相关关系系列图解中，铜山口 4 种产状的绿泥石 Al^{iv}-Al^{vi}（四次配位 Al-六次配位 Al；图 5.27a）显示出弱的正相关性，表明铜山口矿床绿泥石四面体位置上 Al 对 Si 的替代有可能是 1∶1 的钙镁闪石型替代（Xie et al.，1997）。而 Al^{iv}-Fe/(Fe+Mg) 图解（图 5.27b）中，则没有表现出明显的相关性。在 Fe+ Al^{vi}-Mg 图解（图 5.27c）中，不同类型绿泥石的 Fe+ Al^{vi} 与 Mg 均具有明显的负相关性（R^2=0.98），同时在 Fe-Mg 图解（图 5.27d）中，Fe 与 Mg 也有着明显的负相关性（R^2=0.93），这两者意味着 Al^{vi} 与 Mg 的变化关系不大。合理的解释是在绿泥石结构中，八面体位置主要由 Fe、Mg 及 Al^{vi} 占据，而其中又以 Fe 和 Mg 为主，Al^{vi} 的占位只占小部分并且影响不大（Xie et al.，1997；廖震等，2010）。

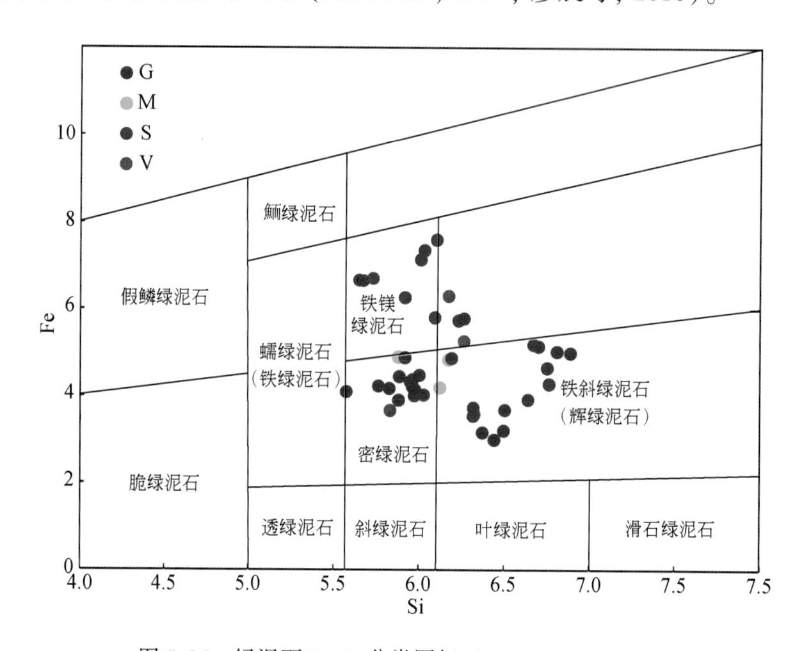

图 5.26　绿泥石 Fe-Si 分类图解（Deer et al.，1962）

Cathelineu 和 Nieva（1985）发现绿泥石的 Al^{vi} 组分可以用来作为地质温度计，并总结了绿泥石温度与组分的关系；Zang 和 Fyfe（1995）则根据 Cathelineu 和 Nieva（1985）的研究成果，改写了绿泥石温度计的表达式：T（℃）= 106.2 Al^{iv}+17.5（基于 28 个氧原子计算）。另外，不少学者认为绿泥石的形成温度不仅仅受 Al^{iv} 的控制，而且还受到 Fe/(Fe+Mg) 的影响，需要对绿泥石温度进行校正（Kranidiotis and Maclean，1987；Jowett，1991；Zang and Fyfe，1995；Xie et al.，1997）。铜山口矿床的绿泥石 Al^{iv} 与 Fe/(Fe+Mg) 并不存在显著的相关性，不便判断是否需要进行校正。另外，谭靖和刘嵘（2007）对比四种绿泥石地质温度计计算公式认为，在铝饱和条件下（绿泥石与绢云母、钠长石和绿帘石等富 Al 矿物共生，不存在贫 Al 矿物如滑石、硬绿泥石等）根据 Fe/(Fe+Mg) 校正反而有可能造成更大的误差。因此本书计算的绿泥石形成温度未使用 Fe/(Fe+Mg) 校正。经计算，铜山口矿床绿泥石形成温度为 127.63～243.31℃，G 型绿泥石形成温度为 115.93～267.45℃（平均 197.66℃），V 型绿泥石形成温度为 173.32～243.31℃（平均 197.99℃），S 型绿泥石形成温度为 134.72～225.03℃（平均 197.99℃），M 型绿泥石形成温度为 191～221.54℃（平均 205.64℃）。

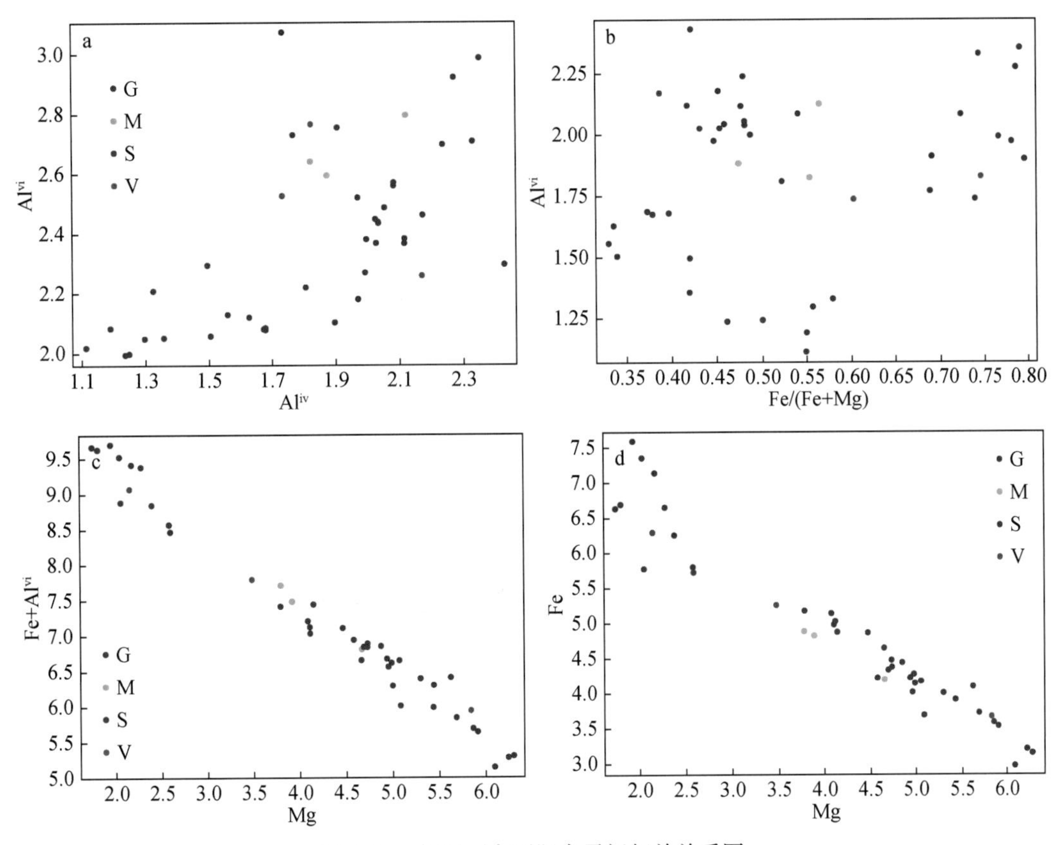

图5.27　绿泥石主要阳离子间相关关系图

5.6.3　绿泥石的Fe、Mg含量与SWIR特征参数的关系

在SWIR测试过程中我们无法保证所检测到的绿泥石的产状，但是对于我们现有的研究样品，在测试过程中由于硫化物的出现会对SWIR光谱曲线造成干扰，所以我们在测试岩体数据时尽量避开岩体中的石英硫化物脉。因此没有获得V型绿泥石所对应的SWIR特征参数值。

为进一步探索绿泥石探针成分与SWIR光谱特征参数之间的关系，我们对铜山口绿泥石探针成分中变化较大的Fe、Mg和Fe/(Fe+Mg)与对应SWIR特征参数值进行相关性分析。相关性分析表明，绿泥石Pos2250值与绿泥石Fe含量、Mg含量和Fe/(Fe+Mg)之间存在良好的相关性。绿泥石Pos2250值越高，绿泥石Fe含量和Fe/(Fe+Mg)越高，而Mg含量越低；绿泥石Pos2335值也显示出类似的变化规律（图5.28）。

通过对加拿大Myra Falls块状硫化物矿床蚀变矿物——绿泥石的SWIR光谱研究，Jones等（2005）发现绿泥石中Fe的含量与Fe-OH和Mg-OH特征吸收峰位值呈正相关，即绿泥石中Fe含量越高，绿泥石Fe-OH（Pos2250）和Mg-OH（Pos2335）特征吸收峰位值越高，反之亦然。铜山口绿泥石的化学成分也表现出相同的相关关系。

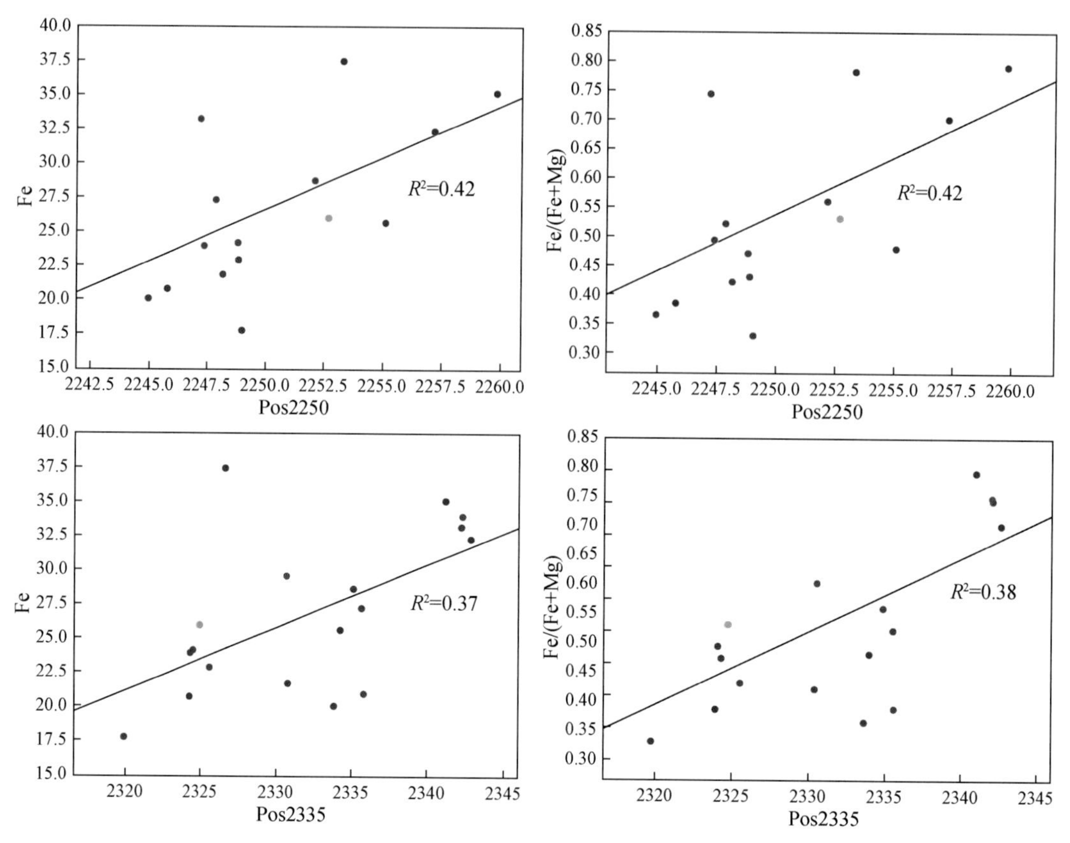

图 5.28　绿泥石主量元素与 SWIR 光谱特征参数相关关系图

5.6.4　绿泥石的 LA-ICP-MS 分析结果

绿泥石的成分在热液蚀变过程中很容易受到影响，常含有其他矿物如（榍石、锆石、金红石等）的微细粒包裹体，因此，我们在讨论数据前需要对数据进行筛选。澳大利亚塔斯马尼亚大学国家矿产研究中心内部研究报告指出，正常绿泥石的 Si 为 100000×10^{-16} ~ 225000×10^{-6}、K≤1000×10^{-6}、Ti≤1000×10^{-6}、Zr≤2×10^{-6}，当绿泥石或绿帘石的 LA-ICP-MS 分析点的元素含量在以上范围之外时，要予以剔除；除非在同一矿物的几次分析点中，重复出现相同异常的元素，则可以不用剔除，但是需要将该样品标记为“异常”。由于铜山口得到的绿泥石微量数据中 Zr 的含量均较高，其平均含量高达 3.5×10^{-6}，且有相当一部分样品 K 含量大于 1000×10^{-6}，为了能够更好地探究空间上的变化规律，增加样品点数，我们将该标准进行了适当放大，只剔除 K 含量大于 3000×10^{-6}的样品点。在剔除部分异常数据（391 个）后，共得到 83 个绿泥石微量元素数据，统计结果见表 5.4 和图 5.29。

本书中，绿泥石的主量成分 SiO_2、Al_2O_3、FeO 和 MgO 的质量分数使用电子探针的分析结果，其余的微量元素质量分数则使用 LA-ICP-MS 的分析结果。

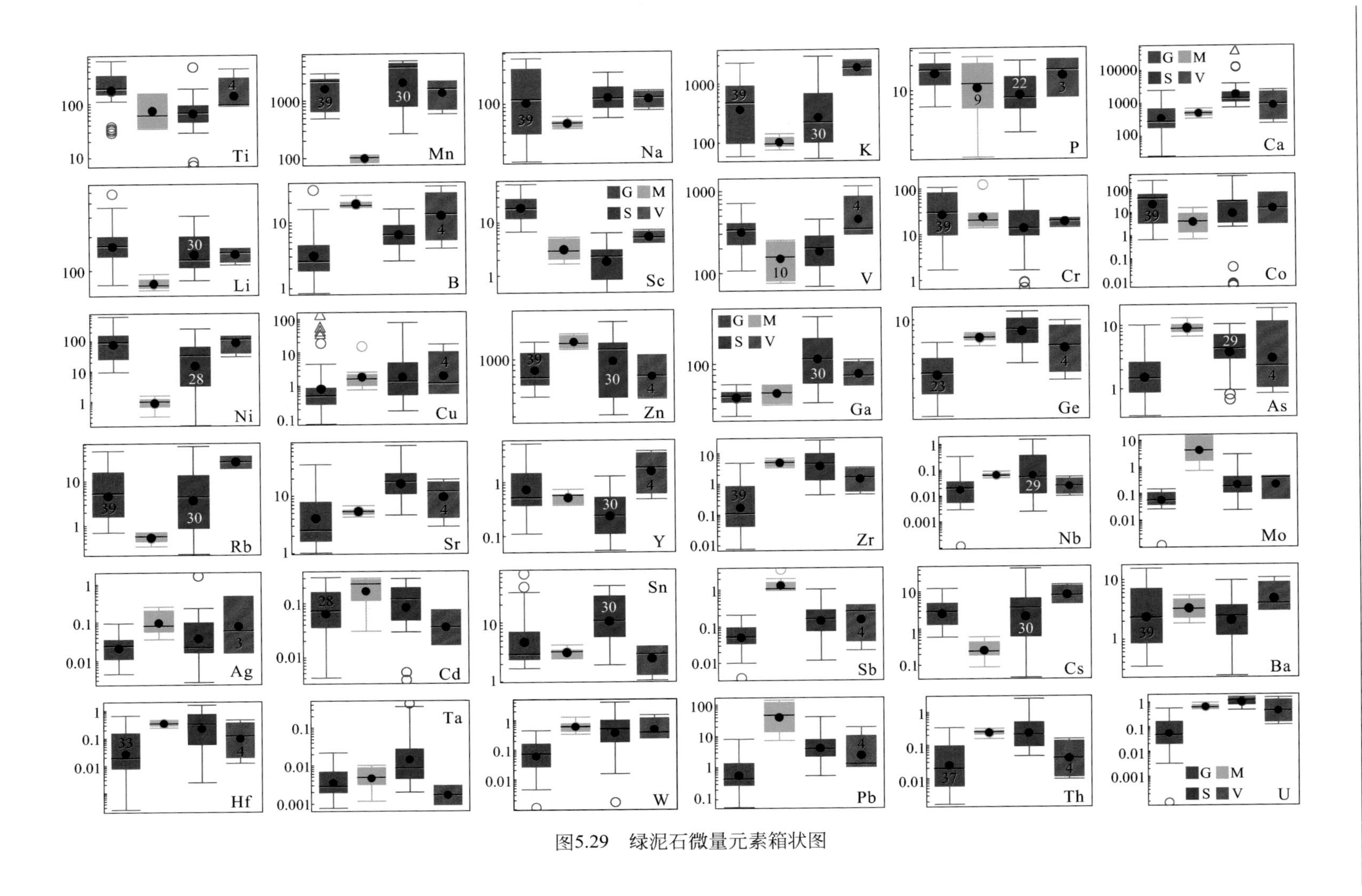

图5.29　绿泥石微量元素箱状图

表 5.4　绿泥石主量元素特征与 SWIR 特征参数对比（部分代表性数据）

样品号	产状	Pos2250	Dep2250	Pos2335	Dep2335	FeO	MgO	Fe/(Fe+Mg)	T/℃
21265	S	2245.79	0.04	2324.25	0.05	20.78	18.74	0.38	191.62
22162	M	2252.71	0.06	2324.96	0.06	25.91	12.90	0.53	205.64
22177	G	2247.41	0.04	2324.31	0.05	23.90	13.88	0.49	227.68
23257	S	2255.13	0.05	2334.23	0.06	25.67	15.56	0.48	135.94
23264	S	2257.28	0.09	2342.85	0.18	32.30	7.73	0.70	187.47
23273	G	2245.01	0.05	2333.88	0.09	20.04	19.64	0.36	173.84
23276	G	2248.90	0.05	2325.69	0.08	22.90	17.02	0.43	241.03

铜山口的 4 种产状的绿泥石中，G 型绿泥石中普遍含有较高的 Ti、Mn、Na、P、Li、Sc、Cr、Rb，与另外三种产状的绿泥石相比，B、Ca、Ga、Ge、As、Sr、Zr、Hf、Pb、Th、U 的含量较低。V 型绿泥石与 G 型绿泥石的成分比较相近，普遍含有较高的 Ti、Mn、Na、K、Li、V、Rb、Y。S 型绿泥石则含有较高的 Mn、Na、Li、Ca、Ga、Ge、Rb、Sr、Zr、Nb、Sn、Hf、Th、U，缺乏 Sc、Y。M 型绿泥石与上述三种绿泥石差别较大，含有较高的 B、Ca、Zn、As、Zr、Mo、Cd、Sb、Pb，而 Mn、Na、K、Li、V、Co、Ni、Cu、Rb、Cs 这些前三种绿泥石中含量较高的元素却比较缺乏。

83 个绿泥石微量元素测试数据统计结果见表 5.5。在所分析的 36 种元素中，Ti、Mn、Na、K、P、Ca、Li、V、Zn 含量较高，平均值为 $100\times10^{-6}\sim1000\times10^{-6}$；元素 Sc、Cr、Co、Ni、Ga、Sn 含量较低，平均值为 $10\times10^{-6}\sim100\times10^{-6}$；元素 B、Ge、Cu、As、Y、Cs、Ba、Pb 含量平均值为 $1\times10^{-6}\sim10\times10^{-6}$；其中 Ag、Sb、Ta、W、Nb、Mo、Cd 等元素含量很低，部分测试值低于检测限。

表 5.5　铜山口绿泥石 LA-ICP-MS 原位微区微量元素统计表　（单位：10^{-6}）

元素	Ti	Mn	Na	K	P	Ca	Li	B	Sc
最小值	7.172	85.543	16.311	55.062	1.642	25.995	67.337	0.855	0.514
最大值	638.814	5034.462	433.669	2892.286	28.484	40399.877	487.784	35.736	53.912
平均值	159.752	2048.074	134.544	603.855	13.659	1616.838	151.896	7.768	11.663
中值	120.551	2130.798	101.544	194.256	12.238	695.342	135.210	5.534	5.601
极差	631.642	4948.919	417.358	2837.224	26.842	40373.882	420.447	34.882	53.398
标准偏差	139.577	1548.525	103.145	687.818	6.691	4524.954	71.875	7.151	12.592

元素	V	Cr	Co	Ni	Cu	Zn	Ga	Ge	As
最小值	69.592	0.690	0.007	0.158	0.073	312.158	34.309	1.370	0.000
最大值	1151.686	158.509	373.344	652.884	134.455	2217.109	263.623	11.836	18.361
平均值	277.885	35.104	50.721	87.001	6.975	1024.726	80.205	6.046	4.026
中值	241.784	17.605	28.313	37.428	0.767	1095.195	58.608	6.035	2.910
极差	1082.093	157.820	373.337	652.726	134.382	1904.951	229.313	10.466	18.361
标准偏差	162.307	36.679	77.098	128.542	19.553	477.276	54.434	2.813	3.639

续表

元素	Rb	Sr	Y	Zr	Nb	Mo	Ag	Cd	Sn
最小值	0.227	1.030	0.055	0.008	0.000	0.000	0.000	0.000	1.038
最大值	62.973	75.966	5.233	27.257	1.522	14.741	1.663	0.315	68.871
平均值	8.991	11.951	0.952	3.464	0.105	0.924	0.061	0.089	10.289
中值	3.107	6.824	0.491	1.775	0.028	0.110	0.018	0.053	3.622
极差	62.746	74.936	5.178	27.249	1.522	14.741	1.663	0.315	67.833
标准偏差	11.601	12.146	1.366	4.909	0.220	2.691	0.193	0.096	12.894
元素	Sb	Cs	Ba	Hf	Ta	W	Pb	Th	U
最小值	0.000	0.046	0.236	0.000	0.000	0.000	0.056	0.000	0.000
最大值	3.671	44.461	15.741	1.592	0.431	4.109	142.199	2.534	1.598
平均值	0.295	4.094	3.574	0.255	0.023	0.466	11.188	0.219	0.564
中值	0.093	3.097	2.690	0.129	0.003	0.222	1.760	0.098	0.532
极差	3.671	44.415	15.504	1.592	0.431	4.109	142.143	2.534	1.598
标准偏差	0.545	5.643	3.190	0.323	0.073	0.717	27.657	0.382	0.508

5.6.5　绿泥石的元素空间变化规律

在我们选取的南线剖面图中，绿泥石的微量元素及几种代表性的元素比值空间变化规律见图5.30和图5.31。铜山口南线剖面上所表现出来的绿泥石微量元素空间分布规律主要分为3类：①从岩体到矿体再到大理岩呈现逐渐升高的趋势，如Mn、Zn、Ga、Ge、Zr、U、Hf、Pb、Sb、Sn，以Zn为代表（图5.31b）；②从岩体和大理岩指向矿体均呈现逐渐升高的趋势，如Co、Ni；③从岩体到矿体再到大理岩呈现逐渐降低的趋势，如Ti、K、Na、Ba、Rb、Sc、V、Cr、Y，以Ti为代表（图5.31a），其与其他元素的比值可以使元素含量的变化规律更加显著，代表性的Ti/Sr、Ti/Pb、Mg/Sr等元素比值，均表现出从岩体到矿体再到大理岩呈现逐渐降低的趋势。

由于铜山口现有的样品现状，我们虽然在绿泥石化学成分空间变化规律上得到了一些变化趋势，但是十分有限。这主要受限于样品的空间分布和样品中绿泥石的产状。我们目前所测的样品空间分布较为狭窄，很多SWIR光谱检测出绿泥石的位置由于绿泥石的含量和产状并不适合进行LA-ICP-MS测试，因此数据量有限。

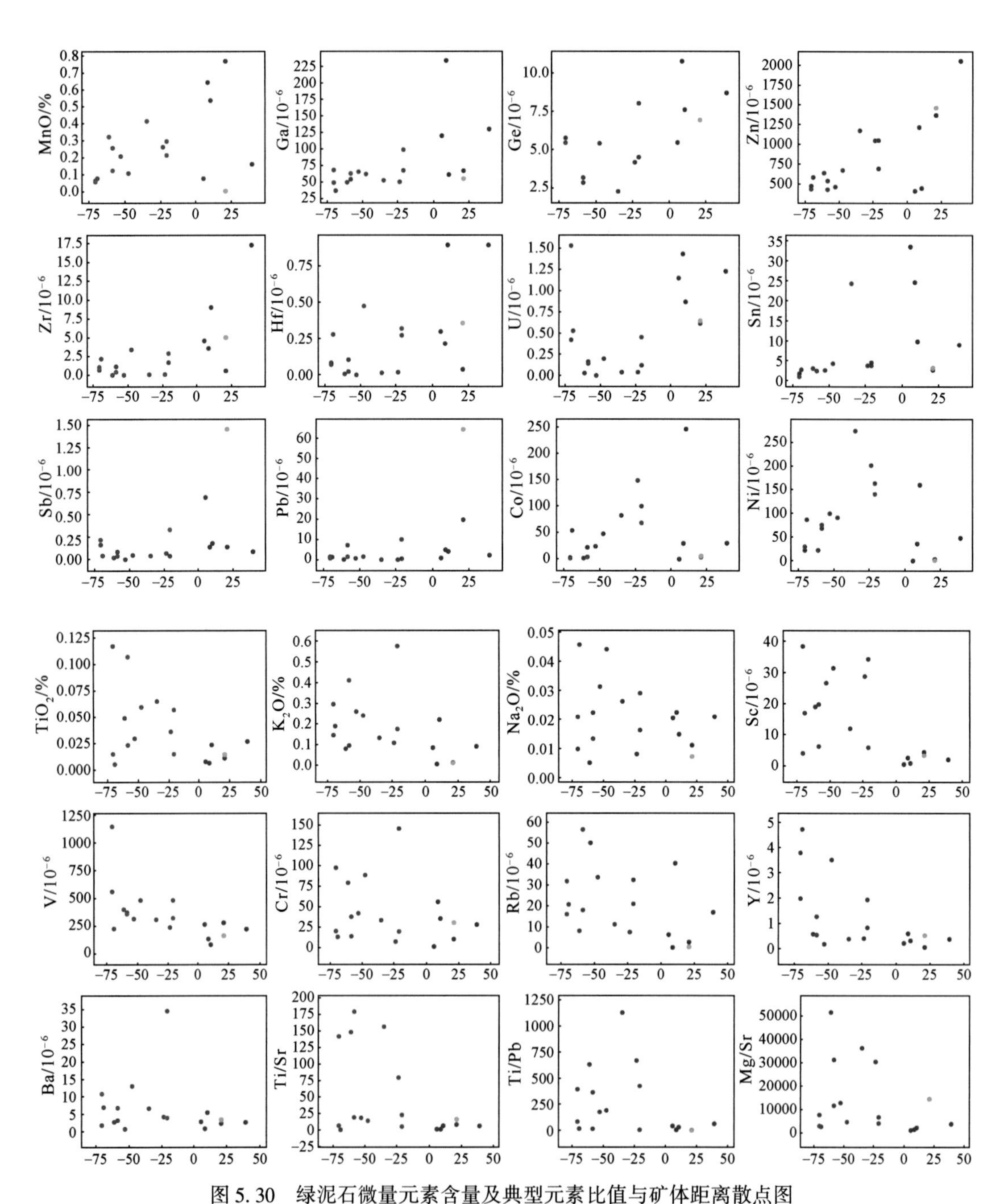

图 5.30 绿泥石微量元素含量及典型元素比值与矿体距离散点图

图例同图 5.27。横坐标 0 点为矿体位置，负值向岩体深部，正值向大理岩地层浅部，单位为 m

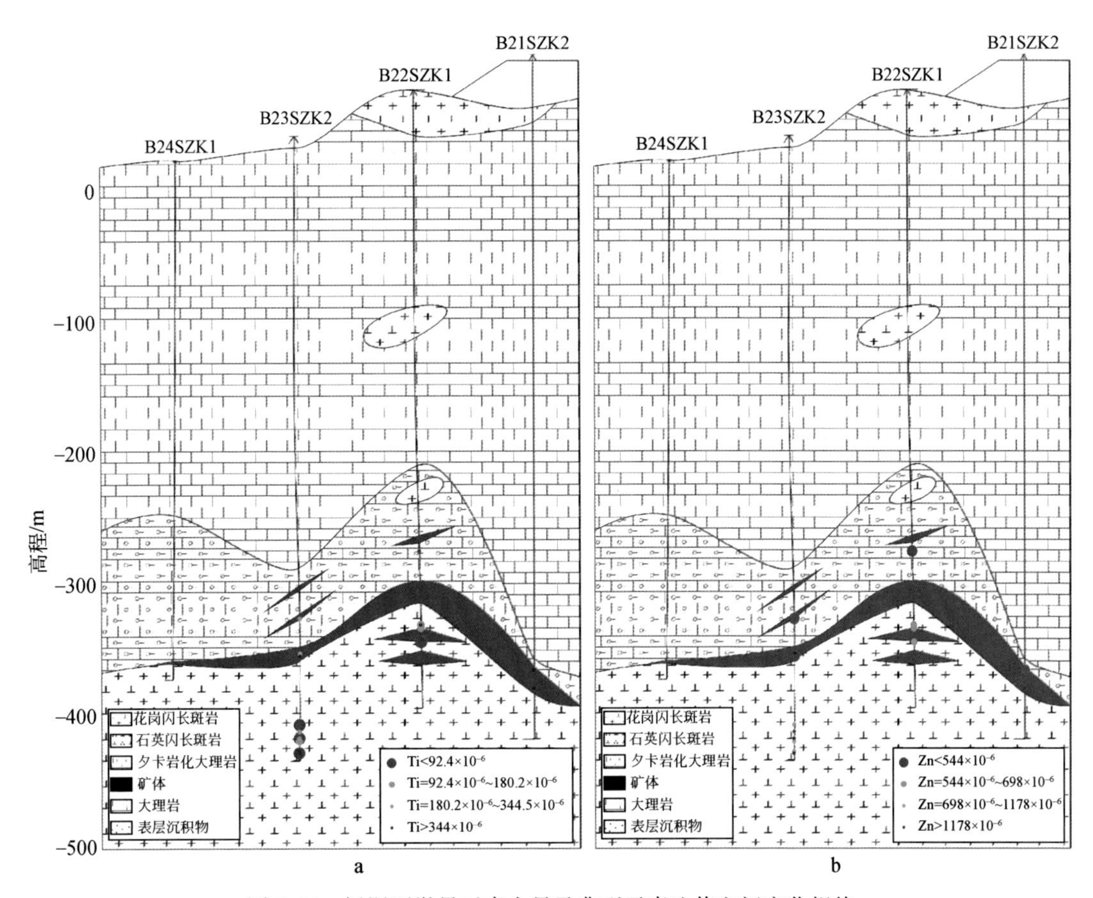

图5.31　绿泥石微量元素含量及典型元素比值空间变化规律

5.6.6　铜山口矿床与其他斑岩系统对比

近年来很多研究者关注斑岩型矿床的蚀变矿物，发现斑岩矿床中的蚀变矿物不仅仅能反映成矿流体的物理化学特征，而且对于矿化的优劣和空间信息有一定的指示作用。

在对印度尼西亚 Batu Hijau 斑岩型铜金矿床的绿泥石微量元素特征的研究中，Wilkinson 等（2015）发现其微量元素含量展现出系统的空间变化规律：从斑岩体中心向外，Ti、V、Al 和 Mg 等元素含量随距离变化呈指数量级下降，而 K、Li、Ca、B、Sr、Ba、Co、Ni 和 Pb 等元素含量则上升，这种变化规律可以延伸到距离斑岩体 4～5km，大于传统的全岩化探异常范围（<1.5 km），并提出了距矿体距离 X 与绿泥石微量元素之间的关系：$X=\ln(R/a)/b$，其中 R 为绿泥石的元素含量比值，a 和 b 为常数，并且发现绿泥石 Ti 的含量与温度呈正相关关系。此外 Mn、Fe、Zn 等元素含量则在距离斑岩体 1～1.5 km 附近获得最大值。利用元素比值可以增加成分变化的规律，如 Ti/Sr、Ti/Pb、Mg/Sr 等，可以提供有效的矿体指向的参数；Ti/Sr 值与斑岩体距离呈现高度的线性关系，可以利用计算得出的线性方程来进行斑岩体位置的指向。

Cohen（2011）对 Ann-Mason 斑岩型铜（钼）矿床全岩和矿物的微量元素分析，发现钾化和绢云母化蚀变带岩石富集 Cu、Mo、Te、Se、Bi、Sb、As、W、Sn、Li 和 Ti，代表岩浆流体从成矿区域迁移到古地表的通道；而 Zn、Mn、Co 和 Ni 则在蚀变岩石中亏损，在远矿的青磐岩化带及近地表环境中富集。绿泥石和白云母/伊利石微量元素特征显示，绿泥石为全岩提供了 Li、Mn、Zn 和 Co，而白云母则贡献了 Ba、Rb 和 Ti。Cu 在矿物中的含量达到 280×10^{-6}，但低于全岩的 Cu 平均含量（$>1000\times10^{-6}$）。绿泥石和白云母/伊利石中亲铜元素 Mo、Te、Se 和 Bi 等大部分低于检出限，并且很少达到 1×10^{-6}。

Jimenez（2011）对 Alwin-Valley-Bethlehem（加拿大英属哥伦比亚）斑岩型铜钼矿床的热液蚀变的绿泥石研究发现，富 Mg 绿泥石主要出现在远矿的蚀变带中，而近矿的强绢英岩化蚀变带绿泥石以富 Fe 绿泥石为主；微量元素中 Mn、Zn 和 Li 呈现良好的正相关关系，因为这些元素主要占据绿泥石八面体位置。绢英岩化样品中绿泥石含有最高的 Zn，而远矿弱钠-钙化蚀变的样品 Zn、Li 含量最低。

延东斑岩型铜矿床的斑岩期绿泥石具有比叠加改造期绿泥石更高的 Cr、Ni、Co、B、Ca、Sr 和 Mn，而 Sc、Ga、Sn、Ti 和 Zn 含量则相对较低。对比年轻的斑岩铜矿系统，土屋-延东矿床的绿泥石具有类似的 Ti 和 V 的变化规律，可以作为古老的斑岩型矿床的勘查指示（Xiao et al.，2017）。斑岩矿床中绿泥石的大离子亲石元素（K、Ca、Sr 和 Ba）呈现距离矿体越远而升高的趋势，在延东矿床绿泥石中并没有体现，可能是因为这些元素易受后期改造，被迁移所致（Xiao et al.，2017）。

铜山口矿床绿泥石元素含量在空间分布规律上也表现出与印度尼西亚 Batu Hijau 斑岩型铜金矿床及延东斑岩型铜矿床相同的趋势，即 Ti、Sc、V、Cr、Y 等元素从岩体向外呈现逐渐降低的趋势，Mn、Zn、Pb 等元素从岩体向外呈现逐渐升高的趋势。但在 K、Na、Ba、Rb 等大离子亲石元素上却表现出与斑岩系统完全相反的下降趋势，这可能主要受铜山口矿床围岩成分的影响。此外 Co、Ni 两种元素的含量在铜山口表现出从矿体向两侧逐渐降低的趋势，这与斑岩系统中表现出的规律也不一致。在铜山口绿泥石中并没有发现 Li、Sr 在空间分布上有明显的规律性，这可能是由于我们所选样品的空间分布较为狭窄；Fe、Mg 等元素也没有发现明显的规律性，可能主要因为围岩含有白云质大理岩。

铜山口绿泥石 Ti/Sr、Ti/Pb、Mg/Sr 等元素比值，均表现出从岩体到矿体再到大理岩呈现逐渐降低的趋势，这与前人对大型斑岩型矿床的研究成果相一致。

铜山口绿泥石的温度分布并没有呈现规律的变化，且温度与大部分微量元素均没有显著的相关性，与 Ti 的相关系数也仅为 0.15，这表明铜山口绿泥石的 Ti 等元素含量可能并不是主要受控于温度，与 Batu Hijau 斑岩系统的绿泥石 Ti 含量主要受温度决定不同（Wilkinson et al.，2015）。但铜山口绿泥石的 Sr 含量与温度表现出明显的负相关（$R^2=0.77$，图 5.32）。这与斑岩矿床有明显区别，显示铜山口矿床绿泥石中 Sr 元素的含量与温度有密切联系。

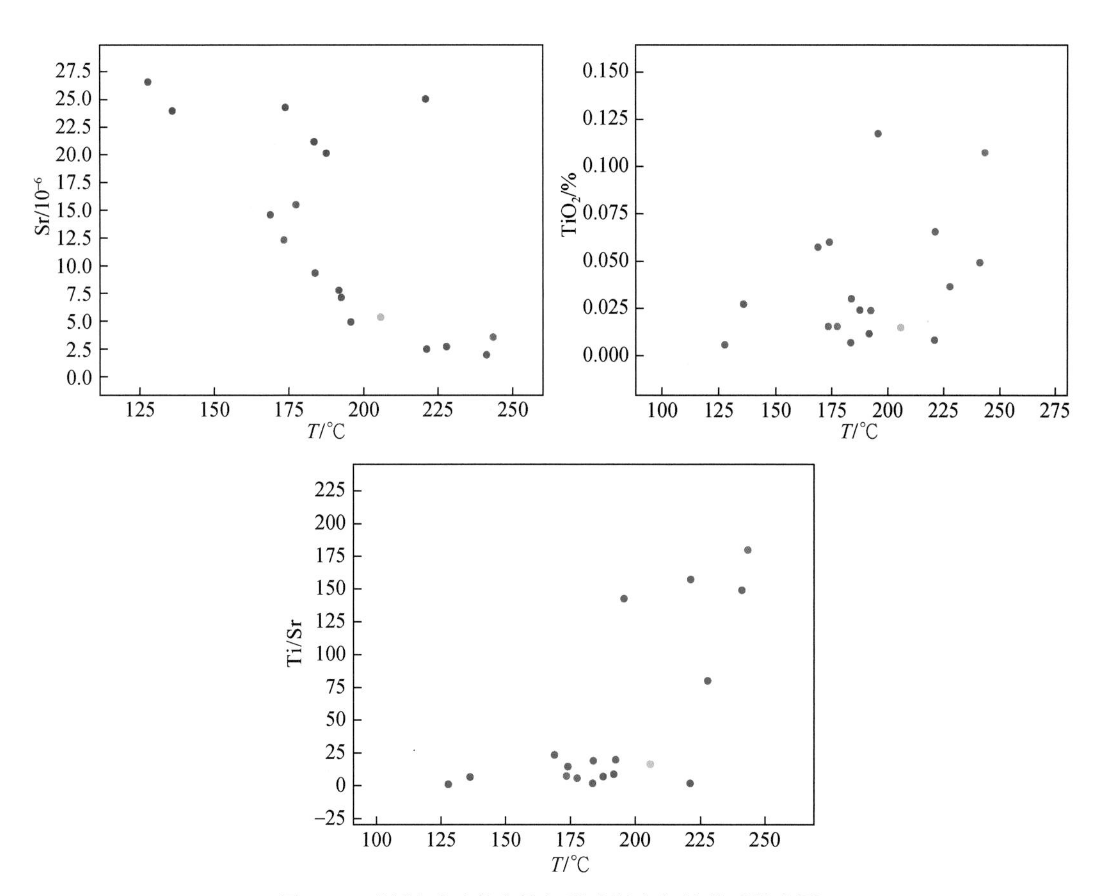

图 5.32　绿泥石元素含量与形成温度相关关系散点图

第6章　三维地质建模

三维地质建模是以各种原始地质数据（包括地质钻孔、勘探线剖面、二维平面地质图、地形图、物探数据、化探数据、遥感影像，以及本书的蚀变矿物几类专题数据）为基础，建立能够反映地下地质体形态、构造现象及地质体内部属性变化规律的三维可视化模型。本次三维建模专题的主要工作是制定三维模型基础数据标准，收集研究区的原始资料和项目研究成果数据，按照三维建模的要求整理并建立数据库，建立各类三维模型，以供其他专题做分析研究。

6.1　技术标准

本次三维地质建模工作，主要按照下列技术标准执行：《三维地质模型数据交换格式（Geo3DML）》（DD 2015-06）；《数字化地质图图层及属性文件格式》（DZ/T 0197-1997）；《地质矿产术语分类代码》（GB/T 9649-1988）；《区域地质图图例》（GB/T 958-1989）；《地质图用色标准及用色原则》（DZ/T 0179-1997）；《地理信息技术基本术语》（GB/T 17694-1999）；《图层描述数据内容标准》（DDB9702 GIS）；《资源评价工作中地理信息系统工作细则》（DDZ9702 GIS）；《国家基本比例尺地形图分幅编号》（GB/T 13989-1992）；《1∶5万区域地质图空间数据库建设实施细则》（2009版）。

6.2　三维建模平台

通过调研与试用主流三维建模系统软件，并将软件功能与收集的基础资料契合度作比较，我们选择中地数码MapGIS三维地学建模平台和Voxler作为本次三维建模工作的工具软件，选择鸡冠嘴和铜绿山矿区作为建模对象。按照6.3节中的数据模型处理并加工原始资料和数据，得到的各类处理后数据基本能满足本次建模工作的要求。

6.3　三维建模数据模型

三维建模数据库是按照特定数据结构来组织、存储和管理三维建模数据的仓库，需要按照建模标准建立基础数据库，利用适当的数学算法和三维建模软件平台完成三维模型的建立。收集原始资料，从中提取有利用价值的数据信息，并按照三维建模的数据模型规范来整理数据并存储到计算机，是整个三维建模工作的基础。

本次建模工作收集的基础资料有湖北省大冶铜绿山矿床、鸡冠嘴矿床、铜山口矿床三个研究区的地形地质图、勘探工程布置图、遥感影像图、地质剖面图、钻孔原始编录数据、样品分析数据及各类勘查报告等。资料来源主要是以往地质队历年相关的勘查数据和本次研究野外采集的样品分析数据。资料来源多、类型多、时间跨度大，提取整理工作的难度也相应比较大。

根据三维建模和成果数据应用需要，三维模型数据库建立了一套严格的数据模型标准。对原始数据照标准筛选和处理后，作为三维建模的基础数据。本过程关键点在于需要从大量、多元且无序的原始数据中，提取三维建模的有效数据，并需要根据具体情况创新处理方法，加工原始数据达到三维建模的要求。三维数据模型标准是本次研究中三维建模的基础规范。

原始资料中使用到的数据有地形数据（等高线、高程点）、实际材料图数据（地质区、地质界线）、钻孔柱状图、矿区分层总表、钻孔地质记录簿、剖面及剖面图数据、短波红外光谱数据、蚀变矿物鉴定结果数据等。在实际建模中根据不同的三维模型及建模方法选择使用对应的数据模型（表6.1～表6.14），处理加工数据并建立对应的数据库。

表6.1　地形地质图参数

大地坐标参照系	投影类型	比例尺
1980西安坐标系	高斯-克吕格投影	1∶1000

表6.2　等高线属性结构

序号	字段名称	字段类型	字段长度	小数位数	值域	约束条件	备注
1	标示高程	Float	7	2	(-160，8850)	必填	单位：m
2	高程增量	Int	2		非空	必填	单位：m

表6.3　遥感影像校正参数

大地坐标参照系	投影类型	比例尺
1980西安坐标系	高斯-克吕格投影	1∶1000

表6.4　钻孔数据表

序号	钻孔数据表名称	约束条件	备注
1	×××钻孔基本信息表	必填	单位：m
2	×××钻孔分层信息表	必填	单位：m

表6.5　钻孔基本信息属性结构

序号	字段名称	字段类型	字段长度	小数位数	值域	约束条件	备注
1	钻孔索引编码	Int	10		≥1	主键	唯一标识
2	钻孔编码	Char	50		非空	必填	
3	坐标类型	Char	20		非空	必填	
4	横坐标	Float	15	6	非空	必填	
5	纵坐标	Float	15	6	非空	必填	

续表

序号	字段名称	字段类型	字段长度	小数位数	值域	约束条件	备注
6	钻孔类型	Char	20		非空		
7	孔口标高	Float	15	6	非空	必填	
8	钻孔埋深	Float	15	6	非空	必填	

表 6.6　钻孔分层信息属性结构

序号	字段名称	字段类型	字段长度	小数位数	值域	约束条件	备注
1	钻孔索引编码	Int	10		≥1	主键	唯一标识
2	钻孔编码	Char	50		非空	必填	
3	地层代号	Char	20		非空	必填	
4	顶板掩深	Float	15	6	非空	必填	
5	底板埋深	Float	15	6	非空	必填	
6	岩性名称	Char	20		非空	必填	
7	岩性描述	Char	100		非空		
8	天顶角	Float	3	2	≥0，≤90		
9	方位角	Float	3	2	≥0，≤360		

表 6.7　蚀变矿物 SWIR 特征值属性结构

序号	字段名称	字段类型	字段长度	小数位数	值域	约束条件	备注
1	模型名称	Char	20		非空	必填	
2	数据列数	Int	5		≥1	必填	
3	标量属性字段个数	Int	5		≥1	必填	
4	X 坐标	Float	15	6	非空	必填	
5	Y 坐标	Float	15	6	非空	必填	
6	Z 坐标	Float	15	6	非空	必填	
7	SWIR 特征值	Float	15	6	非空	必填	

表 6.8　矿物点位属性结构

序号	字段名称	字段类型	字段长度	小数位数	值域	约束条件	备注
1	勘探线号	Char	10		非空		
2	钻孔编码	Char	50		非空	必填	
3	样品号	Int	10		≥1	必填	
4	X 坐标	Float	15	6	非空	必填	
5	Y 坐标	Float	15	6	非空	必填	
6	Z 坐标	Float	15	6	非空	必填	

续表

序号	字段名称	字段类型	字段长度	小数位数	值域	约束条件	备注
7	矿物1名称	Int	1		0或1	必填	表示“无”或“有”
8	矿物2名称	Int	1		0或1	必填	
…	……	…	…		…	…	…

表6.9 ×××矿物点位基本信息属性结构

序号	字段名称	字段类型	字段长度	小数位数	值域	约束条件	备注
1	索引编码	Int	10		≥1	主键	唯一标识
2	样品编码	Char	50		非空	必填	“钻孔编码-样品号”
3	坐标类型	Char	20		非空	必填	
4	*X*坐标	Float	15	6	非空	必填	
5	*Y*坐标	Float	15	6	非空	必填	
6	*Z*坐标	Float	15	6	非空	必填	
7	坐标类型	Char	20		非空		
8	样品深度	Float	15	6	>0，≤0.1	必填	
9	样品类型	Char	20		非空		

表6.10 ×××矿物点位分层信息属性结构

序号	字段名称	字段类型	字段长度	小数位数	值域	约束条件	备注
1	样品索引编码	Int	10		≥1	主键	唯一标识
2	样品编码	Char	50		非空	必填	
3	矿物代号	Char	20		非空	必填	
4	样品起始深度	Float	2		非空	必填	值为0
5	样品结束深度	Float	15	6	>0，≤0.1	必填	
6	矿物名称	Char	20		非空	必填	
7	矿物描述	Char	100		非空		

表6.11 剖面图参数

大地坐标参照系	投影类型	比例尺
1980西安坐标系	高斯-克吕格投影	1∶1000

表6.12 剖面区颜色及代号表

序号	图例名	图示及代号
1	第四系/黏土、亚黏土夹砂及砾石	Q_4
2	钠长斑岩	$\varphi\ \pi$

续表

序号	图例名	图示及代号
3	煌斑岩	χ
4	石英闪长岩	$Q\delta_5^{3-1}$
5	大理岩/白云质大理岩	T_2P^2
6	角砾岩	Br
7	透辉石夕卡岩	SK1
8	石榴子石夕卡岩	SK2
9	石榴子石透辉石夕卡岩	SK3
10	角砾岩型矿体	
11	夕卡岩型矿体	
12	安玄岩夹凝灰质粉砂岩	K_1L
13	火山沉积角砾岩	J_3m
14	粉砂岩、黏土岩、角岩	T_2P^1
15	粉砂岩、黏土岩、角岩	T_2P^2
16	大理岩、白云质大理岩夹粉砂岩	$T_{1-2}j^4$
17	白云岩/白云质大理岩	$T_{1-2}j^{3-3}$
18	安山玢岩	$\alpha\mu_5^{3-1}$

续表

序号	图例名	图示及代号
19	闪长岩	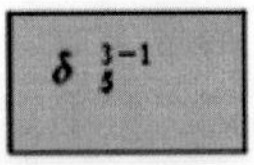 δ_{5}^{3-1}
20	石英闪长岩	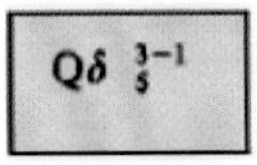 $Q\delta_{5}^{3-1}$
21	石英正长闪长玢岩	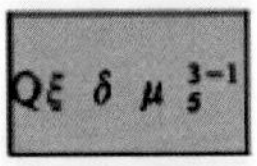 $Q\xi\delta\mu_{5}^{3-1}$
22	钾化闪长岩	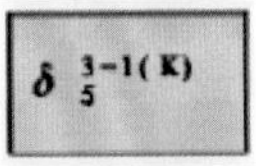 $\delta_{5}^{3-1(K)}$
23	夕卡岩	 SK
24	硅化岩	 Si
25	破碎带	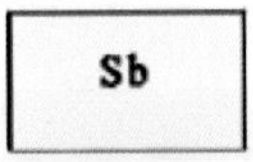 Sb
26	硅质铁帽	[illegible]
27	褐铁矿铁帽	 [illegible]
28	矿体	 [illegible]

表 6.13　×××线剖面区属性结构

序号	字段名称	字段类型	字段长度	小数位数	值域	约束条件	备注
1	ID	Int	8		≥0	主键	唯一标识
2	面积	Float	15	6	非空	必填	
3	周长	Float	15	6	非空	必填	
4	地质单元	Char	20		非空	必填	
5	颜色号	Char	20		非空	必填	
6	描述	Char	255		非空		

表 6.14　定位轨迹线属性结构

序号	字段名称	字段类型	字段长度	小数位数	值域	约束条件	备注
1	钻孔编码	Char	32		非空	必填	
2	横坐标	Float	32	2	非空	必填	

续表

序号	字段名称	字段类型	字段长度	小数位数	值域	约束条件	备注
3	纵坐标	Float	32	2	非空	必填	
4	孔口标高	Float	32	2	非空	必填	

6.4　MapGIS 三维建模

6.4.1　三维地形模型

三维地形模型是在三维空间中对数字地形数据进行三维可视化表达。三维地形建模的主要过程是将研究区等高线数据转换成高程 DEM 数据，并利用处理过的遥感影像图，在三维视图中将模型进行挂接，实现三维地形的直观表达。

模型展示如图 6.1 所示。

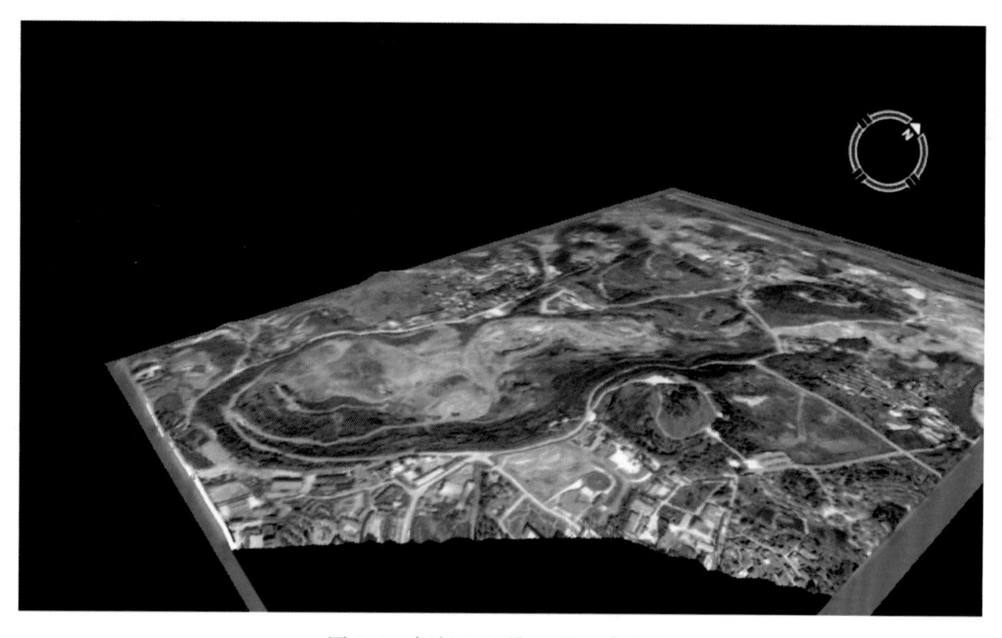

图 6.1　铜绿山三维地形遥感贴图

6.4.2　三维地质体模型

1）三维地质体建模

本次建模的三维地质体模型是采用剖面数据三维空间表达后，针对研究区内复杂地质构造，利用多条剖面及辅助面确定所有地质体的空间几何形态，形成一个完整的地质体模型。剖面数据的原始资料来源于本次研究工作的地学专家绘制的勘探线剖面图，按照三维建模要求处理后入库。

其建模基本思路为：①利用建模区域内多条剖面，以手动添加辅助线的方式进行封闭，将空间分割成多个单元格；②利用单个单元格内一系列闭合轮廓线建立起曲面片(图6.2)，进而确定该单元格内所有地质体的空间几何形态，形成一个单元格地质块；③将每个单元格的地质块进行合并形成完整的地质体模型。基于单元格的建模方法最为核心的建模工作为建立几何、拓扑一致的地质子面，而这也是建模的难点所在。模型展示如图6.2所示。

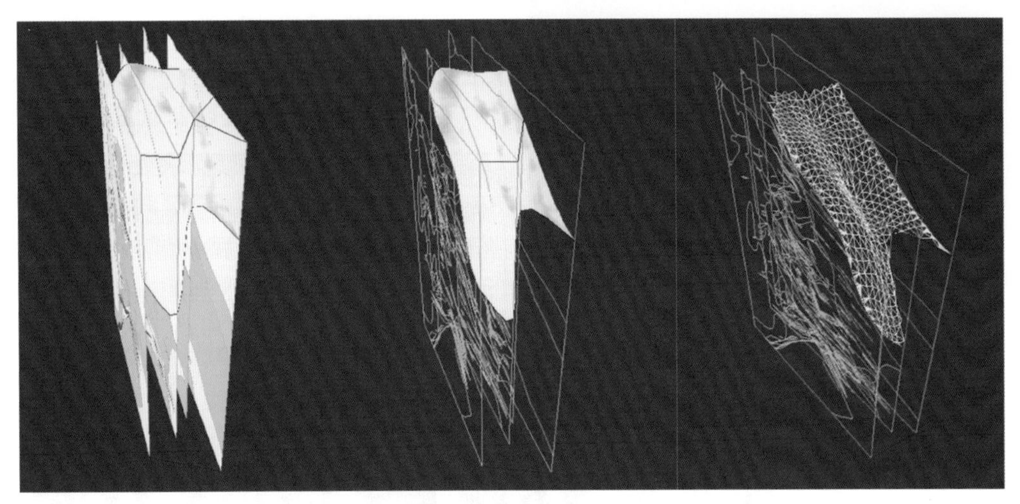

图6.2　鸡冠嘴矿区24～32#勘探线三维曲面

2）模型展示及叠加分析

模型展示如图6.3，三维地质体模型中各个地质体带有岩性名称和岩性描述等属性值，可以有效地辅助叠加其他类型模型对研究区展开分析和研究。

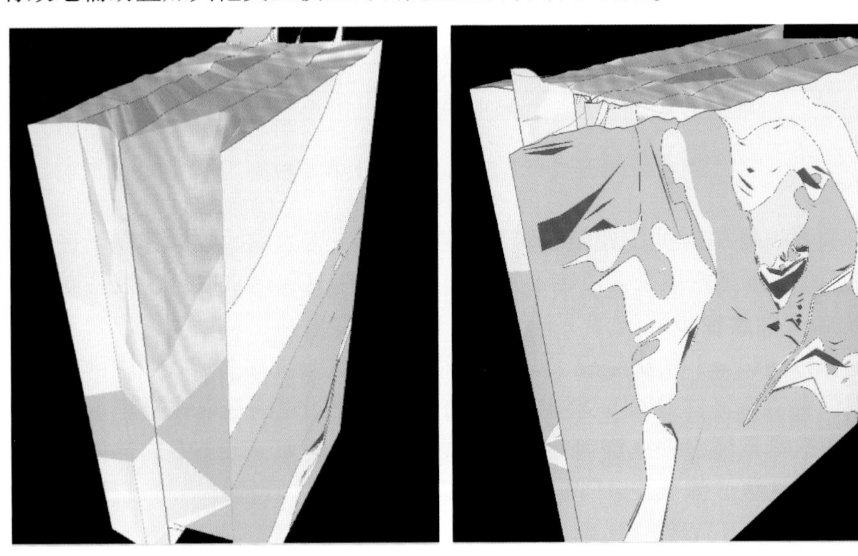

图6.3　鸡冠嘴矿区24～32#勘探线三维地质体模型

图 6.4　鸡冠嘴矿区矿物及地质三维空间分布

研究区三维地质模型建立后，可以与本节后介绍的两种三维地质模型叠加（图 6.4），展示项目成果，同时还可以辅助分析成果数据，为进一步研究成果数据提供新的视角和切入点。

6.4.3　蚀变矿物 SWIR 特征值三维属性模型

1）蚀变矿物 SWIR 特征值三维属性建模

按照 6.3.3 节中的要求处理后的矿物 SWIR 特征值如图 6.5 所示。SWIR 特征值属性建模属于地质体属性空间分布建模，反映了矿物 SWIR 特征值的三维空间分布规则。

鸡冠嘴绿泥石Pos2335属性建模				
4				
1				
X	location			
Y	location			
Z	location			
JGZ绿泥石Pos2335				
588301.4968	3330630.165	-376.24	2321.9	
588301.4968	3330630.165	-383.16	2321.9	
588301.4968	3330630.165	-399.26	2321.9	
588301.4968	3330630.165	-399.66	2321.9	
588301.4968	3330630.165	-401.56	2321.9	
588301.4968	3330630.165	-405.26	2321.9	
588301.4968	3330630.165	-410.46	2321.9	
588301.4968	3330630.165	-412.56	2321.9	

图 6.5　鸡冠嘴绿泥石 Pos2335 属性模型数据

属性建模的数学基础是利用插值的算法，建模初期使用的原始数据存在严重缺陷的问题在于原有 SWIR 数据是按照采样点在不在地质人员关注范围内来取舍，被丢弃的采样点过多（图 6.6），导致建模失败。

经过研究分析后认为，初次建模失败的原因在于被选择的采样点分布不均衡且过少，建模区域周围没有边界值。据此重新调整建模方案，采用新规则选取取样点。新规则主要是：关注范围内取测量值；关注范围外赋最大或最小值，最大、最小值的选择按测量值靠近哪一方，取就近的值。如图 6.7 所示，采用新规则补充采样点后，分布趋向均衡，建模成功。

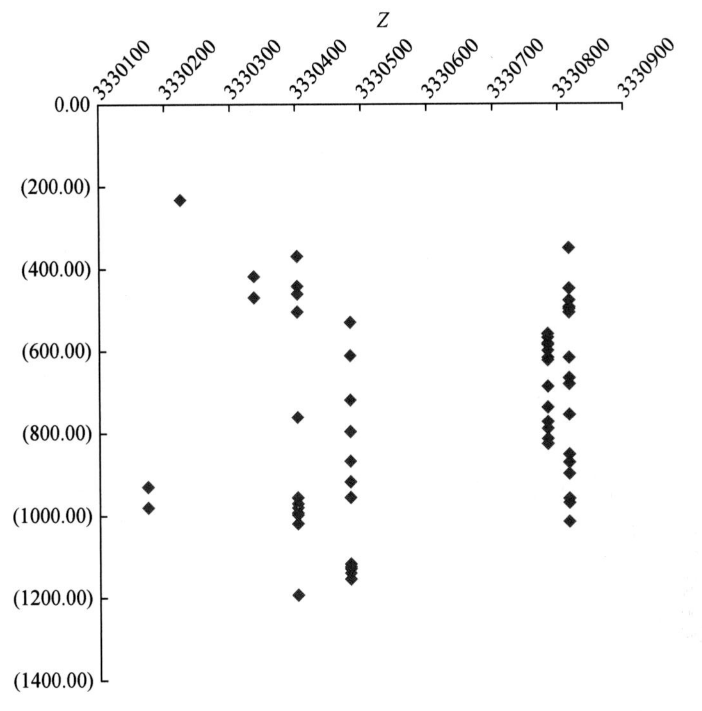

图 6.6　鸡冠嘴绿泥石 Pos2350 原始采样点分布

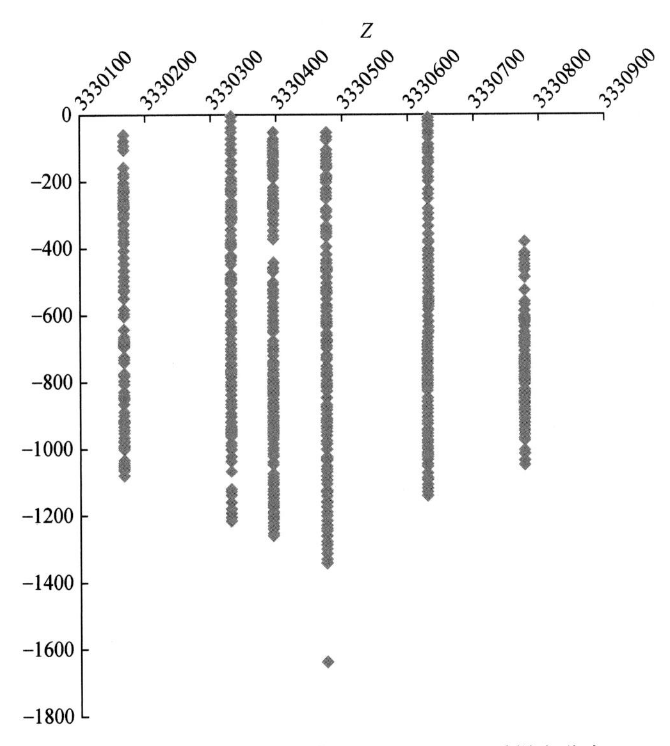

图 6.7　改进后的鸡冠嘴绿泥石 Pos2350 采样点分布

2）模型展示

蚀变矿物 SWIR 特征值三维属性模型如图 6.8 ~ 图 6.15 所示。

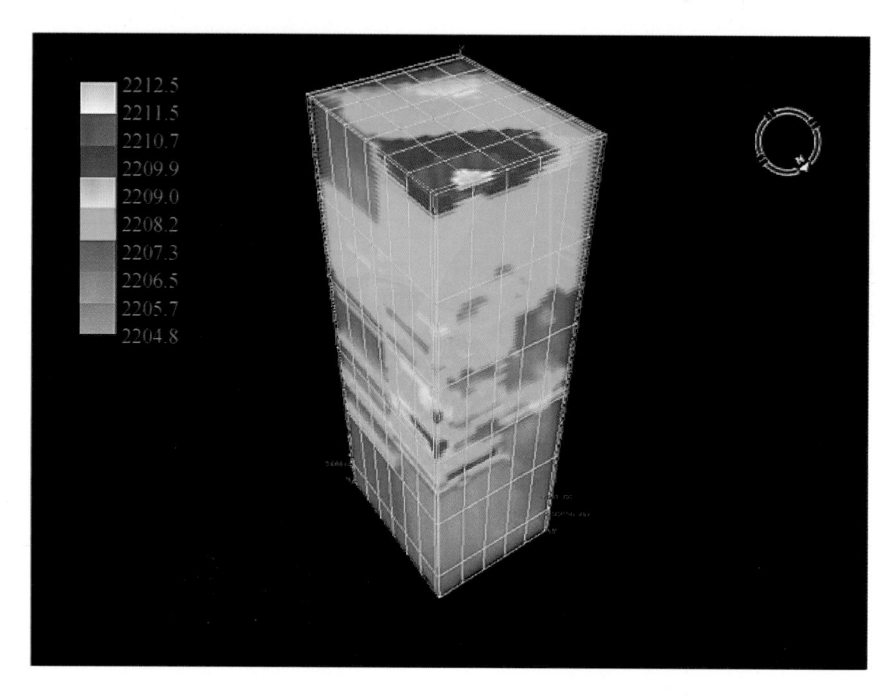

图 6.8　鸡冠嘴矿区白云母族矿物 Pos2200 属性模型

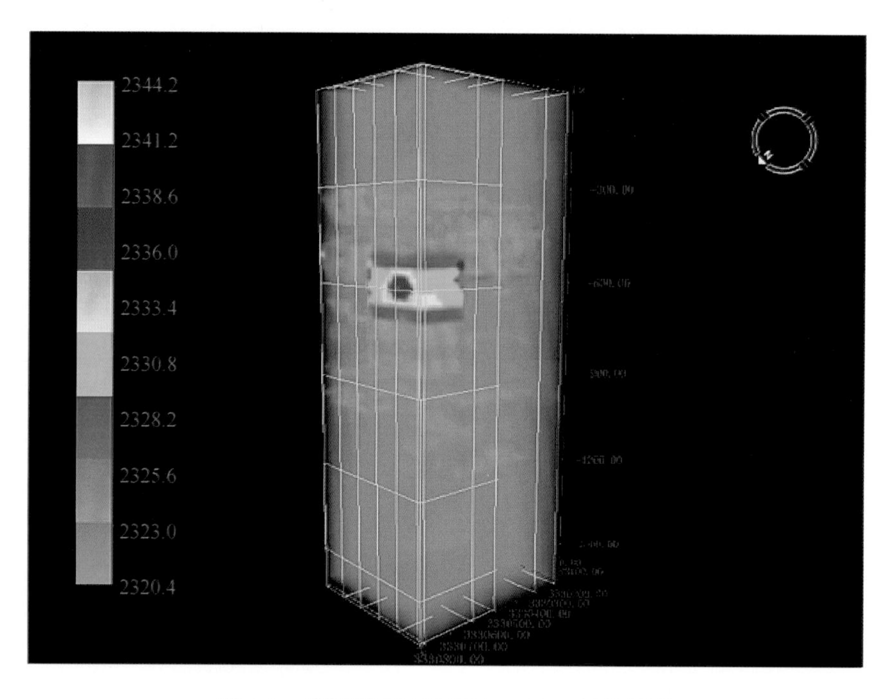

图 6.9　鸡冠嘴矿区绿泥石 Pos2350 属性模型

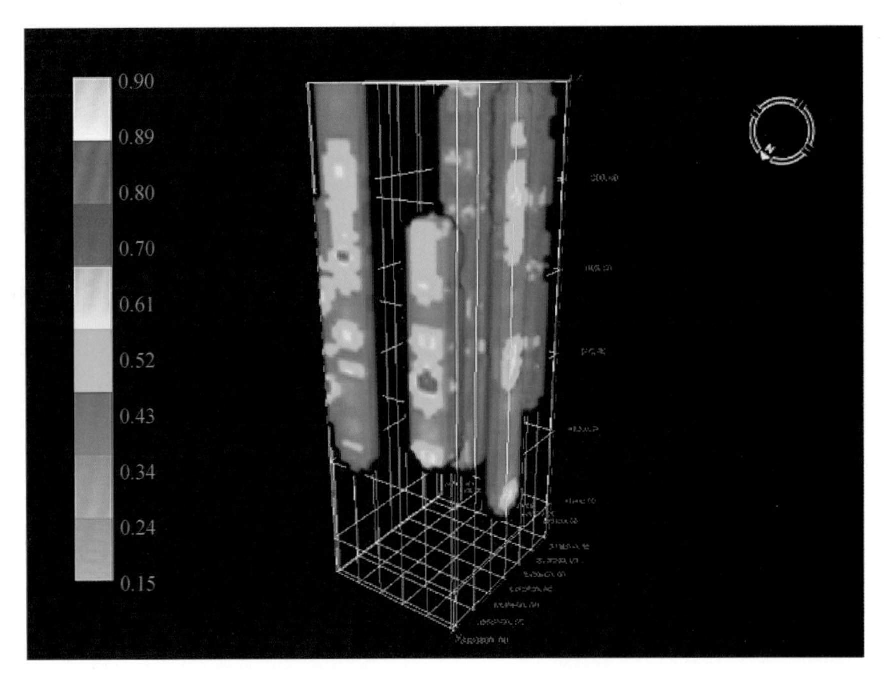

图6.10　鸡冠嘴矿区白云母族IC值属性模型

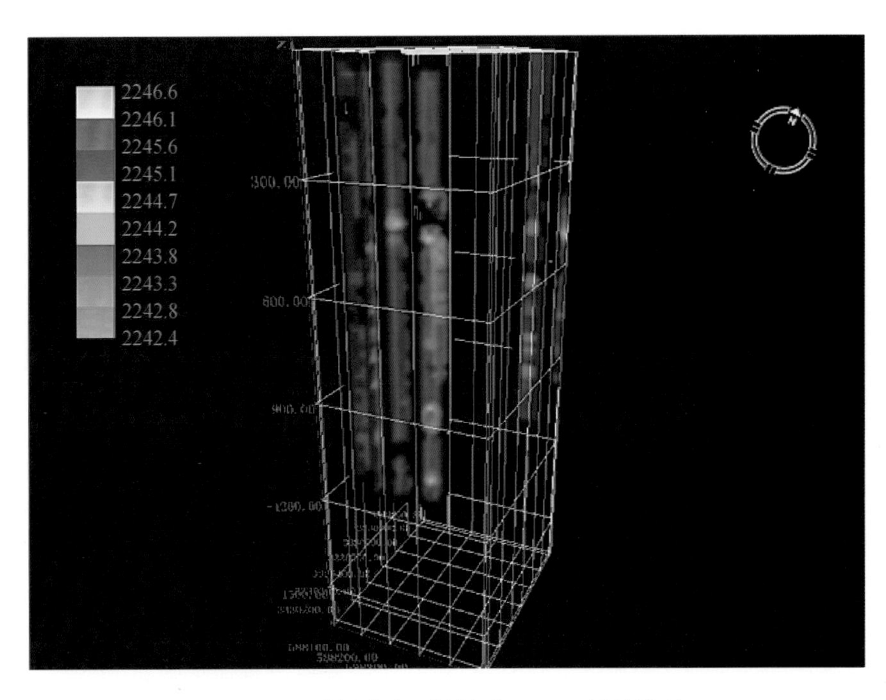

图6.11　鸡冠嘴矿区绿泥石Pos2250属性模型

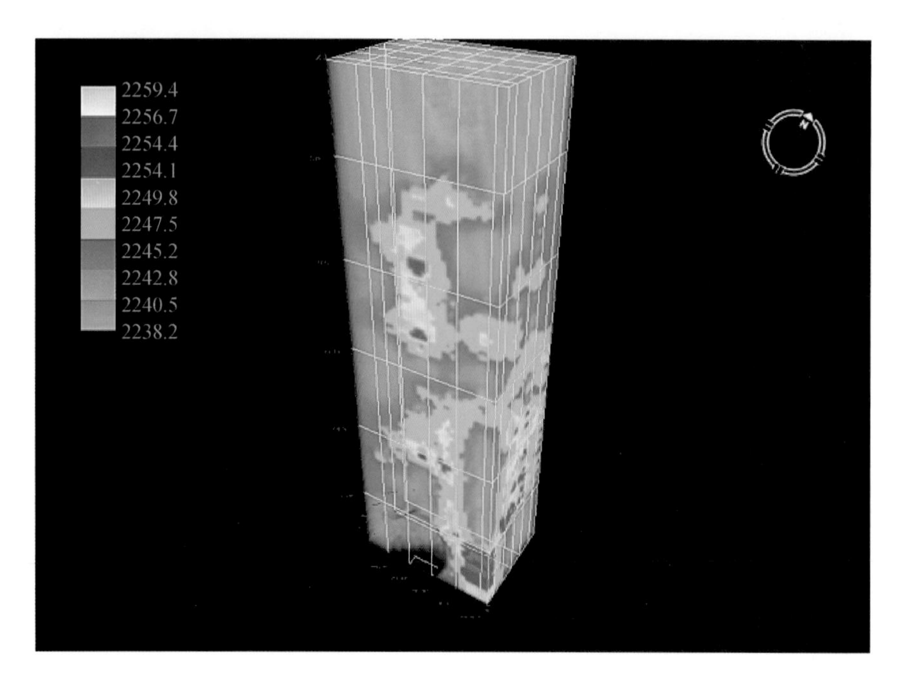

图 6. 12　铜绿山矿区绿泥石 Pos2250 属性模型

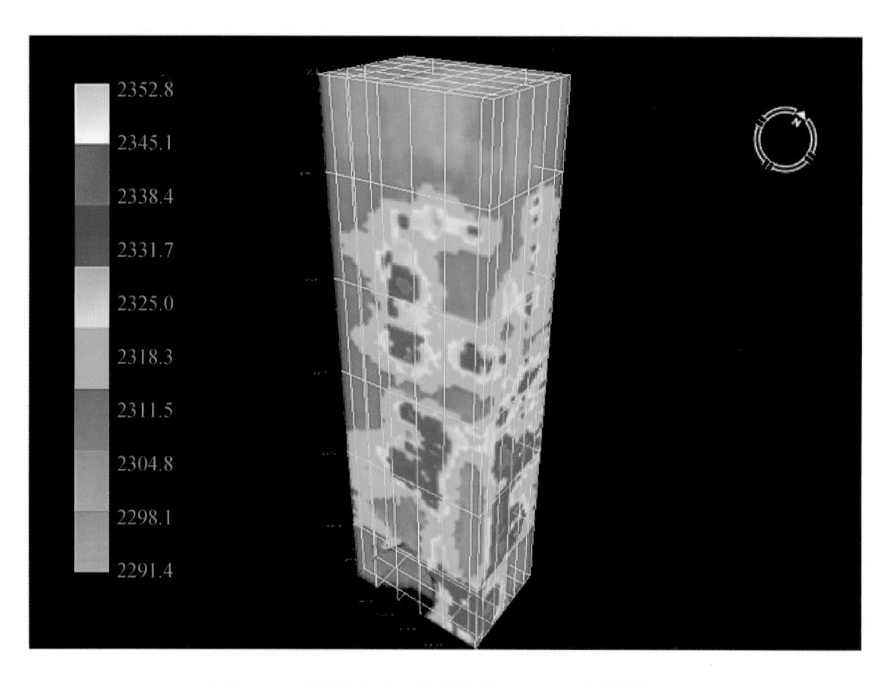

图 6. 13　铜绿山矿区绿泥石 Pos2335 属性模型

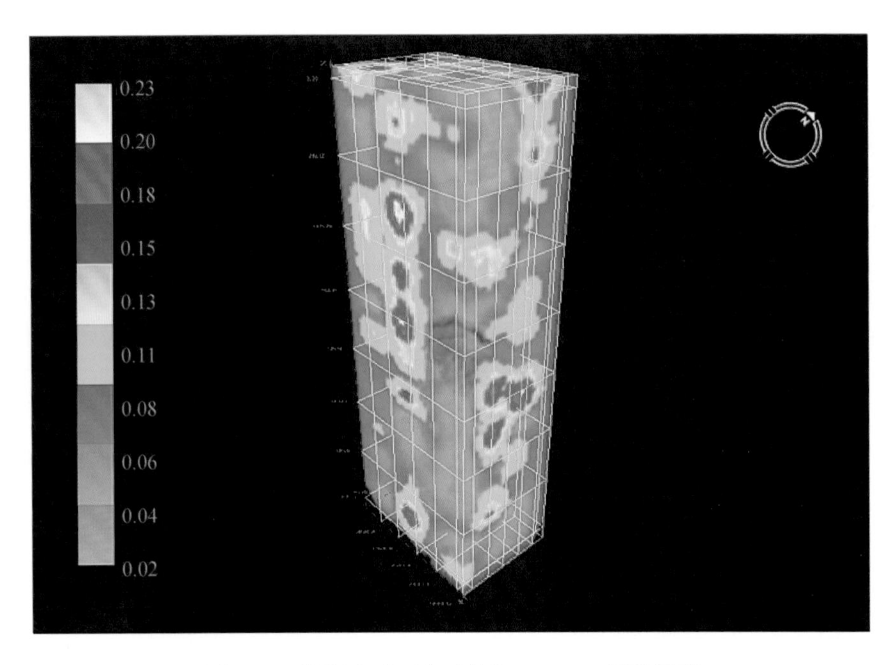

图 6. 14　铜绿山矿区白云母族 Dep2200 属性模型

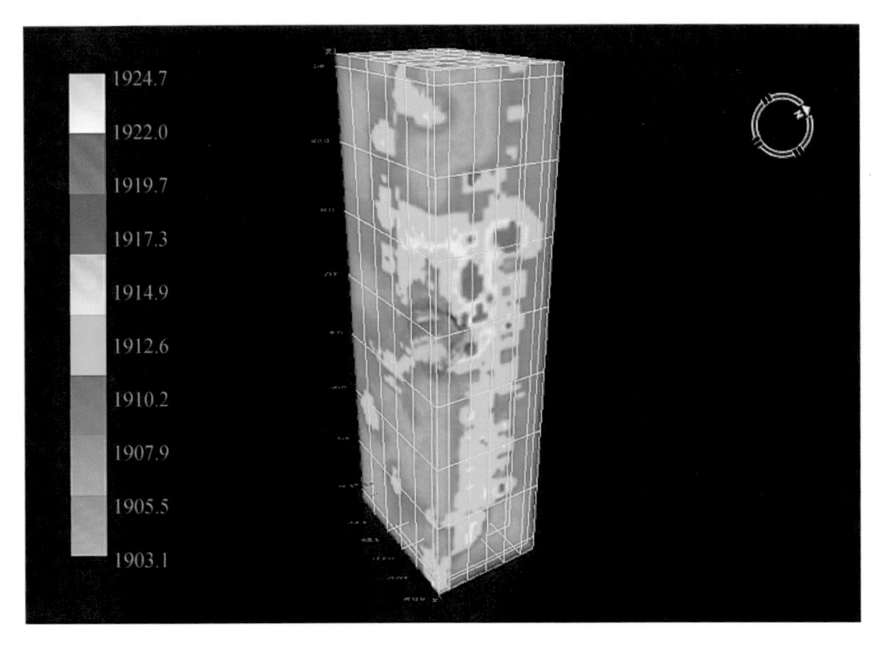

图 6. 15　铜绿山矿区白云母族 Pos1900 属性模型

6.4.4　SWIR 矿物三维分布特征模型

1）SWIR 矿物三维分布特征模型

SWIR 矿物三维分布特征模型的预期目的是展示矿物在采样点的有无，原始数据如图 6.16 所示。按照 6.3.4 节的要求整理原始矿物采样信息，主要难点在于如何用数字化语言表达矿物的有无并使其在三维模型中得到表达。

勘探线	孔号	样品号	绿色 绿泥石	白色 白云母族	红色 Py组合1	粉红色 Py组合2	橙色 Py组合3	黄色 Py组合4	青色 Py组合5	蓝色 Py组合6	紫色 Py组合7	棕色 Py组合8
26	KZK11	1	无	有	无	有	无	无	无	无	无	无
26	KZK11	2	无	无	无	无	有	无	无	无	无	无
26	KZK11	3	无	有	无	无	无	无	无	无	无	无
26	KZK11	4	无	有	无	无	无	无	无	无	无	无
26	KZK11	5	无	无	无	无	无	无	无	无	无	无
26	KZK11	6	无	有	无	无	有	无	无	无	无	无
26	KZK11	7	无	有	无	无	无	无	无	无	无	无
26	KZK11	8	无	有	无	有	有	无	无	无	无	无

图 6.16　鸡冠嘴矿区原始矿物采样数据

我们采用 0/1 方式来表示采样点矿物的有/无（图 6.17），对每种需要分析的矿物建立一套类似钻孔建模的数据库，在此基础上建模。

勘探线	孔号	样品号	绿色 绿泥石	白色 白云母族	红色 Py组合1	粉红色 Py组合2	橙色 Py组合3	黄色 Py组合4	青色 Py组合5	蓝色 Py组合6	紫色 Py组合7	棕色 Py组合8
26	KZK11	1	0	1	0	1	0	0	0	0	0	0
26	KZK11	2	0	0	0	0	1	0	0	0	0	0
26	KZK11	3	0	1	0	0	0	0	0	0	0	0
26	KZK11	4	0	1	0	0	0	0	0	0	0	0
26	KZK11	5	0	0	0	0	0	0	0	0	0	0
26	KZK11	6	0	1	0	0	1	0	0	0	0	0
26	KZK11	7	0	1	0	0	0	0	0	0	0	0
26	KZK11	8	0	1	0	1	1	0	0	0	0	0

图 6.17　鸡冠嘴矿区数字化后矿物采样数据

2）模型展示

鸡冠嘴矿区绿泥石、白云母族和 8 种黄铁矿矿物组合（Py 组合 1、Py 组合 2、Py 组合 3、Py 组合 4、Py 组合 5、Py 组合 6、Py 组合 7、Py 组合 8）的三维空间分布如图 6.18 ~ 图 6.20 所示。

铜绿山矿区采样分析的 21 种蚀变矿物（高岭石、埃洛石、迪开石、蒙脱石、伊利石、白云母、多硅白云母、皂石、绿帘石、铁绿泥石、镁绿泥石、铁镁绿泥石、阳起石、透闪石、金云母、蛇纹石、滑石、石膏、方解石、白云石、铁白云石）的三维空间分布如图 6.21 所示。

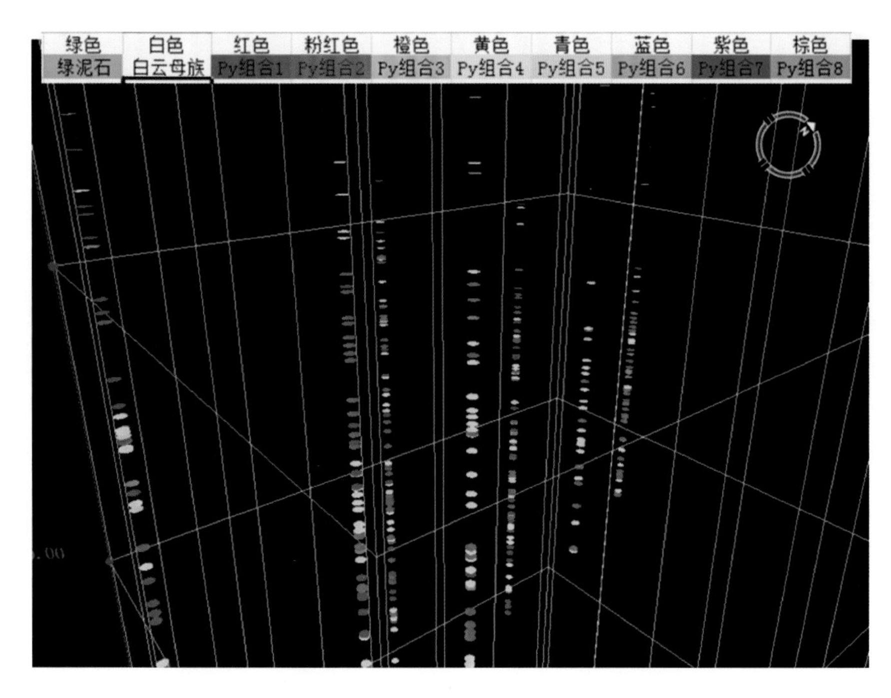

图 6.18　鸡冠嘴矿区 8 种黄铁矿矿物组合的三维空间分布

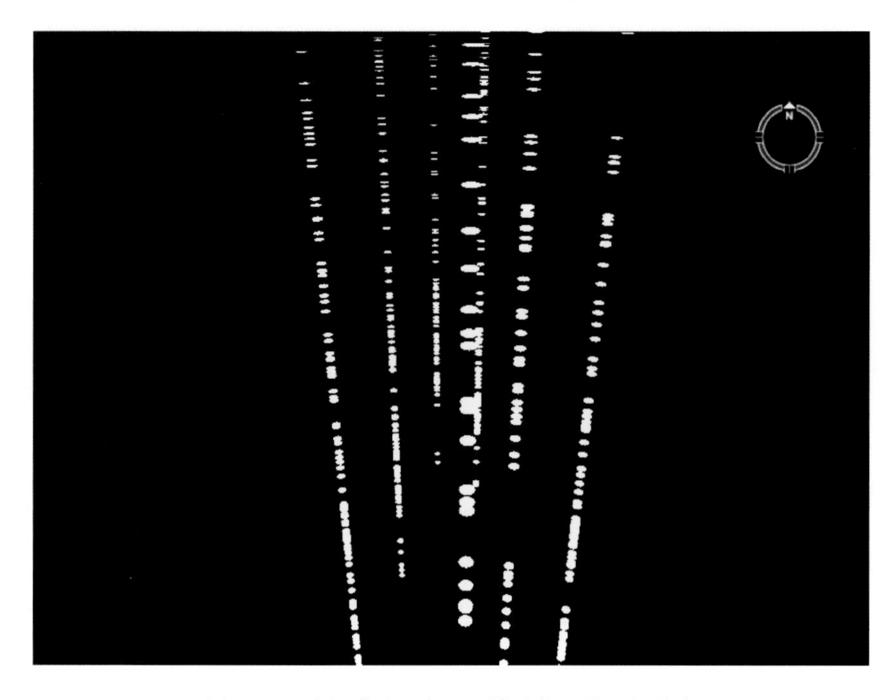

图 6.19　鸡冠嘴矿区白云母族矿物三维空间分布

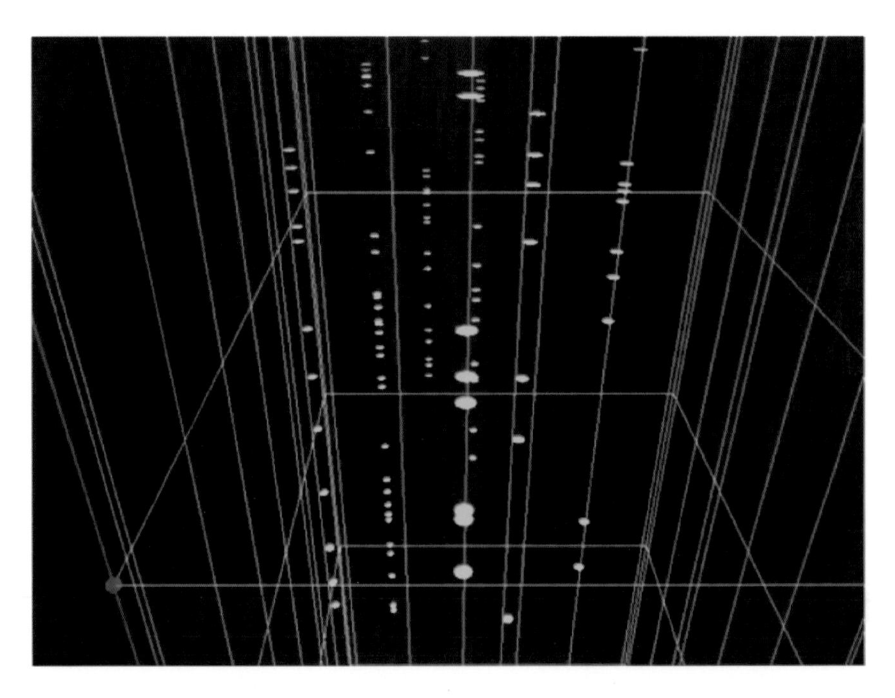

图 6.20　鸡冠嘴矿区绿泥石三维空间分布

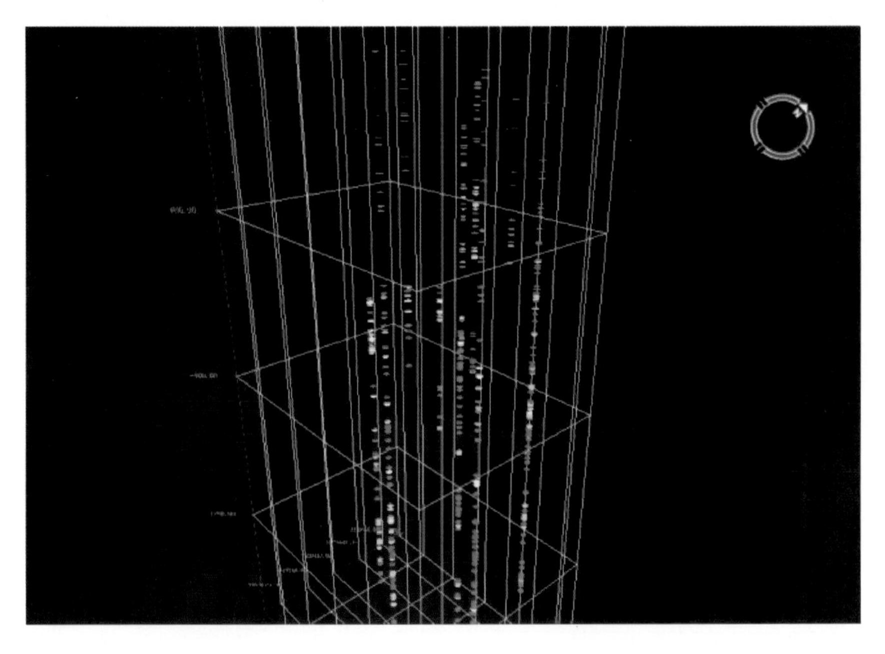

图 6.21　铜绿山矿区 SWIR 矿物三维分布特征模型

6.4.5　模型综合分析应用

三维地质模型，不仅在视觉效果上比二维地质剖面更加具体、清晰，而且合理、有效的模型对矿产勘查也具有重要的意义。本节以鸡冠嘴矿区24～26#勘探线的研究区为例，利用三维地质模型进行蚀变矿物SWIR特征值分布综合分析应用。

1）*绿泥石*

Pos2250：绿泥石Pos2250特征值在三维空间上总体呈现出3个高值区域，即ZK02619钻孔标高-450m和-950m附近区域以及KZK23钻孔标高-600m附近区域（图6.22，图6.23）。除了ZK02619标高-950m区域的高值区域与矿体对应关系明显外，整体上与矿体对应关系不明显，特别是深部较为富集的7号矿体。Pos2250特征值高值说明对应区域绿泥石含量相对较高，绿泥石化可能相对较强。

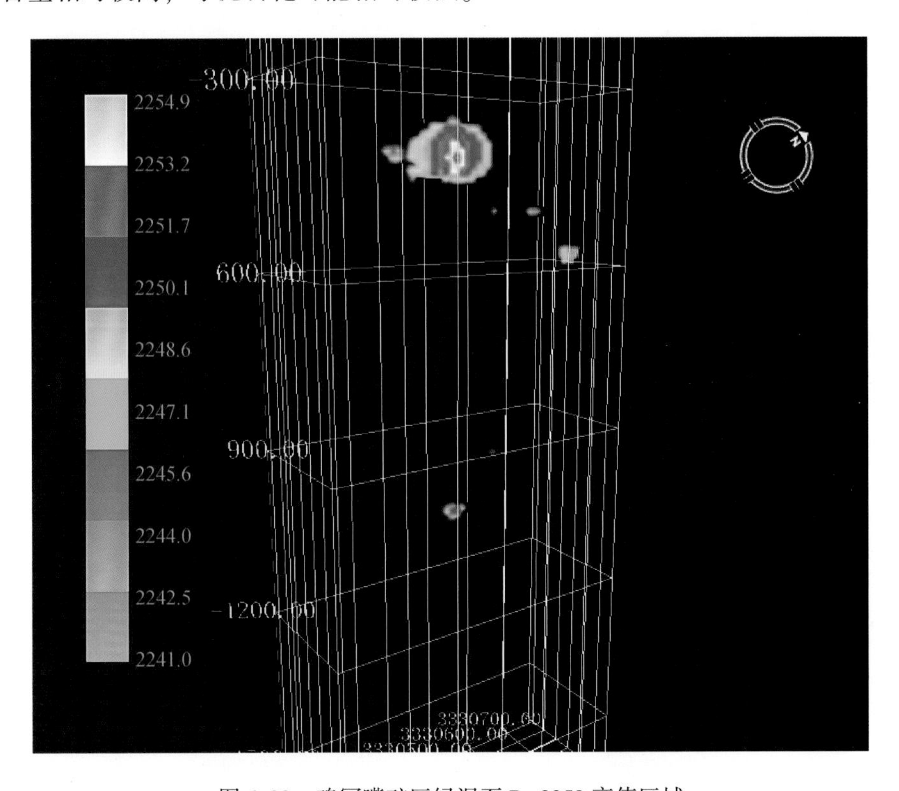

图6.22　鸡冠嘴矿区绿泥石Pos2250高值区域

Pos2235：绿泥石Pos2235特征值在三维空间上总体呈现出2个高值区域，即ZK02619钻孔标高-450m和KZK23钻孔标高-600m附近区域（图6.24），与Pos2250在该区域的高值部分近于重合，但整体上与矿体对应关系不明显。

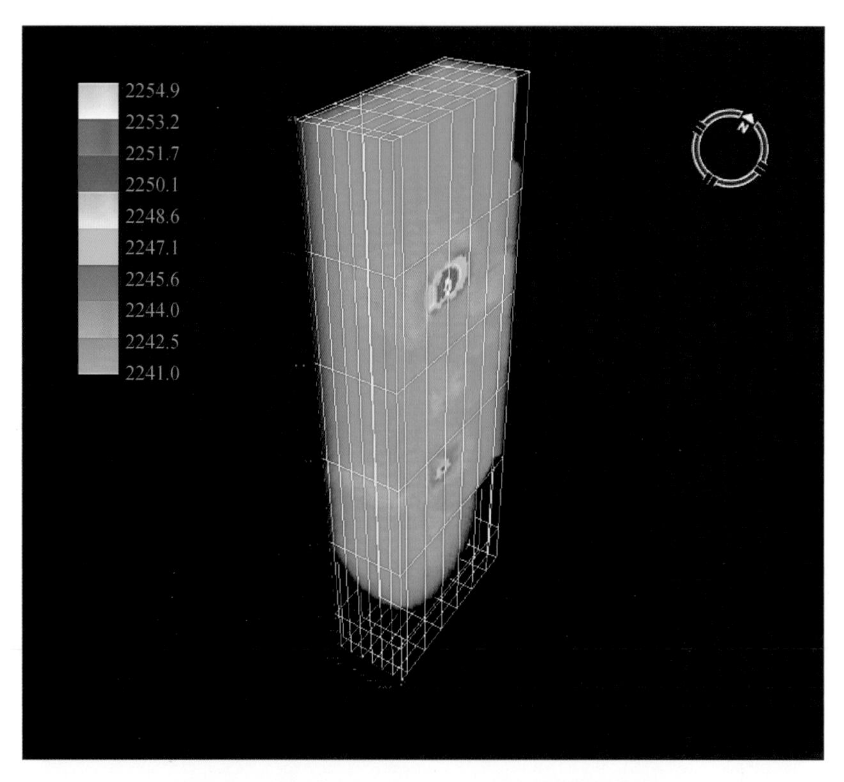

图 6.23　鸡冠嘴矿区绿泥石 Pos2250 属性模型分析

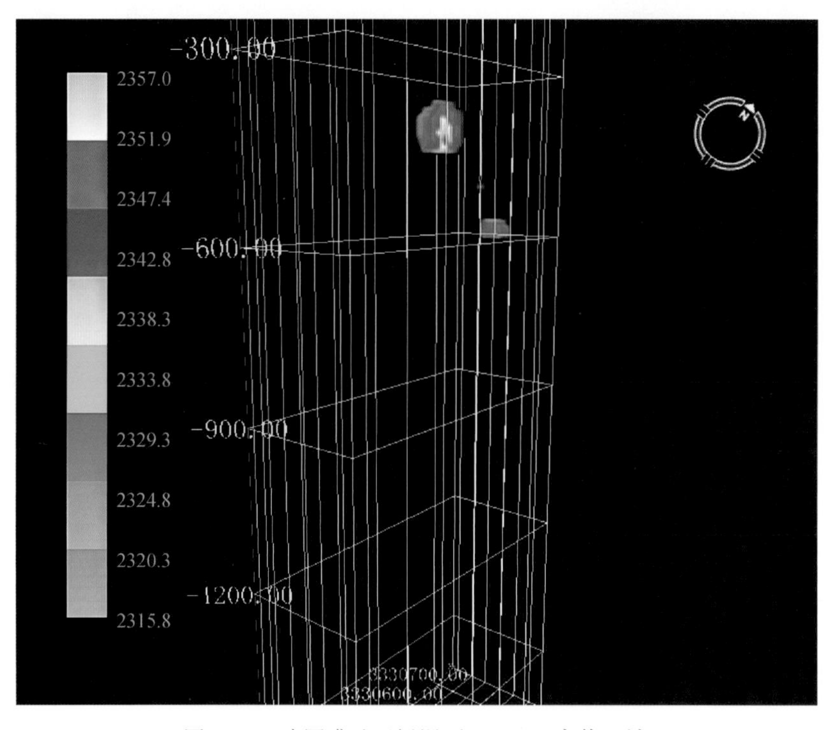

图 6.24　鸡冠嘴矿区绿泥石 Pos2235 高值区域

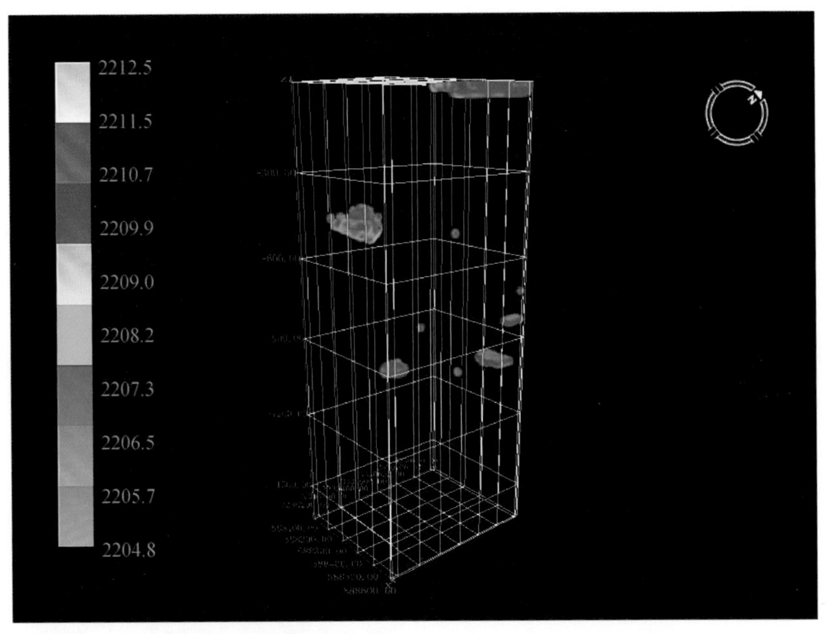

图 6. 25　鸡冠嘴矿区白云母族 Pos2200 高值区域

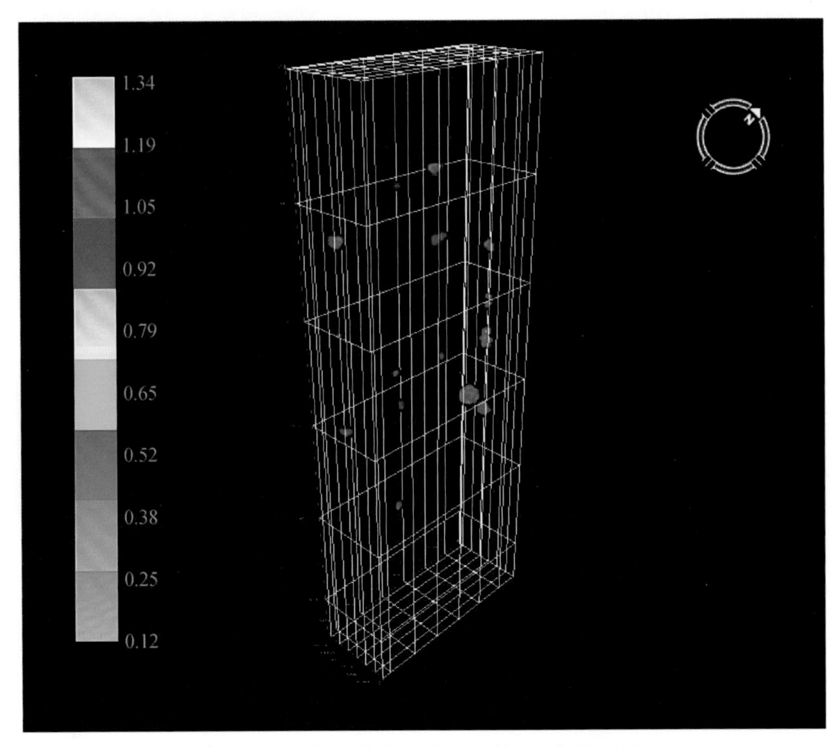

图 6. 26　鸡冠嘴矿区白云母族 IC 高值区域

2）白云母族

Pos2200：白云母族 Pos2200 特征值在三维空间上总体呈现出 3 个高值区域，即 KZK11

钻孔-1000～-800m 标高区域，ZK02812 和 ZK02619 钻孔标高-400m 区域和 ZK0287 近地表区域（图 6.25）。ZK0287 近地表区域，推测其高值可能是风化产生的白云母族矿物所致。而其余两个高值区域与矿体的对应关系较为明显，其他矿体区域虽然未出现明显的高值区域，但总体上 Pos2200 特征值较高。

IC：白云母族 IC 特征值在三维空间上呈现出的高值区域形状不规则，且与矿体的对应关系不明显。但总体而言，空间上岩体区域白云母族 IC 特征值较高，而大理岩、火山角砾岩和火山碎屑岩的 IC 值较低（图 6.26）。在 KZK23 钻孔标高-855～-700m 区域白云母族 IC 特征值出现特高值区域（图 6.26），这是因为该范围内的样品（KZK23-31/39/46/49/50～55/57～59/62/63）的白云母族矿物主要为白云母。

6.5　Voxler 三维建模

在 MapGIS 三维地质模型的基础上，本节以铜绿山 XIII 号矿体为例，利用 Volxer 三维软件，进行三维蚀变矿物分布及 SWIR 矿物属性建模。

6.5.1　Voxler 建模基础

首先，我们对铜绿山 XIII 号矿体相关 17 个钻孔的三维坐标、开孔及终孔高程进行了搜集和整理；同时，对每个钻孔中矿体的位置进行了标记，建立了初步的钻孔及矿体位置的三维模型（图 6.27）。

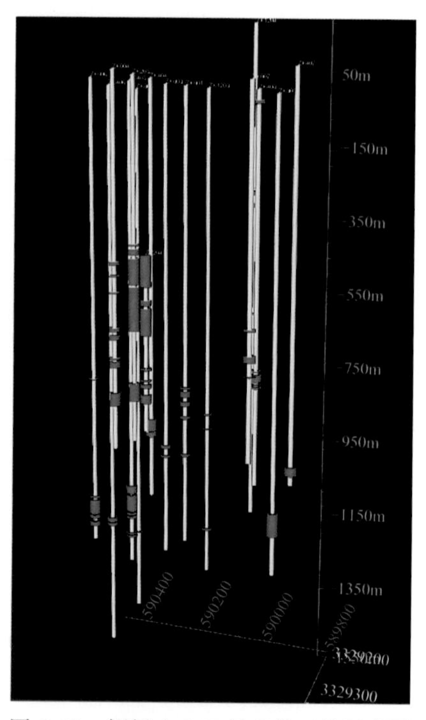

图 6.27　铜绿山 XIII 号矿体三维示意图
黄色柱子为钻孔，红色短柱为矿体

在此基础上，我们分别将所有采集的样品、SWIR 光谱矿物填图得到的蒙脱石、伊利石、绿泥石、皂石、高岭石族矿物等的三维坐标，输入 Volxer 三维软件，产生不同的矿物（类）三维空间分布图。其中，由于高岭石族矿物（高岭石、迪开石和埃洛石）分布量较少，因此我们将该族矿物作为一类进行三维建模。

在三维属性建模过程中，由于局部区域采样密度较低或缺乏对应的矿物，相应的 SIWR 光谱特征参数空缺，这不利于三维属性模型的建立。因此，我们本次主要采用插值法，即在属性值空白区域，均匀地插入极小值或者极大值，这有利于突出已有的 SWIR 参数信息。

6.5.2　蚀变矿物三维分布特征

基于对铜绿山 SWIR 光谱蚀变矿物填图的结果，我们发现白云母族（伊利石、蒙脱石及少量白云母和多硅白云母）、蒙皂石族（皂石和蒙脱石）、绿泥石（镁绿泥石、铁绿泥石和铁镁绿泥石）及高岭石族（高岭石、迪开石和埃洛石）矿物的空间分布较为广泛。为此，我们选取了蒙脱石、伊利石、绿泥石、皂石及高岭石族矿物进行蚀变矿物三维空间分布特征建模。

对铜绿山17个钻孔岩心样品进行三维建模时，部分钻孔中段几乎没有采样点，这是由于相关钻孔的岩心保留不完整，故未采集到样品（图6.28）。从样品的三维分布特征来看，本次采样较为密集（具体采样方法第3章已讲述），基本涵盖了不同空间位置的蚀变及矿化信息（图6.28）。

铜绿山XIII号矿体为新发现的隐伏矿体，总体上，矿体多产于高程-500m以下的深部，主要以薄层状、透镜状矿体产于石英二长闪长（玢）岩与大理岩/白云质大理岩的接触带部位，矿体与夕卡岩及退化蚀变矿物密切相关（图6.28）。而在ZK204和ZK205中，浅部矿体（-600～-400m中段）以赤铁矿（+硫化物）交代大理岩为主，缺乏相关夕卡岩矿物；深部矿体特征则与其他钻孔相似，以夕卡岩-磁铁矿（+硫化物）为主。

从绿泥石的三维分布特征可以看出，铜绿山矿区绿泥石的分布范围非常广泛，在绝大多数钻孔中，绿泥石在整孔中都有分布。而在以围岩为主的钻孔中，如ZK1204和ZK1203中，绿泥石的分布范围相对有限，主要分布在深部较强蚀变区域（图6.29）。

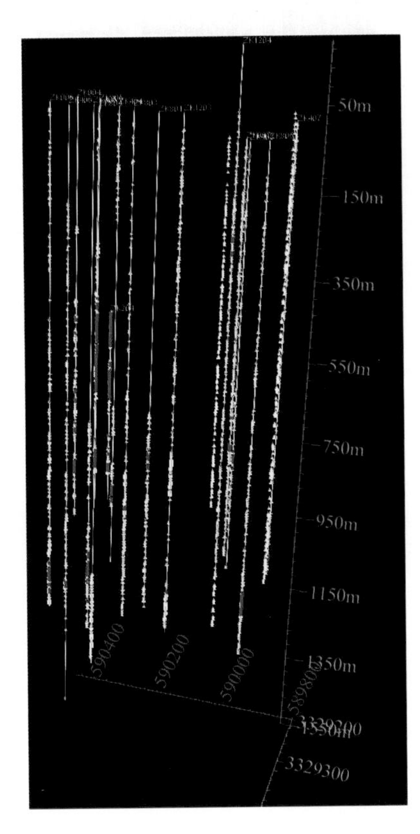

图6.28　铜绿山XIII号矿体钻孔采样分布图

黄色柱子为钻孔，红色短柱为矿体，白色三角形为采样点

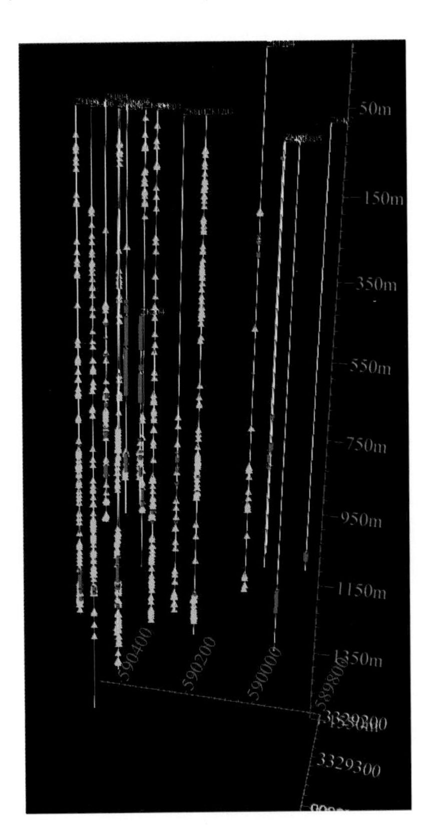

图6.29　铜绿山XIII号矿体绿泥石三维分布

黄色柱子为钻孔，红色短柱为矿体，绿色三角形为绿泥石

SWIR 光谱识别出来的蒙脱石频率最高，是铜绿山矿区最为常见的黏土矿物之一。蒙脱石主要分布在石英二长闪长（玢）岩内，与伊利石一起，是岩体绢云母化蚀变的主要黏土矿物之一（图 6. 30）。

伊利石是绢云母化蚀变的另一种主要的黏土矿物。相对于蒙脱石，伊利石的形成温度更高。在铜绿山 XIII 号矿体钻孔的深部，伊利石出现的频率有增高的趋势，这表明深部的绢云母化蚀变具有更高的温度（图 6. 31）。

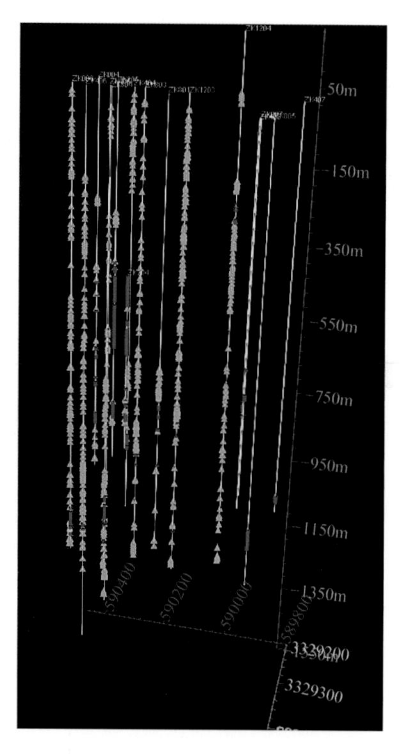

图 6. 30　铜绿山 XIII 号矿体蒙脱石三维分布
粉红色三角形为蒙脱石

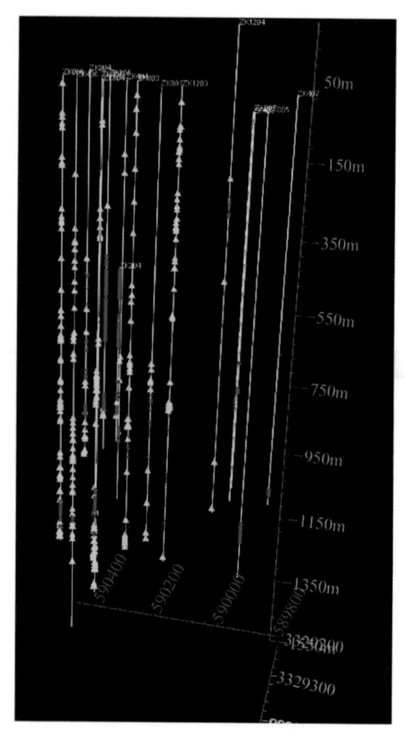

图 6. 31　铜绿山 XIII 号矿体伊利石三维分布
浅绿色三角形为伊利石

皂石主要分布在铜绿山深部夕卡岩-矿体及相近区域，是指示热液流体成分及重要的矿物勘查标志之一。然而，在浅部以赤铁矿（+硫化物）为主的矿体中（如 ZK204 和 ZK205），由于缺乏夕卡岩及退化蚀变矿物，相应皂石的分布也不明显（图 6. 32）。

铜绿山的高岭石族矿物主要分布在近接触带的大理岩/白云质大理岩和捕虏体型矿体的上部。在铜绿山 XIII 号矿体东翼，以大理岩/白云质大理岩为主的钻孔中（如 ZK1204 和 ZK1203），普遍分布有高岭石族矿物；而在其他钻孔中，高岭石族矿物主要集中分布在矿体上部或矿化中心区域（图 6. 33）。高岭石族矿物的这一分布特征，对深部夕卡岩型矿体具有一定的勘查指示意义。

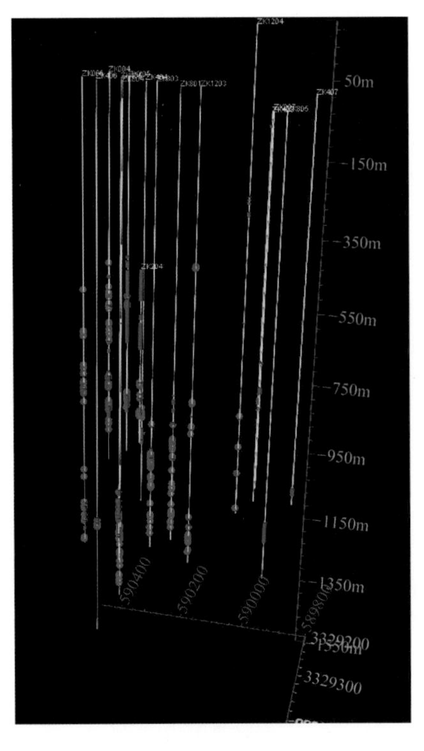

图 6.32　铜绿山 XIII 号矿体皂石三维分布
紫色圈为皂石

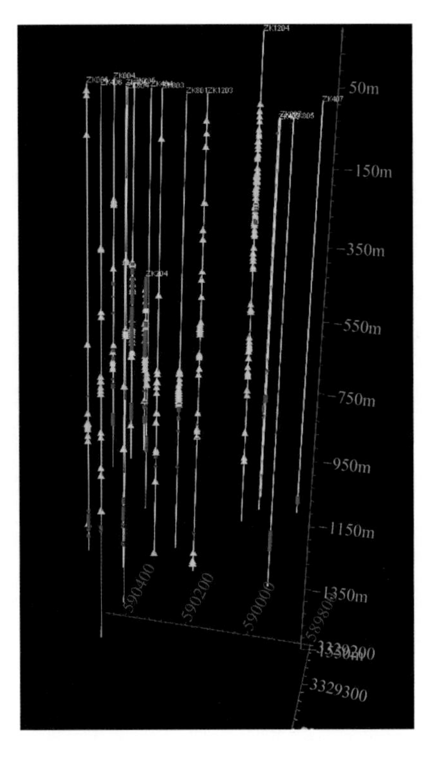

图 6.33　铜绿山 XIII 号矿体高岭石族矿物分布
白色三角形为高岭石族矿物

6.5.3　SWIR 光谱属性模型

在铜绿山矿区，绿泥石、白云母族及高岭石族矿物的 SWIR 光谱属性值，如绿泥石 Pos2250 值和高岭石族 Pos2170 值，在二维剖面图上已经具有明显的变化规律。因此，在 6.5.2 节蚀变矿物三维分布建模的基础上，本节对绿泥石（Pos2250、Dep2250、Pos2335 和 Dep2335）、白云母族（Pos2200、Dep2200、Pos1900、Dep1900 和 IC 值）和高岭石族矿物（Pos2170 和 Dep2170）的主要 SWIR 光谱特征参数，进行系统的三维属性建模。在插值过程中，我们对白云母族矿物 Pos2200 值均匀插入极大值，其余参数均匀插入极小值。

在三维空间上，铜绿山绿泥石 Pos2250 和 Dep2250 值都表现出相似的规律，即靠近深部夕卡岩及矿体，对应的属性值都有增大的趋势（图 6.34，图 6.35）。在 3.6.3 节中，我们主要对铜绿山绿泥石 Pos2250 值进行了二维剖面投图，在靠近深部夕卡岩及矿体附近，Pos2250 值具有明显增大的趋势，指示深部热液矿化中心的热液流体更加富 Fe 的特征。而绿泥石 Dep2250（Fe-OH 特征吸收峰深度值）的变化，主要体现出不同区域绿泥石的相对含量变化，即高 Dep2250 值对应区域绿泥石的相对含量较高，低 Dep2250 值对应区域绿泥石相对含量较低。本次的绿泥石三维属性建模，是建立在大量的、系统的样品采集及 SWIR 光谱分析上的，因此，绿泥石 Dep2250 值具有一定的统计学意义，可以考虑作为铜绿山蚀变矿物勘查的标志之一。然而，在较浅部的赤铁矿（+硫化物）矿体中，由于缺乏蚀变矿物——绿泥石，因此绿泥石 Pos2250 和 Dep2250 三维属性模型无法覆盖到。

绿泥石 Pos2335 和 Dep2335 值三维属性特征，与 Pos2250 和 Dep2250 值相似，都表现出越靠近深部矿化中心，相应的属性值呈现增大的趋势（图 6.36，图 6.37）。然而，在实际热液矿床中，绿泥石的 Mg-OH 特征值（Pos2335 和 Dep2335）易受到含 Mg-OH 矿物的干扰，如碳酸盐矿物、金云母、蛇纹石、皂石等（Jones et al.，2005；Huang et al.，2017；张世涛等，2017）。因此，在运用绿泥石 Pos2335 和 Dep2335 值作为夕卡岩矿床的勘查标志时，必须细心观察与绿泥石共生的富 Mg 含水矿物。

对白云母族矿物，我们在 3.6 节中已经进行了 Pos2200 和 IC 值的二维剖面投图，其中，Pos2200 呈现出异常大（Pos2200>2212nm）和异常小（Pos2200<2206nm）值；而 IC 值（Dep2200/Dep1900）变化规律不明显。

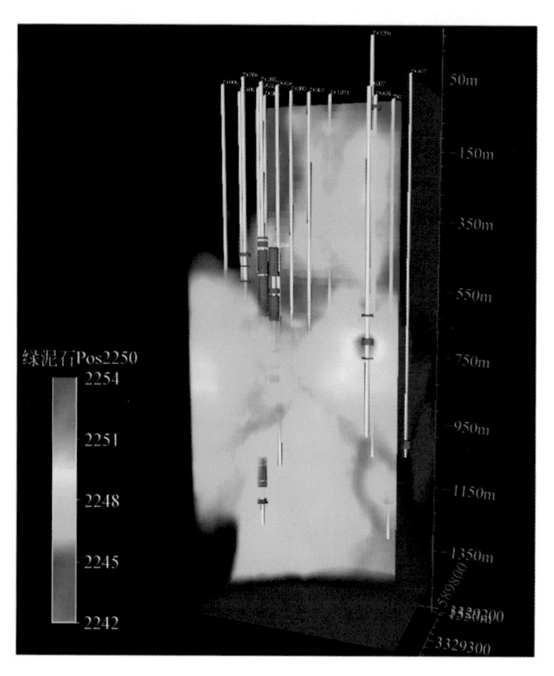

图 6.34　铜绿山 XIII 号矿体绿泥石 Pos2250 三维属性模型

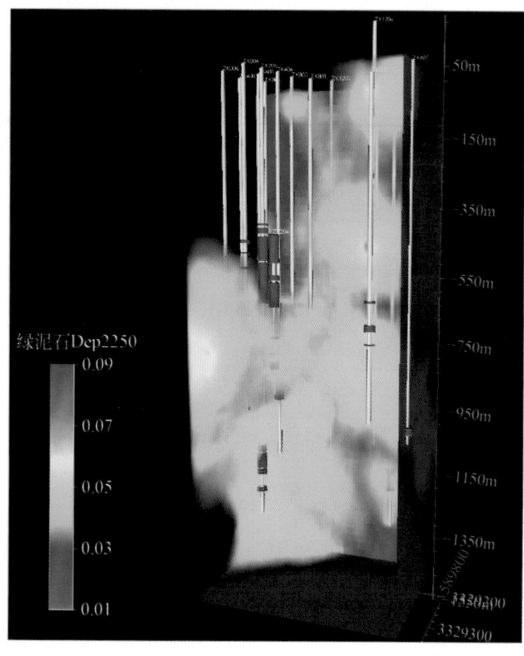

图 6.35　铜绿山 XIII 号矿体绿泥石 Dep2250 三维属性模型

在三维空间上，白云母族矿物 Pos2200 值和 IC 值的变化规律不明显（图 6.38 ~ 图 6.42）。其中，我们对 Pos2200 值的空白区域，均匀插入了极大值 2230；而对 Dep2200、Pos1900、Dep1900 和 IC 值空白区域，都均匀插入了极小值（图 6.38 ~ 图 6.42）。因此，在图 6.38 深部红色区域、图 6.40 和图 6.42 深部浅蓝色区域（空白区域），主要是缺乏（或含极少）白云母族矿物的区域。这些特征值，对指示深部热液矿化中心的作用意义不大。

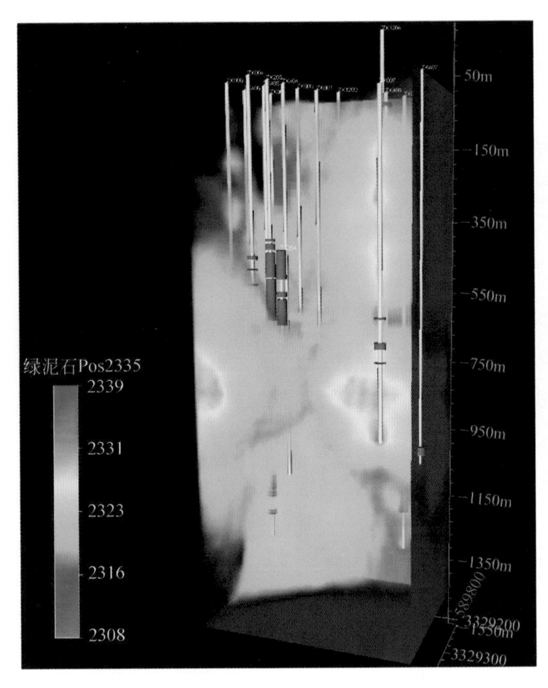

图 6.36　铜绿山 XIII 号矿体绿泥石 Pos2335 三维属性模型

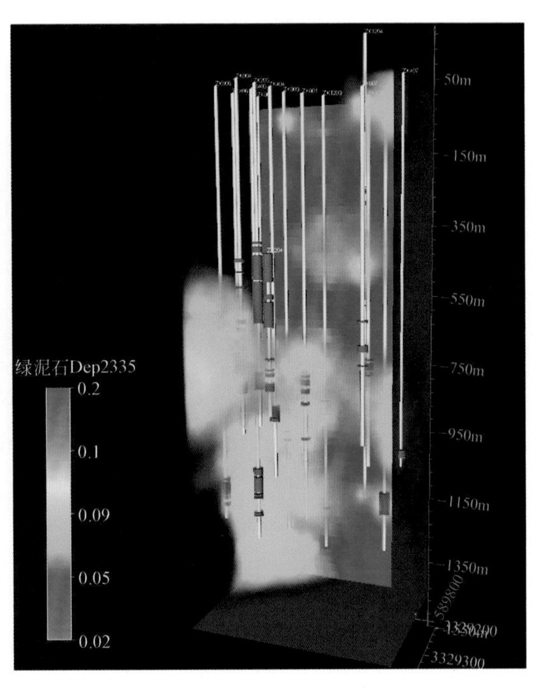

图 6.37　铜绿山 XIII 号矿体绿泥石 Dep2335 三维属性模型

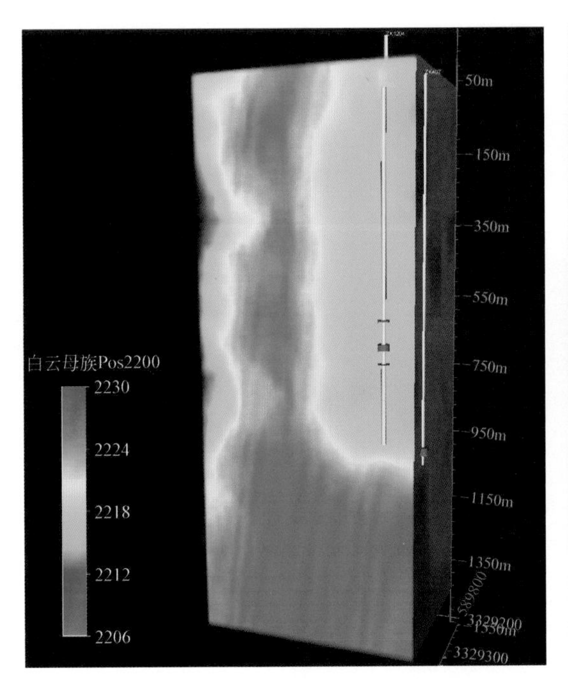

图 6.38　铜绿山 XIII 号矿体白云母族矿物 Pos2200 三维属性模型

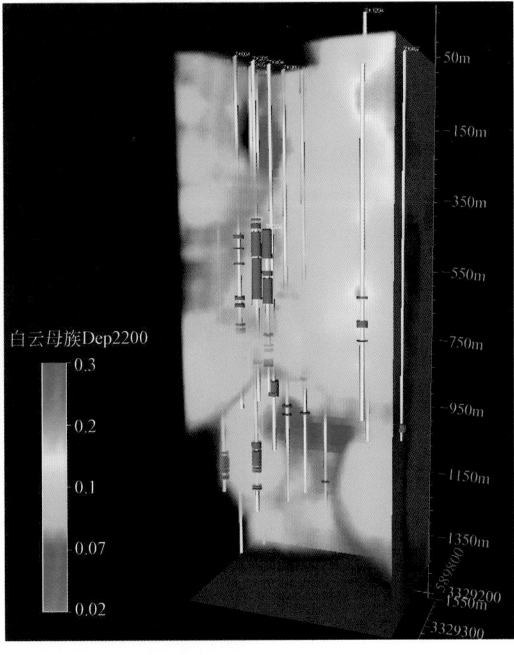

图 6.39　铜绿山 XIII 号矿体白云母族矿物 Dep2200 三维属性模型

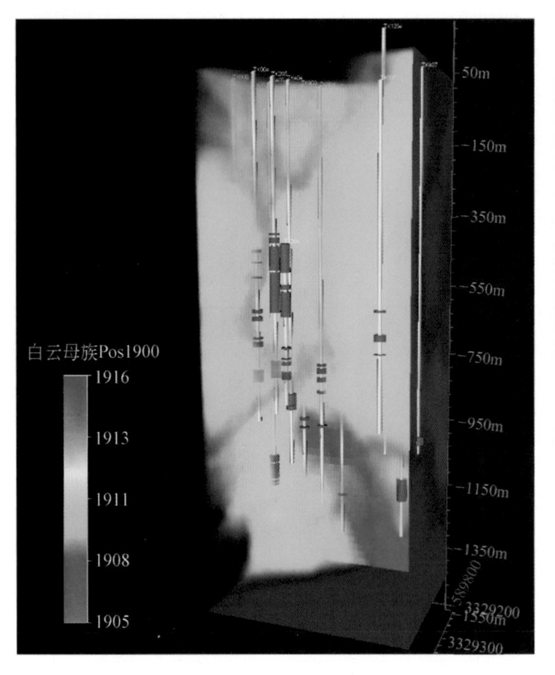

图 6.40　铜绿山 XIII 号矿体白云母族矿物 Pos1900 三维属性模型

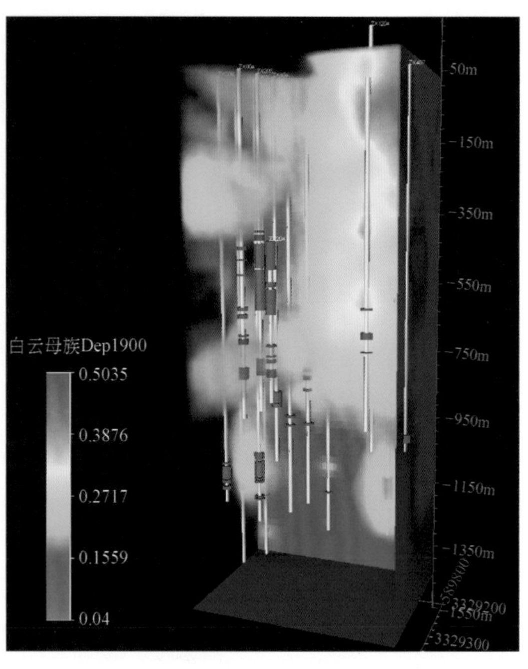

图 6.41　铜绿山 XIII 号矿体白云母族矿物 Dep1900 三维属性模型

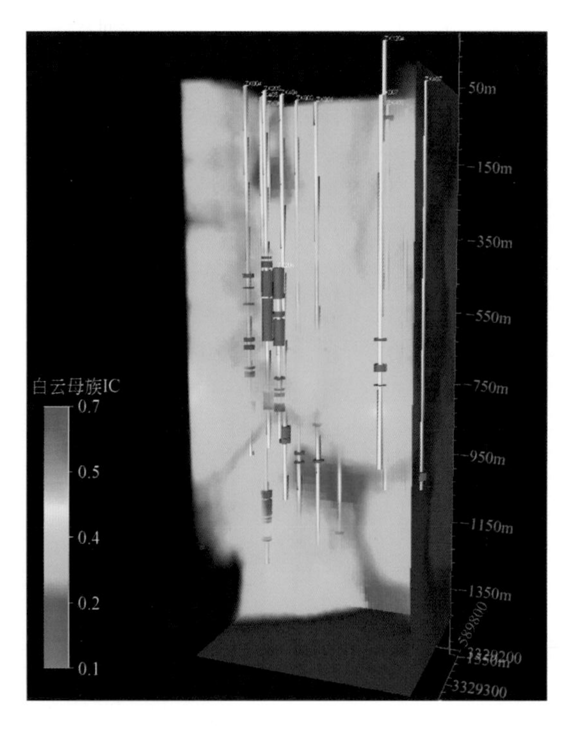

图 6.42　铜绿山 XIII 号矿体白云母族矿物 IC 三维属性模型

而白云母族矿物 Dep2200 和 Dep1900 值在三维空间上，显示出从浅部到深部，对应的属性值有降低的趋势，表明越往深部，白云母族矿物的相对含量越低。已有的岩相学观察表明，绢云母化（以伊利石和蒙脱石为主）主要发育在石英二长闪长（玢）岩中。在岩浆侵位过程中，与岩浆岩有关的钾化、绢云母化等蚀变，趋向于向浅部发育，因而浅部的绢云母化蚀变更加强烈，表现为白云母族矿物 Dep2200 和 Dep1900 值越向浅部越高。这一发现，将有助于类似深部捕虏体型夕卡岩铜铁矿床的勘查。

此外，我们也对高岭石族矿物 SWIR 特征参数 Pos2170 和 Dep2170 值进行三维属性建模，发现高值区域与赤铁矿（+硫化物）矿体（ZK204 和 ZK205 浅部矿体）、XIII 号矿体东翼深部捕虏体型矿体的上部（ZK006、ZK405、ZK406、ZK803 等）及大理岩/白云质大理岩为主的区域（ZK1204、ZK007 等）相对应（图 6.43，图 6.44）。这与我们得到的二维剖面投图结果相一致，指示高岭石族矿物高 Pos2170 和 Dep2170 值对夕卡岩矿床热液矿化中心，具有重要的指示性意义。同时，高岭石族矿物的大量出现，对指示夕卡岩型矿床热液流体的物理化学性质及演化过程，也具有重要的意义。

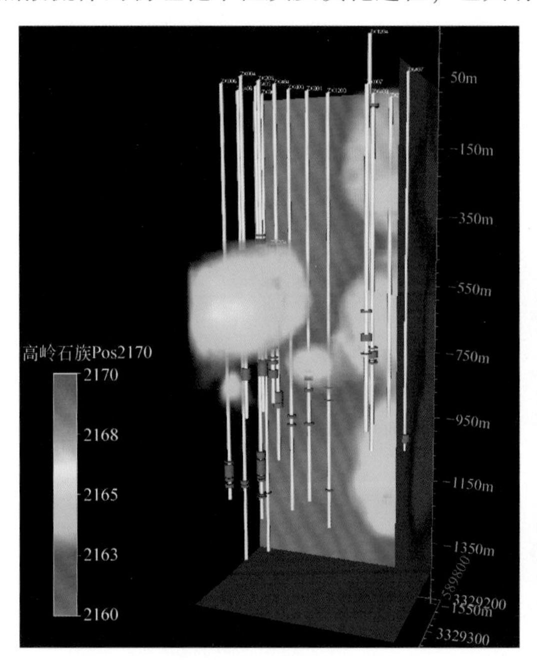

图 6.43　铜绿山 XIII 号矿体高岭石族矿物 Pos2170 三维属性模型

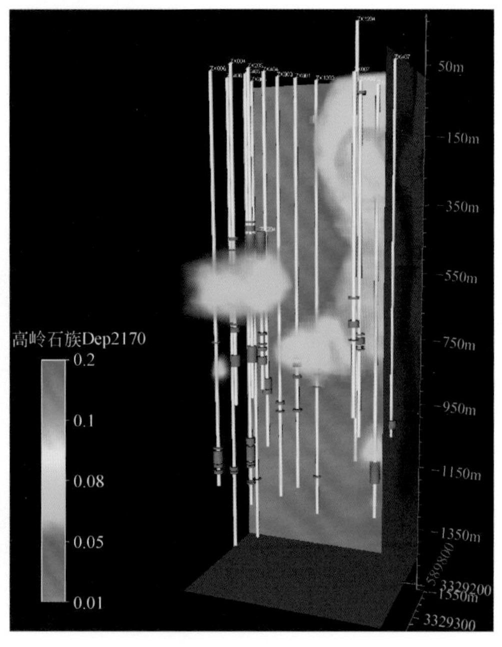

图 6.44　铜绿山 XIII 号矿体高岭石族矿物 Dep2170 三维属性模型

本节我们通过 Volxer 三维软件，对铜绿山 XIII 号矿体主要蚀变矿物 SWIR 光谱矿物填图结果及特征参数，进行了详细的三维建模，并结合具体矿床地质特征，对不同参数变化特征进行了分析和讨论。结合第 3 章中对铜绿山蚀变矿物 SWIR 参数的二维剖面投图，我们提出，在铜绿山矿区，以下蚀变矿物特征可作为重要的勘查标志：①富铁绿泥石［Pos2250>2253nm；Dep2250>0.05；Fe/(Fe+Mg)>0.4］的大量出现；②迪开石及高结晶度高岭石（Pos2170>2170nm；Dep2170>0.18）的大量出现；③皂石的大量出现；④近矿区白云母族矿物相对含量的降低（Dep1900<0.3；Dep2200<0.1）。

第7章 勘查应用

7.1 铜绿山矿区已验证的靶区

通过对铜绿山铜铁金矿床已发现的 XIII 号矿体（以东翼隐伏矿体为主；图 7.1）详细的蚀变分带及矿化期次、蚀变矿物 SWIR 光谱参数特征及绿泥石化学成分组成的研究，我们较完整地建立了铜绿山铜铁金矿床新的矿物勘查标志体系。

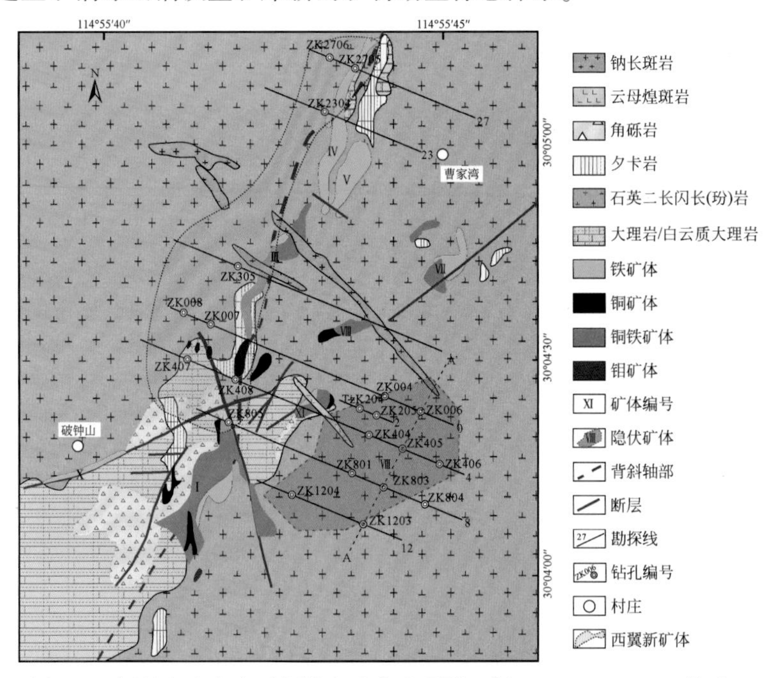

图 7.1 铜绿山夕卡岩型铜铁金矿床地质图（据 Li et al.，2010a 修改）

针对铜绿山夕卡岩型铜铁金矿床，在传统的岩浆岩及围岩岩性、夕卡岩蚀变、地球物理异常、地质植物等标志的基础上（舒全安等，1992；赵一鸣和林文蔚，2012），我们首次提出：①富铁绿泥石［Pos2250>2253nm；Dep2250>0.05；Fe/（Fe+Mg）>0.6］的大量出现，②迪开石及高结晶度高岭石（Pos2170>2170nm；Dep2170>0.18）的大量出现，③皂石的大量出现，④近矿区白云母族矿物相对含量的降低（Dep1900<0.3；Dep2200<0.1），可以作为铜绿山矿床的新勘查标志体系。

我们利用最新的矿物勘查指标，结合湖北省地质局第一地质大队对铜绿山铜铁金矿床多年的勘查经验、勘查成果及矿区控矿构造特征，合作提出在铜绿山矿区 NNE 向主背斜西翼的深部，可能存在与东翼 XIII 号矿体类似的深部夕卡岩型矿体。这一预测得到了新钻孔勘探的验证，间接地为铜绿山矿床新增铜金属量超过 7 万 t，铁矿石量 994 万 t（平均品位37.7%)(图7.1~图7.3)。在此，我们以铜绿山3#勘探线、8#勘探线和27#勘探线的钻孔新打到的富矿体为例，来验证我们提出的蚀变矿物勘查指标(图7.4~图7.7)。

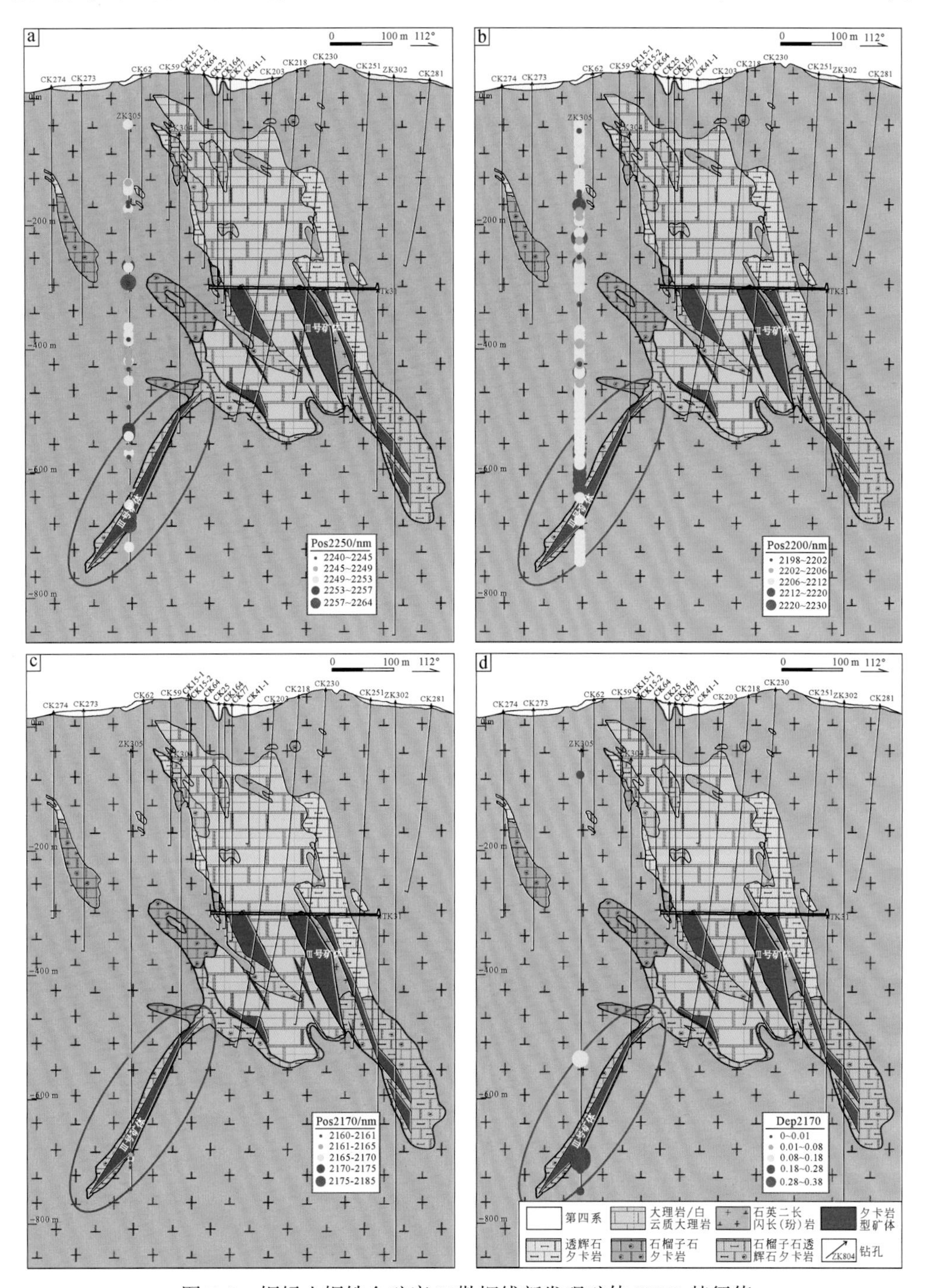

图7.2　铜绿山铜铁金矿床3#勘探线新发现矿体SWIR特征值

a. 绿泥石Fe-OH特征吸收峰位值(Pos2250)变化特征；b. 白云母族矿物Al-OH特征吸收峰位值(Pos2200)变化特征；c. 高岭石族矿物次Al-OH特征吸收峰位值(Pos2170)变化特征；d. 高岭石族矿物次Al-OH特征峰吸收深度值(Dep2170)变化特征

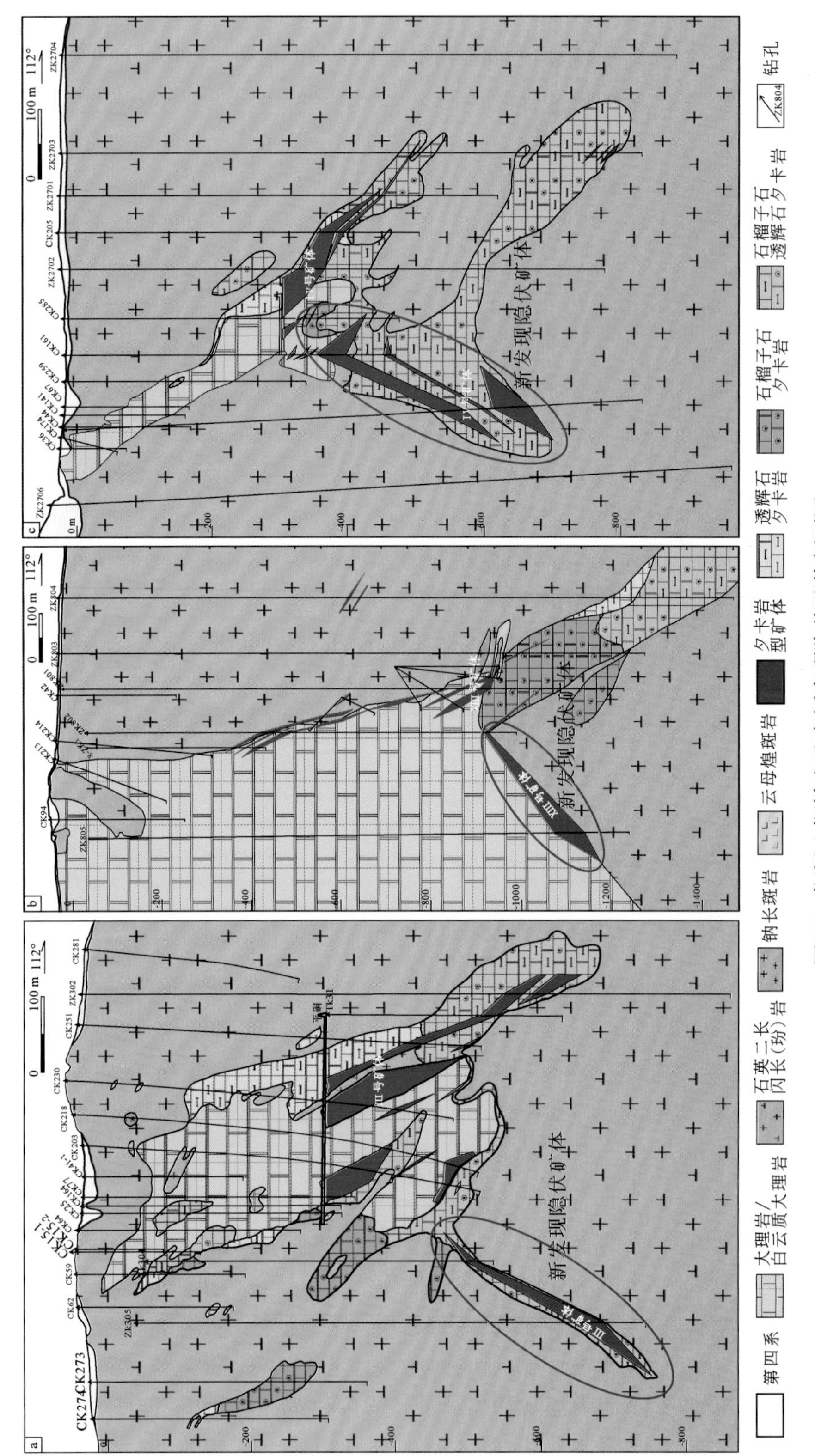

图7.3 铜绿山铜铁金矿床新发现隐伏矿体剖面图

a.3#勘探线剖面；b.8#勘探线剖面；c.27#勘探线剖面

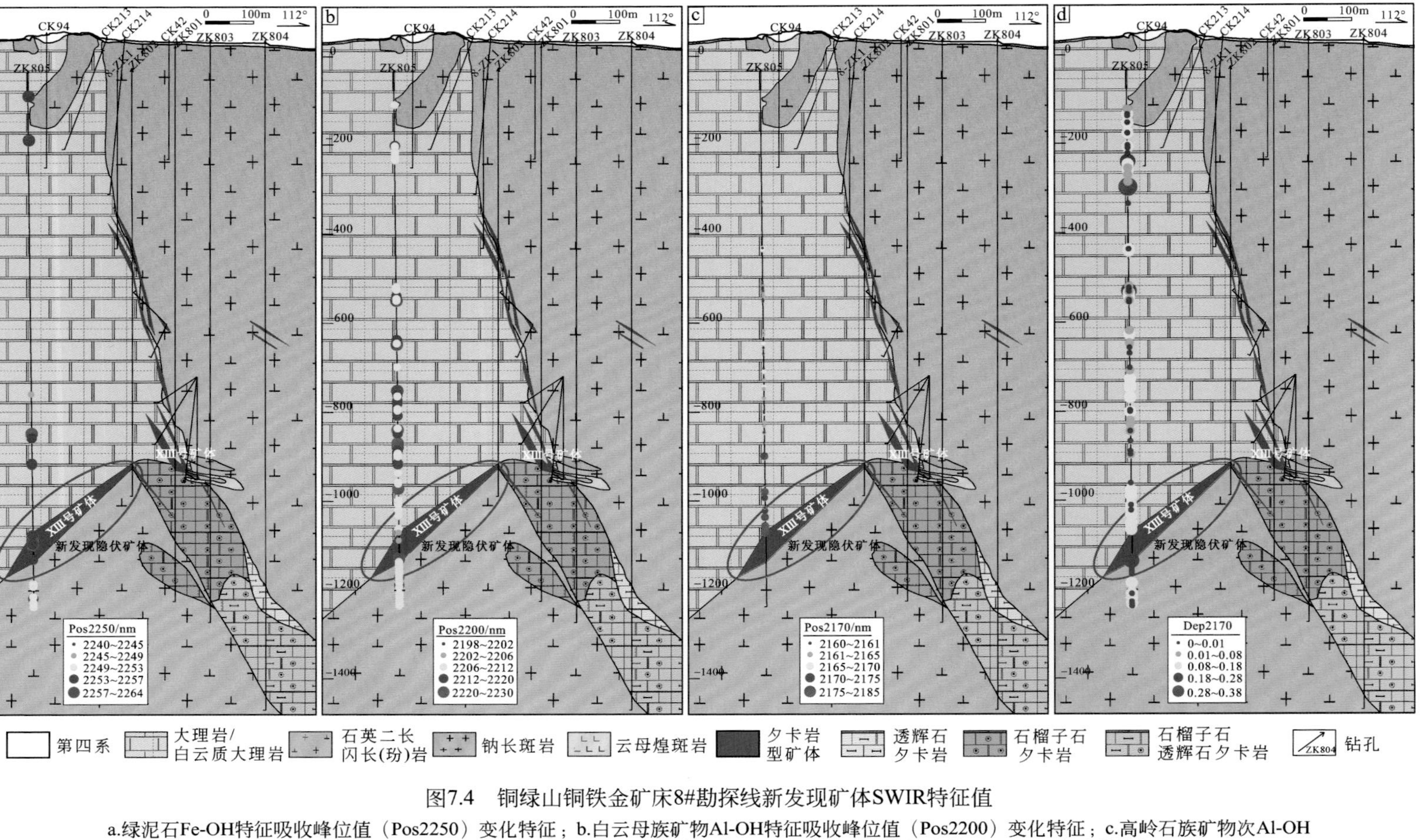

图7.4 铜绿山铜铁金矿床8#勘探线新发现矿体SWIR特征值

a.绿泥石Fe-OH特征吸收峰位值（Pos2250）变化特征；b.白云母族矿物Al-OH特征吸收峰位值（Pos2200）变化特征；c.高岭石族矿物次Al-OH特征吸收峰位值（Pos2170）变化特征；d.高岭石族矿物次Al-OH特征峰吸收深度值（Dep2170）变化特征

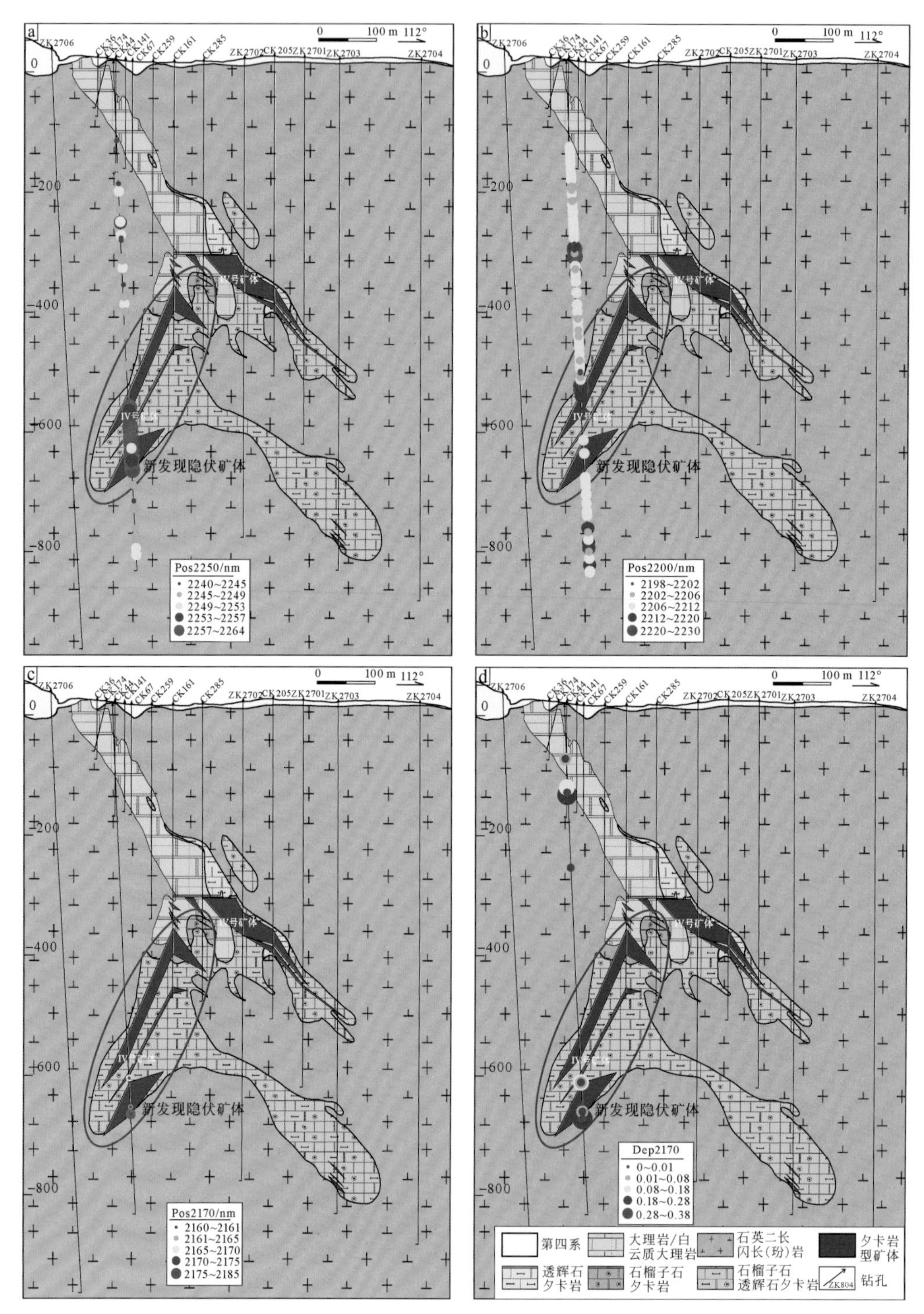

图 7.5　铜绿山铜铁金矿床 27#勘探线新发现矿体 SWIR 特征值

a. 绿泥石 Fe-OH 特征吸收峰位值（Pos2250）变化特征；b. 白云母族矿物 Al-OH 特征吸收峰位值（Pos2200）变化特征；c. 高岭石族矿物次 Al-OH 特征吸收峰位值（Pos2170）变化特征；d. 高岭石族矿物次 Al-OH 特征峰吸收深度值（Dep2170）变化特征

7.2 铜山口矿区未验证靶区

通过对铜山口详细的岩浆岩序列划分、围岩蚀变分带及矿化期次、绿泥石和白云母族矿物的SWIR光谱参数特征，以及绿泥石化学成分特征分析，我们初步建立了铜山口矿床新的勘查标志体系。在传统的岩浆岩及围岩岩性标志、夕卡岩标志、地球物理磁异常标志等的基础上，本书提出绿泥石高Fe-OH吸收峰位值（Pos2250 > 2249nm）和高Mg-OH吸收峰位值（Pos2335 > 2333nm）的出现和增多，可以作为铜山口矿床的新勘查标志体系。

9#勘探线剖面上钻孔ZK901本是用于控制岩体范围的钻孔，但是我们在ZK901的深部的80号样品（标高-736.1m）和85号样品（标高-788.7m）发现其绿泥石Fe-OH吸收峰位值Pos2250分别为2253.5和2252.0；81号样品（标高-739.0m）、82号样品（标高-741.9m）、87号样品（标高-840.4m）以及90号样品（标高-856.8m）的绿泥石Mg-OH吸收峰位值Pos2335分别为2338.4、2338.6、2335.3和2351.2，如图7.6和图7.7所示。这标志着在该样品附近一定距离范围内可能有矿体产出。

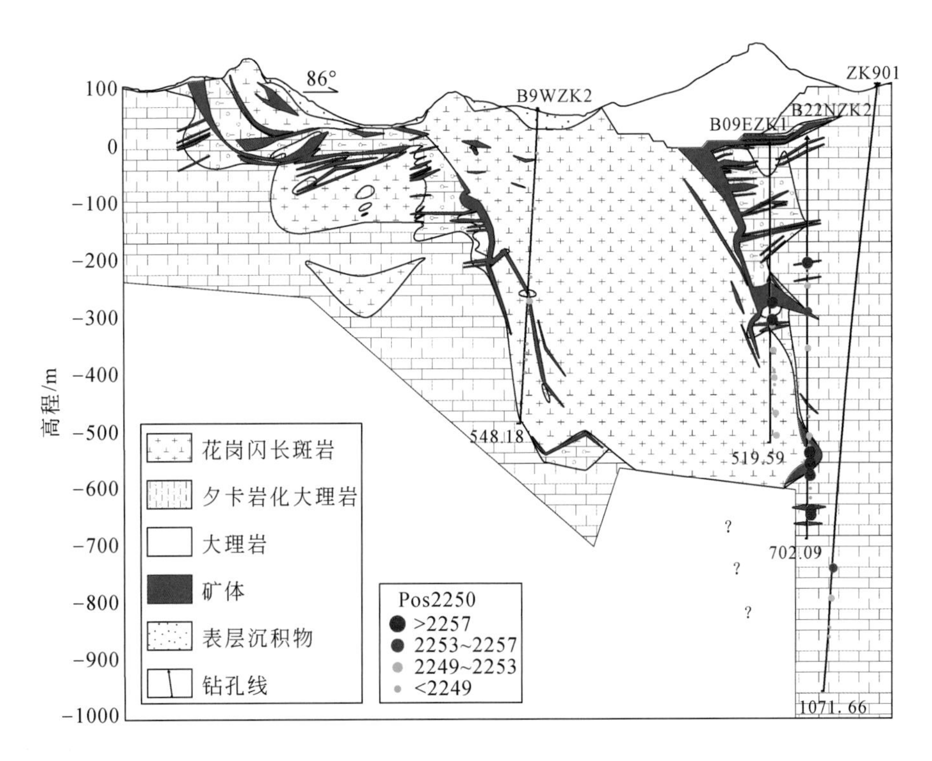

图7.6 铜山口矿区9#勘探线剖面绿泥石Pos2250特征值

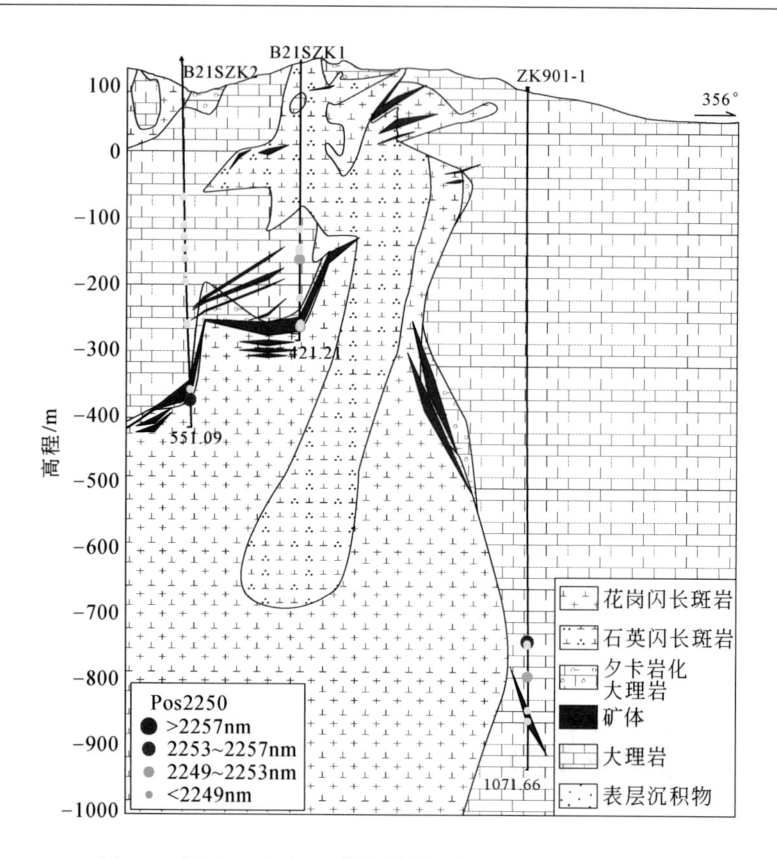

图 7.7　铜山口矿区 21#勘探线剖面绿泥石 Pos2250 特征值

7.3　鸡冠嘴区域未验证靶区

鸡冠嘴白云母族 SWIR 光谱特征参数 Pos2200（铝峰位置参数）高值区域（>2209）与矿区的矿体具有较好的耦合性，特别是深部Ⅶ号矿体。利用 Voxler 软件模拟出的白云母族 Pos2200 三维热力图（图 7.8）显示，Pos2200 值在钻孔 ZK0287、KZK11、KZK23 深部显示为高值区域，具体位置为 ZK0287 和 KZK11 钻孔标高 -800m 至 KZK23 钻孔标高 -1000m的区域。高值域显示出一定的侧伏，即由 ZK0287 和 KZK11 钻孔向 KZK23 钻孔深部侧伏，在水平图上表现为高值区域在 ZK0287 和 KZK11 处向北侧深处侧伏（图 7.9）。由 26#勘探线剖面图（图 7.10）可以看出，KZK23 钻孔北侧同为大理岩和深部石英闪长岩接触带的侧伏方向。鉴于白云母族 Pos2200 高值域与石英闪长岩和大理岩接触带的产状吻合，我们推测矿区北侧深部（KZK23 北侧）标高 -1055.82m（KZK23 控制标高）以下的岩体接触带还有进一步找矿的潜力。鸡冠嘴矿区位于金牛火山盆地东侧边缘，在矿区的火山角砾岩中常见块状磁铁矿角砾（图 7.11），其中并未见到与其伴生的脉石矿物，显示深部应具有一定规模的磁铁矿矿体。角砾中未见明显的夕卡岩角砾，说明深部磁铁矿矿体可能并不是铜绿山矿田广泛存在的夕卡岩型矿化，在鸡冠嘴靠近金牛盆地方向的深部有高品位块状磁铁矿矿体的成矿潜力。

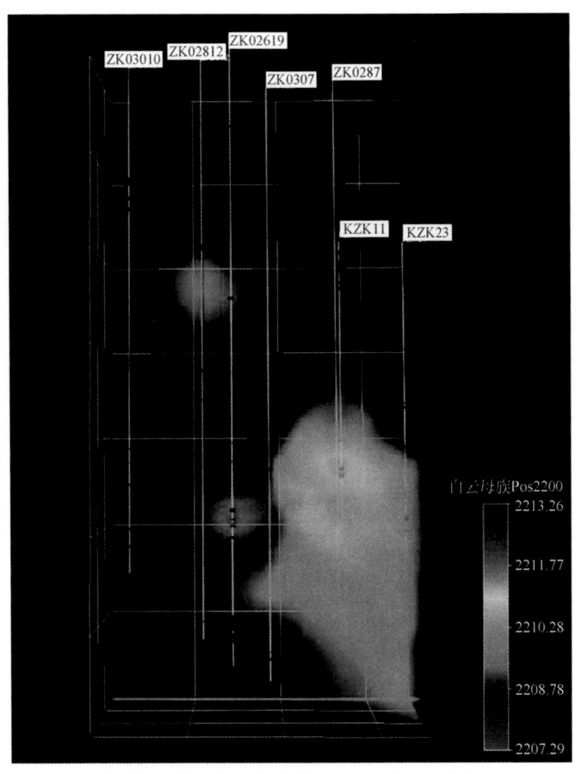

图7.8 鸡冠嘴矿区白云母族矿物Pos2200参数三维热力图

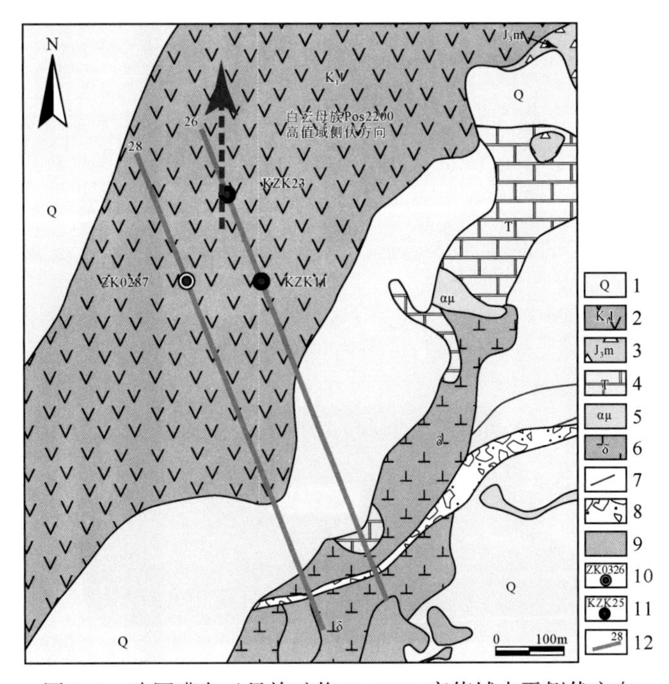

图7.9 鸡冠嘴白云母族矿物Pos2200高值域水平侧伏方向

1. 第四纪沉积物；2. 早白垩世安玄岩；3. 晚侏罗世火山角砾岩；4. 三叠纪大理岩夹粉砂岩；5. 安山岩；6. 闪长岩；7. 断层；8. 破碎带；9. 铁帽；10. 地表钻孔及编号；11. 坑内钻孔及编号（水平投影位置）；12. 勘探线及编号

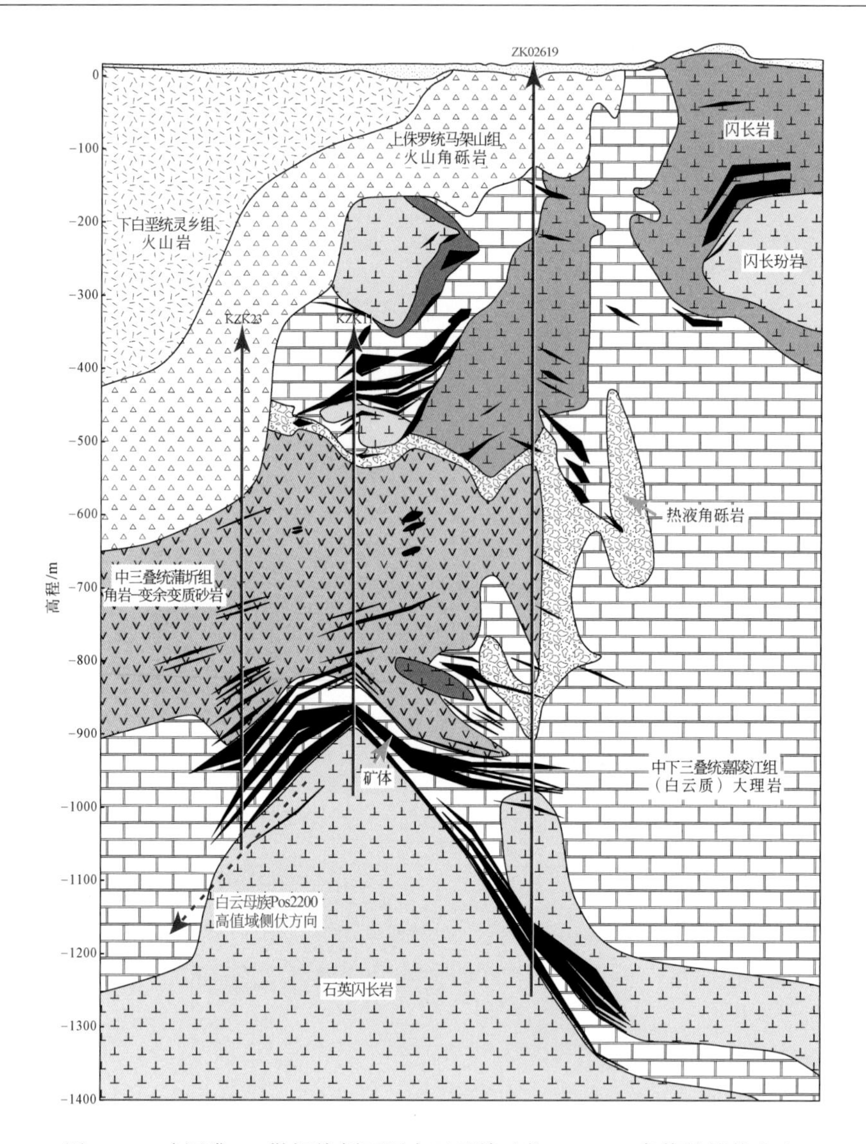

图 7.10　鸡冠嘴 26#勘探线剖面图白云母族矿物 Pos2200 高值域侧伏方向

图 7.11　鸡冠嘴火山角砾岩中的磁铁矿角砾

第 8 章　主要认识与研究展望

8.1　主要认识与成果

在项目正式实施的两年多时间中，来自湖北省地质调查院、湖北省地质局第一地质大队和中国科学院广州地球化学研究所三个单位的 20 余位骨干精心合作，对鄂东南地区三个著名的铜多金属矿床（即铜绿山、鸡冠嘴、铜山口）展开了全面的蚀变矿物及其勘查应用研究，这些工作获得了一系列创新性成果，主要包括以下几个方面。

8.1.1　准确划分了矿床蚀变矿化期次

铜绿山、鸡冠嘴、铜山口的蚀变矿化均与夕卡岩化有较密切的关系，其中铜山口同时具有斑岩矿化特征。前人对三个矿床的蚀变矿化阶段也有初步划分，特别是对铜绿山和铜山口有相对较多的工作，但主要基于早期矿山开采的浅部矿体得出。本次研究结合各矿区近年来最新的勘查成果和钻探，通过对近 50000m 岩心与坑道的详细编录和 6000 多件样品的采集观察，建立了三个矿床最为准确的蚀变矿化期次，为鄂东南相似矿床蚀变矿化演化阶段的准确快速判定提供了可靠的依据。

铜绿山矿床的成矿期次可划分为岩浆–热液期和表生期。其中岩浆–热液期从早到晚可分为夕卡岩阶段、退化蚀变阶段、氧化物阶段、硫化物阶段和碳酸盐阶段。铜金成矿主要集中于硫化物阶段。鸡冠嘴矿床的成矿作用划为两期五个阶段，分别为夕卡岩期和硫化物期，夕卡岩期包括早夕卡岩阶段、晚夕卡岩阶段和氧化物阶段；硫化物期包括石英–硫化物阶段和方解石–硫化物阶段，其中石英–硫化物阶段是矿区最主要的铜金成矿阶段。铜山口矿床的成矿作用划分为两部分，分别为夕卡岩成矿系统和斑岩成矿系统。其中夕卡岩成矿系统从早到晚划分为早夕卡岩阶段、晚夕卡岩阶段、氧化物阶段、石英硫化物阶段和表生阶段。斑岩成矿系统从早到晚划分为钾化阶段、绢英岩化阶段、石英硫化物阶段和碳酸盐阶段。两个系统中的石英硫化物阶段均为铜主要成矿阶段。

8.1.2　首次查明了蚀变矿化的二维–三维分布特征

蚀变矿物勘查标志体系建立的前提基础是要查明其在矿床中的分布特征，而对于主要蚀变矿物在空间分布上的认识也将促进对成矿机制和找矿勘查的突破。虽然在前期勘查工作中已经对三个矿床的矿体分布有了较为明确的认识，但各矿区主要蚀变矿物的分布特征，特别是其在二维–三维空间的准确分布及蚀变类型分带模型等还缺乏相应研究。我们在蚀变矿化期次划分的基础上，利用 SWIR 光谱分析技术等先进手段，对所有采集样品进行了矿物解析，建立了包含近 30 万条矿物信息的蚀变矿物数据库，并在此基础上利用不同软件进行了各矿区蚀变矿物的二维–三维建模工作（即蚀变矿物填图），首次系统查明了三个矿区蚀变矿物的分布特征，为解决鄂东南矿集区相似矿床蚀变分带和找矿勘查提供了空间上的判别依据。

例如，铜绿山矿床的围岩蚀变带可划分为：远端致矿岩体带（蚀变带Ⅰ）、内夕卡岩化带（蚀变带Ⅱ）、正夕卡岩/热液矿化中心带（蚀变带Ⅲ）、外夕卡岩化带（蚀变带Ⅳ）和远端大理岩/白云质大理岩（蚀变带Ⅴ）。其对应的主要黏土矿物蚀变带又可分为：蒙脱石–伊/蒙混层–镁绿泥石带（蚀变带Ⅰ），高岭石–迪开石–高/蒙混层–伊/蒙混层–铁镁绿泥石带（蚀变带Ⅱ），皂石–铁镁绿泥石/铁绿泥石带（蚀变带Ⅲ），高岭石–迪开石–高/蒙混层–铁镁绿泥石/镁绿泥石带（蚀变带Ⅳ）和蒙脱石–镁绿泥石带（蚀变带Ⅴ）。在鸡冠嘴矿床我们圈定了夕卡岩化、绢云母化、绿泥石化、黄铁绢英岩化、硅化、钾化六种蚀变类型，并得出了其在空间上准确的展布特征。铜山口矿床则主要含有不同蚀变矿物组合的夕卡岩化、钾化、绢云母化、硅化、绿泥石化、蛇纹石化，这些蚀变在空间上明显受夕卡岩和斑岩两套成矿系统的控制。

8.1.3　初步建立了矿床蚀变矿物勘查标志体系

蚀变矿物勘查标志体系包括蚀变矿物时空分布特征、物理化学参数空间变化规律等多种信息，是通过大量数据统计分析得出的结果。由于不同矿床其成矿特征和蚀变矿物都存在较多差异，针对每个矿床的勘查标志也可能存在不同，通过单个矿床勘查标志的总结得出相似矿床类型的勘查标志体系具有重要意义。

在铜绿山矿床，我们提出：①富铁绿泥石［Pos2250>2253nm；Dep2250>0. 05；Fe/(Fe+Mg)>0. 6］的大量出现，②迪开石及高结晶度高岭石（Pos2170>2170nm；Dep2170>0. 18）的大量出现，③皂石的大量出现，④近矿区白云母族矿物相对含量的降低(Dep1900<0. 3；Dep2200<0. 1)，可以作为铜绿山夕卡岩型矿床的勘查标志。

鸡冠嘴矿床白云母族矿物 Al-OH 特征吸收峰位值（Pos2200）的高值区域（>2209nm）与矿体具有较好的耦合性，示矿距离受断层、岩性以及热液中心影响，局部（ZK0287）示矿距离可以达到 400m 左右。鸡冠嘴矿体中的（石英–）黄铁矿具有相对较低的 Gd、W、Si 和 Ca 元素含量和相对较高的 Co/Ni 值。据此，我们提出高 Pos2200（>2209）的白云母族矿物以及低含量 Gd、W、Si、Ca 和高 Co/Ni 值的（石英–）黄铁矿可以作为鸡冠嘴夕卡岩型铜–金矿体的勘查标志。另外，鸡冠嘴矿区地层方解石（大理岩）的 Mg-OH 吸收深度(平均值 0. 2343）明显大于热液方解石的 Mg-OH 吸收深度（平均值 0. 1185)，这也为矿区热液方解石的辨别提供了指示。

在铜山口矿床，蚀变矿物绿泥石的高 Fe-OH 吸收峰位值（Pos2250>2249nm）和高 Mg-OH 吸收峰位值（Pos2335>2333nm）的出现和增多，以及富铁绿泥石的大量出现，可以作为铜山口矿床较好的勘查标志。而白云母族矿物 SWIR 光谱参数虽然与部分矿体呈现较好的相关关系，但是总体规律较差。铜山口绿泥石 Ti/Sr、Ti/Pb、Mg/Sr 等元素比值，均表现出从岩体到矿体再到大理岩逐渐降低的趋势，可以初步作为勘查标志。绿泥石微量元素含量在空间分布规律上也表现出与印度尼西亚 Batu Hijau 斑岩型铜金矿床及新疆延东斑岩型铜矿床相同的趋势。这些特征可作为铜山口夕卡岩-斑岩型矿床的勘查标志。

总体而言，对于夕卡岩型矿床，绿泥石 SWIR 光谱特征和主量元素（如 Fe 含量等）可能是较为普遍适用的矿物勘查标志，而白云母族等其他矿物标志则可能根据不同矿床变化较大，需结合具体矿床地质特征使用。

8.1.4　提出了不同尺度找矿靶区并进行验证

利用提出的蚀变矿物勘查标志指导矿产勘查是本研究最终要实现的目标之一。我们利用本研究获得的最新成果，从矿床和区域两个尺度上提出了 4 个找矿靶区并进行了部分验证。分别是铜绿山 NNE 向主背斜西翼的深部矿体（已验证）；铜山口 9#勘探线剖面 ZK901 孔深部矿体（未验证）；鸡冠嘴矿区北侧深部（KZK23 北侧）标高-1055.82m（KZK23 控制标高）以下的岩体接触带矿体（未验证）；鸡冠嘴矿区靠近金牛盆地方向深部高品位块状磁铁矿矿体（未验证）。

我们利用最新的矿物勘查指标，结合湖北省地质局第一地质大队对铜绿山矿床多年的勘查经验、勘查成果及矿区控矿构造特征，提出在铜绿山矿区 NNE 向主背斜西翼的深部，可能存在与东翼 XIII 号矿体类似的深部夕卡岩型矿体。在 2016 ~ 2017 年进行钻探的 3#勘探线、8#勘探线、27#勘探线数个钻孔的浅部均出现了绿泥石（Pos2250）、白云母族（Pos2200）以及高岭石（Pos2170）参数指向矿体的规律性变化，帮助确定了深部矿体的勘查方向并最终实现新矿体的发现。这一成果间接为铜绿山矿床新增铜金属量超过 7 万 t，铁矿石量 994 万 t。

8.2　主要存在的问题与研究展望

虽然本研究获得了一系列创新成果，为鄂东南地区夕卡岩-斑岩型矿床的成矿模型建立和找矿勘查方法突破做出了一定贡献，但项目执行过程中出现了较多问题，导致部分预期目标较难实现，主要体现在以下几个方面。

（1）部分矿床的岩心保存和分布存在欠缺，如铜绿山许多重要钻孔只有矿化段保存，使得完整的蚀变矿物空间变化规律分析无法进行；铜山口现存钻孔分布不连续，很难组成连续的剖面，这些欠缺为项目设计的二维-三维蚀变填图与空间变化规律的研究增加了很多困难。

（2）部分矿床的矿体分布与蚀变矿化类型过于复杂，导致蚀变矿物勘查标志难以确定。例如，鸡冠嘴矿体出现上下分层，且有断层作用影响。铜绿山矿体分布在岩体与大理岩接触带，但形状极不规则，岩体整体包裹大理岩，这些均使得追寻蚀变矿物空间变化规律比较困难。铜山口夕卡岩型和斑岩型两套成矿系统同时出现，形成了不同的蚀变类型和矿物组合且有叠加，这也增加了确定蚀变矿物勘查标志的难度。

（3）部分蚀变矿物主要元素特征的获取非常困难。绿泥石在三个矿床都表现出很好的 SWIR 光谱特征指示规律，但由于很多绿泥石颗粒太小或交代蚀变未完全，激光微量元素测试成功率极低（<20%），无法在空间上进行变化规律的统计限定。黄铁矿等虽然测试成功率较高，但由于其复杂的组合类型和可能的结构复杂性（如鸡冠嘴），空间分布规律被掩盖，暂时无法得出准确的勘查指示。

针对本研究中发现的问题和初步成果，我们对鄂东南地区蚀变矿物勘查的未来研究提出如下建议。

（1）进一步完善绿泥石勘查标志体系：对本次未涉及的钻孔进行补充 SWIR 光谱扫描测试工作；挑选更好的样品，调整激光测试参数，尽量获得可靠的微量元素测试数据。争取建立鄂东南地区夕卡岩型矿床较为完整普适性的绿泥石勘查标志体系。

（2）查明白云母族矿物参数变化原因：认真对比分析三个矿床中白云母族矿物参数变化表现出的不同规律，明确形成机制，为其成为勘查标志提供地质限定。

（3）进一步探讨黄铁矿、石英等矿物结构特征及其微量元素变化对矿体勘查的指示规律。

（4）适当扩充研究周边矿床，完善已有标志体系，如鸡冠嘴东侧紧邻的桃花嘴可能为同一成矿体系，具备很好的蚀变矿物研究条件。鄂东南矿集区已具备部分勘查基础的部分矿床（点），如一些斑岩型矿床也可以进行扩充研究。以期建立更完善的鄂东南地区蚀变矿物勘查标志体系。

参考文献

常印佛,刘湘培,吴言昌. 1991. 长江中下游铜铁成矿带. 北京:地质出版社.

陈富文,梅玉萍,李华芹. 2011. 鄂东南丰山矿田花岗闪长斑岩体锆石 SHRIMP U-Pb 定年及其意义. 地质学报,85(1):88-96.

邓晓东,李建威,张伟. 2012. 铜绿山 Fe-Cu-(Au)矽卡岩矿床花岗伟晶岩及其文象结构的成因:来自钾长石 Ar-Ar 年龄、微量元素和石英中流体包裹体的证据. 地球科学,37(1):77-92.

丁丽雪,黄圭成,夏金龙. 2014. 鄂东南地区龙角山—付家山斑岩体成因及其对成矿作用的指示. 地质学报,88(8):1513-1527.

丁丽雪,黄圭成,夏金龙. 2016. 鄂东南地区阳新复式岩体成因:LA-ICP-MS 锆石 U-Pb 年龄及 Hf 同位素证据. 高校地质学报,22(3):443-458.

丁丽雪,黄圭成,夏金龙. 2017. 鄂东南地区殷祖岩体的成因及其地质意义:年代学、地球化学和 Sr-Nd-Hf 同位素证据. 地质学报,91(2):362-383.

方可栋. 1994. 铜山口铜矿床成岩成矿演化机理探讨. 地质与勘探,5:7-13.

高山,Ducea M N,金振民,等. 1998. 下地壳拆沉作用及大陆地壳演化. 高校地质学报,4(3):241-249.

高山,章军锋,许文良,等. 2009. 拆沉作用与华北克拉通破坏. 科学通报,54:1962-1973.

胡清乐,金尚刚,魏克涛,等. 2011. 湖北大冶铜绿山矿田深部找矿工作进展及下步找矿方向. 资源环境与工程,25(3):182-187.

胡受奚,叶瑛,方长泉. 2004. 交代蚀变岩石学及其找矿意义. 北京:地质出版社.

湖北省地质局第一地质大队. 2010. 湖北省大冶市铜绿山铜矿接替资源勘查(深部普查)报告. 大冶:大冶有色金属公司.

湖北省地质局第一地质大队. 2014. 鸡冠嘴矿区、桃花嘴矿区深部铜金详查地质报告. 大冶:湖北三鑫金铜股份有限公司.

黄崇轲,等. 2001. 中国铜矿床(上册). 北京:地质出版社.

黄圭成,夏金龙,丁丽雪,等. 2013. 鄂东南地区铜绿山岩体的侵入期次和物源:锆石 U-Pb 年龄和 Hf 同位素证据. 中国地质,40(5):1392-1408.

黄健瀚. 2017. VMS 矿床蚀变矿物地球化学——以东天山红海铜锌矿床为例. 广州:中国科学院广州地球化学研究所.

蒋少涌,彭宁俊,黄兰椿,等. 2015. 赣北大湖塘矿集区超大型钨矿地质特征及成因探讨. 岩石学报,31(3):639-655.

李光明,张林奎,焦彦杰,等. 2017. 西藏喜马拉雅成矿带错那洞超大型铍锡钨多金属矿床的发现及意义. 矿床地质,36(4):1003-1008.

李瑞玲,朱乔乔,侯可军,等. 2012. 长江中下游金牛盆地花岗斑岩和流纹斑岩的锆石 U-Pb 年龄、Hf 同位素组成及其地质意义. 岩石学报,28(10):3347-3360.

连长云,章革,元春华,等. 2005a. 短波红外光谱矿物测量技术在热液蚀变矿物填图中的应用——以土屋斑岩铜矿床为例. 中国地质,32(3):483-495.

连长云,章革,元春华. 2005b. 短波红外光谱矿物测量技术在普朗斑岩铜矿区热液蚀变矿物填图中的应用. 矿床地质,24(6):621-637.

廖震,刘玉平,李朝阳,等. 2010. 都龙锡锌矿床绿泥石特征及其成矿意义. 矿床地质,29(1):169-176.

刘继顺,马光,舒广龙. 2005. 湖北铜绿山矽卡岩型铜铁矿床中隐爆角砾岩型金(铜)矿体的发现及其找矿前景. 矿床地质,24(5):527-536.

刘裕庆. 1991. 铜陵地区层状铜(铁硫)矿床同位素地球化学研究. 北京:地质出版社.

吕庆田,董树文,汤井田,等. 2015a. 多尺度综合地球物理探测:揭示成矿系统、助力深部找矿——长江中下游深部探测(SinoProbe-03)进展. 地球物理学报,58(12):4319-4343.
吕庆田,刘振东,董树文,等. 2015b. “长江深断裂带”的构造性质:深地震反射证据. 地球物理学报,58(12):4344-4359.
马光. 2005. 鄂东南铜绿山铜铁金矿床地质特征、成因模式及找矿方向. 长沙:中南大学.
毛景文,邵拥军,谢桂青,等. 2009. 长江中下游成矿带铜陵矿集区铜多金属矿床模型. 矿床地质,28(2):109-119.
梅玉萍,李华芹,陈富文. 2008. 鄂东南铜绿山矿区石英正长闪长玢岩 SHRIMP U-Pb 定年及其地质意义. 地球学报,29(6):805-810.
邱永进 . 1995. 鄂东鸡冠嘴铜(铁)金矿床的地质特征及成因 . 有色金属矿产与勘查,4(2):77-82.
舒全安,陈培良,程建荣,等. 1992. 鄂东铁铜矿产地质. 北京:冶金工业出版社.
宋学信,张景凯. 1986. 中国各种成因黄铁矿的微量元素特征. 中国地质科学院矿产资源研究所所刊,(2):166-175.
谭靖,刘嵘. 2007. 低温绿泥石成分温度计 Fe/(Fe+Mg)校正的必要性问题. 矿物学报,27(2):173-178.
唐永成,等. 1998. 安徽沿江地区铜多金属矿床地质. 北京:地质出版社.
汪重午,郭娜,郭科,等. 2014. 基于短波红外技术的斑岩-矽卡岩型矿床中绿泥石蚀变分布特征研究:以西藏甲玛铜多金属矿为例. 地质与勘探,50(6):1137-1146.
王建,谢桂青,姚磊,等. 2014a. 鄂东南鸡笼山矽卡岩型金矿床花岗闪长斑岩的成因:地球化学和锆石 U-Pb 年代学约束. 矿床地质,88(8):1539-1548.
王建,谢桂青,陈风河,等. 2014b. 鄂东南鸡笼山矽卡岩金矿床的辉钼矿 Re-Os 同位素年龄及其构造意义. 地质学报,33(1):137-152.
王强,许继锋,赵振华,等. 2001. 大别山燕山期亏损重稀土元素花岗岩类的成因及动力学意义. 岩石学报,17(4):551-564.
王强,赵振华,许继峰,等. 2004. 鄂东南铜山口、殷祖埃达克质侵入岩的地球化学特征对比:(拆沉)下地壳熔融与斑岩铜矿的成因. 岩石学报,20(2):351-360.
王云峰,陈华勇,肖兵,等. 2016. 新疆东天山地区土屋和延东铜矿床斑岩-叠加改造成矿作用. 矿床地质,35(1):51-68.
魏克涛,李享洲,张晓兰. 2007. 铜绿山铜铁矿床成矿特征及找矿前景. 资源环境与工程,21:41-56.
吴承烈,徐外生,刘崇民. 1998. 中国主要类型铜矿勘查地球化学模型. 北京:地质出版社.
肖兵. 2016. 新疆土屋—延东铜矿岩浆演化、蚀变特征与矿床成因. 广州:中国科学院广州地球化学研究所.
谢桂青,毛景文,李瑞玲,等. 2006. 长江中下游鄂东南地区大寺组火山岩 SHRIMP 定年及其意义. 科学通报,51(19):2283-2291.
谢桂青,毛景文,李瑞玲,等. 2008. 鄂东南地区大型矽卡岩型铁矿床金云母^{40}Ar-^{39}Ar 同位素年龄及其构造背景初探. 岩石学报,24(8):1917-1927.
谢桂青,赵海杰,赵财胜,等. 2009. 鄂东南铜绿山矿田矽卡岩型铜铁金矿床的辉钼矿 Re-Os 同位素年龄及其地质意义. 矿床地质,28(3):227-239.
谢华光,王文斌,李文达. 1995. 安徽新桥铜硫矿床成矿时代及成矿物质来源. 火山地质与矿产,16(2):101-107.
熊小林,赵振华,白正华,等. 2001. 西天山阿吾拉勒埃达克质岩石成因:Nd 和 Sr 同位素组成的限制. 岩石学报,17(4):514-522.
修连存,郑志忠,俞正奎,等. 2009. 近红外光谱仪测定岩石中蚀变矿物方法研究. 岩矿测试,28(6):519-523.
许超,陈华勇,Noel WHITE,等. 2017. 福建紫金山矿田西南铜钼矿段蚀变矿化特征及 SWIR 勘查应用研究.

矿床地质,36(5):1013-1038.
许继峰,王强,徐义刚,等. 2001. 宁镇地区中生代安基山中酸性侵入岩的地球化学:亏损重稀土和钇的岩浆产生的限制. 岩石学报,17(4):576-584.
许继峰,邬建斌,王强,等. 2014. 埃达克岩与埃达克质岩在中国的研究进展. 矿物岩石地球化学通报,33(1):7-13.
颜代蓉. 2013. 湖北阳新阮家湾钨-铜-钼矿床和银山铅-锌-银矿床地质特征及矿床成因. 武汉:中国地质大学(武汉).
颜代蓉,邓晓东,胡浩,等. 2012. 鄂东南地区阮家湾和犀牛山花岗闪长岩的时代、成因及成矿和找矿意义. 岩石学报,28(10):3373-3388.
杨道斐,傅德鑫,吴履秀. 1982. 从矿石成分及结构构造特征看新桥及其邻近地区黄铁矿型铜矿床的成因. 中国地质科学院南京地质矿产研究所所刊,3(4):59-68.
杨志明,侯增谦,杨竹森,等. 2012. 短波红外光谱技术在浅剥蚀斑岩铜矿区勘查中的应用——以西藏念村矿区为例. 矿床地质,31(4):699-717.
姚凤良,孙丰月. 2006. 矿床学教程. 北京:地质出版社.
姚磊,谢桂青,吕志成,等. 2013. 鄂东南程潮铁矿床花岗质岩和闪长岩的岩体时代、成因及地质意义. 吉林大学学报(地球科学版),43(5):1393-1422.
叶天竺,薛建玲. 2007. 金属矿床深部找矿中的地质研究. 中国地质,34(5):855-869.
叶天竺,肖克炎,严光生. 2017. 矿床模型综合地质信息预测技术研究. 地学前缘,14(5):11-19.
余元昌,李刚,肖国荃. 1985. 湖北省大冶县铜绿山接触交代铜铁矿床. 武汉:中国地质大学出版社.
翟裕生,姚书振,林新多,等. 1992. 长江中下游地区铁铜(金)成矿规律. 北京:地质出版社.
张国胜,金尚刚,胡清乐,等. 2013. 鸡冠嘴矿床构造特征及其控矿作用. 资源环境与工程,27:92-95.
张建斌,朱志祥. 2005. 鸡冠嘴铜金矿床岩浆岩与成矿规律的认识. 黄金科学技术,13(1-2):2-4.
张旗,王焰,钱青,等. 2001. 中国东部燕山期埃达克岩的特征及其构造-成矿意义. 岩石学报,17(2):236-244.
张世涛,陈华勇,张小波,等. 2017. 短波红外光谱技术在矽卡岩型矿床中应用——以鄂东南铜绿山铜铁金矿床为例. 矿床地质,36(6):1263-1288.
张世涛,陈华勇,韩金生,等. 2018. 鄂东南铜绿山大型铜铁金矿床成矿岩体年代学、地球化学特征及成矿意义. 地球化学,47(3):240-256.
张术根. 1993. 长江中下游沿江成矿带铜金成矿学研究. 长沙:中南大学.
张伟. 2015. 鄂东南地区鸡冠嘴铜金矿床成因研究. 武汉:中国地质大学(武汉).
张伟,王宏强,邓晓东,等. 2016. 鄂东南地区鸡冠嘴铜金矿床 Au-Ag-Bi-Te-Se 矿物学研究与金银富集机理. 岩石学报,32(2):456-470.
张铁男. 1999. 长江中下游及其邻区重要含金(铜)夕卡岩矿床地质地球化学特征. 北京:中国地质科学院.
张宗保. 2011. 湖北铜绿山矿田成矿系统研究. 北京:中国地质大学(北京).
章革,连长云,王润生. 2005. 便携式短波红外矿物分析仪(PIMA)在西藏墨竹工卡县驱龙铜矿区矿物填图中的应用. 地质通报,24(5):480-484.
赵海杰,毛景文,向君峰,等. 2010. 湖北铜绿山矿床石英闪长岩的矿物学及 Sr-Nd-Pb 同位素特征. 岩石学报,26(3):768-784.
赵海杰,谢桂青,魏克涛,等. 2012. 湖北大冶铜绿山铜铁矿床夕卡岩矿物学及碳氧硫同位素特征. 地质论评,58:379-395.
赵利青,邓军,原海涛,等. 2008. 台上金矿床蚀变带短波红外光谱研究. 地质与勘探,44(5):58-63.
赵新福,李建威,马昌前. 2006. 鄂东南铁铜矿集区铜山口铜(钼)矿床 Ar-Ar 年代学及对区域成矿作用的指示. 地质学报,80(6):849-862.
赵一鸣. 2002. 夕卡岩矿床研究的某些重要新进展. 矿床地质,21(2):113-120.
赵一鸣,林文蔚,等. 2012. 中国矽卡岩矿床. 北京:地质出版社.
周涛发,范裕,袁峰,等. 2012. 长江中下游成矿带地质与矿产研究进展. 岩石学报,28(10):3051-3066.
周涛发,王世伟,袁峰. 等. 2016. 长江中下游成矿带陆内斑岩型矿床的成岩成矿作用. 岩石学报,32(2):271-288.
朱乔乔,谢桂青,蒋宗胜,等. 2014a. 湖北金山店大型矽卡岩型铁矿热液榍石特征和原位微区 LA-ICP-MS 及 U-Pb 定年. 岩石学报,30(5):1322-1338.
朱乔乔,谢桂青,李伟,等. 2014b. 湖北金山店大型矽卡岩型铁矿石榴子石原位微区分析及其地质意义. 中国地质,41(6):1944-1963.
Arculus R J. 1994. Aspects of magma genesis in arcs. Lithos,33:189-208.
Atherton M P, Petford N. 1993. Generation of sodium-rich magmas from newly underplated basaltic crust. Nature, 362(6416):144-146.
Ballard J R, Michael P, Campbell H I. 2002. Relative oxidation states of magmas inferred from Ce(Ⅳ)/Ce(Ⅲ) in zircon: Application to porphyry copper deposits of northern Chile. Contributions to Mineralogy and Petrology, 144: 347-364.
Barrie C D, Boyce A J, Boyle A P, et al. 2009. Growth controls in colloform pyrite. American Mineralogist, 94: 415-429.
Biel C, Subias I, Acevedo R D, et al. 2012. Mineralogical, IR-spectral, geochemical monitoring of hydrothermal alteration in a deformed, metamorphosed Jurassic VMS deposit at Arroyo Rojo, Tierra del Fuego, Argentina. Journal of South American Earth Sciences, 35:62-73.
Bouzari F, Hart C J R, Bissig T, et al. 2016. Hydrothermal alteration revealed by apatite luminescence and chemistry: A potential indicator mineral for exploring covered porphyry copper deposits. Economic Geology, 111: 1397-1410.
Boynton W V. 1984. Cosmochemistry of the rare earth elements: Meteorite studies//Henderson P, ed. Rare earth element geochemistry. Developments in geochemistry. Amsterdam: Elsevier: 115-1522.
Bralia A, Sabatini G, Troja F. 1979. A revaluation of the Co/Ni ratio in pyrite as geochemical tool in ore genesis problems. Mineralium Deposita, 14:353-374.
Castillo P R. 2006. An overview of adakite petrogenesis. Chinese Science Bulletin, 51:257-268.
Castillo P R, Janney P E, Solidum R U. 1999. Petrology, geochemistry of Camiguin Island, southern Philippines: Insights to the source of adakites, other lavas in a complex arc setting. Contributions to Mineralogy and Petrology, 134(1):33-51.
Cathelineau M, Nieva D. 1985. A chlorite solid solution geothermometer the Los Azufres (Mexico) geothermal system. Contributions to Mineralogy, Petrology, 91(3):235-244.
Cathles L M, Erendi A H J, Barrie T. 1997. How long can a hydrothermal system be sustained by a single intrusive event. Economic Geology, 92:766-771.
Chang Z S, Meinert L D. 2008. The Empire Cu-Zn mine, Idaho: Exploration implications of unusual skarn features related to high fluorine activity. Economic Geology, 103:909-938.
Chang Z S, Yang Z M. 2012. Evaluation of inter-instrument variations among short wavelength infrared (SWIR) devices. Economic Geology, 107(7):1479-1488.
Chang Z S, Hedenquist J W, White N C, et al. 2011. Exploration tools for linked porphyry, epithermal deposits: Example from the Mankayan intrusion-centered Cu-Au district, Luzon, Philippines. Economic Geology, 106:

1365-1398.

Chappell B W. 1999. Aluminium saturation in I-and S-type granites and the characterization of fractionated haplogranites. Lithos, 46: 535-551.

Ciobanu C L, Cook N J, Utsunomiya S, et al. 2012. Gold-telluride nanoparticles revealed in arsenic-free pyrite. American Mineralogist, 97: 1515-1518.

Cohen J F. 2011. Compositional variations in hydrothermal white mica, chlorite from wall-rock alteration at the Ann-Mason porphyry copper deposit, Nevada. Oregon State University.

Cooke D R, Baker M, Hollings P, et al. 2014. New advances in detecting the distal geochemical footprints of porphyry systems—epidote mineral chemistry as a tool for vectoring, fertility assessments. Economic Geology, 18: 127-152.

Deditius A, Utsunomiya S, Reich M, et al. 2011. Trace metal nanoparticles in pyrite. Ore Geology Reviews, 42: 32-46.

Deer W A, Howie R A, Iussman J. 1962. Rock-forming minerals: Sheet silicates. Geological Society of London.

Defant M J, Drummond M S. 1990. Derivation of some modern arc magmas by melting of young subducted lithosphere. Nature, 347: 662-665.

Deng X D, Li J W, Zhou M F, et al. 2015. In-situ LA-ICP-MS trace elements and U-Pb analysis of titanite from the Mesozoic Ruanjiawan W-Cu-Mo skarn deposit, Daye district, China. Ore Geology Reviews, 65: 990-1004.

Duan D F, Jiang S Y. 2017. In situ major and trace element analysis of amphiboles in quartz monzodiorite porphyry from the Tonglvshan Cu-Fe(Au) deposit, Hubei Province, China: Insights into magma evolution and related mineralization. Contributions to Mineralogy and Petrology, 172(5): 36.

Ferdock G C, Castor S B, Leonardson R W, et al. 1997. Mineralogy and paragenesis of ore stage mineralization in the Betze gold deposits, Goldstike mine, Eireka County, Nevada//Vikre P, Thompson T P, Bettles K, et al. Carlin type gold deposits field conference. Society of Economic Geologist Field Trip Guidebook Series, vol 28. Society of Economic Geologists, Littleton, CO: 3-38.

Foster M D. 1962. Interpretation of the composition, a classification of the chlorites. United States Government Printing Office.

Franchini M, McFarlane C, Maydagan L, et al. 2015. Trace metals in pyrite, marcasite from the Agua Rica porphyry-high sulfidation epithermal deposit, Catamarca, Argentina: Textural features, metal zoning at the porphyry to epithermal transition. Ore Geology Reviews, 66: 366-387.

Gao S, Rudnick R L, Yuan H L, et al. 2004. Recycling lower continental crust in the North China craton. Nature, 432(7019): 892-897.

Guo N, Thomas C, Tang J X, et al. 2017. Mapping white mica alteration associated with the Jiama porphyry-skarn Cu deposit, central Tibet using field SWIR spectrometry. Ore Geology Reviews.

Hanley J J, MacKenzie M K, Warren M R, et al. 2010. Distribution, origin of platinum-group elements in alkalic porphyry Cu-Au, low sulfidation epithermal Au deposits in the Canadian Corillera. 11th International Platinum Symposium, 1-4.

Harraden C L, Mcnulty B A, Gregory M J, et al. 2013. Shortwave infrared spectral analysis of hydrothermal alteration associated with the Pebble porphyry copper-gold-molybdenum deposit, Iliamna, Alaska. Economic Geology, 108(3): 483-494.

Heaman L M, LeCheminant A N. 2001. Anomalous U-Pb systematics in mantle-derived baddeleyite xenocrysts from Ile Bizard: Evidence for high temperature radon difusion. Chemical Geology, 172: 77-93.

Hedenquist J W, Arrribas A J, Reynolds T J. 1998. Evolution of an intusion- centered hydrothermal system: Far

Southeast-Lepanto porphyry and epithermal Cu-Au deposits, Philippines. Economic Geology, 93: 373-404.

Hemley J J, Jones W R. 1964. Chemical aspects of hydrothermal alteration with emphasis on hydrogen metasomatism. Economic Geology, 59: 538-569.

Herrmann W, Blake M, Doyle M, et al. 2001. Short wavelength infrared (SWIR) spectral analysis of hydrothermal alteration zones associated with Base metal sulfide deposits at Rosebery and Western Tharsis, Tasmania, and Highway-Reward, Queensland. Economic Geology, 96(5): 939-955.

Hu H, Lentz D, Li J W, et al. 2015. Reequilibration processes in magnetite from iron skarn deposits. Economic Geology, 110: 1-8.

Hu H, Li J W, McFarlane C R M. 2017. Hydrothermal titanite from the Chengchao iron skarn deposit: Temporal constraints on iron mineralization, and its potential as a reference material for titanite U-Pb dating. Mineralogy and Petrology, 111: 593-608.

Hu Z C, Liu Y S, Chen L, et al. 2011. Contrasting matrix induced elemental fractionation in NIST SRM and rock glasses during laser ablation ICP-MS analysis at high spatial resolution. Journal of Analytical Atomic Spectrometry 26(2): 425-430.

Huang J H, Chen H Y, Han J S, et al. 2017. Alteration zonation and short wavelength infrared (SWIR) characteristics of the Honghai VMS Cu-Zn deposit, Eastern Tianshan, NW China. Ore Geology Reviews: S01691368/6306679.

Huston D L, Sie S H, Suter G F, et al. 1995. Trace elements in sulfide minerals from eastern Australian volcanic-hosted massive sulfide deposits: Part I. Protonmicroprobe analyses of pyrite, chalcopyrite, sphalerite, Part II. Selenium levels in pyrite: Comparisonwith $\delta^{34}S$ values, implications for the source of sulfur in volcanogenic hydrothermal systems. Economic Geology, 90: 1167-1196.

Inoue A, Kurokawa K, Hatta T. 2010. Application of chlorite geothermometry to hydrothermal alteration in Toyoha Geothermal System, Southwestern Hokkaido, Japan. Resource Geology, 60(1): 52-70.

Ji S C, Zhu J X, He H P, et al. 2018. Conversion of serpentine to smectite under hydrothermal condition: Implication for solid-state transformation. American Mineralogist, 103: 241-251.

Jimenez T R A. 2011. Variation in hydrothermal muscovite, chlorite composition in the Highland Valley porphyry Cu-Mo district, British Columbia, Canada. Vancouver: The University of British Columbia.

Jones S, Herrmann W, Gemmell J B. 2005. Short wavelength infrared spectral characteristics of the HW Horizon: Implications for exploration in the Myra Falls volcanic-hosted massive sulfide camp, Vancouver Island, British Columbia, Canada. Economic Geology, 100(2): 273-294.

Jowett C. 1991. Fitting iron, magnesium into the hydrothermal chlorite geothermometer. Geological Association of Canada + MAC + SEG Joint Annual Meeting, 16: A62.

Keith M, Häckel F, Haase K M, et al. 2016. Trace element systematics of pyrite from submarine hydrothermal vents. Ore Geology Reviews, 72: 728-745.

Koglin N, Frimmel H E, Minter W E L, et al. 2010. Trace-element characteristics of different pyrite types in Mesoarchaean to Paleoproterozoic placer deposits. Mineralium Deposita, 45: 259-280.

Kozdon R, Kita N T, Huberty J M, et al. 2010. In situ sulfur isotope analysis of sulfide minerals by SIMS: Precision, accuracy, with application to thermometry of similar to 3. 5 Ga Pilbara cherts. Chemical Geology, 275: 243-253.

Kranidiotis P, MacLean W. 1987. Systematics of chlorite alteration at the Phelps Dodge massive sulfide deposit, Matagami, Quebec. Economic Geology, 82(7): 1898-1911.

Laakso K, Peter J M, Rivard B, et al. 2016. Short-wave infrared spectral and geochemical characteristics of hydrothermal alteration at the Archean Izok Lake Zn-Cu-Pb-Ag volcanogenic massive sulfide deposit, Nunavut, Canada: Application in exploration target vectoring. Economic Geology, 111(5): 1223-1239.

LaFlamme C, Martin L, Jeon H, et al. 2016. In situ multiple sulfur isotope analysis by SIMS of pyrite, chalcopyrite, pyrrhotite, pentlandite to refine magmatic ore genetic models. Chemical Geology, 444: 1-15.

Large RR, Danyushevsky L V, Hollit C, et al. 2009. Gold, trace element zonation in pyrite using a laser imaging technique: Implications for the timing of gold in orogenic, Carlin-style sediment-hosted deposits. Economic Geology, 104: 635-668.

Li J W, Zhao X F, Zhou M F, et al. 2008. Origin of the Tongshankou porphyry-skarn Cu-Mo deposit, eastern Yangtze carton, Eastern China: Geochronological, geochemical, Sr-Nd-Hf isotopic constraints. Mineralium Deposita, 43: 315-336.

Li J W, Zhao X F, Zhou M F, et al. 2009a. Late Mesozoicmagmatism from the Daye region, eastern China: U-Pb ages, petrogenesis, geodynamic implications. Contributions to Mineralogy, Petrology, 157: 383-409.

Li X H, Li W X, Li Z X, et al. 2009b. Amalgamation between the Yangtze, Cathaysia blocks in South China: Constraints from SHRIMP U-Pb zircon ages, geochemistry, Nd-Hf isotopes of the Shuangxiwu volcanic rocks. Precambrian Research, 174(1-2): 117-128.

Li J W, Deng X D, Zhou M F, et al. 2010a. Laser ablation ICP-MS titanite U-Th-Pb dating of hydrothermal ore deposits: A case study of the Tonglushan Cu-Fe-Au skarn deposit, SE Hubei Province, China. Chemical Geology, 270: 56-67.

Li X H, Li W X, Wang X C, et al. 2010b. SIMS U-Pb zircon geochronology of porphyry Cu-Au-(Mo) deposits in the Yangtze River Metallogenic Belt, Eastern China: Magmatic response to early Cretaceous lithospheric extension. Lithos, 119: 427-438.

Li J W, Vasconcelos P M, Zhou M F, et al. 2014. Longevity of magmatic-hydrothermal systems in the Daye Cu-Fe-Au District, eastern China with implications for mineral exploration. Ore Geology Reviews, 57: 375-392.

Li X H, Li Z X, Li W X, et al. 2013. Revisiting the "C-type adakites" of the Lower Yangtze River Belt, central eastern China: In-situ zircon Hf-O isotope and geochemical constraints. Chemical Geology, 345: 1-15.

Liang H Y, Camplell H I, Allen C, et al. 2006. Zircon Ce^{4+}/Ce^{3+} ratios, ages for Yulong ore-bearing porphyries in eastern Tibet. Mineralium Deposita, 41: 152-159.

Liu Y S, Zong K Q, Kelemen P B, et al. 2008. Geochemistry, magmatic history of eclogites, ultramafic rocks from the Chinese continental scientific drill hole: Subduction, ultrahigh-pressure metamorphism of lower crustal cumulates. Chemical Geology, 247(1-2): 133-153.

Liu Y S, Hu Z C, Zong K Q, et al. 2010a. Reappraisement and refinement of zircon U-Pb isotope and trace element analyses by LA-ICP-MS. Chinese Science Bulletin, 55(15): 1535-1546.

Liu Y S, Gao S, Hu Z C, et al. 2010b. Continental and oceanic crust recycling-induced melt-peridotite interactions in the Trans-North China Orogen: U-Pb dating, Hf isotopes and trace elements in zircons from mantle xenoliths. Journal of Petrology, 51(1-2): 537-571.

Lu H Z, Liu Y M, Wang C L, et al. 2004. Mineralization and fluid inclusion study of the Shizhuyuan W-Sn-Bi-Mo-F skarn deposit, Hunan Province, China. Economic Geology, 98, 955-974.

Macpherson C G, Dreher S T, Thirlwall M F. 2006. Adakites without slab melting: High pressure differentiation of island arc magma, Mindanao, the Philippines. Earth and Planetary Science Letters, 243: 581-593.

Maniar P D, Piccoli P M. 1989. Tectonic discrimination of granitoids. Geological Society of America Bulletin, 101(5): 635-643.

Mao J W, Xie G Q, Duan C, et al. 2011. A tectono-genetic model for porphyry-skarn-stratabound Cu-Au-Fe and magnetite-apatite deposit along the Middle-Lower Yangtze River Valley, Eastern China. Ore Geology Reviews, 43(1): 294-314.

Mao J W, Cheng Y B, Chen M H, et al. 2013. Major types and time-space distribution of Mesozoic ore deposits in South China and their geodynamic settings. Mineralium Deposita, 48: 267-294.

Mao M, Rukhlov A S, Rowins S M, et al. 2016. Apatite trace element compositions: A robust new tool for mineral exploration. Economic Geology, 111: 1187-1222.

Martin H, Smithies R H, Rapp R P, et al. 2005. An overview of adakites, tonalite-trondhjemite-granodiorite (TTG), sanukitoid: Relationships, some implications for crustal evolution. Lithos, 79: 1-24.

Mauger A J, Ehrig K, Kontonikas-Charos A, et al. 2016. Alteration at the Olympic Dam IOCG-U deposit: Insights into distal to proximal feldspar and phyllosilicate chemistry from infrared reflectance spectroscopy. Australian Journal of Earth Sciences, 63(8): 959-972.

McIntosh S. 2010. The future of base metals exploration//Looking to the future: What's next AMIRA International, 8th Biennial Exploration Managers' Conference, Yarra Valley, Victoria, Proceedings Volume.

Meinert L D. 1992. Skarns and skarn deposits. Geoscience Canada, 19(4): 145-162.

Meinert L D. 1993. Igneous petrogenesis and skarn deposits. Geoscience Canada: 569-583.

Meinert L D, Dipple G M, Nicolescu S. 2005. World skarn deposits. Economic Geology 100th anniversary volume, 100: 299-336.

Middlemost E A K. 1994. Naming materials in the magma/igneous rock system. Earth and Planetary Science Letter, 37: 215-224.

Morse J W, Luther G W. 1999. Chemical influences on trace metal-sulfide interactions in anoxic sediments. Geochimica et Cosmochimica Acta, 63: 3373-3378.

Munoz M, Charrier R, Fanning C M, et al. 2012. Zircon trace elements and O-Hf isotope analysis of mineralized intrusions from El Teniente ore deposit, Chilean Andes: Constrains on the source and magmatic evolution of porphyry Cu-Mo related Magmas. Journal of Petrology, 53(6): 1091-1122.

Pan Y M, Dong P. 1999. The Lower Changjiang (Yangzi/Yangtze River) metallogenic belt, East China: Intrusion-and wall rock-hosted Cu-Fe-Au, Mo, Zn, Pb, Ag deposits. Ore Geology Reviews, 15: 177-242.

Peng H J, Mao J W, Pei R F, et al. 2014. Geochronology of the Hongniu-Hongshan porphyry and skarn Cu deposit, northwestern Yunnan province, China: Implications for mineralization of the Zhongdian arc. Journal of Asian Earth Sciences, 79: 682-695.

Pontual S. 2001. Implementing field-based and hylogging spectral datasets in exploration and mining, PACRIM 08 workshop manual. AusSpec International Pty Ltd: 1-61.

Rapp R P, Shimizu N, Norman M D, et al. 1999. Reaction between slab-derived melts, peridotite in the mantle wedge: Expermental constrains at 3. 8 GPa. Chemical Geology, 160: 335-356.

Reich M, Becker U. 2006. First-principles calculations of the thermodynamic mixing properties of arsenic incorporation into pyrite, marcasite. Chemical Geology, 225: 278-290.

Reich M, Kesler S E, Utsunomiya S, et al. 2005. Solubility of gold in arsenian pyrite. Geochimica et Cosmochimica Acta, 69: 2781-2796.

Reich M, Deditius A, Chryssoulis S, et al. 2013. Pyrite as a record of hydrothermal fluid evolution in a porphyry copper system: A SIMS/EMPA trace element study. Geochimica et Cosmochimica Acta, 104: 42-62.

Revan M K, Genç Y, Maslennikov V V, et al. 2014. Mineralogy, trace-element geochemistry of sulfide minerals in hydrothermal chimneys from the Upper-Cretaceous VMS deposits of the eastern Pontide orogenic belt (NE Turkey). Ore Geology Reviews, 63: 129-149.

Richter F M. 1989. Simple models for trace element fractionation during melt segregation. Earth and Planetary Science Letters, 77(3-4): 333-344.

Robert D E, Hudson G R T. 1983. The Olympic Dam copper-uranium-gold, Roxby Downs, South Australia. Economic Geology, 78: 799-822.

Scott K M, Yang K. 1997. Spectral reflectance studies of white micas. CSIRO Exploration and Mining Report 439R, Sydney, Australia.

Seyfried Jr W E, Ding K. 1993. The effect of redox on the relative solubilities of copper, iron in Cl-bearing aqueous fluids at elevated temperatures, pressures: An experimental study with application to subseafloor hydrothermal systems. Geochimica et Cosmochimica Acta, 57: 1905-1917.

Sillitoe R H. 2010. Porphyry copper systems. Economic Geology, 105(1): 3-41.

Sun S, McDonough W F. 1989. Chemical, isotopic systematics of oceanic basalts: Implications for mantle composition, processes//Saunders A D, Norry M J. Magmatism in the Ocean Basins. Geological Society of London Special Publication, 42: 313-345.

Sun W D, Liang H Y, Ling M X, et al. 2013. The link between reduced porphyry copper deposits and oxidized magmas. Geochimica et Cosmochimica Acta, 103: 263-275.

Sun W D, Huang R F, Li H, et al. 2015. Porphyry deposits, oxidized magmas. Ore Geology Reviews, 65: 97-131.

Thomas H V, Large R R, Bull S W, et al. 2011. Pyrite, pyrrhotite textures, composition in sediments, laminated quartz veins, reefs at Bendigo gold mine, Australia: Insights for ore genesis. Economic Geology, 106: 1-31.

Thompson A J, Hauff P L, Robitaille A J. 1999. Alteration mapping in exploration: Application of short-wave infrared (SWIR) spectroscopy. SEG newsletter, 39: 16-27.

Torrence C, Compo G P. 1998. A practical guide to wavelet analysis. Bulletin of the American Meteorological Society, 79: 61-78.

Tribovillard N, Algeo T J, Lyons T, et al. 2006. Trace metals as paleoredox, paleoproductivity proxies: An update. Chemical Geology, 232: 12-32.

Ushikubo T, Williford K H, Farquhar J, et al. 2014. Development of in situ sulfur four-isotope analysis with multiple Faraday cup detectors by SIMS, application to pyrite grains in a Paleoproterozoic glaciogenic sandstone. Chemical Geology, 383: 86-99.

Wang Q, Wyman D A, Xu J F, et al. 2007. Early Cretaceous adakitic granites in the Northern Dabie Complex, central China: Implications for partial melting and delamination of thickened lower crust. Geochimica et Cosmochimica Acta, 71: 2609-2636.

Wang R, Cudahy T, Laukamp, et al. 2017. White mica as a hyperspectral tool in exploration for the Sunrise dam and Kanowna belle gold deposits, Western Australia. Economic Geology, 112: 1153-1176.

Whitehouse M J. 2013. Multiple sulfur isotope determination by SIMS: Evaluation of reference sulfides for delta S-33 with observations, a case study on the determination of delta S-36. Geostand Geoanal Res, 37: 19-33.

Wilkinson J J, Chang Z, Cooke D R, et al. 2015. The chlorite proximitor: A new tool for detecting porphyry ore deposits. Journal of Geochemical Exploration, 152: 10-26.

Williamson B J, Herrington R J, Morris A. 2016. Porphyry copper enrichment linked to excess aluminium in plagioclase. Nature Geoscience, 9: 237-241.

Xia J L, Huang G C, Ding L X, et al. 2015. In situ analyses of trace elements, U-Pb, Lu-Hf isotopes in zircons from the Tongshankou granodiorite porphyry in southeast Hubei Province, middle-Lower Yangtze River Metallogenic Belt, China. Acta Geologica Sinica (English Edition), 89(5): 1588-1600.

Xiao B, Chen H Y, Wang Y F, et al. 2017. Chlorite, epidote chemistry of the Yandong Cu deposit, N W China: Metallogenic, exploration implications for Paleozoic porphyry Cu systems in the Eastern Tianshan. Ore Geology Reviews: S0169136816306436.

Xie G Q, Mao J W, Li R L, et al. 2007. Re-Os molybdenite and Ar-Ar phlogopite dating of Cu-Fe-Au-Mo(W) deposits in southeastern Hubei, China. Mineralogy and Petrology, 90: 249-270.

Xie G Q, Mao J W, Li R L, et al. 2008. Geochemistry, Nd-Sr isotopic studies of Late Mesozoic granitoids in the southeastern Hubei Province, Middle-Lower Yangtze River belt, Eastern China: Petrogensis, tectonic setting. Lithos, 104: 216-230.

Xie G Q, Mao J W, Li X W, et al. 2011a. Late Mesozoic bimodal volcanic rocks in the Jinniu basin, Middle-Lower Yangtze River Belt(MLYRB), East China: Age, petrogenesis, tectonic implications. Lithos, 127(1-2): 144-164.

Xie G Q, Mao J W. Zhao H J, et al. 2011b. Timing of skarn deposit formation of the Tonglushan ore district, southeastern Hubei Province, Middle-Lower Yangtze River Valley metallogenic belt, its implications. Ore Geology Reviews, 43: 62-77.

Xie G Q, Mao J W, Zhao H J. 2011c. Zircon U-Pb geochronological, Hf isotopic constraints on petrogenesis of later Mesozoic instrusions in the southeast Hubei Province, Middle-Lower Yangzte River belt (MLYRB), East China. Lithos, 125: 693-710.

Xie G Q, Mao J W, Zhao H J, et al. 2012. Zircon U-Pb and phlogopite ^{40}Ar-^{39}Ar age of the Chengchao and Jinshandian skarn Fe deposits, southeast Hubei Province, Middle-Lower Yangtze River Valley metallogenic belt, China. Mineralium Deposita, 47: 633-652.

Xie G Q, Mao J W, Zhu Q Q, et al. 2015. Geochemical constraints on Cu-Fe and Fe skarn deposits in the Edong district, Middle-Lower Yangtze River metallogenic belt, China. Ore Geology Reviews, 64: 425-444.

Xie G Q, Mao J W, Li W, et al. 2016. Different proportion of mantle-derived noble gases in the Cu-Fe, Fe skarn deposits: He-Ar isotopic constraint in the Edong district, Eastern China. Ore Geology Reviews, 72: 343-354.

Xie X G, Byerly G, Ferrell R. 1997. IIb trioctahedral chlorite from the Barberton greenstone belt: Crystal structure, rock composition constraints with implications to geothermometry. Contributions to Mineralogy and Petrology, 126(3): 275-291.

Xu J F, Shinjio R, Defant M J, et al. 2002. Origin of Mesozoic adakitic intrusive rocks in the Ningzhen area of east China: Evidence of partial melting of delaminated lower continental crust. Geology, 12: 1111-1114.

Xue H M, Dong S W, Jian P. 2006. Mineral chemistry, geochemistry and U-Pb SHRIMP zircon data of the Yangxin monzonitic intrusive in the foreland of the Dabie orogen. Science in China: Series D Earth Sciences, 49(7): 684-695.

Yang K, Huntington J F. 1996. Spectral signatures of hydrothermal alteration in the metasediments at Dead Bullock Soak, Tanami Desert, Northern Territory. CRISO/AMIRA Project P435, 1-29.

Yang K, Lian C, Huntington J F, et al. 2005. Infrared spectral reflectance characterization of the hydrothermal alteration at the Tuwu Cu-Au deposit, Xinjiang, China. Mineralium Deposita, 40(3): 324-336.

Yang K, Huntington J F, Gemmell J B, et al. 2011. Variations in composition, abundance of white mica in the hydrothermal alteration system at Hellyer, Tasmania, as revealed by infrared reflectance spectroscopy. Journal of Geochemical Exploration, 108: 143-156.

Yang K, Whitbourn L, Mason P, et al. 2013. Mapping the chemical composition of nickel laterites with reflectance spectroscopy at Koniambo, New Caledonia. Economic Geology, 108(6): 1285-1299.

Yuan S D, Peng J T, Hao S, et al. 2011. In situ LA-MC-ICP-MS and ID-TIMS U-Pb geochronology of cassiterite in the giant Furong tin deposit, Hunan Province, South China: New constraints on the timing of tin polymetallic mineralization. Ore Geology Review, 43(1): 235-242.

Yumul Jr G P, Dimalanta C B, Faustino D V, et al. 1999. Silicic arc volcanism and lower crust melting: An example from the central Luzon, Philippines. Journal of Geology, 154: 13-14.

Zang W, Fyfe W S. 1995. Chloritization of the hydrothermally altered bedrock at the Igarapé Bahia gold deposit, Carajás, Brazil. Mineralium Deposita, 30(1): 30-38.

Zeh A, Ovtcharova M, Wilson A H, et al. 2015. The Bushveld Complex was emplaced and cooled in less than one million years: Results of zirconology, and geotectonic implications. Earth and Planetary Science Letters, 418: 103-114.

Zhai Y S, Xiong Y Y, Yao S Z, et al. 1996. Metallogeny of copper and iron deposits in the eastern Yangtze Carton, east-central China. Ore Geology Review, 11: 229-248.

Zhang H, Ling M X, Liu Y L, et al. 2013. High oxygen fugacity and slab melting linked to Cu mineralization: Evidence from Dexing porphyry copper deposits, Southeastern China. The Journal of Geology, 121(3): 289-305.

Zhang R Q, Lu J J, Lehmann B, et al. 2017a. Combined zircon and cassiterite U-Pb dating of the Piaotang granite-related tungsten-tin deposit, southern Jiangxi tungsten district, China. Ore Geology Review, 82: 268-284.

Zhang Y, Shao Y J, Chen H Y, et al. 2017b. A hydrothermal origin for the large Xinqiao Cu-S-Fe deposit, Eastern China: Evidence from sulfide geochemistry, sulfur isotopes. Ore Geology Review, 88: 534-549.

Zhang Y, Shao Y J, Wu C D, et al. 2017c. LA-ICP-MS trace element geochemistry of garnets: Constraints on hydrothermal fluid evolution and genesis of the Xinqiao Cu-S-Fe-Au deposit, eastern China. Ore Geology Reviews, 86: 426-439.

Zhao G C, Cawood P A. 2012. Precambrian geology of China. Precambrian Research, 222-223: 13-54.

Zhao H J, Xie G Q, Wei K T, et al. 2012. Mineral compositions and fluid evolution of the Tonglushan skarn Cu-Fe deposit, SE Hubei, east-central China. International Geology Reviews, 54(7): 737-764.

Zheng Y F, Wu R X, Wu Y B, et al. 2008. Rift melting of juvenile arc-derived crust: Geochemical evidence from Neoproterozoic volcanic and granitic rocks in the Jiangnan Orogen, South China. Precambrian Research, 163: 351-383.